普通高等教育"十三五"规划教材

计算机应用基础

（第三版）

聂玉峰　朱　倩　主　编

周　红　雷　洁　副主编

科学出版社

北京

内 容 简 介

本书全面地介绍了信息技术与计算机、计算机基础知识、计算机网络技术、多媒体技术等基础知识,并详细地介绍了 Windows 7 操作系统及 Office 办公软件 Word 2010、Excel 2010、PowerPoint 2010 和 Adobe Photoshop 的功能及操作方法。本书深入浅出、通俗易懂,注重培养学生的实际操作能力和使用常用软件工具的能力。

本书适合作为应用型本科及高职高专各专业的计算机公共基础课教材,也可作为计算机基础知识的培训教材及全国计算机等级考试(一级)的培训教材。

图书在版编目(CIP)数据

计算机应用基础/聂玉峰,朱倩主编. —3 版. —北京:科学出版社,2018.8
(普通高等教育"十三五"规划教材)
ISBN 978-7-03-058212-6

Ⅰ. ①计… Ⅱ. ①聂… ②朱… Ⅲ. ①电子计算机–高等学校–教材
Ⅳ. ①TP3

中国版本图书馆 CIP 数据核字(2018)第 149455 号

责任编辑:戴 薇 袁星星 / 责任校对:王万红
责任印制:吕春珉 / 封面设计:耕者设计工作室

科学出版社 出版
北京东黄城根北街 16 号
邮政编码:100717
http://www.sciencep.com

北京中科印刷有限公司 印刷

科学出版社发行 各地新华书店经销
*

2012 年 8 月第 一 版   2020 年 9 月第二十四次印刷
2014 年 8 月第 二 版   开本:787×1092 1/16
2018 年 8 月第 三 版   印张:22 1/4
字数:527 000
定价:56.00 元
(如有印装质量问题,我社负责调换〈中科〉)

销售部电话 010-62136230 编辑部电话 010-62138978-2047

前　言

　　计算机信息技术是当今世界上发展较快、应用较广泛的科学技术之一。使用计算机的意识和应用计算机解决问题的能力已经成为衡量现代人才素质的一个重要指标。为了进一步适应人才培养的新形式，满足应用型本科及高职高专各类专业学生学习计算机基础知识的需要，特编写了本书。

　　全书共分 8 章，第 1 章介绍信息技术与计算机，使读者了解信息时代及其基本特征，理解信息技术的内容及应用；第 2 章介绍计算机基础知识，帮助读者理解计算机的基本工作原理、计算机中信息的表示方式，从使用的角度介绍了计算机系统中有关的概念、术语及发展动态；第 3 章介绍 Windows 7 操作系统；第 4～6 章分别介绍办公自动化软件中使用较为普遍的文字处理软件 Word 2010、电子表格软件 Excel 2010 及演示文稿软件 PowerPoint 2010；第 7 章介绍计算机网络基础，包括网络的组成与结构、计算机网络协议、计算机网络的主要应用模式、Internet 应用及网络安全基础知识；第 8 章介绍多媒体技术基础，使读者熟悉各种媒体文件的类型及特点，了解图像处理软件 Adobe Photoshop 的基本功能及操作。各章均附有习题，供读者练习思考，以加深对书中内容的理解。

　　本书源于计算机基础教育的教学实践，凝聚了一线任课教师多年的教学经验。本书注重教学的可操作性，理论联系实际，内容丰富、翔实，结构严谨，体系合理，图文并茂、通俗易懂，注重培养学生的实际操作能力和使用常用软件工具的能力。重点和难点操作讲解内容均已录制成视频，读者只需扫描书中对应位置的二维码，便可以进行在线学习，轻松掌握相关知识。本书的教学课件可从科学出版社职教出版中心网站 www.abook.cn 下载，也可通过 E-mail（562185706@qq.com）与编者联系。同时，本书还同步推出了配套的实验教材《计算机应用基础实验指导与习题集》（第三版，聂玉峰、程黎艳主编，科学出版社）。

　　本书具体编写分工如下：第 1 章由聂玉峰编写，第 2 章和第 6 章由雷洁编写，第 3～5 章由朱倩编写，第 7 章和第 8 章由周红编写。全书由聂玉峰提出框架，并负责统稿。

　　在编写本书的过程中，郭冀生、黄远林、李庆、余红珍、杨艳霞、于海平、刘永真、江伟、李雪燕、曾志华、黄丽、张晓芳、罗理机、张俊英等老师提出了许多宝贵意见，在此向他们表示衷心感谢。

　　由于编者水平有限，书中难免有不妥和疏漏之处，恳请广大专家、读者批评指正。

编　者

2018 年 4 月

前　言

目　录

第1章 信息技术与计算机

历史发展到今天，人类社会步入信息时代，其主要动力就是以计算机技术、通信技术和控制技术为核心的现代信息技术的飞速发展和广泛应用。信息技术的应用给人们带来很多的机遇，可帮助人们在信息化社会中、在自己的职业生涯中不断地探索和解决问题，提高创新的能力。掌握以计算机为核心的信息技术的基础知识和应用能力，是现代大学生必备的基本素质。

1.1 信息技术概述

信息是各种事物在其运动、演化及相互作用等过程中所呈现的现象、属性、关系与规律。人们通过信息可以了解和认识外部世界；可以相互交流、建立联系；可以组织社会生产、生活，推动社会进步。信息、物质和能源是人类社会赖以发展的三大重要资源，在当今信息化社会的任何一个领域，信息都是众多资源中十分重要、有特殊价值的资源。

1.1.1 信息技术的发展历程

随着人类对外部世界的认识和控制能力的不断提高，信息技术得以逐步发展，其发展历程大致可分为三个阶段。

1. 古代信息技术发展阶段

在远古，人类用绳结、石块作为计数工具，用飞禽走兽来传递信息。历史故事中的擂鼓助威、鸣金收兵，则是利用诸如炮、鼓、锣等能够发出响亮声音的物件来进行信息传播。在遥远的周朝，人们在边境上每隔一定距离建筑起一座高高的土台，称为烽火台。一旦敌人来犯，白天则点燃狼粪冒浓烟，晚上则燃烧柴草闪火光，用以传递敌情信息，称为狼烟烽火。

在这一阶段，信息技术经历了语言的产生、文字的产生、印刷术的发明三次重大的变革，这三大变革对人类社会的发展产生了极其重大的影响。

活字印刷术是我国四大发明之一，纸张和印刷术的结合，把信息的记录、存储、传递和使用范围扩大到较为广阔的空间和时间，也促使信息以崭新的"书信"方式进行传递。我国在秦代已经建立了比较完整的快速传递系统——驿站。

在这个阶段，信息技术的特征是以文字记录为主要信息存储手段，以书信传递为主要信息传递方法，无论是信息的采集还是传输都是在人工条件下实施的。因此，当时人们的信息活动范围小、效率低，可靠性也较差。

2. 近代信息技术发展阶段

近代信息技术的发展是以以电为主角的信息传播技术的突破为先导的。1837 年，美国科学家莫尔斯成功地发明了有线电报和莫尔斯电码，拉开了以信息的电传输技术为主要特征的近代信息技术发展的序幕。

电通信利用电波作为信息载体，将信号传输到远方。电通信传递信息速度快、距离远、信息量大。电通信的问世，是人类通信发展史上的一大飞跃。它使信息传输空间空前缩小，信息传输时效空前提高。

电报、电话、电传将信息由一个人传递给另一个或一些人，而广播、电视则是开放式的通信手段。

在信息传输技术发展的同时，诸如唱片、录音、照相、摄录像等信息存储方式也在飞速发展。

3. 现代信息技术发展阶段

20 世纪 40 年代，电子计算机的诞生是进入现代信息技术发展阶段的标志。现代信息技术发展阶段的基本特征是计算机、网络、光纤和卫星通信。

电子学的发展，特别是半导体技术、微电子技术、集成电路技术、通信技术、传感技术、光纤技术、激光技术、远红外技术、人工智能技术等现代科学技术领域的重大突破，使信息技术发生了革命性的变革，真正成为一种适应现代信息社会需要的高科技。人类社会也正是依靠先进的信息科学技术的推动而进入了信息化时代。

视频 1-1　信息技术的发展历程

1.1.2　现代信息技术的内容

现代信息技术是以电子技术（尤其是微电子技术）为基础、以计算机技术为核心、以通信技术为支柱、以信息应用技术为目标的科学技术群。信息技术的具体功能可归纳为实现对信息的获取、传输、处理、控制、展示和存储。因此，现代信息技术主要包含以下六个方面。

1. 信息获取技术

获取信息是利用信息的先决条件。人类获取信息最基本的手段是用眼、耳、鼻、舌等感觉器官获取自然、社会信息。为了克服人体器官的局限和外界条件的限制，人们不断研制和创造各种传感器来间接获取信息。例如，使用放大镜、显微镜、望远镜、照相机、摄像机、雷达和侦察卫星等来获取小、距离远、高速运动的物体的信息。用超声波检测仪、核磁共振仪等对人体或物体内部进行信息检测，用遥感遥测仪器替代人体感觉器官获取远距离人体不能感知的信息等。信息获取技术的核心是传感技术。

2. 信息传输技术

获取信息后，在许多情况下需要将信息迅速、准确、有效地传递，以便让众多用户共享，而且这种传递往往又具有相当大的范围，这就需要广泛地使用信息传输技术。目前，信息传输主要依赖的是通信技术。

从古代的烽火台，近代的信号弹、灯光、手旗等简易信号通信，到以电传输为特色的电报、电话、电传、电视、广播，通信技术的发展有了质的飞跃。与以上传统的通信技术相比较，现代通信技术则是以光纤通信、卫星通信、无线移动通信等高新技术作为通信技术基础的。

3. 信息处理技术

信息处理技术是对获取到的信息进行识别、转化、加工，保证信息安全可靠地存储、传输，并能方便地检索、再生、利用，或便于人们从中提炼知识、发现规律的工作手段。

长期以来，人类都是以人工的方式对信息进行处理，而现代信息处理一般是通过计算机实现的，因此，现代信息处理技术的核心是计算机技术和计算机网络技术。

4. 信息控制技术

信息控制技术就是利用信息传递和信息反馈来实现对目标系统进行控制的技术，如导弹控制系统技术等。在信息系统中，对信息实施有效的控制一直是信息活动的一个重要方面，也是利用信息的重要前提。

5. 信息展示技术

如何使信息内容及时、有效、生动地展示给需要该信息的对象，已经成为信息处理的一个极其重要的分支。其中，文字、声音、图形、图像、音频、视频的处理和展示也就是通常所说的多媒体技术。

展示技术也称为再现技术，是目前发展得非常迅速的信息技术分支，如大量使用的球幕电影、3D 和 4D 电影。3D 是指视觉上实现三维展示，4D 是指除三维展示外加上嗅觉、触觉和身体运动的感觉，从而给人以身临其境的感觉，加上声响系统往往可以达到震撼的效果。

6. 信息存储技术

在过去，人们获得信息并对其进行保存时，会利用笔墨纸张、磁带录音、胶片拍摄等。而到了信息时代，在传承了以往的信息存储技术的同时，光存储、磁存储甚至利用生物技术的存储技术都获得了很大的发展。

现代信息存储技术主要可分为直接连接存储（主要存储部件有磁盘、磁带和光盘）、移动存储（如各种闪存卡、U 盘、移动硬盘）和网络存储三方面。

视频 1-2　现代信息技术的内容及应用

在上述现代信息技术的六大内容中，核心部分是信息传输（通信）技术、信息处理（计算机）技术和信息控制技术，合称为 3C（communication、computer 和 control）技术，是信息技术的主体。因此也有人把信息技术直接称为"3C"技术。

1.1.3　现代信息技术的应用

技术发展本身不是最终目的，最终目的是应用。信息技术在各行各业中的广泛应用正是推动信息技术发展的最主要的动力。学习"计算机应用基础"课程的目的也在于应用，要努力做到善于应用、灵活应用、创新地应用。

现代信息技术在教育领域的应用，引起了传统教育方式的变革。用多媒体课件教学，由于图文并茂、有声有色，提高了教学的趣味性，使教学效果得以提高。

Internet 在学校的开通，使同学们既可以自主在网上收集、交换学习信息，又可以在网上发表自己的作品、彼此交换意见，甚至进行国际交流。它使教育信息资源极大丰富，并促使教育向资源全球化、教育自主化、学习个性化方向发展。

网络教育、远程教育、计算机辅助教学的实施，使教育超时空开放，不仅在空间上打破师生必须在同一教室的限制，同时在时间上也可以不受任何束缚，促进教育社会化和终身化的发展。

信息技术应用于学校行政、招生、学籍、培训、就业服务等管理中，促使学校管理向数字化、网络化的科学管理方向发展。

信息技术的应用无论直接或间接，已经渗透到人们衣食住行的各个角落，不知不觉地改变着人们的生活习惯和生活方式。例如，冰箱、空调、洗衣机、电视机、可视电话、数码照相机等众多家用电器都离不开"嵌入式芯片"等信息技术的应用。

智能手机就是 21 世纪信息技术应用最成功的一个范例，它不仅进入了千家万户，还进入了大多数人的口袋。手机上网、手机支付、用手机存储和传输文件等，这都是信息技术的发展带给人们的便利。

信息技术在工作中的应用范围非常广，很难一概而论。下面以办公自动化为例加以简单说明。办公自动化（office automation，OA）是现代信息技术在管理上应用的具体表现，目的不仅仅是减轻人们的劳动强度，重要的是提高事务管理的效率和质量。

办公自动化的支撑技术是计算机与网络技术、现代通信技术和数字化技术。这些技术的支撑具体体现在办公自动化系统所需要的硬件和软件设备上。办公自动化系统的硬件主要是计算机、计算机网络和通信线路，以及其他计算机外部设备。办公自动化系统的软件主要有基本软件、办公通用软件和办公专用软件三类。基本软件包括操作系统、维护工具软件和数据库管理系统。办公通用软件有汉字输入、文字处理、电子表格处理、文档管理、演示文稿制作、图形图像处理等软件。

1.1.4　信息素养

信息素养是一个内容丰富的概念，它不仅包括利用信息工具和信息资源的能力，还包括选择、获取、识别信息，加工、处理、传递信息并假造信息的能力。

信息素养的本质是全球信息化需要人们具备的一种基本能力。简单的定义来自 1989 年美国图书馆学会，它包括能够判断什么时候需要信息，并且懂得如何去获取信息、如何去评价和有效利用所需的信息。

2003 年 1 月，我国《普通高中信息技术课程标准》将信息素养定义为：信息的获取、加工管理与传递的基本能力；对信息和信息活动的过程、方法、结果进行评价的能力；流畅地发表观点、交流思想、开展合作，勇于创新，并解决学习和生活中的实际问题的能力；遵守道德与法律，形成社会责任感。

可以看出，信息素养是一种基本能力，是一种对信息社会的适应能力，它涉及信息的意识、信息的能力和信息的应用。同时，信息素养也是一种综合能力，它涉及各方面的知识，是一个特殊的、涵盖面很宽的能力，它包含人文的、技术的、经济的、法律的诸多因素，与许多学科有着紧密的联系。

具体来说，信息素养主要包括以下四个要素。

1）信息意识。即人的信息敏感程度，是人们对自然界和社会的各种现象、行为、理论观点等，从信息角度的理解、感受和评价。通俗地讲，面对不懂的东西，能积极主动地去寻找答案，并知道到哪里、用什么方法去寻求答案，这就是信息意识。

2）信息知识。既是信息科学技术的理论基础，又是学习信息技术的基本要求。通过掌握信息技术的知识，才能更好地理解与应用它，它不仅体现着人们所具有的信息知识的丰富程度，还制约着他们对信息知识的进一步掌握。

3）信息能力。它包括信息系统的基本操作能力，如信息的采集、传输、加工处理和应用的能力，以及对信息系统与信息进行评价的能力等。这也是信息时代重要的生存能力。

4）信息道德。培养学生具有正确的信息伦理道德修养，要让学生学会对媒体信息进行判断和选择，自觉选择对学习、生活有用的内容，自觉抑制不健康的内容，不组织和参与非法活动，不利用计算机网络从事危害他人信息系统和网络安全、侵犯他人合法权益的活动。

信息素养的四个要素共同构成一个不可分割的统一整体。信息意识是先导、信息知识是基础、信息能力是核心、信息道德是保证。

信息素养是信息社会人们发挥各方面能力的基础，犹如科学素养在工业化时代的基础地位一样。可以认为，信息素养是工业化时代文化素养的延伸与发展，但信息素养包含更高的驾驭全局和应对变化的能力，它的独特性是由时代特征决定的。

1.1.5 信息安全

1. 什么是信息安全

"安全"的基本含义可以解释为"客观上不存在威胁，主观上不存在恐惧"。

国际标准化组织（International Organization for Standardization，ISO）引用 ISO 74982 文献中对信息安全的定义是这样的：信息安全就是最大限度地减小数据和资源被攻击的可能性。信息安全涉及信息的保密性、完整性、可用性、可控性。综合起来说，就是要保障电子信息的有效性。

信息的保密性定义为"保障信息仅仅为那些被授权使用的人获取，保证信息不泄露给未经授权的人"。

信息的完整性定义为"保护信息及其处理方法的准确性和完整性。防止信息未经授权而被篡改"。

信息的可用性是指信息及相关的信息资产在授权人需要的时候，可以立即获得。

信息的可控性就是对信息及信息系统实施安全监控。

2. 人类面临的信息安全威胁

当前，人类面临的信息安全威胁主要涉及以下三个方面。

（1）信息基础设施

信息基础设施由各种通信设备、信道、终端和软件构成，是信息空间存在、运作的物质基础。当战争来临时，信息基础设施将首当其冲遭到攻击。

（2）信息资源

信息是与物质、能源同等重要的，人类赖以生存的三大资源之一。信息资源的安全已经成为直接关系到国家安全的战略问题。在信息存储和传输过程中，信息常常会被破坏、篡改、截获。

（3）信息管理

有效地管理信息，可以增强信息的安全程度，反之可能增大安全隐患，甚至动摇社会经济基础。

由于信息具有抽象性、可塑性、可变性及多样性等特征，它在处理、存储、传输和使用中很容易被干扰、滥用、遗漏和丢失，甚至被泄露、窃取、篡改、冒充和破坏。因此，信息安全面临上述三个方面的严峻挑战。

3. 信息安全的评估准则

由于信息安全直接涉及国家利益、安全和主权，各国政府对信息产品、信息系统安全性的测评认证要比对其他产品更为严格。信息安全认证成为信息化时代国家测评认证工作的新领域。首先，在市场准入上，发达国家为严格进出口控制，通过颁布有关法律、法规和技术标准，推行安全认证制度，以控制国外进口产品和国内出口产品的安全性能。其次，对国内使用的产品，实行强制性认证，凡未通过强制性认证的安全产品一律不得出厂、销售和使用。再次，信息技术和信息安全技术中的核心技术，由政府直接控制，如密码技术和密码产品，多数发达国家对其严加控制，即使政府允许出口的密码产品，其关键技术仍控制在政府手中。最后，在国家信息安全各主管部门的支持和指导下由标准化和质量技术监督主管部门授权并依托专业的职能机构提供技术支持，形成政府行政管理与技术支持相结合、相依赖的管理体制。

（1）国际信息安全标准

为了给用户提供计算机系统处理机密信息或敏感信息可信程度的评价标准，并为计算机生产厂家制造符合安全要求的计算机提供依据，美国国防部计算机安全保密中心在1983年8月发表了《可信计算机系统评估准则》（Trusted Computer System Evaluation Criteria，TCSEC）。TCSEC是世界上第一个安全评估标准。该准则对不同物理安全、操作系统软件的可信度等进行了详尽的描述，说明了如何创建不同系统的安全需求等，它以单机为考虑对象，以加密为主要手段，没有考虑网络系统和数据库的安全需求。该准则将计算机系统的安全定义了D1、C1、C2、B1、B2、B3、A共7个级别。为了推动全球的信息化发展，国际标准化组织于1999年颁布了通用国际标准评估准则，即ISO 15408（《信息技术安全性评估准则》，也称为《通用准则》）。目前，世界各国在信息技术安全性评估方面尺度不一、各自为政的局面已逐渐改变。国际上都把《通用准则》作为评估信息技术安全性的通用尺度和方法。世界各国特别是美国、加拿大和欧盟国家等发达国家纷纷依据《通用准则》已建立或正在建立本国的信息安全评估体系。

（2）我国信息安全标准

为了加强计算机信息系统的安全保护工作，促进计算机应用和发展，保障社会主义现代化顺利进行，1994年2月18日，国务院发布了《中华人民共和国计算机信息系统安全保护条例》。1999 年 2 月 9 日，我国正式成立了中国国家信息安全测评认证中心，同年正式颁布了 GB 17859—1999《计算机信息系统　安全保护等级划分准则》，并于 2001 年 1 月 1 日起实施。该准则将信息系统安全分为五个等级：自主保护级、系统审计保护级、安全标记保护级、结构化保护级和访问验证保护级。其主要的安全考核指标有身份认证、自主访问控制、数据完整性、审计、隐蔽信道分析、客体重用、强制访问控制、安全标记、可信路径和可信恢复等，这些指标涵盖了不同级别的安全要求。除此之外，我国还制定并颁布了一系列相关的技术标准和法律性文件。

信息安全是一门新兴的学科，目前尚有许多理论与工程实践问题没有解决。信息安全没有一劳永逸的措施，需要将各种安全防护技术综合利用，以便提高信息系统的整体安全水平。

1.2 计算机的发展

1.2.1 计算工具的发展历程

人类在其漫长的文明史中，为了提高计算速度，不断发明和改进了各种计算工具。计算工具的源头可以上溯至 2000 多年前的春秋战国时代，古代中国人发明的算筹是世界上最早的计算工具，如图 1.1 所示。算筹计算的时候摆成纵式和横式两种数字，按照纵横相间的原则表示任何自然数，从而进行加、减、乘、除、开方及其他代数计算。负数出现后，算筹分红、黑两种，红筹表示正数，黑筹表示负数。这种运算工具和运算方法，在当时世界上是独一无二的。

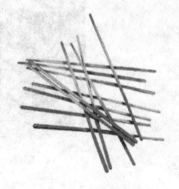

图 1.1 算筹

随着计算技术的发展，在求解一些更复杂的数学问题时，算筹显得越来越不方便了。于是在大约公元 600 年左右，中国人发明了更为方便的计算工具——算盘，它采用了十进制计数法，并总结了一整套计算口诀，可以很方便地实现十进制的基本运算，并一直沿用至今。算盘被许多人看作最早的数字计算机，而珠算口诀则是最早的体系化的算法。

1621 年，英国人冈特发明了计算尺。计算尺的出现，开创了模拟计算的先河。从冈特开始，人们发明了多种类型的计算尺。直到 20 世纪中叶，计算尺才逐渐被袖珍计算器所取代。

从 17 世纪到 19 世纪长达 200 多年的时间里，一批杰出的科学家相继进行了机械式计算机的研制，其中的代表人物有帕斯卡、莱布尼茨和巴贝奇。这一时期的计算机虽然构造和性能还非常简单，但是其中体现的许多原理和思想已经开始接近现代计算机。

1642 年，法国数学家、物理学家和思想家帕斯卡发明了加法机，它是人类历史上第一台机械式计算机，其原理对后来的计算机械产生了深远的影响。帕斯卡从加法机的成功中得出结论：人的某些思维过程与机械过程没有差别，因此可以设想用机械模拟人的思维活动。1971 年，瑞士人沃斯把自己发明的高级语言命名为 Pascal，以表达对帕斯卡的敬意。

1673 年，德国数学家莱布尼茨发明乘法机，这是第一台可以运行完整的四则运算的计算机。莱布尼茨同时还提出了"可以用机械代替人进行烦琐重复的计算工作"的伟大思想，这一思想至今仍鼓舞着人们去探求新的计算机。莱布尼茨因独立发明微积分而与牛顿齐名，并被《不列颠百科全书》列为"西方文明最伟大的人之一"。莱布尼茨认为，中国的八卦是最早的二进制计数法。在八卦图的启迪下，莱布尼茨系统地提出了二进制运算法则。

1822 年，英国数学家巴贝奇设计出一种机械式计算器（差分机），如图 1.2（a）所示。他想用这种差分机解决数学计算中产生的误差问题。1834 年，巴贝奇在研制差分机的工作中，看到了制造一种新的、在性能上大大超过差分机的计算机的可能性。他把这个未来的机器称为分析机，如图 1.2（b）所示。巴贝奇设计的分析机由三个主要部分：第一部分是由许多轮子组成的保存数据的存储库；第二部分是运算装置；第三部分是对操作顺序进行控制，并能选择所需处理的数据及输出结果的装置。巴贝奇还把程序控制的思想引入了分析机，他的设想是采用穿孔卡片把指令存到存储库中，机器根据穿孔卡片上孔的图形确定该执行什么指令，并自动运算。分析机的结构、设计思想体现了现代计算机的结构、设计思想，可以说是现代通用计算机的雏形。因此，巴贝奇是国际计算机界公认的、当之无愧的计算机之父。然而，由于缺乏政府和企业的资助，巴贝奇直到逝世也未能最终实现他所设计的计算机。

（a）差分机   （b）分析机

图 1.2　巴贝奇的差分机和分析机

1884 年，美国人霍勒斯博士受到提花织布机的启发，采用穿孔卡片进行数据处理，并制造出了制表机，它采用电气控制技术取代了纯机械装置，将不同的数据用卡片上不同的穿孔表示，用专门的读卡设备将卡片上的数据输入计算装置。这正是现代计算机软件的雏形。1890 年，美国人口普查全部采用了霍勒斯制表机。由于采用了制表机，全部统计处理工作效率大为提高。霍勒斯于 1896 年创立了制表机公司，1911 年该公司并入 CTR（计算制表记录）公司，这就是著名的 IBM 公司的前身。1924 年，托马斯·沃森一世把 CTR 更名为 IBM。

1936 年，美国数学家霍华德·艾肯在图书馆发现了巴贝奇的论文，并根据当时的科技水平，提出了要用机电方式，而不是用纯机械方法来构造新的分析机。艾肯在 IBM 公司的资助下，经过 8 年的努力，研制成功了被称为计算机"史前史"里最后一台著名计算机的 Mark-Ⅰ，它用继电器作为开关元件，用十进制计数的齿轮组作为存储器，用穿孔纸带进行程序控制。Mark-Ⅰ的计算速度虽然很慢（1 次乘法运算约需 3s），但它使巴贝奇的设想变成了现实。

计算机科学奠基人是英国科学家图灵。图灵 1912 年 6 月 23 日生于英国伦敦，是 20 世纪著名的数学家之一。他在计算机科学方面的主要贡献有两个：一是建立图灵机（Turing machine，

TM）模型，奠定了可计算理论的基础；二是提出图灵测试，阐述了机器智能的概念。

图灵机模型由一个处理器 P、一个读/写头（W/R）和一条无限长的存储带（M）组成，由处理器控制读/写头在存储带上左右移动，并在存储带上写入符号和读出符号，这与现代计算机的处理器读/写存储器相类似。图灵机对现代数字计算机的一般结构、可实现性和局限性产生了深远的影响。

1950 年 10 月，图灵在哲学期刊 *Mind* 上发表了一篇著名论文 *Computing Machinery and Intelligence*（计算机器与智能）。他指出，如果一台机器对于质问的响应与人类做出的响应完全无法区别，那么这台机器就具有智能。今天人们把这个论断称为图灵测试（Turing test），它奠定了人工智能的理论基础。

1954 年，42 岁的图灵英年早逝。为了纪念图灵在计算机领域奠基性的贡献，美国计算机协会（Association for Computing Machinery，ACM）于 1966 年创立了"图灵奖"，每年颁发给在计算机科学领域的领先研究人员，号称计算机业界和学术界的诺贝尔奖。

另一个也被称为计算机之父的是美籍匈牙利数学家冯·诺依曼。冯·诺依曼 1903 年 12 月 28 日生于匈牙利布达佩斯的一个犹太人家庭，他对计算机的杰出贡献在于最先提出了数字计算机的冯·诺依曼结构，其基本形式一直到现在还在使用。1945 年 6 月，冯·诺依曼与戈德斯坦、勃克斯等联名发表了一篇长达 101 页的报告，即计算机史上著名的"101 页报告"。该报告明确规定出计算机的五大部件，并用二进制替代十进制运算。该方案的革命意义在于创造性地提出了"存储程序和程序控制"的计算机结构，以便计算机能自动依次执行指令。后来人们把这种"存储程序和程序控制"体系结构的机器统称为冯·诺依曼机。直到今天，"101页报告"仍然被认为是现代计算机科学发展里程碑式的文献。

视频 1-3   计算工具的发展历程

1.2.2 电子计算机的诞生和发展

1. 电子计算机的诞生

图 1.3   世界上第一台电子计算机 ENIAC

1946 年 2 月 15 日，出于美国军方对弹道研究的计算需要，世界上第一台电子计算机 ENIAC[①]（electronic numerical integrator and computer）正式宣布诞生，它的全称为电子数值积分计算机，如图 1.3 所示。

ENIAC 使用了 18 800 个电子管，占地 170m²，重约 30 t，功率达 150kW，每秒运算 5000 次。第一台电子计算机诞生的目的是军事方面的应用，但它也和其他军工产品一样，随着技术的成熟逐渐走向民用。虽然它与当今计算机相比很落后，但是 ENIAC 标志着人类开始步入以电子科技为主导的新纪元。

---

① 1973 年，美国联邦地方法院注销了 ENIAC 的专利，并认定世界上第一台计算机为 ABC（Atanasoff-Berry Computer，阿塔纳索夫-贝瑞计算机）。

2. 计算机的发展历程

计算机从诞生至今，只有半个多世纪，然而它发展之迅速、普及之广泛、对整个社会和科学技术影响之深远，远非其他任何学科所能比拟。在推动计算机发展的众多因素中，电子元器件的发展起着决定性的作用。此外，计算机系统结构和计算机软件技术的发展也起着重大的作用。随着数字科技的革新，计算机差不多每 10 年就更新换代一次。可根据计算机所采用的基本电子元件和使用的软件情况将其发展分成四个阶段，习惯上称为四代（两代计算机之间时间上有重叠）。

（1）第一代计算机——电子管计算机

从 1946 年底到 20 世纪 50 年代末期是计算机发展的第一代。其特征是：采用电子管作为计算机的基本电子元件，内存储器采用水银延迟线，外存储器有纸带、卡片、磁带和磁鼓等。

第一代计算机已经采用了二进制数，由电位"高"和"低"、电子元件的"导通"和"截止"来表示"1"或"0"。此时计算机还没有系统软件，科学家们只能用机器语言或汇编语言编程，工作十分浩繁辛苦。由于当时研制水平及制造工艺的限制，其运算速度只有每秒几千次到几万次，内存储器容量仅几千字节。因此，第一代计算机体积庞大，造价很高，主要用于军事和科学研究工作。除 ENIAC 外，著名的第一代计算机还有 EDVAC、EDSAC、UNIVAC 等。

（2）第二代计算机——晶体管计算机

从 20 世纪 50 年代中期到 60 年代末期是计算机发展的第二代。1947 年，美国物理学家巴丁、布拉顿和肖克利合作发明了晶体管装置并于 1956 年获奖。晶体管比电子管功耗少、体积小、质量小、工作电压低，且工作可靠性好。这一发明引发了电子技术的根本性变革，对科学技术的发展具有划时代的意义，给人类社会生活带来了不可估量的影响。1954 年，贝尔实验室制成了第一台晶体管计算机 TRADIC，使计算机体积大大缩小。1958 年，美国研制成功了全部使用晶体管的计算机，从而诞生了第二代计算机。

第二代计算机的运算速度比第一代计算机提高了近百倍。其特征是：用晶体管代替了电子管，内存储器普遍采用磁芯，每颗磁芯可存一位二进制数，外存储器采用磁盘。运算速度提高到每秒几十万次，内存储器容量扩大到几十万字节，价格大幅度下降。

在软件方面也有了较大发展，面对硬件的监控程序已经投入实际运行并逐步发展成为操作系统。人们已经开始用 FORTRAN、ALGOL60、COBOL 等高级语言编写程序，这使计算机的使用效率大大提高。自此之后，计算机的应用从数值计算扩大到数据处理和事务处理、工业过程控制等领域，并开始进入商业市场。其代表机型有 IBM 7090、UNIVAC Ⅱ，以及贝尔的 TRADIC 等。

（3）第三代计算机——集成电路计算机

从 20 世纪 60 年代中期到 70 年代初期是计算机发展的第三代。20 世纪 60 年代初期，美国的基尔比和诺伊斯发明了集成电路（integrated circuit，IC）。集成电路工艺可以在几平方毫米的单晶硅片上集成由十几个甚至上百个电子元件组成的逻辑电路。其基本特征是：逻辑元件采用小规模集成电路（small scale integration，SSI）和中规模集成电路（middle scale integration，MSI）。此后，集成电路的集成度以每 3～4 年提高一个数量级的速度增长。第三代计算机的运算速度每秒可达几十万次到几百万次。随着存储器进一步发展，其体积越来越小，价格越来越低，而软件越来越完善。

这一时期，计算机同时向标准化、多样化、通用化、机种系列化发展。系统软件发展到了分时操作系统，它可以使多个用户共享一台计算机的资源。程序设计语言方面则出现了以 Pascal 语言为代表的结构化程序设计语言，还有会话式的高级语言，如 BASIC 语言。计算机开始广泛应用在各个领域，其代表机型有 IBM 360 系列、Honeywell 6000 系列、富士通 F230 系列等。

（4）第四代计算机——大规模集成电路计算机

从 20 世纪 70 年代初期至今是计算机发展的第四代。第四代计算机的基本元件采用大规模集成电路（large scale integration，LSI）和超大规模集成电路（very large scale integration，VLSI）技术，在硅半导体上集成了大量的电子元器件，并且用集成度很高的半导体存储器替代了磁芯存储器，运算速度可达每秒几百万次甚至上亿次基本运算。这使得计算机的体积、质量、成本大幅度降低。

操作系统随着计算机软件的进一步发展不断完善，应用软件的开发已逐步成为一个现代产业。计算机的应用已渗透到社会生活的各个领域。

特别值得一提的是，这一时期出现了微型计算机（microcomputer），微型计算机的问世才真正使人类认识了计算机并能广泛使用计算机。1971 年 11 月，美国 Intel 公司把运算器和逻辑控制电路集成在一起，成功地用一块芯片实现了中央处理器的功能，制成了世界上第一片微处理器 Intel 4004，并以它为核心组成微型计算机 MCS-4。随后，许多公司如 Motorola 公司、Zilog 公司等争相研制微处理器，生产微型计算机。微型计算机以其功能强、体积小、灵活性大、价格便宜等优势，显示了强大的生命力。短短的 40 多年时间，微处理器和微型计算机已经经历了数代变迁，其日新月异的发展速度是其他任何技术所不能比拟的。

从第一代到第四代，计算机的体系结构都是相同的，即由控制器、存储器、运算器和输入/输出设备组成，称为冯·诺依曼体系结构。

表 1.1 所示列出了计算机的发展历程。

表 1.1　计算机的发展历程

主要指标	第一代 （1946~1958 年）	第二代 （1959~1964 年）	第三代 （1965~1970 年）	第四代 （1971 年至今）
电子器件	电子管	晶体管	中小规模集成电路	大规模集成电路和 超大规模集成电路
内存储器	磁芯、磁鼓	磁芯、磁鼓	磁芯、磁鼓 半导体存储器	半导体存储器
处理方式	机器语言 汇编语言	监控程序 作业批量连续处理 高级语言编译	操作系统 多道程序 实时系统 会话式高级语言	实时、分时处理 网络操作系统 数据库系统
运算速度	几千次~几万次/秒	几十万次/秒	几十万次~几百万次/秒	几百万次甚至上亿次/秒
主要应用	科学计算和 军事计算	开始广泛应用于数据 处理领域	在科学计算、数据处理、工业控制等领域得到广泛应用	深入各行各业，家庭和个人开始使用计算机

3. 我国计算机工业的发展

1956 年，周恩来总理亲自提议、主持、制定我国《十二年科学技术发展规划》，选定了"计算机、电子学、半导体、自动化"作为其中的四项主要内容，并制定了计算机科研、生产、教育发展计划。我国计算机事业由此起步。

1958年8月1日，我国第一台小型电子管数字计算机103机诞生。该机字长32位、每秒运算30次，采用磁鼓内部存储器，容量为1K字节。1959年9月我国第一台大型电子管计算机104机（图1.4）研制成功。该机运算速度为每秒1万次，字长39位，采用磁芯存储器，容量为2～4K字节，并配备了磁鼓外部存储器、光电纸带输入机和1/2寸磁带机。

图1.4　我国第一台大型电子管计算机104机

1965年6月，我国自行设计的第一台晶体管大型计算机109乙机在中国科学院计算技术研究所诞生，字长32位，运算速度为每秒10万次，内存储器容量为双体24K字节。

1981年3月，GB 2312—1980国家标准《信息交换用汉字编码字符集　基本集》正式颁发。这是第一个汉字信息技术标准。

1981年7月，由北京大学负责总体设计的汉字激光照排系统原理样机通过鉴定。该系统在激光输出精度和软件的某些功能方面，达到了国际先进水平。

1983年12月，国防科技大学研制成功我国第一台亿次巨型计算机银河-I，其运算速度为每秒1亿次。银河机的研制成功，标志着我国计算机科研水平达到了一个新高度。

1989年7月，金山公司的WPS软件问世，它填补了我国计算机字处理软件的空白，并得到了极其广泛的应用。

1994年4月20日，中关村地区教育与科研示范网络（National Computing and Networking Facility of China，NCFC）完成了与Internet的全功能IP连接，从此，中国正式被国际上承认是接入Internet的国家。

2002年9月28日，中国科学院计算技术研究所宣布中国第一个可以批量投产的通用CPU"龙芯1号"芯片研制成功。其指令系统与国际主流系统MIPS兼容，定点字长32位，浮点字长64位，最高主频可达266MHz。此芯片的逻辑设计与版图设计具有完全自主的知识产权，打破了中国无"芯"的历史。采用该CPU的曙光"龙腾"服务器同时发布。

2003年12月9日，联想承担的国家网格主结点"深腾6800"超级计算机正式研制成功，其实际运算速度达到每秒4.183万亿次，全球排名第14，运行效率78.5%。

2004年6月21日，美国能源部劳伦斯伯克利国家实验室公布了全球计算机500强名单，曙光计算机公司研制的超级计算机"曙光4000A"排名第十，运算速度达每秒8.061万亿次。

2005年4月18日，由中国科学研究院计算技术研究所研制的中国首个拥有自主知识产权的通用高性能 CPU "龙芯二号"正式亮相。"龙芯二号"采用 0.18μm 的工艺,实际性能与 1GHz 的奔腾 4 性能相当。"龙芯 2 号"支持 64 位 Linux 操作系统和 X-Window 视窗系统,比 32 位的"龙芯 1 号"更流畅地支持视窗系统、桌面办公、网络浏览、DVD 播放等应用。

　　2009 年 10 月 29 日,国防科技大学成功研制出峰值性能为每秒 1206 万亿次的"天河一号"超级计算机,如图 1.5 所示。在 2010 年 11 月的"世界超级计算机 500 强"排行榜中位列第一。"天河一号"的研制成功,标志着中国超级计算机应用水平进入国际先进行列。

图 1.5　"天河一号"超级计算机

　　2015 年 11 月,天河家族的新贵"天河二号"连续 6 次登上世界运算速度最快的超级计算机宝座。

　　2016 年 6 月,由国家并行计算机工程技术研究中心研制的"神威·太湖之光"(图 1.6)取代"天河二号"登上榜首,不仅速度比第二名"天河二号"快出近 2 倍,其效率也提高 3 倍。同年 11 月,我国科研人员依托"神威·太湖之光"超级计算机的应用成果首次荣获"戈登·贝尔"奖,实现了我国高性能计算应用成果在该奖项上零的突破。

视频 1-4　电子计算机的诞生和发展

　　2017 年 11 月,"神威·太湖之光"以每秒 9.3 亿亿次的浮点运算速度在全球超级计算机 500 强榜单中第四次夺冠。

　　作为算盘这一古老计算器的发明者,中国拥有了历史上计算速度最快的工具,中国超级计算机上榜总数量也超过美国名列第一。

图 1.6　"神威·太湖之光"超级计算机

1.2.3　计算机的分类

随着计算机技术的发展和应用的推动，尤其是微处理器的发展，计算机的类型越来越多样化。根据用途及其使用的范围，计算机可以分为专用机和通用机。专用机大多是针对某种特殊的要求和应用而设计的计算机，有专用的硬件和专用的软件，扩展性不强，一般功能比较单一，难以升级，也不能当通用计算机使用。通用机则是为满足大多数应用场合而推出的计算机，可灵活应用于多个领域，通用性强。为照顾多种应用领域，它的系统一般比较复杂，功能全面，支持它的软件也五花八门，应有尽有。通用机可以应用于各种场合，只需配置相应的软件即可。与专用计算机相比，通用机的应用非常广泛，是生产量最多的一种机型。

按信息处理方式，计算机可分为模拟计算机和数字计算机两大类。模拟计算机的主要特点是参与运算的数值由不间断的连续量表示，其运算过程是连续的。模拟计算机由于受元件质量影响，其计算精度较低，应用范围较窄，目前已很少生产。数字计算机的主要特点是参与运算的数值用断续的数字量表示，其运算过程按数字位进行计算。数字计算机由于具有逻辑判断等功能，以近似人类大脑的"思维"方式进行工作，所以又称为"电脑"。

按物理结构，计算机可分为单片机（IC 卡，由一片集成电路制成，其体积小、质量小，结构十分简单）、单板机（IC 卡机、公用电话计费器）和芯片机（手机、掌上电脑等）。

从计算机的运算速度等性能指标来看，计算机主要有高性能计算机、微型计算机、工作站、服务器、嵌入式计算机等。这种分类标准不是固定不变的，只能针对某一个时期。

1. 高性能计算机

高性能计算机是指目前速度最快、处理能力最强的计算机，在过去称为巨型计算机或大型计算机。它是当代运算速度最高、存储容量最大、通道速度最快、处理能力最强、工艺技术性能最先进的通用超级计算机。高性能计算机代表了一个国家的科学技术发展水平，世界上只有少数几个国家生产高性能计算机。

中国的巨型计算机之父是 2004 年国家最高科学技术奖获得者金怡濂院士。他在 20 世纪 90 年代初提出了一个我国超大规模巨型计算机研制的全新的跨越式的方案，这一方案把巨型计算机的峰值运算速度从每秒 10 亿次提升到每秒 3000 亿次以上，跨越了两个数量级，闯出了一条中国巨型计算机赶超世界先进水平的发展道路。金怡濂院士是我国"神威"超级计算机的总设计师。

高性能计算机数量不多，但有重要和特殊的用途。在军事上，其可用于战略防御系统、大型预警系统、航天测控系统等。在民用方面，其可用于大区域中长期天气预报、大面积物探信息处理系统、大型科学主板和模拟系统等。

2. 微型计算机

微型计算机是一种面向个人的计算机，又可称为 PC（personal computer），其因体积小、功耗低、功能强、可靠性高、结构灵活，对使用环境要求低，一般家庭和个人都能买得起用得上，因而得到了迅速普及和广泛应用。微型计算机的普及程度代表了一个国家的计算机应用水平。微型计算机技术发展迅猛，平均每 2~3 个月就有新产品出现，1~2 年产品就更新换代一次，每两年芯片的集成度可提高一倍，性能提高一倍。

微型计算机的问世和发展，使计算机真正走出了科学的殿堂，进入人类社会生产和生活的各个方面。计算机从过去只限于少数专业人员使用普及到广大民众，成为人们工作和生活不可缺少的工具，从而将人类社会推入信息时代。

微型计算机的各类很多，主要分三类：台式机（desktop computer）、笔记本式计算机（notebook computer）和掌上电脑（personal digital assistant，PDA）。

3. 工作站

工作站是一种介于微型计算机与小型计算机之间的高档微型计算机系统。其运算速度比微型计算机快，且有较强的联网功能。工作站通常配有高分辨率的大屏幕显示器和大容量的内、外存储器，具有较强的数据处理能力与高性能的图形功能。

工作站一般有较特殊的用途，如图像处理、计算机辅助设计等。需要注意的是，它与网络系统中的"工作站"虽然名称一样，但含义不同。网络上的"工作站"常常泛指联网用户的结点，通常只需要一般的 PC，以区别于网络服务器。

4. 服务器

服务器是一种在网络环境中为多个用户提供服务的计算机系统。从硬件上来说，一台普通的微型计算机也可以充当服务器，关键是它要安装网络操作系统、网络协议和各种服务软件，具有大容量的存储设备、丰富的外部设备和较高的运行速度。服务器的管理和服务有文件、数据库、图形、图像，以及打印、通信、安全、保密和系统管理、网络管理等，服务器上的资源可供网络用户共享。

5. 嵌入式计算机

嵌入式计算机是作为一个信息处理部件，嵌入应用系统之中的计算机。嵌入式计算机与通用型计算机最大的区别是运行固化的软件，用户很难或不能改变。嵌入式计算机目前广泛用于各种家用电器之中，如电冰箱、自动洗衣机、数字电视机、数码照相机等。

1.2.4 未来新型计算机

从 1946 年世界上第一台电子计算机诞生以来，电子计算机已经走过了 70 多年的历程，计算机的体积不断变小，但性能、速度在不断提高。然而，人类的追求是无止境的，一刻也没有停止过研究更好、更快、功能更强的计算机，计算机将朝着微型化、巨型化、网络化和智能化方向发展。但是，目前大多数计算机都称为冯·诺依曼计算机，从目前的研究情况看，未来新型计算机将可能在下列几个方面取得革命性的突破。

1. 生物计算机

生物计算机，即脱氧核糖核酸（deoxyribonucleic aicd，DNA）分子计算机，主要由生物工程技术产生的蛋白质分子组成的生物芯片构成，通过控制 DNA 分子间的生化反应来完成运算。

20 世纪 70 年代，人们发现 DNA 处于不同状态时可以代表信息的有或无。DNA 分子中的遗传密码相当于存储的数据，DNA 分子间通过生化反应，从一种基因代码转变为另一种基因代码。反应前的基因代码相当于输入数据，反应后的基因代码相当于输出数据。只要能控制这一反应过程，就可以制成 DNA 计算机。

以色列科学家在《自然》杂志上宣布，他们已经研制出一种由 DNA 分子和酶分子构成的微型"生物计算机"，一万亿个这样的计算机仅一滴水那样大，每秒钟可以进行 10 亿次运算，而且准确率高达 99.8%以上。这是全球第一台生物计算机。以色列魏茨曼研究所的科学家说，他们使用两种酶为计算机"硬件"，DNA 为"软件"，输入和输出的"数据"都是 DNA 链。把溶有这些成分的溶液恰当地混合，就可以在试管中自动发生反应，进行"运算"。

目前，在生物计算机研究领域已经有了新的进展，在超微技术领域也取得了某些突破，制造出了微型机器人。长远目标是让这种微型机器人成为一部微小的生物计算机，它们不仅小巧玲珑，而且可以像微生物那样自我复制和繁殖，可以钻进人体里杀死病毒，修复血管、心脏、肾脏等内部器官的损伤，或者使引起癌变的 DNA 突变发生逆转，从而使人延年益寿。

2. 分子计算机

分子计算机的运行靠的是分子晶体可以吸收以电荷形式存在的信息，并以更有效的方式进行组织排列。凭借着分子纳米级的尺寸，分子计算机的体积将剧减。此外，分子计算机耗电可大大减少并能更长期地存储大量数据。

加利福尼亚大学洛杉矶分校和惠普公司研究小组曾在英国《科学》杂志上撰文，称他们通过把能生成晶体结构的轮烷分子夹在金属电极之间，制作出分子"逻辑门"这种分子电路的基础元件。美国橡树岭国家实验室则采用把菠菜中的一种微小蛋白质分子附着于金箔表面并控制分子排列方向的办法，制造出逻辑门。这种蛋白质可在光照几万分之一秒的时间内产生感应电流。据称基于单个分子的芯片可比现在芯片的体积大大减小，而效率大大提高。

3. 光子计算机

光子计算机利用光子取代电子进行数据运算、传输和存储。在光子计算机中，不同波长的光表示不同的数据，可快速完成复杂的计算工作。制造光子计算机，需要开发出可以用一条光束来控制另一条光束变化的晶体管。尽管目前可以制造出这样的装置，但是它庞大而笨拙，用其制造一台计算机，体积将有一辆汽车那么大。因此，短期内光子计算机达到实用很难。

与传统的硅芯片计算机相比，光子计算机有三大优势：首先，光子的传播速度无与伦比，电子在导线中的运行速度与其无法相比，采用硅-光混合技术后，其传播速度可达每秒万亿字节；其次，光子不像带电的电子那样相互作用，因此经过同样窄小的空间通道可以传送更多数据；最后，光无须物理连接。如果能将普通的透镜和激光器做得很小，足以装在微芯片的背面，那么未来的计算机就可以通过稀薄的空气传递信号了。根据推测，未来光子计算机的运算速度可能比今天的超级计算机快 1000～10 000 倍。

1990 年，美国贝尔实验室宣布研制出世界上第一台光学计算机。它采用砷化镓光学开关，运算速度达每秒 10 亿次。尽管这台光学计算机与理论上的光学计算机还有一定距离，但已显示出强大的生命力。目前光学计算机的许多关键技术，如光存储技术、光存储器、光电子集成电路等都已取得重大突破。预计在未来一二十年内，这种新型计算机可取得突破性进展。

4. 量子计算机

所谓量子计算机，是指利用处于多现实态下的原子进行运算的计算机，这种多现实态是量子力学的标志。在某种条件下，原子世界存在着多现实态，即原子和亚原子粒子可以同时存在于此处和彼处，可以同时表现出高速和低速，可以同时向上和向下运动。如果用这些不同的原子状态分别代表不同的数字或数据，就可以利用一组具有不同潜在状态组合的原子，在同一时间对某一问题的所有答案进行探寻，再利用一些巧妙的手段，就可以使代表正确答案的组合脱颖而出。

把量子力学和计算机结合起来的可能性，是在 1982 年由美国著名物理学家理查德·费因曼首次提出的。随后，英国牛津大学物理学家戴维·多伊奇于 1985 年初步阐述了量子计算机的概念，并指出量子并行处理技术会使量子计算机比传统的计算机功能更强大。美国、英国、以色列等国家都先后开展了有关量子计算机的基础研究。2001 年底，美国 IBM 公司的科学家专门设计的将多个分子放在试管内作为 7 个量子比特的量子计算机，成功地进行了量子计算机的复杂运算。

与传统的电子计算机相比，量子计算机具有解题速度快、存储量大、搜索功能强和安全性较高等优点。

第一代至第四代计算机代表了它的过去和现在，从新一代计算机身上则可以展望到计算机的未来。虽然目前这些新型计算机都还远没有达到实用阶段，到目前为止，人们也还只是搭建出以人脑神经系统处理信息的原理为基础设计的非冯·诺依计算机模型，但有理由相信，就像巴贝奇的分析机模型和图灵的"图灵机"都先后变成现实一样，今天还在研制中的非冯·诺依曼式计算机，将来也必将成为现实。

1.3　计算机在信息社会中的应用

计算机及其应用已渗透到社会的各行各业，正在改变着传统的工作、学习和生活方式，推动着社会的发展。从下面几例应用即可窥见一斑。

1.3.1　计算机的应用领域

1. 工商

工商是应用计算机较早的领域之一，现在大多数的公司严重地依赖计算机维持自己的正常运转。

在银行，计算机每天要处理大量的文档，如支票、存款单、取款单、贷款和抵押清偿等的票据，账户的结算更是通过计算机完成的。另外，所有银行都提供了自动化服务，如 24 小时服务的自动柜员机（automatic teller machine，ATM）、电子转账、账单自动支付等，这些服务都需要计算机来完成。对银行业来说，计算机技术最大的优点是提高了票据处理的效率。

在商业，不仅零售商店运用计算机管理商品的销售情况和库存情况，为经理提供最佳的决策，还实现了电子商务，即利用计算机和网络进行商务活动。

在建筑业，建筑物的内部和外部都可以用计算机进行详细的设计，生成动画形式的三维视图。在正式动工之前，可以预览完工后的效果，还可以检测设计是否完整及是否符合标准。

在制造业，从面包机到航天器等各种类型的产品都可以用计算机设计。计算机设计的图形是三维图形，可以在屏幕上自由旋转，从不同的角度表现设计，从而清晰地展现所有独立的部件。计算机还可以生产设备，实现从设计到生产的完全自动化。

2. 教育

早期的计算机辅助教育是非常机械的。通常计算机在屏幕上显示一道题，让学生输入或选择答案。显然，这种软件不能激发学生的创造力和想象力，很快让人厌烦。随着多媒体的广泛应用，教育软件不仅仅是显示简单的文字和图形，还包括音乐、语音、三维动画及视频。有些软件采用真人发音方式，让学生更加投入地练习语言发音。有些软件采用了"仿真技术"，屏幕上再现现实世界的某些事物，如让医学院的学生在计算机上进行人体解剖实验。开展计算机辅助教育不仅使学校教育发生了根本变化，还可以使学生在学校里就能体验计算机的应用，使学生牢固地树立计算机的应用意识。

计算机在教育领域的另一个重要应用是远程教育。当今的网络技术和通信技术已经能够在不同的站点之间建立起一种快速的双向通信，突破了时空的限制，跨越传统陈旧的教育模式，极大程度地激发了学生学习知识的兴趣，减少了教育中大量人力物力的投入，节省了学生往返学校的时间，增强了知识的连接。这种远程教育形式不仅适用于在校学生，还适用于一般业余进学者，可以通过电视广播、辅导专线、互联网等多种渠道进行学习；不仅增大了教育范围，还增加了学习的方式，如尔雅通识课学习等网络远程教育形式。

3. 医药

计算机在医药行业中应用非常普遍。医院的日常事务采用计算机管理，如电子病历、电子处方等，各种用途的医疗设备也都由计算机自动控制。

在医药领域，计算机的另一项重要用途是医学成像，它能够帮助医生清楚地看到病人体内的情况，而不损伤身体。计算机断层扫描（computerized axial tomography，CAT）从不同的角度用 X 射线照射病人，得到其体内器官的一系列二维图像，最后生成一个真实的三维构造。磁共振成像（magnetic resonance imaging，MRI）通过测量人体内化学元素发出的无线电波，由计算机将信号将其转换成二维图像，最后也可以生成三维场景。

与 Internet 同步发展起来的是远程诊疗技术。一个偏远地方的医院可能既没有先进设备又没有专家。利用远程会诊系统，一个北京的专家可以根据传来的图像和资料，对当地医院的疑难病例进行会诊，甚至指导当地的医生完成手术。这种远程会诊系统可使病人免去长途奔波之苦，并能及时地收到来自专家的意见，以免贻误治疗时机。

4. 政府

政府无疑是最大的计算机客户。许多政府部门一直在使用计算机管理日常业务，实现了办公自动化。为了适应信息化建设的现实需求和面对信息时代、知识经济的挑战，提高政府的行政效率，政府已经开始上网，在不远的将来我们会看到一个全新的政府——"电子政府"。

所谓电子政府，就是在网上成立一个虚拟的政府，在 Internet 上实现政府的职能工作。凡是在网下可以实现的政府职能工作，在网上基本上都要实现（一些特殊情况除外）。政府上网以后，可以在网上向所有公众公开政府部门的有关资料、档案、日常活动等。在网上建立起政府与公众之间相互交流的桥梁，为公众与政府部门打交道提供方便，并从网上行使对政府的民主监督权利。同时，公众也可在网上完成如纳税、项目审批等与政府有关的各项工作。在政府内部，各部门之间也可以通过 Internet 互相联系，各级领导也可以在网上向各部门做出各项指示，指导各部门机构的工作。

5. 娱乐

计算机游戏已经不再像早期的下棋游戏那样简单，而是多媒体网络游戏。远隔千山万水的玩家可以把自己置身于虚拟现实中，通过 Internet 对战。在虚拟现实中，游戏通过特殊装备为玩家营造身临其境的感受，甚至有些游戏还要求戴上特殊的目镜和头盔，将三维图像直接带到玩家的眼前，使其感觉到似乎真的处于一个"真实"的世界中，有的要求戴上特殊的手套，真正"接触"虚拟现实中的物体。此外，特殊设计的运动平台可使人体验高速运动时的抖动、颠簸、倾斜等感觉。

计算机在电影中的主要应用是电影特技，通过计算机巧妙地合成和剪辑制作在现实世界无法拍摄的场景，营造令人震撼的视觉效果。

今后有一个趋势是游戏与影视剧的互动，即在拍摄影视剧的同时制作相应的游戏。影视剧的主人翁与游戏中的主人翁会相互切换，真正做到剧中有我，游戏中有他，游戏与影视剧情融为一体。

计算机在音乐领域是无处不在的。计算机不仅可以录制、编辑、保存和播放音乐，还可以改善音乐的效果，从 Internet 下载高保真的音乐，甚至直接在计算机上制作数码音乐等。

6. 科研

计算机在科研中一直占有重要的地位。第一台计算机 ENIAC 就是为科研发明的。现在许多实验室用计算机监视与收集实验及模拟期间的数据，随后用软件对结果进行统计分析，并判断它们的重要性。在许许多多的科研工作中，计算机都是不可少的工具。

7. 家庭

计算机已经进入家庭，家庭信息化将使家庭所有的信息产品实现数字化；报纸、杂志和书籍，以及照片、音乐、声音和影像等信息的处理、存储和传输也在应用数字化技术。这样，就可以通过计算机对各种信息进行统一的处理。设置在家庭的大容量计算机不仅能够接收报纸、杂志和书籍，还能够通过有线或无线接收电影、音乐等信息产品和新闻、天气预报等电视节目，它不仅仅是信息接收装置，还是从家庭向外播发信息的中心。家庭内的所有电子和电气产品都将相互或者与 Internet 连接，家庭、学校、政府机关、医院、企事业单位等都被连接在一起，申请、申报、订货、咨询等过去通过电话和到邮局去办理的手续今后都可以在电子认证的前提下改用网络，并且由于采用了移动通信技术，因此出差在外地也能够享受像在家里那样的服务。组装了微处理器的数字化家庭电器经由家庭内网络与 Internet 联网，由计算机进行控制，从外部可以对水、电、气等进行有效的控制，达到节约能源和资源的目的。

1.3.2　计算机的应用类型

归纳起来，计算机的应用主要有下面几种类型。

1. 科学计算

科学计算也称为数值计算，是计算机最早的应用领域。科学计算主要是指在国防、航天等尖端研究领域中十分庞大而复杂的计算。这些计算必须要利用计算机的速度快、精度高、存储容量大的特点。例如，天气预报需要求解大型线性方程组，导弹飞行需要在很短的时间内计算出它的飞行轨迹并控制其飞行。此外，宏观的天文数字计算和微观的分子结构计算都离不开计算机。

2. 数据处理

数据处理也称为非数值计算，主要是指利用计算机来加工、管理和操作任何形式的数据资料，包括对数据资料的收集、存储、加工、分类、排序、检索和发布等一系列工作。传输和处理的数据有文字、图形、声音及图像等各种信息。数据处理包括办公自动化（office automation，OA）、财务管理、金融业务、情报检索、计划调度、项目管理、市场营销、决策系统的实现等。

特别值得一提的是，我国成功地将计算机应用于印刷业，真正告别了"铅与火"的时代，进入了"光与电"的时代。近年来，国内许多机构纷纷建设自己的管理信息系统（management information system，MIS）；生产企业也开始采用制造资源规划（manufacturing resource planning，MRP）软件；商业流通领域则逐步使用电子信息交换（electronic data interchange，EDI）系统，即所谓无纸贸易。

数据处理是计算机应用最广泛的领域，其特点是要处理的原始数据量大，而算术运算比较简单，并有大量的逻辑运算和判断，其结果要求以表格或图形等形式存储或输出。事实上，计算机在非数值方面的应用已经远远超过了在数值计算方面的应用。

3. 生产过程控制

过程控制又称适时控制，指用计算机实时采集检测数据，按最佳值迅速地对控制对象进行自动控制或自动调节。利用计算机进行过程控制，不仅可以大大提高控制的自动化水平，还可以提高控制的及时性和准确性，从而改善劳动条件、提高质量、节约能源、降低成本。计算机过程控制已在化工、冶金、机械、电力、石油和轻工业部门得到了广泛的应用，且效果非常显著。

例如，化工生产过程中的对原料配方比、温度、压力的控制，机械加工中数控机床对加工工序及切削精度的控制，巷道掘进作业中的机械手，等等。计算机在现代家用电器中也有不少应用，如全自动洗衣机就是由计算机程序控制的。

4. 计算机辅助技术

计算机辅助技术应用范围非常广泛，主要包括以下内容。

计算机辅助设计（computer aided design，CAD），就是用计算机帮助设计人员进行设计，实现最优化的设计方案，同时利用计算机绘图，这样不但提高了设计质量，而且大大缩短了设计周期。在我国，建筑设计、机械设计、电子电路设计等行业的 CAD 系统已相当成熟。

计算机辅助制造（computer asisted manufacturing，CAM），就是用计算机进行生产设备的管理、控制和操作的过程。例如，在产品的制造过程中，用计算机控制机器的运行、处理生产过程中所需的数据、控制和处理材料的流动及对产品进行检验等。使用 CAM 技术可以提高产品的质量，降低成本，缩短生产周期。

除了 CAD 和 CAM 之外，计算机辅助系统还有计算机辅助工艺规划（computer aided process planning，CAPP）、计算机辅助工程（computer aided engineering，CAE）、计算机辅助测试（computer asisted testing，CAT）、计算机辅助教学（computer asisted instruction，CAI）等。

计算机集成制造系统（computer integrated manufacturing system，CIMS），是指将以计算机为中心的现代化信息技术应用于企业管理与产品开发制造的新一代制造系统，是 CAD、CAPP、CAE、CAQ（computer aided quality，计算机辅助质量管理）、PDMS（product data management system，产品数据管理系统）、管理与决策、网络与数据库及质量保证系统等子系统的技术集成。它将设计、制造与企业管理相结合，全面统一考虑一个制造企业的状况，合理安排工作流程和工序，使企业实现整体最优效益。

5. 电子商务

电子商务（electronic commerce，EC，或 electronic business，EB）是指利用计算机和网络进行的商务活动。具体地说，是指在 Internet 开放的网络下，基于客户端/服务器应用方式，主要为电子商户提供服务，实现消费者的网上购物、商户之间的网上交易和在线电子支付的一种的商业运营模式。

Internet 上的电子商务可以分为三个方面：信息服务、交易和支付。其主要内容包括电子商情广告、电子选购和交易、电子交易凭证的交换、电子支付与结算及售后的网上服务等。主要交易类型有企业与个人的交易（B to C 方式）和企业之间的交易（B to B 方式）两种。参与电子商务的实体有四类：顾客（个人消费者或企业集团）、商户（包括销售商、制造商、储运商）、银行（包括发卡行、收单行）及认证中心。

电子商务是 Internet 爆炸式发展的直接产物，是网络技术应用的全新发展方向。Internet 本身所具有的开放性、全球性、低成本及高效率的特点，也成为电子商务的内在特征，并使电子商务大大超越了其作为一种新的贸易形式所具有的价值。它不仅会改变企业本身的生产、经营及管理活动，还将影响整个社会的经济运行结构。

电子商务对我们的生活方式也产生了深远影响。网上购物、网上搜索功能可方便地让顾客货比多家。同时，消费者将能够以一种十分轻松自由的自我服务方式来完成交易，从而使用户对服务的满意度大幅度提高。

6. 多媒体技术

多媒体（multimedia），又称为超媒体（hypermedia），是一种以交互方式将文本、图形、图像、音频、视频等多种媒体信息，经过计算机设备的获取、操作、编辑、存储等综合处理后以单独或合成的形态表现出来的技术和方法。特别是将图形、图像和声音结合起来表达客观事物，在方式上非常生动、直观，易被人们接受。

人们熟悉的报纸、电影、电视等，都是以它们各自的媒体进行信息传播。有些是以文字为媒体，有些是以图像为媒体，有些是以图、文、声、像为媒体。以电视为例，虽然它也是以图、文、声、像为媒体，但它与多媒体系统存在明显的差别。第一，电视观赏的全过程均是被动的，而多媒体系统为用户提供了交互特性，极大地调动了人的积极性和主动性。第二，人们过去熟悉的图、文、声、像等媒体大多数是以模拟量进行存储和传播的，而多媒体是以数字量的形式进行存储和传播的。

多媒体技术以计算机技术为核心，将现代声像技术和通信技术融为一体，以追求更自然、更丰富的接口界面，因而其应用领域十分广泛。它不仅覆盖计算机的绝大部分应用领域，同时还拓宽了新的应用领域，如可视电话、视频会议系统等。实际上，多媒体系统的应用以极强的渗透力进入了人类工作和生活的各个领域，正改变着人类的生活和工作方式，成功地塑造了一个绚丽多彩的划时代的多媒体世界。

7. 人工智能

人工智能（artificial intellegence，AI）是指用计算机来模拟人类的智能行为，包括理解语言、学习、推理和解决问题等。目前一些智能系统已经能够替代人的部分脑力劳动，获得了实际的应用，尤其是在机器人、专家系统、模式识别等方面。

人工智能是计算机学科的一个分支，被认为是 21 世纪三大尖端技术（基因工程、纳米科学、人工智能）之一。近年来它获得了迅速的发展，在很多学科领域获得了广泛应用，并取得了丰硕的成果。人工智能已逐步成为一个独立的分支，无论在理论和实践上都已自成一个系统。

总之，计算机的广泛应用，是千万科技工作者集体智慧的结晶，是人类科学发展史上最卓越的成就之一，是人类进步与社会文明史上的里程碑。计算机技术及其应用已渗透到了人类社会的各个领域，改变着人们传统的工作、生活方式。各种形态的计算机就像一把"万能"的钥匙，任何问题只要能够用计算机语言进行描述，就能在计算机上加以解决。从航天飞行到交通通信，从产品设计到生产过程控制，从天气预报到地质勘探，从图书馆管理到商品销售，从资料的收集检索到教师授课、学生考试/作业等，计算机都得到了广泛的应用，发挥着其他工具不可替代的作用。

1.3.3　计算机应用技术的新发展

1. 云计算

云计算（cloud computing）指通过网络以按需、易扩展的方式获得所需资源和服务。这种服务既可以是信息技术服务、软件服务、网络相关服务，也可拓展为其他领域服务。

云计算的核心思想和根本理念是资源来自网络，即通过网络提供用户所需的计算力、存储空间、软件功能和信息服务等，是将大量用网络连接的计算资源统一管理和调度，构成一个计算资源池向用户提供按需服务。提供资源的网络被称为"云"。"云"中的资源在使用者看来是可以无限扩展的，并且可以随时获取，按需使用，随时扩展，按使用付费，就像煤气、水电一样，取用方便，费用低廉。与煤气、水电最大的不同在于，它是通过互联网进行传输的。

2. 大数据

数据是指存储在某种介质上包含信息的物理符号，进入电子时代后，人们生产数据的能力和数量得到飞速提升，而这些数据的增加促使了大数据的产生。大数据是指无法在一定时间范围内用常规软件工具（IT 技术和软硬件工具）进行捕捉、管理、处理的数据集合，对大数据进行分析不仅需要采用集群的方法获取强大的数据分析能力，还需要研究面向大数据的新数据分析算法。

针对大数据进行分析的大数据技术，是指为了传送、存储、分析和应用大数据而采用的软件和硬件技术，也可将其看作面向数据的高性能计算系统。从技术层面来看，大数据与云计算的关系密不可分，大数据必须采用分布式架构对海量数据进行分布式数据挖掘，这使它必须依托云计算的分布式处理、分布式数据库、云存储和虚拟化技术。

大数据处理的数据源类型多种多样，在不同的场合通常需要使用不同的处理方法。在处理大数据的过程中，通常需要经过采集、导入、预处理、统计分析、数据挖掘和数据展现等步骤。整个大数据的处理流程可以定义为在适当工具的辅助下，对广泛异构的数据源进行抽取和集成，按照一定的标准统一存储数据，并通过合适的数据分析技术对其进行分析，最后提取信息，选择合适的方式将结果展示给终端用户。

例如，搜索引擎就是非常常见的大数据系统，能有效地完成互联网上数量巨大的信息的收集、分类和处理工作。搜索引擎系统大多基于集群架构，其发展为大数据研究积累了宝贵的经验。

3. 物联网

物联网（the Internet of things）是新一代信息技术的重要组成部分。顾名思义，"物联网就是物物相连的互联网"。这里有两层意思：第一，物联网的核心和基础仍然是互联网，是在互联网的基础上延伸和扩展的网络；第二，其用户端延伸和扩展到了任何物品与物品之间，进行信息交换和通信。因此，物联网的定义是通过射频识别（RFID）、红外感应器、全球定位系统、激光扫描器等信息传感设备，按约定的协议，把任何物品与互联网相连接，进行信息交换和通信，以实现对物品的智能化识别、定位、跟踪、监控和管理的一种网络。

物联网被视为互联网的应用扩展，应用创新是物联网发展的核心，以用户体验为核心的创新是物联网发展的灵魂。和传统的互联网相比，物联网有其鲜明的特征。首先，它是各种感知技术的广泛应用。物联网上部署了海量的多种类型传感器，每个传感器都是一个信息源，不同类别的传感器所捕获的信息内容和信息格式不同。传感器获得的数据具有实时性，按一定的频率周期性地采集环境信息，并不断更新数据。其次，它是一种建立在互联网上的泛在网络。物联网技术的重要基础和核心仍旧是互联网，通过各种有线和无线网络与互联网融合，将物体的信息实时准确地传递出去。物联网上的传感器定时采集的信息需要通过网络传输，由于其数量极其庞大，形成了海量信息，在传输过程中，为了保障数据的正确性和及时性，必须适应各种异构网络和协议。物联网不仅提供了传感器的连接，其本身还具有智能处理的能力，能够对物体实施智能控制。物联网将传感器和智能处理相结合，利用云计算、模式识别等各种智能技术，扩充其应用领域。物联网从传感器获得的海量信息中分析、加工和处理出有意义的数据，以适应不同用户的不同需求，发现新的应用领域和应用模式。

4. VR、AR、MR 与 CR

（1）VR

虚拟现实（augmented reality）技术又称灵境技术，是以沉浸性、交互性和构想性为基本特征的计算机高级人机界面。它综合利用了计算机图形学、仿真技术、多媒体技术、人工智能技术、计算机网络技术、并行处理技术和多传感器技术，模拟人的视觉、听觉、触觉等感觉器官功能，使人能够沉浸在计算机生成的虚拟境界中，并能够通过语言、手势等自然方式与之进行实时交互，创建了一种适人化的多维信息空间。虚拟现实的研究和开发萌生于 20 世纪 60 年代，进一步完善和应用于 20 世纪 90 年代到 21 世纪初，并逐步向增强现实、混合现实和影像现实等方向发展。

（2）AR

增强现实（augmented reality）技术是一种实时计算摄影机影像位置及角度，并赋予其相应图像、视频、3D 模型的技术。AR 技术的目标是在屏幕上把虚拟世界套入现实世界，然后与之进行互动。VR 技术是百分之百的虚拟世界，而 AR 技术则是以现实世界中的实体为主体，借助数字技术让用户可以探索现实世界并与之交互。虚拟现实看到的场景人物都是虚拟的，增强现实看到的场景人物半真半假，现实场景和虚拟场景的结合需借助摄像头进行拍摄，在拍摄画面的基础上结合虚拟画面进行展示和互动。

AR 技术包含多媒体、三维建模、实时视频显示及控制、多传感器融合、实时跟踪及注册、场景融合等多项新技术，AR 技术与 VR 技术的应用领域类似，如尖端武器、飞行器的研制与开发、数据模型的可视化、虚拟训练、娱乐与艺术等，但 AR 技术对真实环境进行增强显示输出的特性，使其在医疗、军事、古迹复原、工业维修、网络视频通信、电视转播、娱乐游戏、旅游展览、建设规划等领域的表现更加出色。

（3）MR

MR（mediated reality）即混合现实。MR 技术可以看作 VR 技术和 AR 技术的集合，VR 技术是纯虚拟数字画面，AR 技术是在虚拟数字画面上加上裸眼现实，MR 则是数字化现实加上虚拟数字画面，它结合了 VR 与 AR 的优势。利用 MR 技术，用户不仅可以看到真实世界，还可以看到虚拟物体，将虚拟物体置于真实世界中，让用户可以与虚拟物体进行互动。

（4）CR

CR（cinematic reality）即影像现实，是 Google 投资的 Magic Leap 提出的概念，其通过光波传导棱镜设计，多角度地将画面直接投射于用户的视网膜，直接与视网膜交互，产生真实的影响和效果。CR 技术与 MR 技术的理念类似，都是物理世界与虚拟世界的集合，它所完成的任务、应用的场景、提供的内容，都与 MR 相似。与 MR 技术的投射显示技术相比，CR 技术虽然投射方式不同，但本质上仍是 MR 技术的不同实现方式。

5. 3D 打印

3D 打印是一种快速成型技术，以数字模型文件为基础，运用特殊蜡材、粉末状金属或塑料等可黏合材料，通过逐层打印的方式来构造三维物体。

3D 打印需借助 3D 打印机来实现，3D 打印机的工作原理是把数据和原料放进 3D 打印机中，机器按照程序把产品一层一层地打印出来。可用于 3D 打印的介质种类非常多，如塑料、金属、陶瓷、橡胶类物质等，还能结合不同介质，打印出不同质感和硬度的物品。

3D 打印技术作为一种新兴的技术，在模具制造、工业设计等领域应用广泛，在产品制造过程中可以直接使用 3D 打印技术打印出零部件。同时， 3D 打印技术在珠宝、鞋类、工业设计、建筑、工程施工、汽车、航空航天、医疗、教育、地理信息系统、土木工程等领域都有所应用。

习 题 1

一、单选题

1. 一般认为，信息是（   ）。
   A. 数据
   B. 人们关心的事情的消息
   C. 反映物质及其运动属性及特征的原始事实
   D. 记录下来的可鉴别的符号

2. 信息资源的开发和利用已经成为独立的产业，即（   ）。
   A. 第二产业　　　　B. 第三产业　　　　C. 信息产业　　　　D. 房地产业

3. 信息技术是在信息处理中所采取的技术和方法，也可看作（   ）的一种技术。
   A. 信息存储功能　　　　　　　　B. 扩展人感觉和记忆功能
   C. 信息采集功能　　　　　　　　D. 信息传递功能

4. 所谓 3C 技术是指（   ）。
   A. 新材料和新能量
   B. 电子技术、微电子技术、激光技术
   C. 计算机技术、通信技术、控制技术
   D. 信息技术在人类生产和生活中的各种具体应用

二、填空题

1. 物质、能源和_____是人类赖以生存、发展的三大重要资源。

2. 信息处理技术就是对获取到的信息进行识别、_____、加工，保证信息安全、可靠地存储、传输，并能方便地检索、再生、利用，或便于人们从中提炼知识、发现规律的工作手段。

三、简答题

1. 计算机的发展经历了哪几个阶段？各阶段的主要特征是什么？
2. 按综合性能指标分类，常见的计算机有哪几类？
3. 什么是信息技术？
4. 信息处理技术具体包括哪些内容？3C 的含义是什么？
5. 试述当代计算机的主要应用。

第 2 章　计算机基础知识

随着计算机技术的发展，计算机应用已渗透到我们工作和生活的方方面面。为了更好地使用计算机，必须了解计算机系统的组成、工作原理、计算机的数制和信息表示等计算机的基础知识。

2.1　计算机概述

2.1.1　计算机系统的组成与工作原理

1. 计算机系统的组成

一个完整的计算机系统是由硬件系统和软件系统两部分组成的，如图 2.1 所示。硬件系统是组成计算机系统的各种物理设备的总称，是计算机系统的物质基础，如中央处理器、存储器、输入设备、输出设备等。硬件系统只能识别由 0 和 1 组成的机器代码，没有软件系统的计算机几乎是没有用的。软件系统是为运行、管理和维护计算机而编制的各种程序、数据和文档的总称。实际上，用户面对的是经过若干层软件"包装"的计算机，计算机的功能不仅仅取决于硬件系统，在更大程度上它是由所安装的软件系统所决定的。

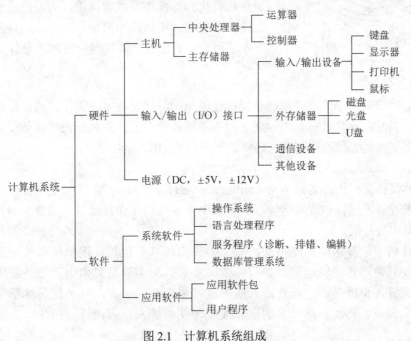

图 2.1　计算机系统组成

当然，在计算机系统中，对于软件和硬件的功能没有一个明确的分界线。软件实现的功能可以用硬件来实现，称为硬化或固化，如微型计算机的 ROM 芯片中就是固化了系统的引导程序；同样，硬件实现的功能也可以用软件来实现，称为硬件软化，如在多媒体计算机中，视频卡用于对视频信息的处理（包括获取、编码、压缩、存储、解压缩和回放等），现在的计算机一般通过软件（如播放软件）来实现。

对于一些具体功能，到底是由硬件来实现还是由软件来实现并无严格规定，完全由设计人员依据经济性、可行性、合理性来决定。一般来说，同一功能用硬件来实现，速度快，可减少所需存储容量，但灵活性和适应性差，且成本较高；用软件实现，可提高灵活性和适应性，但通常是以降低速度来换取的。

2．计算机系统的层次结构

如上所述，计算机系统由硬件和软件组成，硬件和软件又分很多类，那么综合起来，一个计算机系统实际上又是按层次关系组织起来的。这种层次关系如图 2.2 所示。

最内层是硬件，与硬件直接接触的是操作系统，操作系统属系统软件之列，它直接控制和管理硬件。而操作系统外层则为各种语言处理程序等软件，最外层才是用户程序。

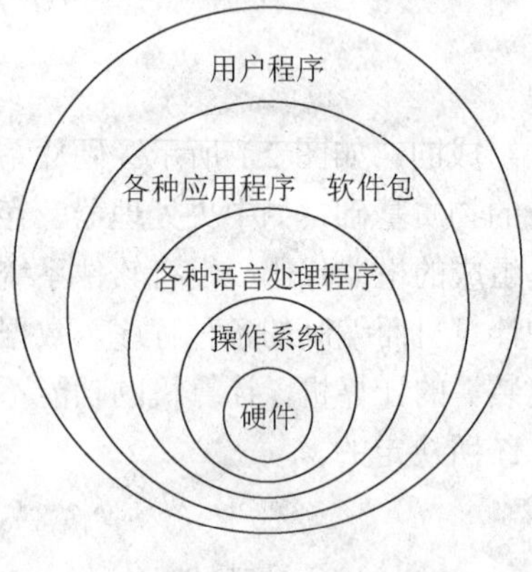

在这种层次关系中，各层之间关系是这样的：内层是外层的支撑环境，而外层则可不必了解内层的细节，只需根据约定规则来使用即可。

在这个层次关系中，操作系统起到"承内启外"至关重要的作用。它直接向内控制硬件，向外支持其他软件；它将用户与机器硬件隔离开来，凡是对硬件的一切操作均转化为对操作系统的调用，而最终由操作系统控制硬件来完成，所以操作系统是用户和硬件的接口；它方便了用户，并能最大限度地开发利用硬件的潜能。

图 2.2　计算机系统的层次结构示意图

3．计算机系统的硬件组成

半个多世纪以来，虽然计算机系统从性能指标、运算速度、工作方式、应用领域和价格等方面与当时的计算机有很大差别，但基本结构没有变，都属于冯·诺依曼计算机，其体系结构都是由运算器、控制器、存储器和输入/输出设备组成的。

（1）运算器

运算器又称算术逻辑运算单元（arithmetic and logic unit，ALU），它的主要功能是对二进制代码进行算术运算和逻辑运算。计算机中最主要的工作是运算，大量的数据运算任务是在运算器中进行的。

在计算机中，算术运算是指加、减、乘、除等基本运算；逻辑运算是指逻辑判断、关系比较及其他基本逻辑运算，如与、或、非等。但不管是算术运算还是逻辑运算，都只是基本运算。也就是说，运算器只能做这些最简单的运算，复杂的运算都要通过基本运算一步步实现。然而，运算器的运算速度却快得惊人，因而计算机才有高速的信息处理功能。

运算器中的数据取自内存储器，运算的结果又送回内存储器。运算器对内存储器的读/写操作是在控制器的控制之下进行的。

（2）控制器

控制器（control unit，CU）是整个硬件系统的控制中心，只有在它的控制之下整个计算机才能有条不紊地工作，自动执行程序。控制器的功能是依次从存储器取出指令、翻译指令、分析指令、向其他部件发出控制信号，指挥计算机各部件协同工作。

控制器由程序计数器、指令寄存器、指令译码器、时序控制电路及微操作控制电路等组成。

1）程序计数器（program counter，PC）：用来对程序中的指令进行计数，使控制器能够依次读取指令。

2）指令寄存器（instruction register，IR）：在指令执行期间暂时保存正在执行的指令。

3）指令译码器（instruction decoder，ID）：用来识别指令的功能，分析指令的操作要求。

4）时序控制电路：用来生成时序信号，以协调在指令执行周期各部件的工作。

5）微操作控制电路：用来产生各种控制操作命令。

（3）存储器

计算机的重要特点之一就是具有存储能力，这是它能自动连续执行程序、进行庞大的信息处理的重要基础。存储器的基本功能是按指定位置（地址）写入或取出信息。

存储器通常分为内存储器和外存储器。

1）内存储器：简称内存（又称主存），是计算机中信息交流的中心。用户通过输入设备输入的程序和数据最初送入内存，控制器执行的指令和运算器处理的数据取自内存，运算的中间结果和最终结果保存在内存中，输出设备输出的信息来自内存，内存中的信息如要长期保存，应送到外存储器中。总之，内存要与计算机的各个部件打交道，进行数据交换。因此，内存的存取速度直接影响计算机的运算速度。

内存通常是以半导体芯片作为存储介质，由于价格和技术方面的原因，内存的存储容量受到限制，而且大部分内存是不能长期保存信息的随机存储器，所以还需要能长时间保存大量信息的外存储器。

2）外存储器：设置在主机外部，简称外存（又称辅存），主要用来长期存放暂时不用的程序和数据。通常外存不和计算机的其他部件直接交换数据，只和内存交换数据，而且不是按单个数据进行存取，而是成批地进行数据交换。

常用的外存是磁盘、光盘、闪存盘等。

外存与内存有许多不同之处。一是外存不用担心停电，如磁盘上的信息可以保持几年，甚至几十年，只读型光盘（CD-ROM）可以永久保存；二是外存的容量不像内存那样受多种限制，可以大得多，如当今硬盘的容量有 500GB、1TB、2TB 等；三是外存速度慢，内存速度快。

由于外存安装在主机外部，所以也可以归属外部设备。

存储器的有关术语简述如下。

1）位（bit）：在数字电路和计算机技术中采用二进制，代码只有 0 和 1，其中无论是 0 还是 1 在 CPU 中都是一位，音译为"比特"。

2）字节（byte）：8 个二进制位为 1 字节，音译为"拜特"。这里便于衡量存储器的大

小，统一以字节为单位，简记为 B，1B=8bit。存储容量一般用 KB、MB、GB、TB 来表示，它们之间的换算关系为

$$1KB=1024B$$
$$1MB=1024KB$$
$$1GB=1024MB$$
$$1TB=1024GB$$

3）字长（length word）：CPU 在单位时间内（同一时间）能一次处理的二进制数的位数，有 8 位、16 位、32 位和 64 位等，也就是经常说的 8 位机、16 位机、32 位机和 64 位机等。显然，字长越长，一次处理的数据位数越多，运算精度越高，处理速度越快，但价格也越高。通常，字长是 8 的整数倍。

4）地址（address）：在微型计算机中，整个内存被分成一个个字节，每个字节都由一个唯一的地址来标识。如同旅馆中每个房间必须有唯一的房间号，才能找到该房间内的人一样。CPU 能够访问内存的最大寻址范围与 CPU 的地址线的根数有关。例如，若 CPU 的地址总线有 32 根，则寻址范围为 $0 \sim 2^{32}-1$。

位、字节和字长之间的关系如图 2.3 所示。

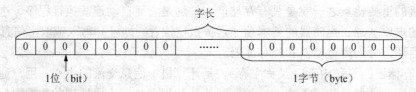

图 2.3　位、字节和字长之间的关系

（4）输入设备

输入设备用来接收用户输入的原始数据和程序，并将它们转变为计算机可以识别的形式（二进制代码）存放到内存中。常用的输入设备有键盘、鼠标、扫描仪、光笔、数字化仪器等。

（5）输出设备

输出设备用于将存放在内存中由计算机处理的结果转变为人们所能接受的形式。常用的输出设备有显示器、打印机、绘图仪、扬声器等。

4. 计算机的基本工作原理

（1）计算机的指令系统

指令是能被计算机识别并执行的二进制代码，它规定了计算机能完成的某一种操作。一条指令通常由两部分组成：操作码和操作数。

1）操作码：指明该指令要完成的操作的类型或性质，如取数、做加法或输出数据等。操作码的位数决定了一个机器操作指令的条数。当使用定长操作码格式时，若操作码位数为 n，则指令条数可有 2^n 条。

2）操作数：指明操作对象的内容或所在的单元地址，操作数在大多数情况下是地址码，地址码可以有 $0 \sim 3$ 个。从地址码得到的仅是数据所在的地址，可以是源操作数的存放地址，也可以是操作结果的存放地址。

一台计算机中所有指令的集合称为该计算机的指令系统。计算机的指令系统决定了计算机硬件的主要性能和基本功能。指令系统以微指令的形式固化在计算机的 CPU 中，不同的 CPU 的指令系统也不尽相同。指令系统不但能在硬件上实现，而且是软件的基础，所以说指令系统实际上是计算机软、硬件的界面。

不同类型的计算机，指令系统的指令条数有所不同。但无论哪种类型的计算机，指令系统都应具有以下功能的指令。

1）数据传送类指令：将数据在内存与 CPU 之间进行传送，如存储器传送指令、内部传送指令、输入输出传送指令、堆栈指令。

2）数据处理指令：对数据进行算术运算、逻辑运算、移位和比较，如算术运算指令、逻辑运算指令、移位指令、比较指令。

3）程序控制指令：控制程序中指令的执行顺序，如无条件转移指令、条件转移指令、转子程序指令、中断指令、暂停指令、空操作指令等。

4）状态管理指令：包括允许中断指令、屏蔽中断指令等。

（2）指令的执行过程

指令序列在执行前被装进内存中，程序计数器（PC）自动指向指令序列的起始地址。当第一条指令被取走后，PC 自动加 1（除特殊情况外），用来指向下一条将要执行的指令地址，以便能够顺序取出下一条指令。取出的指令被加载到指令寄存器中，指令中某些二进制位用来标识控制器要采取的动作，由指令译码器来识别和区分不同的指令类型及各种获取操作数的方法。

因此，指令的执行过程可以概括为取指令、分析指令、执行指令等，然后取下一条指令，如此周而复始，直到遇到停机指令或外来事件的中断干预为止，如图 2.4 所示。

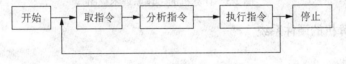

图 2.4 指令执行过程

（3）计算机的工作原理

计算机的整个工作过程可以归纳为输入、处理、输出和存储四个步骤。用户程序和数据由输入设备输入内存中保存，数据由程序交给运算器进行运算处理，所产生的结果或中间结果也存放在存储器中，最终结果由输出设备交给用户。这四个步骤是一个循环过程。输入、处理、输出、存储并不一定按照这个顺序操作，而是在指令的指挥下，控制器根据需要决定采取哪一个步骤，整个工作流程都在控制器的控制、协调下有条不紊地运转。

计算机的工作过程跟人脑的工作过程非常类似，这也是人们通常将计算机称为"电脑"的原因。下面看一个示例，看看人脑是如何进行计算的。假设要做一道计算题"8+6÷2"，首先，用笔将这道题记录在纸上，经过脑神经元的思考，结合数学知识，先算出 6÷2=3 这一中间结果，然后算出 8+3=11 这一最终结果，并记录在纸上。将计算题记录在纸上相当于是计算机的存储过程。大脑记住了这道题就相当于计算机的输入过程，根据数学知识进行解题的先后顺序就相当于计算机的程序在控制整个过程，是计算机的处理过程。最后，将结果记录到纸上即相当于计算机输出结果到纸上或显示器上的过程。

计算机的工作原理示意图如图 2.5 所示。图中双箭头代表数据和指令，在计算机内由二进制数表示；单箭头代表控制信号，在计算机内表现为高低电平形式，起控制作用。控制器控制输入设备预先把指挥计算机如何进行操作的指令序列（称为程序）和原始数据输送到计算机内存中。每一条指令明确规定了计算机从哪个地址取数，进行什么操作，然后送到什么地址去等步骤。计算机在运行时，先从内存中取出第一条指令，通过控制器的译码，按指令的要求，从存储器中取出数据进行指定的运算和逻辑操作等加工，然后按地址把结果送到内存中去。接下来，再取出第二条指令，在控制器的指挥下完成规定操作。依次进行下去，直至遇到停止指令。

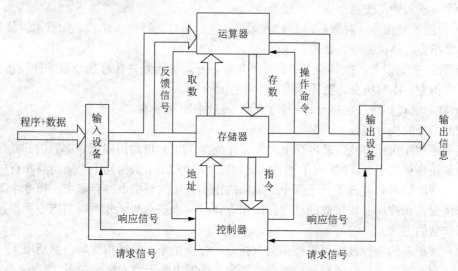

图 2.5   计算机的工作原理示意图

2.1.2   微型计算机的硬件系统

1. 系统主板

系统主板是微型计算机中最大的一块集成电路板，是微型计算机中各种部件的连接载体。它是一种高科技、高工艺融为一体的集成产品。PC99 技术规格规范了主板设计要求，提出主板各接口必须采用有色标识，以方便识别。图 2.6 所示为一个较典型的系统主板。

视频 2-1   计算机系统的组成与工作原理

主板上的主要部件如下。

（1）芯片组

芯片组是系统主板的灵魂，它决定了主板的结构及 CPU 的使用。主板芯片组担负着中央处理器与外部设备的信息交换，是中央处理器与外部设备之间架起的一道桥梁。芯片组由 North Bridge（北桥）芯片和 South Bridge（南桥）芯片组成，主要连接 ISA（industry standard architecture，工业标准体系结构）设备和输入/输出设备。北桥芯片是 CPU 与外部设备之间的联系纽带，负责联系内存、显卡等数据吞吐量最大的部件，AGP（accelerated graphics port，图形加速端口）、DRAM（dynamic random access memory，动态随机存取存储器）、PCI（peripheral component interconnect，外部设备互联标准）插槽和南桥等设备通过不同的总线与它相连；南桥芯片负责管理中断及 DMA 通道，其作用是让所有的信息都能有效传递。

如果把 CPU 比喻成微型计算机系统的心脏，那么主板上的芯片组就相当于系统的躯干。

图 2.6 系统主板

（2）CPU 插槽

CPU 插槽用于固定连接 CPU 芯片，主板上的 CPU 插槽类型非常多，从封装形式来看主要分为两大类：一种是插卡式的 Slot 类型，另一种是传统针脚式的 Socket 类型。

（3）内存插槽

随着内存扩展板的标准化，主板给内存预留专用插槽，以便用户扩充内存时能够即插即用。内存插槽根据所接的内存条类型，有不同的引脚数量、额定电压和性能。

（4）输入/输出接口及其插槽

不同的设备，特别是以微型计算机为核心的电子设备，都有自己独特的系统结构、控制软件、总线、控制信号等。为使不同设备能连接在一起协调工作，必须对设备的连接有一定的约束或规定，这种约束称为接口协议。实现接口协议的硬件设备称为接口电路，简称接口。微型计算机接口的作用是使微型计算机的主机系统能与外部设备、网络及其他的用户系统进行有效的连接，以便进行数据和信息的交换。

输入/输出接口是 CPU 与外部设备之间交换信息的连接电路，简称输入/输出（input/output，I/O）接口。I/O 接口通过总线与 CPU 相连，并分为总线接口和通信接口。

1）总线接口插槽：所谓总线接口插槽，是指把微型计算机总线通过电路插座提供给用户的一种总线插座，供插入各种功能卡用。主板上常见的总线接口插槽类型有以下几种。

① ISA 总线扩展槽：一般情况下声卡、解压卡、网卡、SCSI（small computer system interface，小型计算机系统接口）卡、内置 Modem 等都插在 ISA 总线扩展槽中，不过现在有的主板中已经没有这种插槽类型了。

② PCI 总线扩展槽：它是一个先进的高性能局部总线插槽。其上可插的 PCI 卡有显卡、声卡、PCI 接口的 SCSI 卡和网卡等。

③ AGP 总线扩展槽：AGP 总线用于在内存与显卡的显示内存之间建立一条新的数据传输通道，不需要经过 PCI 总线就可以让影像和图形数据直接传送到显卡。AGP 总线是一

种专用的显示总线，目前来说，一块主板只有一个 AGP 插槽。

　　2）通信接口及其插槽：通信接口是指微型计算机系统与其他系统直接进行数字通信的接口电路，通常分为串行通信接口和并行通信接口，即串口和并口。串口用于把像 Modem 这种低速外部设备与微型计算机连接，传送信息的方式是一位一位地依次传送，串口的标准是电子工业协会（Electronics Industry Association，EIA）RS-232 标准。并行接口多用于连接打印机等高速外部设备，其传送信息的方式是按字节进行，即 8 个二进制位同时进行。

　　相应地，通信接口插槽包括串口插槽和并口插槽两类。

　　I/O 接口一般做成电路插卡的形式，通常称为适配卡，如硬盘驱动器适配卡（IDE 接口）、并行打印机适配卡（并口）、串行通信适配卡（串口）等。在微型计算机系统中通常将这些适配卡做在一块电路上，称为复合适配卡或多功能适配卡，简称多功能卡。

　　（5）BIOS 和 CMOS

　　BIOS（basic input/output system，基本输入/输出系统）在计算机中起到最基础而又最重要的作用。BIOS 程序通常存放在一块不需要电源的内存芯片中。CMOS 是互补金属氧化物半导体（complementary metal oxide semiconductor）的缩写，具有低功耗特性。计算机的 BIOS 就是存储在由它所制成的 ROM（只读存储器）或 EEPROM（electrically erasable programmable read only memory，带电可擦可编程只读存储器）里（常被混称为 CMOS），所以 CMOS 是纯粹的硬件。为了简便，人们习惯上把写入 BIOS 程序的 CMOS 存储器统称为 BIOS。

　　BIOS 为计算机提供最低级的、最直接的硬件控制，计算机的原始操作都是依照固化在 CMOS 里的 BIOS 程序来完成的。准确地说，BIOS 是硬件与软件之间的一个"转换器"，或者说是接口（其实它本身只是一个程序），负责解决硬件的即时需求，并按硬件的操作要求具体执行软件。计算机用户在使用计算机的过程中，都会自觉或不自觉地接触到 BIOS。

　　如今的主板 BIOS 大部分采用了 Flash ROM 设计，Flash ROM 是一种可以快速读/写的 EEPROM，通过软件完成对 BIOS 的改写。在打开系统电源或重新启动系统后，当屏幕中间出现"Press <Del>to enter setup"提示时，按【Delete】键，就可进入 BIOS 设定程序。存盘退出后，就完成了改写 BIOS 工作。

　　2．CPU

　　CPU 是计算机的核心，其重要性好比大脑对于人一样，因为它负责处理、运算计算机内部的所有数据。CPU 的种类决定了操作系统和相应的软件。CPU 主要由运算器、控制器、寄存器组和内部总线等构成，是计算机的核心。

　　在近几十年中，CPU 的技术水平飞速提高，其在速度、功耗、体积和性能价格比方面平均每 18 个月就有一个数量级的提高。其功能越来越强，工作速度越来越快，功耗越来越低，结构越来越复杂，从每秒完成几十万次基本运算发展到上亿次，每个微处理器包含的半导体电路元件也从 2000 多个发展到数千万甚至上亿个，图 2.7 所示的酷睿 i7 微处理器已集成了 7.31 亿个晶体管。

　　衡量 CPU 性能的主要技术指标有以下几个。

图 2.7　酷睿 i7 微处理器

1) CPU 字长。CPU 各寄存器之间一次能够传递的数据位，即在单位时间内能一次处理的二进制数的位数。CPU 内部有一系列用于暂时存放数据或指令的存储单元，称为寄存器。各个寄存器之间通过内部数据总线来传递数据，每条内部数据总线只能传递 1 位数据位。该指标反映出 CPU 内部运算处理的速度和效率。不同的计算机，字长是不同的。

2) CPU 主频。CPU 主频也称工作频率，是 CPU 内核（整数和浮点运算器）电路的实际运行频率，所以也称 CPU 内频。例如，Pentium Ⅱ 350 的 CPU 主频为 350MHz，Intel 酷睿 i7 的 CPU 主频为 3.2GHz。主频是 CPU 型号上的标称值。CPU 的主频不代表 CPU 的运算速度。因为 CPU 的运算速度还要看 CPU 流水线各方面的性能指标（缓冲存储器、指令集，CPU 的位数等）。但是，提高主频对于提高 CPU 运算速度却是至关重要的，并且只有在提高主频的同时，各分系统运行速度和各分系统之间的数据传输速度都能得到提高后，计算机整体的运行速度才能真正得到提高。

3) CPU 的生产工艺技术。通常用单位 μm 来描述，精度越高表示生产工艺越先进，所加工出的连接线也越细，则可以在同样体积的半导体硅片上集成更多的元件，CPU 工作主频可以做得很高。因此，提高 CPU 工作主频主要受到生产工艺技术的限制。

3. 存储器

（1）内存

内存是存放程序与数据的装置，在计算机内部直接与 CPU 交换信息。在计算机中，内部存储器按其功能特征可分为三类。

1) 随机存取存储器（random access memory，RAM）。通常所说的计算机内存容量均指 RAM 容量，即计算机的内存，CPU 对 RAM 既可以读出数据又可以写入数据。读出时并不破坏存储单元中的内容，是一种复制，写入时才以新的内容代替旧的内容。一旦关机断电，RAM 中的信息将全部消失。

微型计算机上使用的 RAM 被制作成内存条的形式，用户可根据自己的需要随时通过增加内存条来扩展容量，使用时只要将内存条插到主板的内存插槽上即可。图 2.8 所示就是内存条。常见的内存条有 512MB、1GB、2GB、4GB、8GB 等不同的规格。

图 2.8　内存条

2) 只读存储器（read only memory，ROM）。CPU 对 ROM 只取不存，ROM 里存放的信息一般由计算机制造厂写入并经固化处理，用户是无法修改的。即使断电，ROM 中的信息也不会丢失。因此，ROM 中一般存放计算机系统管理程序，如微型计算机一通电就执行的 BIOS 程序。

ROM 又可分为 PROM（programmable read-only-memory，可编程只读存储器）和 EPROM（erasable programmable read-only-memory，擦写可编程只读存储器）两类：PROM 中数据

一般只能一次性写入，不可能再擦除；EPROM 中写入的数据由紫外线照射一定时间后可以消失（擦除），再写入数据时由专用编程器来实现。

3）高速缓冲存储器（cache）。在计算机系统中，CPU 执行指令的速度大大高于内存的读/写速度。由于 CPU 每执行一次指令，至少要访问内存一次，以读取数据或写入运算结果，所以 CPU 和内存的速度不匹配就成为一个矛盾。cache 就是为解决这个矛盾而产生的。cache 是介于 CPU 和内存之间的一种可高速存取信息的芯片，是 CPU 和 RAM 之间的桥梁，用于存放程序中当前最活跃的程序和数据。当 CPU 读写内存时，先访问 cache，若 cache 中没有 CPU 需要的数据再访问内存，这一过程表面看起来像是浪费了时间，实际上 CPU 所需数据往往在 cache 中的概率比不在 cache 中的概率大得多，所以，从整体上看，cache 的设立大大提高了数据的吞吐效率。

cache 和内存之间的信息的调度和传送是由硬件自动进行的，程序员感觉不到 cache 的存在，因而它对程序员是透明的。cache 一般由 SRAM（static random access memory，静态随机存取存储器）构成，由于 SRAM 读过程中没有刷新过程，所以存取速度快。

（2）外存

外存设备是内存的后援设备。它与内存相比，具有容量大、速度慢、价格低、可脱机保存信息等特点，属"非易失性"存储器。外存一般不直接与 CPU 打交道，外存中的数据应先调入内存，再由 CPU 进行处理。为了增加内存容量，方便读写操作，有时将硬盘的一部分当作内存使用，这就是虚拟内存。目前常用的外存有硬盘、光盘、闪存盘等。

1）硬盘。硬盘由盘片组、主轴驱动机构、磁头、磁头驱动定位机构、读写电路、接口及控制电路等组成，一般置于主机箱内。硬盘是涂有磁性材料的磁盘组件，用于存储数据。磁盘片被固定在电动机的转轴上，由电动机带动它们一起转动。每个磁盘片的上下两面各有一个磁头，它们与磁盘片不接触。如果磁头碰到了高速旋转的盘片，则会破坏表面的涂层和存储在盘片上的数据，磁头也会损坏。硬盘是一个非常精密的设备，所要求的密封性能很高。任何微粒都会导致硬盘读/写的失败，所以盘片被密封在一个容器之中。

硬盘存储信息是按柱面号、磁头号和扇区号来存放的，如图 2.9 所示。柱面是由一组盘片上的同一个磁道纵向形成的同心圆柱构成，柱面编号从 0 开始从外向内进行，柱面上的磁道是由外向内的一个个同心圆，每个磁道又等分为若干扇区。硬盘信息的读写由柱面号、磁头号（用来确定柱面上的磁道）和扇区号来确定读写的具体位置。磁头从 0 开始编号，而扇区从 1 开始编号。

硬盘的存储容量取决于硬盘的柱面数、磁头数及每个磁道扇区数。若一个扇区的容量为 512B，那么硬盘存储容量为 512B×柱面数×磁头数×扇区数。

新磁盘在使用前必须进行格式化，然后才能被系统识别和使用，格式化的目的是对磁盘进行磁道和扇区的划分，同时还将磁盘分成四个区域：引导扇区、文件分配表、文件目录表和数据区。其中，引导扇区用于存储系统的自引导程序，主要为启动系统和存储磁盘参数而设置；文件分配表用于描述文件在磁盘上的存储位置及整个扇区的使用情况；文件目录表即根目录区，用于存储根目录下所有文件名和子目录名、文件属性、文件在磁盘上的起始位置、文件的长度及文件建立和修改日期与时间等；数据区即用户区，用于存储程序或数据，也就是文件。

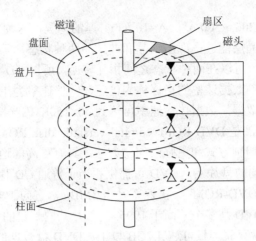

图 2.9　硬盘的存储格式

2）光盘[图 2.10（a）]。光盘存储器是利用光学原理进行信息读写的存储器。光盘存储器主要由光盘、光盘驱动器、光盘控制器组成。在光盘技术中，使用激光光束来改变塑料或金属盘的表面来标识数据。光盘表面的平坦和凹陷区域分别表示 0 和 1，光盘用在该区域投射的微小激光束来读取数据。光盘的主要特点是：存储容量大、可靠性高，只要存储介质不发生问题，光盘上的数据就可长期保存。光盘存储器是大容量的数据存储设备，又是高品质的音源设备，是最基本的多媒体设备。

按光盘的读/写性能，可分为只读型与可读写型。只读光盘（compact disk ROM，CD-ROM）上的数据采用压模方法压制而成，用户只能读出数据，而不能写入或修改光盘上的数据。可读写型光盘中的可录式光盘（CD-recordable，CD-R）的特点是只能写一次，写完后的 CD-R 无法被改写，此后只能任意多次读取数据。而 CD-RW（CD rewritable）是可重复读/写的，读/写次数可任意。

读取光盘数据需用光盘驱动器，通常称为光驱，如图 2.10（b）所示。光盘驱动器的核心部分由激光头、光反射透镜、电动机系统和处理信号的集成电路组成。影响光盘驱动器性能的关键部位就是激光头。

（a）光盘

（b）光盘驱动器

图 2.10　光盘与光盘驱动器

刻录机是刻录光盘的设备。在刻录 CD-R 盘片时，通过大功率激光照射 CD-R 盘片的染料层，在染料层上形成一个个平面（land）和凹坑（pit），光盘驱动器在读取这些平面和凹坑的时候就能够将其转换成 0 和 1。由于这种变化是一次性的，不能恢复到原来的状态，所以 CD-R 盘片只能写入一次，不能重复写入。CD-RW 的刻录原理与 CD-R 大致相同，只不过盘片上镀的是一层 200～500 Å（1Å=10^{-8}cm）厚的薄膜，这种薄膜的材质多为银、铟、硒或碲的结晶层，该结晶层能够呈现出结晶和非结晶两种状态，等同于 CD-R 的平面和凹坑。通过激光束的照射，可以在两种状态之间相互转换，所以 CD-RW 盘片可以重复写入。

衡量光盘驱动器传输数据速率的指标称为倍速，一倍速率为 150KB/s。如果在一个 40 倍速光盘驱动器上读取数据，数据传输速率可达到 40×150KB/s=6MB/s。

CD-ROM 的后继产品是 DVD-ROM（digital versatile disk-ROM）。DVD 采用波长更短的红色激光、更有效的调制方式和更强的纠错方法，具有更高的道密度，并支持双面双层结构，在与 CD 大小相同的盘片上，DVD 可提供相当于普通 CD 片 8～25 倍的存储容量及 9 倍以上的读取速度。DVD-ROM 一倍速率是 1.3MB/s，它向下兼容，可读音频 CD 和 CD-ROM。现在使用的 DVD 是多个厂商于 1995 年 12 月共同制定的统一的格式，以 MPEG-2 为标准，每张 DVD 光盘存储容量可达 4.7GB 以上。DVD 盘数据的读取要通过 DVD 光盘驱动器进行。

新型的三合一驱动器集高速读/写的 CD-ROM、DVD 及 CD-RW 刻录三大功能为一体，被广泛地应用在微型计算机上。

3）闪存盘。闪存盘俗称 U 盘（图 2.11），作为新一代的存储设备被广泛使用。闪存盘的存储介质是快闪存储器（flash memory），快闪存储器和一些外围数字电路被焊接在电路板上，并封装在颜色比较亮丽的半透明硬质塑料外壳内。闪存盘可重复擦写的次数达 100 万次，并且防潮，耐高、低温（-40～+70℃）。某些闪存盘内部还设计了用来显示其工作状态的指示灯和提供了写保护。写保护由一个嵌入内部的拨动开关来实现，通过写保护控制对闪存盘的写操作，可减少由于误操作而造成的数据丢失的机会，也可以防止外来数据的读入，这在一定程度上可以减少病毒的入侵机会。

闪存盘之所以被广泛应用，是因为它具有许多优点：不需要驱动器，方便文件共享与交流，还可节省开支；不需安装驱动程序；其接口是 USB，无须外接电源，支持即插即用和热插拔；存取速度快，读/写大文件比小文件要快，特别适用于传送大型文件；体积非常小，质量轻，便于携带；采用无机械装置、结构坚固，抗震性能好；容量大。

4）可移动式硬盘。可移动式硬盘采用现有固定硬盘的最新技术，主要由驱动器和盘片两部分组成，其中，每一个盘片相当于一个硬盘，可以连续更换盘片，以达到无限存储的目的。其设计原理是，将固定硬盘的磁头在增加了防尘、抗震、更加精确稳定等技术后，集成在更为轻巧、便携并且能够自由移动的驱动器中，并将固定硬盘的盘芯，通过精密技术加工后统一集成在盘片中。当把盘片放入驱动器时，就成为一个高可靠性的硬盘。可移动式硬盘可通过 USB 接口与主机相连，实现数据的传送，如图 2.12 所示。

图 2.11　闪存盘

图 2.12　可移动式硬盘与主机相连

5）固态硬盘（solid state disk）。也称为电子硬盘或者固态电子盘，是由控制单元和固态存储单元（DRAM 或 FLASH 芯片）组成的硬盘。固态硬盘的接口规范、定义、功能及使用方法都与普通硬盘相同，在产品外形和尺寸上也与普通硬盘一致。

由于固态硬盘内部不存在任何机械活动部件，因而启动快，读延迟极小，不会发生机械故障，也不怕碰撞、冲击、振动，即使在高速移动甚至伴随翻转倾斜的情况下也不会影响到正常使用。而且固态硬盘的工作温度范围很宽（-40～+85℃），目前广泛应用于军事、车载、视频监控、网络监控、电力、医疗、航空等领域。目前由于成本较高，固态硬盘正在逐渐普及到 DIY 市场。

4. 总线

在微型计算机中，总线（bus）是一个很重要的概念。所谓总线，是一组连接各个部件的公共通信线。有联系的各个部件不是单独地在两两之间使用导线相连接，而是一律挂接在总线上，因此，各部件之间的通信关系变成面向总线的单一关系，所以总线是各部件所共用的。采用总线结构使连线简化而可靠，而且系统很容易扩充部件。

根据总线内所传输信息的不同，可将总线分为地址总线（address bus，AB）、数据总线（data bus，DB）和控制总线（control bus，CB）。总线可以单向传送数据，也可以双向传送数据，还可在多个设备或部件之间选择两个数据进行传送。所以总线不仅仅是一束导线，还应包括总线控制和驱动电路。

（1）地址总线

地址总线用于传送存储单元或 I/O 接口的地址信息，其包含地址线的根数决定了微型计算机系统内存的最大容量，每根地址线对应 CPU 的一条地址引脚，不同 CPU 的地址线根数不同。例如，80386 和 80486CPU 芯片有 32 根地址线，内存空间可达 2^{32}=4GB。地址总线传送的地址信息是单向的，由 CPU 发出。

（2）数据总线

数据总线用于在 CPU 和内存、I/O 接口电路之间传送数据。数据总线所含数据线的根数表示 CPU 可一次性接收或发出多少位二进制数，可处理多少位二进制数。例如，数据总线根数为 32，表示该总线上可一次传送 32 位二进制数，CPU 可以一次性做 32 位数的算术运算。数据总线上传送的信息是双向的，有时是由 CPU 发出的，有时是送往 CPU 的。

（3）控制总线

控制总线用于传送控制器的各种控制信号。控制总线分为两类：一类是 CPU 向内存或外部设备发出的控制信号；另一类是由外部设备、内存或 I/O 接口电路发回的信号（包括状态信号或应答信号）。它的条数由 CPU 的字长决定。

根据总线的位置与功能不同，可将总线分为内部总线、系统总线和外部总线。内部总线一般是指 CPU 与其外围芯片之间的总线，用于芯片级的连接。系统总线用于微型计算机中各插件与系统主板之间的连接，是插件级的连接。外部总线是微型计算机硬件系统与外部其他设备之间的连接，是设备级的连接。对于用户而言，系统总线是最重要的，通常所述总线就是指的系统总线。例如，USB 通用串行总线就是为了解决主机与外部设备的通用连接而设计的。它可将所有低速外部设备（如键盘、鼠标、扫描仪、数码照相机、调制解调器等）连接在统一的 USB 接口上。此外，它还支持功能传递，就是说用户只需为多个

USB 标准设备准备一个 USB 接口，这些外部设备可以串接而通信，其功能不受影响。

微型计算机采用开放式体系结构，由多个模块构成一个系统。一个模块往往就是一块电路板。为了方便总线与电路板的连接，总线在主板上提供了多个扩展插槽与插座，任何插入扩展槽的电路板（如显卡、声卡）都可通过总线与 CPU 连接，这为用户自己组合可选设备提供了方便。微处理器、总线、存储器、接口电路和外部设备的逻辑关系如图 2.13 所示。

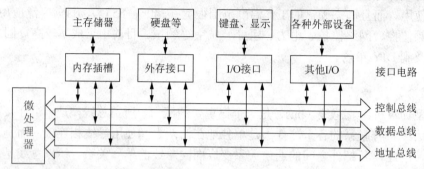

图 2.13 微处理器、总线、存储器、接口电路和外部设备的逻辑关系

5. 输入设备

输入设备将数据、程序等转换成计算机能够接收的二进制代码，并将它们送入内存。输入设备不能与 CPU 直接交换信息，必须通过接口电路与 CPU 进行信息交换。常用的输入设备是键盘和鼠标。

（1）键盘

键盘是微型计算机的重要输入设备，通过它可以输入程序、数据、操作命令，也可以对计算机进行控制。熟悉并掌握键盘操作技术是微型计算机用户最基本的技能。

键盘中配有一个微处理器，用来对键盘进行扫描、生成键盘扫描码和数据转换。微机常用键盘有 101 键、104 键和 107 键等。107 键键盘比 104 键键盘多了睡眠、唤醒、开机等电源管理按键。

以常见的标准 107 键键盘为例，其布局如图 2.14 所示。整个键盘大致分为五个区：功能键区、主键盘区、小键盘区、编辑控制键区和状态指示灯区。按键的位置是依据字符的使用频度、双手手指的灵活程度与协调方便等诸多因素排列的。键盘上各键符及其组合所产生的字符和功能在不同的操作系统和软件支持下有所不同。

目前市面上常见的键盘接口有两种：PS/2 接口及 USB 接口。PS/2 接口是鼠标和键盘的专用接口，是一种 6 针的圆形接口，如图 2.15 所示。这两个接口不能混插，鼠标通常占用浅绿色接口，键盘占用紫色接口，这是由于计算机内部对它们信号的定义不同。USB 接口具有即插即用的优点，支持热插拔。因此，使用 USB 接口的键盘拔下、插上非常方便，不需重新启动机器就可继续使用。而使用 PS/2 接口的键盘拔下再插上后，必须重新启动机器，才能识别该硬件，否则不能使用。

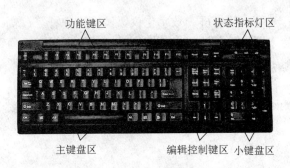

功能键区　　　　状态指标灯区

主键盘区　　　编辑控制键区　小键盘区

图 2.14　标准 107 键键盘的布局　　　　　图 2.15　机箱后面的两个 PS/2 接口

键盘的外形分为标准键盘和人体工程学键盘。人体工程学键盘的设计思想是，在标准键盘上将指法规定的左手键区和右手键区这两大板块左右分开，并形成一定角度，使操作者不必有意识地夹紧双臂，而是保持一种比较自然的形态。这种思想设计的键盘被微软公司命名为自然键盘（natural keyboard），它对于习惯盲打的用户可以有效地减少左右手键区的误击率，如字母"G"和"H"。有的人体工程学键盘还有意加大常用键如空格键和【Enter】键的面积，在键盘的下部增加护手托板，给悬空手腕以支持点，以便减少由于手腕长期悬空导致的疲劳。以上这些都被视为人性化的设计思想。典型人体工程学键盘如图 2.16 所示。

（2）鼠标

鼠标是用于图形界面的操作系统和应用程序的快速输入设备，其主要功能是用于移动显示器上的光标，并通过菜单或按钮向主机发出各种操作命令，但不能输入字符和数字。它的基本工作原理是：当移动鼠标器时，它把移动距离及方向的信息转换成脉冲送到计算机，计算机再把脉冲转换成鼠标器光标的坐标数据，从而达到指示位置的目的。

根据鼠标的工作原理，鼠标的类型主要有三种：机械鼠标、轨迹球鼠标和光电鼠标。目前，市面上流行的是光电鼠标。在光电鼠标内部有一个发光二极管，通过该发光二极管发出的光线，照亮光电鼠标底部表面，然后将光电鼠标底部表面反射回的一部分光线，经过一组光学透镜，传输到一个光感应器件（微成像器）内成像。这样，当光电鼠标移动时，其移动轨迹便会被记录为一组高速拍摄的连贯图像。最后利用光电鼠标内部的一块专用图像分析芯片对移动轨迹上摄取的一系列图像进行分析处理，通过对这些图像上特征点位置的变化进行分析，来判断鼠标的移动方向和移动距离，从而完成光标的定位。

目前，主流的鼠标是三键或者两键的，三键鼠标如图 2.17 所示，鼠标的中间有个滚轮，除了可以用于浏览页面时的翻页外，还可以单独定义按键的功能。其左键通常用于确定操作，右键用于特殊功能，如在任意对象上单击右键，会弹出当前对象的快捷菜单。常见的鼠标接口有串口、PS/2 接口和 USB 接口三种类型。

图 2.16　典型人体工程学键盘　　　　　　图 2.17　三键鼠标

常见的输入设备还有轨迹球、扫描仪、光笔、触摸屏、数字化仪、游戏操作杆等。轨迹球与鼠标功能相仿。扫描仪是一种可将静态图像输入计算机的图像采集设备，对于桌面排版系统、印刷制版系统十分有用。如果配上文字识别软件，用扫描仪可以快捷方便地把各种文稿输入计算机内，可加速计算机文字输入过程。光笔是一种图像输入设备。触摸屏是指点式输入设备，其在计算机显示屏幕基础上附加坐标定位装置，通常有接触式和非接触式两种构成方法。

6. 输出设备

输出设备将计算机处理的结果转换成人们能够识别的数字、字符、图像、动画、声音等形式显示、打印或播放出来。输出设备只有通过输出接口电路才能与 CPU 交换信息。常用的输出设备有显示器、打印机、绘图仪等。

（1）显示器

显示器是计算机中重要的输出设备。用户可以通过它了解自己输入的数据、运算产生的结果和跟踪监视程序运行的过程。现在广泛使用是 LCD 液晶显示器。

液晶显示器是由显示单元矩阵组成的。每个显示单元含有液晶的特殊分子，它们沉积在两种材料之间。加电时，液晶分子变形，能够阻止某些光波通过，而允许另一些光波通过，从而在屏幕上形成图像。

图 2.18　显卡

显示器要与主机相连，就必须配置适当的显示适配器，即显卡，如图 2.18 所示。显卡不仅把显示器与主机连接起来，还起到处理图形数据、加速图形显示等作用，因此又称为图形加速卡。显卡拥有自己的图形函数加速器和显存（显示内存），是专门用来执行图形加速任务的，因此可以大大减少 CPU 处理图形函数的时间。显卡插在微型计算机主板的扩展槽上，常用的接口类型有 PCI 接口、AGP 接口、PCI Express 接口。

显示器的主要技术指标包括以下几项。

1）分辨率。分辨率是指屏幕上可以容纳的像素的个数，它由水平行点数和垂直行点数组成。分辨率越高，屏幕上能显示的像素个数也就越多，图像也就越细腻。

2）点距。两个相邻像素之间的水平距离称为点距。点距越小，显示的图像越清晰。为减少眼睛的疲劳程度，应采用点距小的显示器。

3）刷新频率。要在屏幕上看到一幅稳定的画面，必须按一定频率在屏幕上重复显示图像。显示器每秒重复图像的次数称为刷新频率，单位为 Hz。通常，显示器的刷新频率至少要达到 75Hz，即每秒钟重复图像 75 次。

4）显存。计算机在显示一幅图像时首先要将其存入显卡上的显存。显存大小会限制对显示分辨率及颜色的设置等。

（2）打印机

打印机是计算机的基本输出设备之一，它可将信息输出到纸上。打印机有针式打印机、喷墨打印机、激光打印机，通过并口与主机相连。将打印机和计算机相连后，必须安装打印机驱动程序才可以使用打印机。

1）针式打印机。其印刷机构由打印头和色带组成。打印头中藏有打印针。人们常说的 24 针打印机是指打印头中有 24 根针的打印机。这些打印针在电磁力的作用下隔着色带击打纸张，由击打产生的"针点"来形成所需字符和图形。

2）喷墨打印机。其利用特殊技术的换能器将带电的墨水喷出，由偏转系统控制很细的喷嘴喷出微粒射线在纸上扫描，并绘出文字与图像。喷墨打印机体积小，质量小，噪声小，打印精度较高，特别是其彩色印刷能力很强。但其喷嘴容易堵塞，打印成本较高。

3）激光打印机。其利用激光扫描主机送来的信息，将要输出的信息在磁鼓上形成静电潜像，并转换成磁信号，使微粒炭粉吸附在纸上，经显影后输出。激光打印机打印速度高，印刷质量好，无噪声。

近年来，彩色喷墨打印机和彩色激光打印机已日趋成熟，成为主流打印机，其图像输出已达到照片级的质量水平。

7. 其他外部设备

随着微型计算机系统功能的不断扩大，所连接的外部设备的数量及种类也越来越多，如声卡、视频卡、调制解调器、网卡、数码照相机等。

（1）声卡

声卡是多媒体技术中最基本的组成部分，是实现声波/数字信号相互转换的一种硬件。声卡的基本功能是把来自传声器、光盘的原始声音信号加以转换，输出到耳机、扬声器、扩音机、录音机等声响设备，或通过音乐设备数字接口使乐器发出美妙的声音。声卡主要分为板卡式、集成式和外置式三种类型，以适应不同用户的需求。其接口类型主要有 ISA 接口、PCI 接口、USB 接口三种。典型声卡的外观如图 2.19 所示。

图 2.19　声卡的外观

（2）视频卡

视频卡也是多媒体计算机中的主要设备之一，其主要功能是将各种模拟信号数字化，并将这种信号压缩和解压缩后与 VGA（video graphics array）信号叠加显示；也可以把电视、摄像机等外界的动态图像以数字形式捕获到计算机的存储设备上，对其进行编辑或与其他多媒体信号合成后，转换成模拟信号再播放出来。安装视频卡时只需将其插入计算机中的任何一个总线插槽，然后安装相应的视频卡驱动程序即可。

视频 2-2　微型计算机的硬件系统

（3）调制解调器

调制解调器用于进行数字信号与模拟信号间的转换。一台调制解调器能将计算机的数字信号转换成模拟信号，通过电话线传送到另一台调制解调器上，经过解调，再将模拟信号转换成数字信号送入计算机，实现两台计算机之间的数据通信。

2.1.3　微型计算机的软件系统

软件是实现计算机自动控制、提高使用效率、扩大使用功能的各种程序的总称，也包括那些说明程序的有关资料。由于以前程序都存储在软介质（软盘、磁带和纸张等）上销售，所以称为软件。程序可以认为是用某种计算机语言写成的、指挥计算机按一定顺序进行动作，进而解决一定问题的一系列"命令"。软件系统一般分为系统软件和应用软件两大类。

1. 系统软件

系统软件通常是指对计算机进行管理、维护和使用计算机资源的程序，如操作系统、语言编译解释系统、装配链接程序、诊断程序等。

（1）操作系统

操作系统是系统软件的核心部分。对于计算机使用者来说，操作系统是一个用户环境，一个工作平台，一个用户与机器进行交互操作的界面；对系统设计者而言，操作系统是一种功能强大的系统资源管理程序，是用以控制、管理计算机中硬件系统和软件资源的集成软件系统。

目前，微型计算机上广泛使用的是 Windows 操作系统。

（2）程序设计语言和语言处理系统

计算机作为一种重要的工具，它也需要用自己的语言和人类打交道、交换信息，这就是计算机语言，又称为程序设计语言。程序设计语言一般可分为机器语言、汇编语言和高级语言三大类。

1）机器语言。用直接与计算机打交道的二进制代码指令表达的计算机编程语言称为机器语言。显然机器语言是计算机能直接识别的，不需要任何翻译。但用机器语言编写的程序难于阅读，容易出错，难于记忆和修改，所以用机器语言编写程序非常不方便，然而任何其他语言编写的程序最终必须翻译成机器语言程序（目标程序）后才能在计算机上运行。

2）汇编语言。为了克服机器语言的缺点，人们便用一些容易记忆和认识的符号来代替机器指令，这些符号使用容易记忆、表意明确的英文单词，当单词较长时就加以简化。用这种能反映指令功能的助记符表达的计算语言称为汇编语言，它是符号化了的机器语言。

用汇编语言编写的程序称为汇编语言源程序，它需要一个称为汇编程序的语言处理程序来将它翻译成机器语言的目标程序后才能由机器执行。汇编语言同样是面向机器的语言，依赖于具体的 CPU，所以由它编写的源程序通用性较差，推广较困难。

3）高级语言。汇编语言必须依赖具体 CPU 的指令系统，通用性差，虽然执行效率高，但编写、调试效率低，它与自然语言相距甚远，很不符合人们习惯。20 世纪 50 年代，科学家们创造了一种与具体的计算机指令系统无关，而且描述方法接近于人们求解问题的表达方法，又易于掌握和书写的语言，这就是高级语言。高级语言的共同特点如下。

① 使用高级语言完全不必知道相应的机器指令系统。

② 高级语言的一个执行语句通常包括多条机器指令。

③ 高级语言所用的一套符号、标记更接近于人们的日常习惯，便于理解、掌握和记忆。

④ 用高级语言编写的程序，有时只需要少量修改便可在不同机器上运行，通用性强。

不过高级语言程序不能被计算机直接理解和执行，必须经过高级语言处理程序——翻译程序翻译成机器语言目标程序后才能被计算机执行。

语言处理系统是对各种语言源程序进行翻译，生成计算机可识别的二进制代码的可执行程序，即目标程序。常见的语言处理系统有汇编程序、编译程序和解释程序。

1）汇编程序。将汇编语言源程序中的指令翻译成机器语言指令，在翻译过程中可以检查源程序是否有错，并可显示出错误发生的地方。汇编成功后还要由装配链接程序链接成能直接执行的文件。

2）编译程序。将高级语言编写的源程序翻译成机器语言程序，这种翻译是将整个源程序一次性加以翻译，检查并指出源程序中的语法错误，经用户修改源程序直到没有任何语法错误时，编译才算完成。编译结束后生成了目标程序模块，这些模块经过装配链接（Link）后就成为最终可以直接在机器上执行的磁盘文件。

3）解释程序。把高级语言源程序翻译成机器语言程序，但翻译的方式和编译程序不同，它是边翻译、边检查错误、边执行。解释程序不产生目标程序模块，在翻译过程中发现错误时，马上显示错误信息，停止运行，待用户改正错误后再继续进行。这种解释执行的方式速度慢、效率低，但使用灵活方便，发现错误能及时纠正，适合于初学者使用。

20 世纪 90 年代，随着 Windows 操作系统的流行，人机之间由字符界面变为图形界面，一些"面对对象"可视化编程语言蓬勃兴起，如 VC++、VB 等。程序员只要集中精力编写具体的计算处理程序段，而不必为华丽的界面费心。菜单、对话框、按钮、滚动条等是现成的，只需"信手拈来"。"面对对象"编程模式是程序设计的一次革命。

随着互联网的发展，Java 语言也备受人们的青睐，它是一种更适合编写网络化软件的"面向对象"的高级语言。

2．应用软件

应用软件是为解决特定应用领域问题而编制的应用程序。应用软件种类繁多，用途广泛。不同的应用软件对运行环境的要求不同，为用户提供的服务也不同。

（1）文字处理应用软件

文字处理应用软件主要是对文字进行输入、整理、排版及打印等处理的应用软件。目前较流行的有 Microsoft Office、WPS 等。

（2）图形处理软件

进入图形用户界面以来，图形处理逐渐成为计算机的重要功能之一。图形处理软件可进行复杂工程的设计、动画制作及平面设计等。常见的有 CAD、Flash 和 Photoshop 等。

（3）声音处理软件

声音媒体的加工也逐渐开始推广，声音处理软件主要包括用于播放各种声音文件的软件、用于录音的软件和用于进行声音编辑的软件。

（4）影像处理软件

影像处理软件对于计算机的配置要求较高，主要用于影像的播放和转换。

（5）工具软件

随着计算机技术的高速发展，工具软件已成为应用软件的一个重要组成部分。它可以帮助用户更好地利用计算机，还可以帮助用户开发新的应用程序。

在使用应用软件时一定要注意系统环境，也就是说运行应用软件需要系统软件的支持。在不同的系统软件下开发的应用程序要在不同的系统软件下运行。

需要指出的是，随着计算机应用的不断深入，系统软件与应用软件的划分已不再有明显的界限。一些具有通用价值的应用程序，已纳入系统软件之中，成为供给用户的一种资源，如一些服务性程序和工具软件等。在许多情况下，计算机的某些功能既可以由硬件实现，也可以由软件来实现，即软硬件在功能上具有等效性。计算机软件随硬件技术的迅速发展而发展，而软件的不断发展与完善又促进了硬件的更新。

2.2　计算机的数制

2.2.1　数制的概念

人们在生产实践和日常生活中创造了多种表示数的方法，这些数的表示规则称为数制。例如，人们常用的十进制，钟表计时中使用的 1h 等于 60min、1min 等于 60s 的六十进制，我国曾使用过 1 市斤等于 16 两的十六进制，计算机中使用的二进制等。

1.　十进制

基数为 10，即"逢十进一"。它含有 10 个数字符号：0、1、2、3、4、5、6、7、8、9。

2.　二进制

基数为 2，即"逢二进一"。它含有 2 个数字符号：0、1。

二进制是计算机中采用的数制，也就是所有的数据信息在计算机内部都是以二进制形式来表示和处理的。为什么计算机会采用二进制数呢？就是因为二进制数具有如下特点。

1）可行性。二进制只有两个数字，在物理上只需要两种状态来表示，这在电路上是很容易实现的，如晶体管的导通和截止、开关的开与合、电平的高与低。

2）简易性。二进制数的运算法则比较简单。例如，二进制数的加法法则如下。

0+0=0

0+1=1+0=1

1+1=10（逢二进一）

简单的运算法则使电路实现起来比较简单。

3）逻辑性。二进制数中的 0 和 1 正好和逻辑代数中的假（false）和真（true）相对应，所以用二进制数表示逻辑值是很自然的。

4）可靠性。二进制只有 0 和 1 两个数字，传输和处理时不容易出错，使电路更加可靠。

但是，二进制的明显缺点是数字冗长、书写烦琐，容易出错，不便阅读。所以，在计算机技术文献中，常用八进制或十六进制数表示数据。

3.　八进制

基数为 8，即"逢八进一"。它含有 8 个数字符号：0、1、2、3、4、5、6、7。

4.　十六进制

基数为 16，即"逢十六进一"。它含有 16 个数字符号：0、1、2、3、4、5、6、7、8、9、A、B、C、D、E、F，其中 A、B、C、D、E、F 分别表示十进制数 10、11、12、13、14、15。

应指出，二进制、八进制、十六进制和十进制都是计算机中常用的数制。既然存在不同的数制，那么在给出一个数时必须指明该数是什么数制中的数。例如，$(1001)_{10}$、$(1001)_2$、$(1001)_8$、$(1001)_{16}$ 所表示的数分别表示十进制、二进制、八进制、十六进制中的数 1001，当然它们的数值就不同了。还可以用后缀字母表示不同的数制中的数，如 1001D、1001B、

1001Q、1001H 也可以分别表示十进制、二进制、八进制、十六进制中的数 1001。

视频 2-3　数制的概念

2.2.2　各种数制间的转换

对于各种数制间的转换，重点要求掌握二进制整数与十进制整数之间的转换。

1. 非十进制数转换成十进制数

将非十进制数转换成十进制数方法很简单，即把各个非十进制的数按该数的基数（权）展开即可。

（1）二进制数转换成十进制数

$$(1011.101)_2 = 1 \times 2^3 + 0 \times 2^2 + 1 \times 2^1 + 1 \times 2^0 + 1 \times 2^{-1} + 0 \times 2^{-2} + 1 \times 2^{-3}$$
$$= 8+0+2+1+0.5+0+0.125 = (11.625)_{10}$$

（2）八进制数转换成十进制数

$$(345.67)_8 = 3 \times 8^2 + 4 \times 8^1 + 5 \times 8^0 + 6 \times 8^{-1} + 7 \times 8^{-2} = (229.859375)_{10}$$

（3）十六进制数转换成十进制数

$$(ABC.2F)_{16} = 10 \times 16^2 + 11 \times 16^1 + 12 \times 16^0 + 2 \times 16^{-1} + 15 \times 16^{-2}$$
$$= (2748.18359375)_{10}$$

2. 十进制数转换成其他进制数

十进制数转换成其他进制数时，方法不止一种，但通常采用的方法如下：将其整数部分除以基数（权）取余数，将其小数部分乘以基数（权）取整数。

（1）十进制数转换成二进制数

十进制数转换成二进制数时，对其整数部分采用"除二取余"，小数部分采用"乘二取整"。

例如，将$(215.6875)_{10}$转换成二进制数。对其整数部分除二取余，则得

$$(215)_{10} = (11010111)_2$$

余数　（低位）

2	215	1
2	107	1
2	53	1
2	26	0
2	13	1
2	6	0
2	3	1
2	1	1
	0	

（高位）

最后一个余数作为二进制数的首位，第一个余数作为二进制数的最低位。

对其小数部分乘二取整，则得

$$(0.6875)_{10}=(0.1011)_2$$

		取整数	（高位）
0.6875			
× 2			
1.3750		1	
0.3750			
× 2			
0.7500		0	
0.7500			
× 2			
1.5000		1	
0.5000			
× 2			
1.0000		1	（低位）

将整数和小数部分综合起来：$(215.6875)_{10} =(11010111.1011)_2$。

（2）十进制数转换成八进制数

将十进制数转换成八进制数时，对其整数部分采用"除八取余"，小数部分采用"乘八取整"，具体步骤参考十进制数转换成二进制数。

（3）十进制数转换成十六进制数

将十进制数转换成十六进制数时，对其整数部分采用"除十六取余"，小数部分采用"乘十六取整"，具体步骤参考十进制数转换成二进制数。

3. 非十进制数之间的转换

（1）二进制数与八进制数之间的转换

每 1 位八进制数最大是$(7)_{10}$，相当于 3 位二进制数，即$(7)_{10}=(111)_2$，这就是说八进制 1 位对应于二进制 3 位。八进制数转换成二进制数的法则是"1 位拆 3 位"，即把 1 位八进制数写成对应的 3 位二进制数，然后按权连接。

例如，将$(2754.41)_8$转换成二进制数，可按"1 位拆 3 位"方法，即

$$
\begin{array}{ccccccc}
2 & 7 & 5 & 4 & . & 4 & 1 \\
\downarrow & \downarrow & \downarrow & \downarrow & & \downarrow & \downarrow \\
010 & 111 & 101 & 100 & . & 100 & 001
\end{array}
$$

所以，$(2754.41)_8 =(10111101100.100001)_2$。

反过来，二进制数转换成八进制数的法则是"3 位并 1 位"，即以小数点为基准，整数部分从右至左每 3 位一组，最高位不足 3 位时在前面添 0 以补足 3 位；小数部分从左至右，每 3 位一组，最低位不足 3 位时在后面添 0 补足 3 位，然后将各组的 3 位二进制数按2^2、2^1、2^0 权展开后相加，得到一位八进制数。

例如，将(1010111011.0010111)₂ 转换为八进制数，可按"3位并1位"方法，即

$$001 \quad 010 \quad 111 \quad 011 . 001 \quad 011 \quad 100$$

$$\downarrow \quad\quad \downarrow \quad\quad \downarrow \quad\quad \downarrow \quad\;\; \downarrow \quad\quad \downarrow \quad\quad \downarrow$$

$$1 \quad\quad 2 \quad\quad 7 \quad\quad 3 . 1 \quad\quad 3 \quad\quad 4$$

所以，(1010111011.0010111)₂ =(1273.134)₈。

（2）二进制数与十六进制数之间的转换

每 1 位十六进制数最大是(15)₁₀，相当于 4 位二进制数，即(15)₁₀=(1111)₂，这就是说十六进制 1 位对应于二进制 4 位。

十六进制数转换成二进制数的法则是"1位拆4位"，即把 1 位十六进制数写成对应的 4 位二进制数，然后按权连接。

例如，将（5A0B.1E)₁₆ 转换成二进制数，可按"1位拆4位"方法，即

$$5 \quad\quad A \quad\quad 0 \quad\quad B . 1 \quad\quad E$$

$$\downarrow \quad\quad \downarrow \quad\quad \downarrow \quad\quad \downarrow \quad\;\; \downarrow \quad\quad \downarrow$$

$$0101 \quad 1010 \quad 0000 \quad 1011 . 0001 \quad 1110$$

所以，(5A0B.1E)₁₆ =(101101000001011.0001111)₂。

反过来，二进制数转换成十六进制数的法则是"4位并1位"，即以小数点为基准，整数部分从右至左每 4 位一组，不足 4 位时在前面添 0 补足；小数部分从左至右每 4 位一组，不足部分在后面添 0 补足，然后将各组的 4 位二进制数按 2^3、2^2、2^1、2^0 权展开相加，得到一位十六进制数。

例如，将(1110100101.01101011)₂ 转换成十六进制数，可按"4位并1位"方法，即

$$0011 \quad 1010 \quad 0101 . 0110 \quad 1011$$

$$\downarrow \quad\quad \downarrow \quad\quad \downarrow \quad\quad \downarrow \quad\quad \downarrow$$

$$3 \quad\quad A \quad\quad 5 . 6 \quad\quad B$$

所以，(1110100101.01101011)₂ =(3A5.6B)₁₆。

（3）八进制数与十六进制数之间的转换

这两种数制之间的转换可以用二进制数或十进制数作为中间过渡。例如，以十进制数作为中间过渡，先将八进制数转换成十进制数，再将十进制数转换成十六进制数，这样就将八进制数转换成十六进制数了，反之，将十六进制数转换成八进制数也是这样。

视频 2-4　数制间的转换

2.3　数据在计算机中的表示

数据不等于数值和数字，它是一个广义的概念。数据是表征客观事物的、可被记录的、能够被识别的各种符号。此处所说的数据实际包含两种数据，即数值数据和非数值数据。数值数据用以表示量的大小、正负，如整数、小数等；非数值数据用以表示一些符号、标记，如英文字母、数字、各种专用字符等。汉字、图形、声音数据也属于非数值数据。

无论是数值数据还是非数值数据，在计算机内部都是以二进制方式组织和存放的。这就是说，任何数据要交给计算机处理，都必须用二进制数字 0 和 1 表示，这一过程就是数据的编码。显然，一个二进制位只有两种状态（0 和 1），可以分别表示两个数据，两个二

进制位就有四种状态（00，01，10，11），可分别表示四个数据。要表示的数据越多，所需要的二进制位就越多。

2.3.1　数值数据的表示

1. 机器数

在计算机中，因为只有 0 和 1 两种形式，所以数的正、负号也必须以 0 和 1 表示。通常将二进制数的首位（最左边的一位）作为符号位，若二进制数是正的则其首位是 0，若二进制数是负的则其首位是 1。像这种符号也数码化的二进制数称为机器数，原来带有"+""–"号的数称为真值。例如，

十进制　　　　　　　　　　+67　　　　　　　　－67
二进制（真值）　　　　　　+1000011　　　　　－1000011
计算机内（机器数）　　　　01000011　　　　　11000011

机器数在机内也有三种不同的表示方法，即原码、反码和补码。

（1）原码

用首位表示数的符号（0 表示正，1 表示负），其他位则为数的真值的绝对值，这样表示的数就是数的原码。

例如，X=(+105)，$[X]_原=(01101001)_2$；

Y=(-105)，$[Y]_原=(11101001)_2$。

0 的原码有两种，即 $[+0]_原=(00000000)_2$、$[-0]_原=(10000000)_2$。

原码简单易懂，与真值转换起来很方便，但如果两个异号的数相加或两个同号的数相减就要做减法，这时必须判别这两个数哪一个绝对值大，用绝对值大的数减去绝对值小的数，运算结果的符号就是绝对值大的那个数的符号。这些操作比较麻烦，运算的逻辑电路实现起来也比较复杂，于是为了将加法和减法运算统一成只做加法运算，就引进了反码和补码。

（2）反码

反码使用得较少，它只是补码的一种过渡。正数的反码与其原码相同，负数的反码是这样求得的：符号位不变，其余各位按位取反（即 0 变为 1，1 变为 0）。例如：

$[+65]_原=(01000001)_2$，$[+65]_反=(01000001)_2$；

$[-65]_原=(11000001)_2$，$[-65]_反=(10111110)_2$。

容易验证：一个数反码的反码就是这个数本身。

（3）补码

正数的补码与其原码相同，负数的补码是它的反码加 1，即求反加 1。例如：

$[+63]_原=(00111111)_2$，$[+63]_反=(00111111)_2$，$[+63]_补=(00111111)_2$；

$[-63]_原=(10111111)_2$，$[-63]_反=(11000000)_2$，$[-63]_补=(11000001)_2$。

同样容易验证：一个数的补码的补码就是其原码。

引入了补码以后，两个数的加减法运算就可以统一用加法运算来实现，此时两数的符号位也当成数值直接参加运算，并且有这样一个结论，即两数和的补码等于两数补码的和。所以在计算机系统中一般采用补码来表示带符号的数。

例如，求$(32-10)_{10}$的值，事实上：

$(+32)_{10}=(+0100000)_2$，$(+32)_{原}=(00100000)_2$，$(+32)_{补}=(00100000)_2$，

$(-10)_{10}=(-0001010)_2$，$(-10)_{原}=(10001010)_2$，$(-10)_{补}=(11110110)_2$。

竖式相加：

$$
\begin{array}{r}
0\,0\,1\,0\,0\,0\,0\,0 \quad\cdots\cdots[32]_{补} \\
+)\quad 1\,1\,1\,1\,0\,1\,1\,0 \quad\cdots\cdots[-10]_{补} \\
\hline
1\,0\,0\,0\,1\,0\,1\,1\,0
\end{array}
$$

由于只是 1 字节，且 1 字节只有 8 位，再进位则自然丢失。

$(00010110)_2 =(+22)_{10} =(22)_{补}=(22)_{原}$，所以$(32-10)_{10} =(22)_{10}$。

再举一个例子，求$(34-68)_{10}$的值，事实上：

$(+34)_{10} =(+0100010)_2$，$(+34)_{原}=(00100010)_2$，$(+34)_{补}=(00100010)_2$，

$(-68)_{10} =(-1000100)_2$，$(-68)_{原}=(11000100)_2$，$(-68)_{补}=(10111100)_2$。

竖式相加：

$$
\begin{array}{r}
0\,0\,1\,0\,0\,0\,1\,0\cdots\cdots[34]_{补} \\
+)\quad 1\,0\,1\,1\,1\,1\,0\,0\cdots\cdots[-68]_{补} \\
\hline
1\,1\,0\,1\,1\,1\,1\,0
\end{array}
$$

运算结果也是一个补码，符号位是 1，此结果肯定是一个负数。按照补码的补码为原码法则，除符号位外，其余 7 位求反再加 1，就得到 10100010，这就是-34 的原码，所以$(34-68)_{10} =(-34)_{10}$。

2. 数的定点和浮点表示

计算机处理的数有整数也有实数。实数有整数部分，也带有小数部分。机器数的小数点的位置是隐含规定的，若约定小数点的位置是固定的，则称为定点表示法；若给定小数点的位置是可以变动的，则称为浮点表示法。

（1）定点数

定点数是小数点位置固定的机器数。通常用一个存储单元的首位表示符号，小数点的位置约定在符号位的后面或者约定在有效数位之后，当小数点位置约定在符号位之后时，机器数只能表示小数，称为定点小数；当小数点位置约定在所有有效数位之后时，机器数只能表示整数，称为定点整数。图 2.20 表示定点数的两种情况。

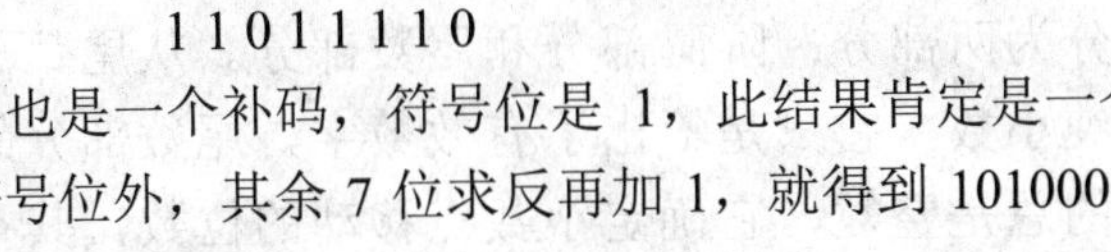

（a）定点小数型　　　（b）定点整数型

图 2.20　定点数

例如，字长为 16 位（2 字节），符号位占 1 位，数值部分占 15 位，小数点约定在尾部，于是机器数 0111 1111 1111 1111 表示二进制数+111 1111 1111 1111，也就是十进制数+32767，这就是定点整数。

若小数点约定在符号位后面，则机器数 1 000 0000 0000 0001 表示二进制数 -0.000 0000 0000 0001，也就是十进制数 -2^{-15}。

（2）浮点数

浮点数是小数点位置不固定的机器数。从以上定点数的表示中可以看出，即便用多字节来表示一个机器数，其范围大小也往往不能满足一些问题的需要，于是就增加了浮点运算的功能。

一个十进制数 M 可以规范化成 $M=10^e \cdot m$。例如，$123.456=0.123456 \times 10^3$，那么任意一个数 N 都可以规范化为

$$N=b^e \cdot m$$

其中，b 为基数（权）；e 为阶码；m 为尾数，这就是科学计数法。图 2.21 表示一个浮点数。

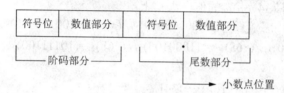

图 2.21　浮点数

在浮点数中，机器数可分为两部分：阶码部分和尾数部分。从尾数部分中隐含的小数点位置可知，尾数总是纯小数，它只是给出了有效数字，尾数部分的符号位确定了浮点数的正负。阶码给出的总是整数，它确定小数点移动的位数，其符号位为正则向右移动，为负则向左移动。阶码部分的数值部分越大，则整个浮点数所表示的值域越大。

由于阶码的存在，同样多的字节所表示机器数的范围，浮点数就比定点数大得多。另外，由于浮点数的运算比定点数复杂得多，实现浮点运算的逻辑电路也复杂一些。

2.3.2　字符的编码表示

1. 西文字符的编码

前面所述是数值数据的编码，而计算机处理的另一大类数据是字符，各种字母和符号也必须用二进制数编码后才能交给计算机来处理。目前，国际上通用的西文字符编码是 ASCII 码（American standard code for information interchange，美国国家标准信息交换代码）。ASCII 码有两个版本，即标准的 ASCII 码和扩展的 ASCII 码。

标准的 ASCII 码是 7 位码，即用 7 位二进制数来编码，用 1 字节存储或表示，其最高位总是 0，7 位二进制数总共可编出 $2^7=128$ 个码，表示 128 个字符，如表 2.1 所示。前面 32 个码及最后 1 个码分别代表不可显示或打印的控制字符，它们为计算机系统专用。数字字符 0～9 的 ASCII 码是连续的，其 ASCII 码分别是 48～57；英文大写字母 A～Z 和英文小写字母 a～z 的 ASCII 码也分别是连续的，分别是 65～90 和 97～122。依据这个规律，当知道一个字母或数字的 ASCII 码后，很容易推算出其他字母和数字的 ASCII 码。

表 2.1 标准的 ASCII 码字符集

十进制	字符	十进制	字符	十进制	字符	十进制	字符
0	NUL	32	SP	64	@	96	`
1	SOH	33	!	65	A	97	a
2	STX	34	"	66	B	98	b
3	ETX	35	#	67	C	99	c
4	EOT	36	$	68	D	100	d
5	ENQ	37	%	69	E	101	e
6	ACK	38	&	70	F	102	f
7	BEL	39	'	71	G	103	g
8	BS	40	(	72	H	104	h
9	HT	41	)	73	I	105	i
10	LF	42	*	74	J	106	j
11	VT	43	+	75	K	107	k
12	FF	44	,	76	L	108	l
13	CR	45	-	77	M	109	m
14	SO	46	.	78	N	110	n
15	SI	47	/	79	O	111	o
16	DLE	48	0	80	P	112	p
17	DC1	49	1	81	Q	113	q
18	DC2	50	2	82	R	114	r
19	DC3	51	3	83	S	115	s
20	DC4	52	4	84	T	116	t
21	NAK	53	5	85	U	117	u
22	SYN	54	6	86	V	118	v
23	ETB	55	7	87	W	119	w
24	CAN	56	8	88	X	120	x
25	EM	57	9	89	Y	121	y
26	SUB	58	:	90	Z	122	z
27	ESC	59	;	91	[	123	{
28	FS	60	<	92	\	124	|
29	GS	61	=	93	]	125	}
30	RS	62	>	94	^	126	~
31	VS	63	?	95	_	127	Del

扩展的 ASCII 码是 8 位码，即用 8 位二进制数来编码，用 1 字节存储表示。8 位二进制数总共可编出 $2^8 = 256$ 个码，它的前 128 个码与标准的 ASCII 码相同，后 128 个码表示一些花纹图案符号。

对于西文字符还存在另外一种编码方案，这就是 EBCDIC 码（extended binary coded decimal interchange code，广义二进制编码的十进制交换码），它主要用于 IBM 系列大型主机，而 ASCII 码普遍用于微型计算机和小型计算机。

2. 汉字的编码

中国的汉字源远流长，使用汉字的国家和地区很多。计算机在处理汉字信息时也要将其转换成二进制代码，因此也需要对汉字进行编码。汉字与西文字符比较起来，数量庞大，字形复杂，同音字多，还有简体繁体之分，因此汉字编码就不能像字符编码一样，在计算机系统中的输入、内部处理、存储和输出过程中都使用同一代码。

为了在计算机系统的各个环节中方便、确切地表示汉字，需要对汉字进行多种编码。常用的汉字编码有汉字输入码、汉字机内码、汉字字形码、汉字地址码及汉字信息交换码等。计算机的汉字信息处理系统在处理汉字时，不同环节使用不同的编码，并根据不同的处理层次和不同的处理要求进行代码转换。

（1）汉字输入码

这是一种用计算机标准键盘上按键的不同排列组合对汉字输入进行的编码。目前汉字输入编码法的研究和发展迅速，已有几百种汉字输入码。衡量一个输入编码法的好坏有以下要求：编码短，可以减少击键的次数；重码少，可以实现盲打；好学好记，便于学习和掌握。

但现在还没有一种全部符合上述要求的汉字输入编码法。目前常用的输入法大致分为两类。

1）音码类：主要是以汉语拼音为基础的编码方案，如全拼、双拼、自然码和智能 ABC 等。这种输入法的优点是简单易学，几乎不需要专门训练就可以掌握。缺点是输入重码率很高，因此，按字音输入后还必须进行同音字选择，影响了输入速度，而对于不认识的字则无法输入。智能 ABC、紫光拼音及搜狗拼音等输入法以词组为输入单位，很好地弥补了重码、输入速度慢等音码的缺陷。

2）形码：主要是根据汉字的特点，按汉字固有的形状，把汉字拆分成部首，然后进行组合的编码方案，如五笔字型输入法。这种输入法的优点是输入速度快，见字识码，对不认识的字也能输入；缺点是比较难掌握，需专门学习，无法输入不会写的字。五笔字型输入法应用广泛，适合专业录入员，基本可实现盲打，但必须记住字根、学会拆字和形成编码。

（2）国标码

为了适应汉字信息交换的需要，1981 年国家颁布了国家标准 GB 2312—1980《信息交换用汉字编码字符集　基本集》，其中规定了汉字交换码简称国标码，共收汉字和图形符号 7445 个。其中，包括一般符号 202 个；序号 60 个，数字字符 22 个；英文字母 52 个，日文假名 169 个，希腊字母 48 个，俄文字母 66 个；汉语拼音 26 个，汉语注音字母 37 个；一级汉字 3755 个，按拼音字母顺序排列；二级汉字 3008 个，按部首顺序排列，与新华字典部首顺序相同。

国标码的每个汉字用 2 字节表示，英文字母、数字及其他标点符号也是 2 字节码，这些符号在显示和打印时所占宽度是 ASCII 字符的一倍。在显示和打印过程中，通常将这种双字节字符称为全角字符，将 ASCII 码中的单字节字符称为半角字符。为了编码，将汉字分成若干个区，每个区中 94 个汉字。由区号和位号（区中的位置）构成了区位码。例如，"中"位于第 54 区 48 位，区位码为 5448。区号和位号各加 32 就构成了国标码，这是为了与 ASCII 码兼容，每个字节值大于 32（0～32 为非图形字符码值）。所以，"中"的国标码为 8680。

为了兼容汉字总量（汉字总数达 6 万多个）和兼顾使用汉字的国家和地区，我国于 1995 年 12 月公布了又一新的汉字字符集 CJK（China-Japan-Korea），共收集了 20 902 个汉字，每个符号用 4 字节表示。

（3）汉字机内码

汉字机内码是供计算机系统内部进行汉字存储、加工处理和传输统一使用的二进制代码，简称内码。使用不同的输入码输入的汉字进入计算机系统后，统一转换成机内码存储。一个国标码占 2 字节，每个字节最高位仍为 0；英文字符的机内代码是 7 位 ASCII 码，最高位也为 0。为了在计算机内部能够区分是汉字编码还是 ASCII 码，将国标码的每个字节的最高位由 0 变为 1，变换后的国标码就是汉字机内码。由此可知，汉字机内码的每个字节都大于 128，而每个西文字符的 ASCII 码值均小于 128。

例如：

汉字	汉字国标码	汉字机内码
中	8680（01010110 01010000）B	（11010110 11010000）$_2$ =（D6D0）$_{16}$
华	5942（00111011 00101010）B	（10111011 10101010）$_2$ =（BBAA）$_{16}$

即机内码=国标码+（8080）$_{16}$。

要查看汉字的机内码，可以利用"记事本"输入中文字，接着保存文件，然后切换到 DOS 模式，使用 Debug 程序的"D（dump）"命令来查看。

（4）汉字字形码

汉字字形码又称汉字字模，用于汉字在显示屏或打印机输出。汉字字形码通常有两种表示方式：点阵和矢量表示方式。

点阵式字形码，即以点阵方式表示汉字。汉字是方块字，将方块等分成有 n 行 n 列的格子，简称点阵。凡笔画到的格子点为黑点，用二进制数"1"表示，否则为白点，用二进制数"0"表示。这样，一个汉字的字形就可用一串二进制数表示了。图 2.22 显示了"大"字的 16×16 字形点阵及代码。

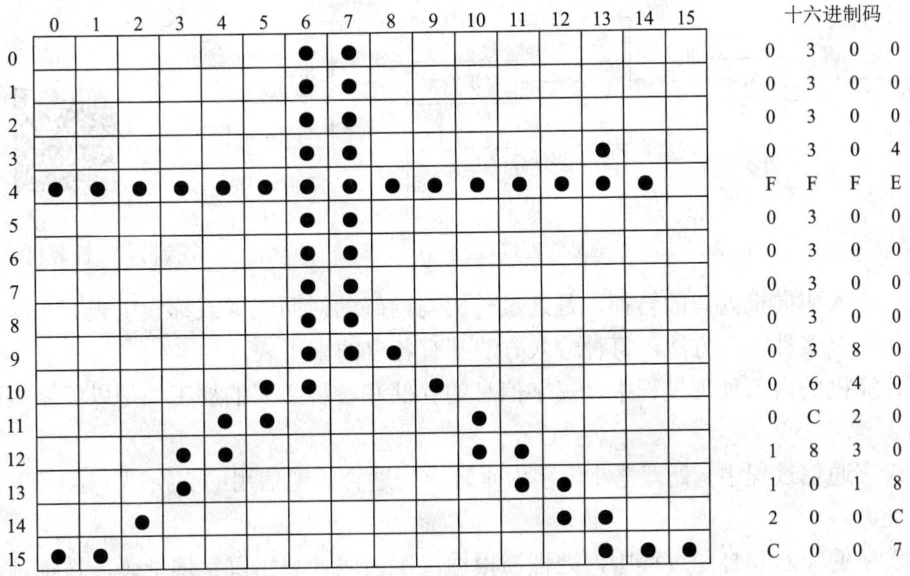

图 2.22　字形点阵及代码

　　根据输出字符的要求不同，字符点的多少也不同。简易型汉字为 16×16 点阵，提高型汉字为 24×24、32×32、48×48 点阵等。点阵越大、点数越多，分辨率就越高，输出的字形就越清晰美观，所占存储空间也越大。例如，16×16 汉字点阵有 256 个点，需要 256 位二进制位来表示一个汉字的字形码。8 个二进制位组成 1 字节，由此可见，一个 16×16 点阵的字形码需要 32B 存储空间，两级汉字大约占用 256KB 存储空间。因此，字模点阵只能用来构成"字库"，而不能用于机内存储。字库中存储了每个汉字的点阵代码，当显示输出时才检索字库，输出字模点阵得到字形。不同字体的汉字需要不同字体的字库，如宋体字库、楷体字库、黑体字库和繁体字库等。

　　汉字的矢量表示方式存储的是描述汉字字形的轮廓特征，当要输出汉字时，通过计算机的计算，由汉字字形描述生成所需大小和形状的汉字点阵。矢量化字形描述与最终文字显示的大小、分辨率无关，因此可产生高质量的汉字输出。Windows 中使用的 TrueType 技术就是汉字的矢量表示方式。

　　点阵和矢量方式的区别：前者编码和存储方式简单，无须转换直接输出，但字形放大后产生的效果差；后者的特点正好与前者相反。

　　（5）汉字地址码

　　汉字地址码是指汉字字形码在汉字字库中存放位置的代码，即字形信息的地址。需要向输出设备输出汉字时，必须通过地址码才能在汉字字库中取到所需的字形码，最终在输出设备上形成可见的汉字字形。在汉字字库中，字形信息都是按一定顺序（大多数按国标码中汉字的排列顺序）连续存放的，所以汉字地址码也大多是连续有序的，而且与汉字内码间有着简单的对应关系，以简化汉字内码到汉字地址码的转换。

　　（6）各种汉字代码之间的关系

　　计算机对汉字信息的处理过程，实际上是汉字的各种编码之间的转换过程。图 2.23 表示了这些代码在汉字信息处理系统中的位置及它们之间的关系。

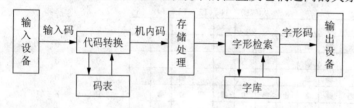

图 2.23　汉字信息处理过程　　　　　　　　视频 2-5　计算机信息编码

　　汉字输入码向机内码的转换，是通过外码与内码的对照表（或称索引表）来实现的。一般系统具有多种输入方法，每种输入方法都有各自的索引表。

　　在计算机的内部处理过程中，汉字信息的存储和各种必要的加工都是以汉字内码形式进行的。

　　在汉字通信过程中，处理器将汉字内码转换为适合于通信用的交换码（国标码），以实现通信处理。

　　在汉字的显示和打印过程中，处理器根据汉字内码计算出汉字地址码，按地址码从字库中取出汉字字形码，实现汉字的显示或打印输出。

习　题　2

一、填空题

1. 计算机中字节的英文名称为_____。
2. 一个 48×48 点阵的汉字字形码需要用_____字节存储。
3. 在表示存储器容量时，KB 的准确含义是_____。
4. 运算器主要进行算术运算和_____。
5. 微处理器含有_____、_____和高速缓冲存储器（cache）。
6. 微型计算机总线分为三部分，它们是_____、_____和控制总线。
7. 在计算机内部，指令都由二进制数表示，一条指令由_____和_____构成。

二、计算题

1. 将下列各数制的数转换成十进制数。

$(1101)_2$　　　　$(5AF3)_{16}$　　　　$(601)_8$　　　　$(1010011)_2$

2. 将下列十进制数转换成二进制数。

$(375)_{10}$　　　　$(255)_{10}$　　　　$(65)_{10}$　　　　$(123.45)_{10}$

3. 将下列二进制数转换成十六进制数。

$(10100101)_2$　　　　$(10110111)_2$　　　　$(101110)_2$　　　　$(1111)_2$

4. 将下列十六进制数转换成二进制数。

$(5AA5)_{16}$　　　　$(3F0)_{16}$　　　　$(7A)_{16}$　　　　$(6D1)_{16}$

三、简答题

1. 二进制数中有几个数字？计算机为什么要采用二进制数？
2. 计算机处理的数据的最小单位是什么？什么是字节？什么是字长？
3. 什么是 ASCII 码？已知一个英文字母的编码如何得到其他英文字母的 ASCII 码？
4. 什么是国家标准汉字编码？在这种编码中一个汉字需要用几个字节？为什么？
5. 汇编语言源程序的优缺点是什么？所有高级语言的共同特点是什么？说出 5 种高级语言的名称。
6. 简述冯·诺依曼计算机的体系结构。

第 3 章　Windows 操作系统

操作系统是直接控制和管理计算机系统软、硬件资源的核心系统软件，计算机系统的运行是在操作系统控制下自动进行的，而且计算机也主要是通过操作系统提供的界面与用户进行对话的。因此，人们要想学会使用计算机，首先就得要学会使用操作系统。

3.1　操作系统概述

3.1.1　操作环境的演变与发展

我们把一台没有任何软件支持的计算机称为裸机，而实际与用户打交道的计算机系统则是经过若干层软件改造的计算机。在众多计算机软件中，操作系统占有特殊且重要的地位。

从图 3.1 可以看出，操作系统是最基本的系统软件，其他的所有软件都是建立在操作系统基础之上的。操作系统是用户与计算机硬件之间的接口，没有操作系统作为中介，用户对计算机的操作和使用将变得非常困难，而且效率极低。因此，操作系统不仅管理着计算机内部的一切事务，而且承担了计算机与用户交互的接洽工作，也就是说，操作系统身兼二职——"管家婆"和"接待员"。

"管家婆"是对计算机系统的软、硬件资源进行合理的调度与分配，改善资源的共享和利用状况，最大限度地发挥计算机系统的工作效率，即提高计算机系统在单位时间内处理任务的能力，这是操作系统的首要任务。它通过 CPU 管理、存储管理、设备管理和文件管理对计算机系统的软、硬件资源实施管理。

图 3.1　用户与操作系统之间的关系

操作系统作为"接待员"，主要体现在通过友好的工作环境，改善用户与计算机的交互界面。如果没有这个接口软件，用户将面对一台只能识别 0、1 组成的机器代码的裸机。有了这个"接待员"在前台服务，用户就可以采用一种易识别的方法同计算机打交道。不过用户与"接待员"之间的交互是以键盘为工具的字符命令方式还是以文字图形相结合的图形界面方式进行，还取决于"接待员"本身提供的服务。

在 20 世纪 70 年代以前，人们致力于改善计算机的性能，如提高运行速度、扩充存储容量等。那时的用户界面主要是基于字符的界面，操作步骤一般比较烦琐，学会操作也比较费时费力，是典型的"使人适应计算机的时代"。在这种环境下，用户利用键盘输入由字符组成的命令（故称为键盘命令），指挥计算机去完成一件件工作；而计算机则通过在屏幕上显示各种信息（如提示信息、错误信息、结果信息等）告知用户执行的结果。DOS 就是这种操作系统的典型代表。显然，理解 DOS 的基本概念，掌握 DOS 命令的语法和含义，熟悉键盘上各键的分布及功能，这都是用户使用计算机的必备条件。这种直接提问、英文式的命令既不直观又不灵活，对于非英语语种的用户来说，掌握起来更为困难。人们小心翼翼同时又很晦涩地同计算机打交道，这种冷漠的交谈方式只会徒增计算机的神秘感。

20 世纪 70 年代后期，"苹果 2 型"计算机以其新颖的设计一改计算机冷冰冰的面孔，受到用户的青睐。图形用户界面风靡了计算机世界。自从 Apple 公司将图形用户界面引入 PC 以来，图形界面就以其友好性迅速地普及，并抢占字符界面的大部分市场，成为当今操作系统和应用程序的主流界面，并且已经成为衡量软件优劣的一条不成文的标准。或许正是苹果机所提供的友好界面和易学易用的特点，改变了人们对于计算机的认识，从而使 PC 真正走入千家万户。当前，在微型计算机上广泛使用的操作系统是 Microsoft 公司的 Windows。

图形界面的引入，彻底改变了计算机的视觉效果和使用方式，使用户能够以更直观、更贴近于生活的方式上机操作。面对显示器上的图形界面，用户就好像坐在自己的办公桌前，很多被操作的对象（如文件、目录等）用一些形象化的图标来代表，就如同办公室里常见的"文件夹""废纸篓""信箱"等，通过简单的鼠标操作，就可以完成大部分上机操作。

计算机技术的不断发展推动了用户界面向更为友好的方向改进。声音、视频和三维图像将进入新一代的用户界面——多媒体用户界面（multimedia user interface，MMUI）。多媒体用户界面中的操作对象不仅是文字图形，还有声音及静态和动态图像。它能够听懂人的语言，用户无须动手，只要说一声"开机"或"关机"，就可以开关计算机电源和显示器。MMUI 将给人们带来更多的亲切感。

视频 3-1　操作系统的基本概念

3.1.2　操作系统的功能

计算机系统中各种资源都有各自的特征，因此从资源管理的角度，可以将操作系统的功能归纳为五大类：CPU 管理、存储管理、设备管理、文件管理和作业管理。

（1）CPU 管理

CPU 是计算机系统中最宝贵、最重要的硬件资源。程序只有通过 CPU 才能运行，因此它的速度及其使用效率直接影响整个系统的性能。CPU 管理的任务是对 CPU 进行分配，对程序的运行进行管理，充分提高 CPU 的利用率。

（2）存储管理

存储器是计算机系统存放各种信息的主要场所，是系统的关键资源之一。能否合理而有效地使用存储器资源，将直接影响整个计算机系统的性能。操作系统的存储管理主要是内存的管理，其主要任务是进行内存的分配和回收、内存中程序和数据的保护及解决内存扩充问题，从而提高存储器的利用率，方便用户使用存储器。

（3）设备管理

设备管理负责管理计算机的外部设备，如显示器、键盘、打印机、磁盘等。要进行显示、打印、存取文件都必须启动相应的设备，这一工作比较烦琐。操作系统设备管理的主要任务正是合理分配设备，保证设备方便、安全、高效地使用。这些工作交给操作系统后，给用户带来极大的方便，用户无须知道设备的细节就可轻松地使用各种设备资源。

（4）文件管理

文件管理是操作系统对软件资源的管理，其主要任务是对用户文件和系统文件进行各种管理，为用户提供友好的界面，实现对文件的按名存取，保证文件的安全性。

（5）作业管理

作业是指用户请求计算机系统完成的一个独立任务。操作系统的作业管理将各用户提交的各个作业合理地组织安排，使各作业快速、准确地完成。

3.1.3 Windows 7 基础

Windows 7 是 Microsoft 公司开发的具有革命性变化的操作系统，于 2009 年 10 月在全球上市。Windows 7 在 Windows XP 的基础上大幅度提升了系统的安全性。

视频 3-2　Windows 的发展历程

Windows 7 共包含 6 个版本，分别为 Windows 7 Stater（初级版）、Windows 7 Home Basic（家庭普通版）、Windows 7 Home Premium（家庭高级版）、Windows 7 Professional（专业版）、Windows 7 Enterprise（企业版）和 Windows 7 Ultimate（旗舰版）。本书以旗舰版为例介绍 Windows 7 的操作和使用。

1. Windows 7 的启动

1）首次启动 Windows 7。当计算机成功地安装完 Windows 7 并重新启动后，就可以第一次登录 Windows 7。如果是以前版本的 Windows 升级而来，并已有一个用户账户，就可以用该账户和密码登录。如果没有用户账户，则需要在安装过程中以选定的 Administrator 账户和密码登录，然后创建用户账户。

2）其他时候启动 Windows 7。当用户打开计算机电源并启动 Windows 7 后，系统会自动加载一些设置，然后也会显示登录对话框，输入用户名和密码后，单击"确定"按钮，此时系统会根据当前的用户加载其个人设置，最后屏幕会显示启动完毕后的桌面状态，如图 3.2 所示。

图 3.2　Windows 7 桌面

2. Windows 7 的退出

当退出 Windows 7 时，计算机将自动关闭主机电源。因此，正常关闭计算机首先是保存数据、退出运行的应用程序，然后退出 Windows 7，最后关闭显示器电源。

退出 Windows 7 的操作步骤：选择"开始"→"关机"命令，系统首先会检查是否还有任务没结束，若有，则会自动结束任务，然后保存用户个人设置，自动关闭主机电源。

单击"关机"按钮右侧的下拉按钮，弹出下拉列表，如图 3.3 所示。下拉列表中"切换用户""注销""锁定""重新启动""睡眠""休眠"等命令的功能如下。

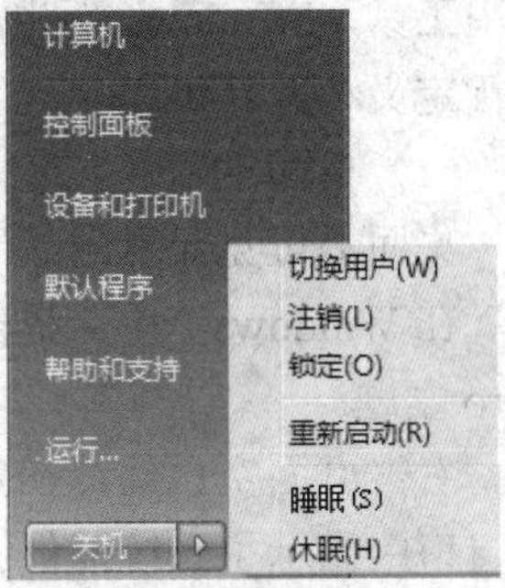

1）切换用户：在不关闭当前登录用户的情况下而切换到另一个用户，当再次返回时系统会保留原来的状态。

图 3.3　"关机"下拉菜单

2）注销：关闭程序并退出当前用户的操作环境。

3）锁定：不关闭当前用户程序，直接锁定当前用户，使用前需要输入密码解锁。

4）重新启动：选择"重新启动"命令，则先关闭计算机，再自动开机。当用户对系统进行设置或安装某些软件后，需要重新启动计算机。

5）睡眠：如果用户希望关闭计算机的同时保存打开的文件或其他工作，并在重新开机后恢复这些打开的文件或工作，可以使用睡眠功能。在使用睡眠功能后，Windows 7 会将内存会话与数据同时保存于物理内存及硬盘，然后关闭除内存外的绝大部分硬件设备，进入低功耗运行状态。只需要按键盘任意键或晃动一下鼠标即可使计算机从睡眠中快速恢复，系统将返回睡眠前的桌面及运行的应用程序。

视频 3-3　Windows 10 简介

6）休眠：休眠是睡眠功能的进一步扩展。使用休眠功能后，系统将休眠前的所有数据保存到硬盘中，彻底摆脱对电量的消耗。从休眠中恢复后，系统将返回休眠前的桌面及运行的应用程序，由于没有将数据保存到运行速度更快的内存中，休眠的恢复时间将会慢于睡眠。

注意：如果只需要在短时间内不使用计算机（1 小时以内），建议尽量选择睡眠功能。如果需要在较长的时间内不使用计算机（数小时或一两天），但又希望在下一次开机时恢复上一次的会话与数据，建议选择休眠功能。

3.2　Windows 7 的基本操作

3.2.1　Windows 7 操作界面

对于采用图形用户界面的操作系统，用户对它的了解首先应从它所提供的工作界面入手。图 3.2 所示为进入 Windows 7 后的界面。Windows 7 的界面包括桌面、"开始"按钮和任务栏。

1. 桌面

桌面是屏幕的整个背景区域，如图 3.2 所示，它是 Windows 7 的工作平台，是组织和管理软、硬件资源的一种有效方式。正如日常的办公桌面一样，人们常常在其上放置一些常用工具，Windows 7 也利用桌面承载各类系统资源。桌面对象的内容和风格可以由用户自行定义和重新组织。

（1）桌面主题

桌面上可见元素的显示风格、窗口颜色、事件声音和屏幕保护方式统称为桌面主题。

在 Windows 7 中，提供有很多桌面主题。Windows 7 默认将桌面设置为"Windows 7" Aero 主题。

右击桌面空白处，在弹出的快捷菜单中选择"个性化"命令，打开"个性化"窗口，在窗口中显示了系统提供的不同风格的主题，如图 3.4 所示。单击选择某主题，系统会自动为桌面配置与该主题相关的一整套背景、声音、窗口配色等。

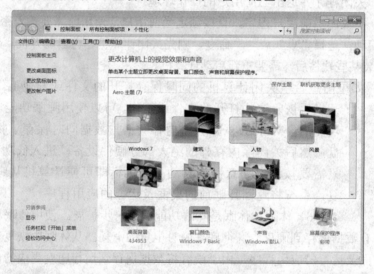

图 3.4 　"个性化"窗口

如果当前设置的主题不能满足个性化要求，用户还可以自定义桌面背景、窗口颜色、声音、屏幕保护等主题元素。

经过个性化修改的主题，可以通过选择"保存主题"命令将其保存在"我的主题"选项组中，方便以后选择使用。

（2）桌面背景

桌面背景是指桌面的背景图案，用户可以创建自己喜欢的桌面背景。具体操作如下。

1）右击桌面空白处，在弹出的快捷菜单中选择"个性化"命令，打开"个性化"窗口。

2）单击窗口下方"桌面背景"图标，打开"桌面背景"窗口，如图 3.5 所示。窗口中默认显示的是系统提供的 Aero 主题背景图片，每次勾选图片都可以在屏幕上预览效果。用户可以单击"浏览"按钮选择存放图片的位置，然后在"图片位置"下拉列表中选择不同分组调用背景图片。还可以在"图片位置"下拉列表中指定显示方式（填充、适应、拉伸、平铺或居中，默认方式为填充）。

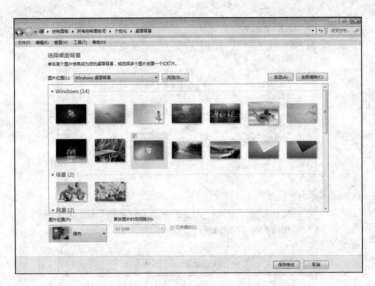

图 3.5　"桌面背景"窗口

3）设置完成后，单击"保存修改"按钮，返回"个性化"窗口。

此外，还可以勾选全部图片，指定在某个时间段自动更换背景图案，只需修改下方的"更改图片时间间隔"选项，将其换成指定的时间即可。如果希望背景图案无顺序更换，则可勾选"无序播放"复选框。

（3）桌面图标

桌面图标是 Windows 中各种对象的图形标识，实质上是指向应用程序、文件夹或文件的快捷方式，双击图标可以快速启动对应的程序、打开文件夹或文件。桌面图标按类型大致可分为 Windows 桌面图标（Windows 系统设置）、快捷方式图标（指向应用程序、文件夹或文件的快捷方式，由应用程序安装时生成或用户创建）两种。

1）桌面通用图标的显示和隐藏。Windows 7 安装完成后，默认的桌面图标只有"回收站"，其他桌面通用图标是不显示的。用户可以自己选择显示或隐藏桌面图标。具体操作如下。

① 右击桌面空白处，在弹出的快捷菜单中选择"个性化"命令，打开"个性化"窗口，如图 3.4 所示。

② 在左窗格中选择"更改桌面图标"选项，弹出"桌面图标设置"对话框，勾选或取消要显示的桌面图标复选框即可，如图 3.6 所示。必要时还可单击"更改图标"按钮更改图标图形。

③ 单击"确定"按钮，完成设置。

"桌面图标设置"对话框中的图标为 Windows 7 所有的系统图标，其作用分别如下。

① 计算机：用于访问计算机中所有存储设备中的文件夹和文件，包括硬盘、光盘及可移动存储设备。

② 用户的文件：指向当前用户命名的库，其中有与用户相关的各类文件夹。

③ 网络：用于访问网络上的计算机和设备、查看和管理网络设置及共享等。

④ 回收站：用于暂时存放已经删除的文件或文件夹信息。回收站分为"回收站（满）"和"回收站（空）"两种图标，分别显示回收站有没有被删除的文件。

图 3.6   "桌面图标设置"对话框

⑤ 控制面板：更改计算机设置并自定义其功能，包括显示、语言、软件、硬件、账户和服务等项目。

2）放大/缩小桌面图标。放大或缩小桌面图标的方法有以下两种。

① 右击桌面空白处，在弹出的快捷菜单中选择"查看"→"大（中等、小）图标"命令，可分别选用大、中、小桌面图标。

② Windows 7 支持滚轮+快捷键来实现图标的变化，在桌面上采用【Ctrl+上下滚动鼠标滚轮】，可以自由缩放桌面图标大小，效果比前一种方法更灵活、方便。

3）排列桌面图标。随着计算机的不断使用，桌面图标越来越多，这些图标杂乱无章地排列在桌面上，既影响美观，又不利于选择。可以直接拖动图标到需要的位置，也可以按照名称、大小、项目类型和修改日期来自动重新排列图标，使桌面整洁美观。

① 右击桌面空白处，在弹出的快捷菜单中选择"排序方式"→"名称（大小、文件类型、修改日期）"命令。

② 此时桌面上的图标将会自动按选定的方式排列。

（4）桌面小工具

Windows 7 操作系统自带了多种实用小工具，可以放置在桌面上的任意位置，能够实时显示 CPU 和内存利用率、日期、时间、新闻条目、天气情况等信息，还能进行 Windows 媒体播放及拼图游戏。选择添加小工具的具体操作如下。

1）选择"开始"→"所有程序"→"桌面小工具库"命令，打开小工具管理窗口，如图 3.7 所示。

2）在小工具管理窗口中，双击需要的小工具图标，或直接将小工具图标拖到桌面，都可以将其添加到桌面。

在小工具管理窗口上，选中某个小工具后可以选择"显示详细信息"选项查看该工具的具体信息，获悉其用途、版本、版权等，还可以单击"联机获取更多小工具"超链接，到官方的小工具网站上下载更多自己喜欢的小工具插件。

图 3.7　小工具管理窗口

2. "开始"菜单

"开始"菜单由位于屏幕左下角的"开始"按钮启动,是操作计算机程序、文件夹和系统设置的主通道,方便用户启动各种程序和文档。

"开始"菜单的功能和布局如图 3.8 所示,分为四个基本部分。

1)常用程序列表,简称程序列表,用于显示用户使用最频繁的程序,用户可以设置其保留的数目。下面是"所有程序"菜单项,用户将鼠标指针指向"所有程序"时将显示系统中已安装的所有程序。

2)搜索框,通过输入搜索内容可在计算机上查找程序和文件,此时,左窗格显示搜索结果。

3)固定项目列表,提供对常用文件夹、文件、设置和功能的访问的链接菜单,底部设置有关闭计算机的选项按钮。

4)当前用户账户按钮/对象图标,单击该按钮可以直接打开"用户账户"设置窗口。当鼠标指针移到右窗格中任意列表项时,当前用户账户按钮/对象图标会转变为该对象的图标。

图 3.8　Windows 7 的"开始"菜单

（1）跳转列表

跳转列表是 Windows 7 中的新增功能，就是最近使用的项目列表。系统将最近打开的文件以快捷方式汇集在其中，可以让用户很容易地找到最近使用的文档。用户在跳转列表中看到的内容取决于程序本身，如 IE 浏览器中的跳转列表，可以让用户看到最近访问过的网站。

1）显示跳转列表。将鼠标指针移动到"开始"菜单程序列表中某个程序上，短暂停留或单击右侧下拉按钮时，系统即在右窗格显示该程序最近打开过的文档列表，如图 3.9 所示。单击其中的项目即可快速打开该文件。

图 3.9 "开始"菜单中的跳转列表

2）锁定和解锁跳转列表。跳转列表可以明显提高选择打开常用文档的操作效率，但是列表中的显示项目是动态变化的，当列表达到一定数量（默认值是 10）后，将用最近打开的对象取代最早操作的对象（先进先出）。为了方便，最好将常用的文档锁定在列表中。

锁定跳转列表的方法：将鼠标指针指向某个文件项，单击右侧"图钉"按钮，可将该文件锁定到此列表，即固定在列表的上端，方便以后调用打开。

将锁定的跳转列表项解锁的方法类似锁定操作，单击锁定项右侧的"图钉"按钮，可将该文件从此列表解锁，即返回跳转列表的下端显示。

3）删除跳转列表项。要把不需要的跳转列表项删除，只要右击该列表项，在弹出的快捷菜单中选择"从列表中删除"命令即可。

（2）程序列表

"开始"菜单左窗格显示的程序列表，其实就是"开始"菜单最近调用过的程序跳转列表。只要在"开始"菜单上调用一次，该程序项（快捷方式）就会被列入程序列表中。

1）锁定和解锁程序列表项。程序列表是动态调整变化的，显示程序项数量达到一定（默认值是 10）时，最早调用的程序项将被最近调用的代替。因此，为方便调用一些经常使用的程序，最好将其锁定在"开始"菜单程序列表上。锁定的程序列表项被列于程序列表的上端，有半透明线条与非锁定区分隔。

将常用程序锁定在程序列表上的方法：右击要锁定的程序列表项，在弹出的快捷菜单中选择"附到「开始」菜单"命令即可。

将锁定的程序列表项解锁的方法：右击要解锁的程序列表项，在弹出的快捷菜单中选择"从「开始」菜单解锁"命令，该程序即被解除锁定，返回程序列表下端显示。

2）删除程序列表项。要把不经常使用的程序列表项从程序列表中删除，只要右击该程序列表项，在弹出的快捷菜单中选择"从列表中删除"命令即可。

（3）"所有程序"列表

选择"所有程序"命令，"开始"菜单的左窗格将显示按字母顺序排列的系统安装的所有程序列表。在"所有程序"列表中，上部显示的是左侧带程序图标的程序项，下部显示的是左侧带文件夹图标的程序组项。单击未展开的程序组项将展开该组的下级程序列表，如图 3.10 中"Microsoft Office"程序组已经展开；再次单击已展开的程序组项，则折叠程序组。

选择程序列表中的某个程序项就可以打开该应用程序，此时，"开始"菜单将自动关闭。选择列表下方的"返回"命令，则关闭"所有程序"列表，返回程序列表。

3．任务栏

在默认情况下任务栏出现在桌面底部，如图 3.11 所示。可以根据需要将它移动到屏幕的侧面，也可以将其隐藏起来。任务栏主要由任务按钮区、通知区域和"显示桌面"按钮三部分组成，Windows 7 取消了原有的快速启动栏。

图 3.10　"所有程序"列表

　　任务按钮区　　　　　　　　　　　　　　　通知区域　　　"显示桌面"按钮

图 3.11　任务栏

（1）任务按钮区

任务按钮区主要放置固定在任务栏上的程序及当前正打开着的程序和文件的图标，用于快速启动相应程序，或在任务窗口间切换。常用程序可以将其锁定到任务栏上，以方便调用（Windows 7 默认只锁定了 IE 浏览器和资源管理器）。根据需要，还可以拖动任务按钮改变其排列位置。

1）分组管理。Windows 7 默认将相似的活动任务合并分组，用一个任务按钮显示，从任务按钮的形态可以区分任务的当前状态：呈平面形态的按钮表示锁定在任务栏的非活动程序（如图 3.11 中的 IE 浏览器、资源管理器）；呈一层凸起的按钮是活动任务窗口（如图 3.11 中的画图、Excel）；呈多层（最多三层）凸起的按钮显示包含有两个以上的一组相同任务（如图 3.11 中的 Word）。

任务按钮是否合并显示，用户可以在"任务栏和「开始」菜单属性"对话框中进行设置，具体操作如下。

① 右击任务栏，在弹出的快捷菜单中选择"属性"命令，弹出"任务栏和「开始」菜单属性"对话框，单击"任务栏"选项卡。

② 在"任务栏按钮"下拉列表中有三种显示方式供选择，如图 3.12 所示。其显示特点如下。

"始终合并、隐藏标签"：系统的默认设置，任务按钮始终合并，显示为无标签图标。

"当任务栏被占满时合并"：一个任务显示为一个带标签图标，任务栏被占满时重叠为一个带标签的任务按钮，和 Windows XP 版本一样。

"从不合并"：任务按钮从不合并，随打开的程序窗口越多，按钮越来越小，最终在任务按钮区内以滚屏方式显示。

图 3.12 "任务栏按钮"的显示方式

2）窗口预览。将鼠标指针移动到任务按钮上稍稍停留，就可以在预览窗格上预览各窗口内容，并方便地进行切换，图 3.13 所示为 Windows 照片查看器的预览窗格。

预览窗口不仅用于预览、切换、关闭任务，当播放音/视频时，预览窗口中还显示播放控制按钮，可以进行暂停、播放等操作，如图 3.14 所示。

图 3.13 预览窗格   图 3.14 播放控制

3）任务按钮的跳转列表。右击任务栏上某个锁定的程序或当前正在运行的任务按钮，都会弹出其跳转列表，分为"已固定"和"最近"两组，如图 3.15 所示。使用任务按钮的跳转列表，可以快速找到和访问常用的文档。

将近期经常要操作的文档和文件夹锁定在相应程序的任务按钮跳转列表上，不失为一种方便调用的好方法。将文档和文件夹锁定在任务栏的途径有以下三条。

① 在任务按钮的跳转列表上右击该文档,在弹出的快捷菜单中选择"锁定到此列表"命令。

② 在任务按钮的跳转列表上单击该文档右侧的"锁定到此列表"按钮。

③ 直接将对象拖到任务栏的相应应用程序任务按钮上,会出现"附到××(应用程序名)"的提示。如果将文件夹对象拖到任务栏上,系统会将其锁定到资源管理器上。

4)程序项的锁定和解锁。在 Windows 7 中可以非常快捷地将某程序锁定到任务栏或从任务栏上解锁,只需在"开始"菜单中右击某程序,在弹出的快捷菜单中选择"锁定到任务栏"或"从任务栏脱离"命令即可。也可以在任务栏中右击该程序,在弹出的快捷菜单中选择"将此程序锁定到任务栏"或"将此程序从任务栏解锁"命令实现这一功能。

图 3.15 任务栏按钮的跳转列表

(2)通知区域

通知区域位于任务栏的右侧,包括一个时钟和一组图标。这些图标表示计算机上某程序的状态,或提供访问特定设置的途径。默认状态下,大部分图标是隐藏的。如果要让某个图标始终显示,只要单击通知区域的"显示隐藏的图标"按钮,在弹出的快捷菜单中选择"自定义"命令,在打开的窗口中找到要设置的图标,选择"显示图标和通知"选项即可,如图 3.16 所示。

图 3.16 显示图标和通知

通知区域的主要功能如下。

1）将鼠标指针移向某图标时，会显示该图标的名称或该设置的状态。例如，音量图标显示当前音量级别；网络图标显示有关网络连接与否、连接速度及信号强度的信息。

2）双击图标通常会打开与之相关的程序或设置。

3）显示通知对话框，通知某些信息。单击右上角的"关闭"按钮可关闭该消息，否则几秒钟后通知会自行消失。

在一段时间内没有使用的图标，系统会将其隐藏在通知区域中。如果图标变为隐藏，则单击"显示隐藏的图标"按钮可临时显示隐藏的图标。

（3）"显示桌面"按钮

在 Windows 7 中，"显示桌面"按钮被放置在任务栏最右侧一小块半透明的区域，如图 3.11 所示。"显示桌面"按钮的主要功能如下。

视频 3-4　Windows 10
操作界面

1）当鼠标指针停留在该按钮上时，按钮变亮，所有打开的窗口都透明化，可以看到桌面上的所有东西，快捷地浏览桌面的情况，而鼠标指针离开后即恢复原状。

2）当单击该按钮后，所有打开的窗口全部最小化，清晰地显示整个桌面，而当再次单击该按钮后，所有最小化的窗口全部复原，屏幕立即恢复原状。

注意：实现窗口预览和桌面预览功能的前提是桌面主题必须选择 Aero 主题，并且在"任务栏和「开始」菜单属性"对话框中勾选了"使用 Aero Peek 预览桌面"复选框。

3.2.2　窗口及其操作

Windows 7 中的每一个程序都在窗口中运行，每个文件夹打开时都会出现相应的窗口。所谓窗口就是一个矩形显示框，每次运行一个程序，该程序窗口在桌面上随之打开。Microsoft 公司之所以将其操作系统称为 Windows，是因为它采用了窗口界面。Windows 允许同时在屏幕上显示多个窗口，每个窗口属于特定的应用程序或文档，这样 Windows 就解决了同时运行多个应用程序而又在显示时不发生冲突的问题。

1. 窗口的组成

Windows 每一个窗口都有一些共同的组成元素，下面以"计算机"窗口为例，对窗口的组成进行说明，如图 3.17 所示。

窗口就是一个工作区，计算机所做的每一件事情都显示在一个窗口中，这些窗口可以打开多个，并可以对它的大小和位置进行调整，还可以按任意顺序排列。

（1）标题栏

标题栏位于窗口的顶部，上面的一行文字显示了窗口的名称。其左端是控制菜单图标，其右端依次是"最小化"、"最大化（或还原）"和"关闭"按钮。

（2）地址栏

地址栏位于标题栏的下面，它标明了当前窗口的位置。用户在此栏的下拉列表中选择或输入一个文件夹路径名，即可直接在窗口中显示所输入文件的内容。此外，用户也可以在此输入一个 Internet 网址，从而直接从这里进入 Internet 访问。

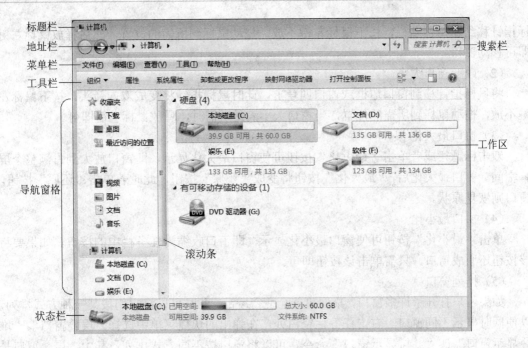

图 3.17　窗口的组成

（3）搜索栏

搜索栏位于地址栏右端，其作用是对当前位置的内容进行搜索，使用户可以快速找到所需的文件。

（4）菜单栏

菜单栏位于标题栏下方，其中列出该窗口可用的菜单。每个菜单包含一系列命令，通过它们用户可以完成各种功能操作。不同应用程序窗口的菜单不尽相同。

（5）工具栏

工具栏位于菜单栏的下方，其中包括一些常用的功能按钮，从中可以直接选择各种工具。

（6）导航窗格

导航窗格位于窗口左边。导航窗格内提供了"收藏夹"、"库"、"计算机"及"网络"结点，用户可以通过这些结点快速切换到相应的目录。

（7）工作区

窗口的内部区域，用于显示窗口中的操作对象和操作结果。

（8）滚动条

当窗口内的信息在垂直方向长度超过窗口时，便出现垂直滚动条，通过单击滚动条箭头按钮或拖动滚动块可以控制窗口内容的上下滚动；当窗口内的信息在水平方向宽度超过窗口时，便出现水平滚动条，通过单击滚动条箭头按钮或拖动滚动块可以控制窗口内容的左右滚动。

（9）状态栏

状态栏在窗口的底部，显示当前窗口的相关信息和选中对象的状态信息。

2. 窗口的操作

（1）移动窗口

在桌面上打开很多窗口时，如果窗口不是在最大化状态下，用户便可移动窗口。将鼠标指针移到窗口标题栏，按下鼠标左键不放，拖动鼠标到所需的位置，然后释放鼠标左键即可移动窗口。

（2）改变窗口大小

将鼠标指针移到窗口边框或窗口四角上，此时鼠标指针将变成双向箭头，按下鼠标左键不放，拖动鼠标到所需的位置，当窗口大小满足所需时，释放鼠标左键即可。

（3）窗口最大化

双击标题栏或者单击"最大化"按钮可使窗口最大化显示，即窗口放大到占满整个屏幕空间。窗口最大化后，"最大化"按钮将变成"还原"按钮，此时若单击"还原"按钮，窗口则恢复原状。

（4）窗口最小化

单击"最小化"按钮可使窗口最小化显示，即窗口收缩为任务栏中的按钮。如果要将该按钮还原成窗口，只需单击该按钮即可。

（5）排列窗口

如果用户打开了许多窗口，桌面可能会变得凌乱，此时可以将它们按某一种方式排列，以便同时显示不同窗口。右击任务栏空白处，在弹出的快捷菜单中选择"层叠窗口"、"堆叠显示窗口"或"并排显示窗口"命令，可以将窗口按不同方式排列。其中：层叠窗口是把窗口按先后顺序依次排放在桌面上，每个窗口的标题栏和左侧边框可见；堆叠显示窗口是各窗口并排显示，在保证每个窗口大小相当的情况下，使窗口尽量向水平方向伸展；并排显示窗口则是在保证每个窗口大小相当的情况下，使窗口尽量向垂直方向伸展。

（6）切换窗口

如果用户打开了多个应用程序，每一个应用程序在桌面上都对应一个窗口，但同一时刻只有一个窗口是活动的，称为活动窗口或当前窗口，只有这个窗口才能接收鼠标或键盘的操作。一般情况下，如果标题栏呈灰色，那么窗口是非活动窗口，而活动窗口的标题栏将以醒目的颜色（如蓝色）显示。

切换窗口最简单的方法是使用任务栏。Windows 7 的任务栏在默认情况下会分组显示不同程序窗口，当鼠标指针指向组图标时会显示这些窗口的缩略图，单击其中的一个缩略图，即可打开相应的窗口。也可以在所需窗口还没有被完全挡住时，单击所需窗口。或者使用【Alt+Tab】组合键在当前打开的各窗口之间进行切换。

（7）复制窗口内容

如果用户希望把当前窗口的内容复制到另一些文档或图像中去，则可按【Alt+Print Screen】组合键，将当前窗口和其中的内容复制到剪贴板中，然后右击要处理的文档或图像文件，在弹出的快捷菜单中选择"粘贴"命令，即可将窗口的内容粘贴到该文档或图像中。如果用户想复制整个屏幕的内容，则直接按【Print Screen】键即可。

（8）关闭窗口

单击"关闭"按钮可以关闭应用程序窗口或关闭文档窗口。按【Alt+F4】组合键也可以关闭当前窗口。

注意：如果在关闭前对文档进行了修改，关闭文档窗口时就会弹出提示信息，用于提醒用户保存文档。

视频 3-5　窗口及其操作

3.2.3　对话框及其操作

对话框是用户与计算机系统之间进行信息交流的窗口，在对话框中用户可以对选项进行选择，对系统进行对象属性的修改或者设置。

1. 对话框的组成

对话框与窗口很相似，但比窗口更简洁、更直观、更侧重于与用户的交流。下面介绍对话框常见的几个组成部分，如图 3.18 和图 3.19 所示。

（1）标题栏

每个对话框都有标题栏，在标题栏左端显示该对话框的名称，在标题栏右端，通常有"帮助"和"关闭"两个按钮，如图 3.18 所示。

（2）选项卡

在系统中有很多对话框都是由多个选项卡构成的，选项卡上写明了标签，以便于进行区分。用户可以通过各个选项卡之间的切换来查看不同的内容，在选项卡中通常有不同的选项组。单击某个选项卡，则该选项卡将突出显示，同时屏幕显示该选项卡的选项组，如图 3.18 所示。

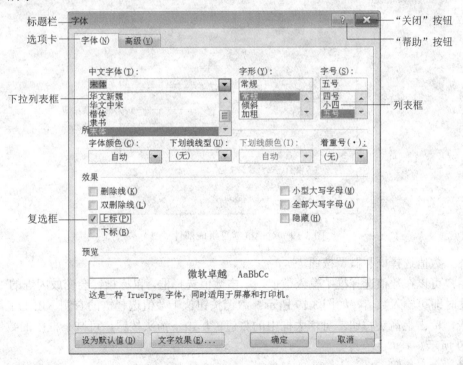

图 3.18　对话框常见组成部件（一）

（3）列表框

列表框可以显示多个选择项，由用户选择其中一项。当选择项一次不能全部显示在列表框中时，系统会自动提供滚动条。

（4）下拉列表

下拉列表主要用于选择多重的项目，选中的项目将在列表栏内显示。单击列表右侧的下拉按钮时，将出现一系列列表选项供用户选择。

（5）复选框

复选框所列出的各个选项不是互相排斥的，即每次可根据需要选择一项或几项。每个选项的左边有一个小正方形作为其选择框，当勾选时，框内出现一个"√"标记。在空白选择框上单击便可选定，再次单击这个选择框便可取消勾选。

（6）单选按钮

单选按钮是一些互相排斥的选项组，每次只能选择其中的一个项目，被选中的圆圈中将有黑点。不能使用的选项将呈灰色，如图 3.19 所示。

（7）文本框

文本框可以接收用户输入的信息，以便正确完成对话框的操作。当鼠标指针移至空白文本框时，鼠标指针变成闪烁的"I"形状等待输入；如果文本框已有文字，则框内的文字都被选中，此时输入的文字将代替原有的文字；用户也可以按【Delete】或【Backspace】键删除文本框已有的文字，然后输入新文字，如图 3.19 所示。

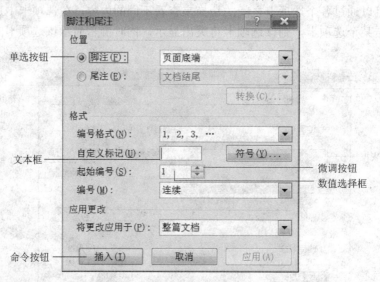

图 3.19　对话框常见组成部件（二）

（8）数值选择框和微调按钮

用户可以在数值选择框中输入数值，单击数值选择框，鼠标指针会变成闪烁的"I"形状，此时即可输入数值，如图 3.19 所示。微调按钮位于数值选择框的右侧，由上下箭头按钮组成，单击上箭头按钮，可增大框中的数值；单击下箭头按钮，可减小框中的数值，如图 3.19 所示。

（9）命令按钮

在每个对话框中都有若干个命令按钮，单击对话框中的命令按钮便可执行对应的操作，如图 3.19 所示。

2. 对话框的操作

（1）对话框的移动

用鼠标拖动对话框的标题栏到指定位置，然后释放鼠标。若在释放鼠标之前按【Esc】

键，则可以取消这次移动。

（2）对话框的关闭

关闭对话框有两种方法：一种是单击"确定"按钮，则关闭对话框并开始执行操作。第二种是单击"取消"按钮或"关闭"按钮，则不执行任何操作而将对话框关闭。

3.2.4　菜单及其操作

1. 菜单类型

（1）下拉式菜单

在应用程序窗口上方的菜单栏均采用下拉式菜单，菜单中包含若干条命令，为了便于使用，命令按功能分组，分别放在不同的菜单项里，如图 3.20 所示。

（2）弹出式快捷菜单

弹出式快捷菜单是通过在选定对象上右击而弹出的，其内容通常是与当前操作或选定对象相关的命令项，如图 3.21 所示。使用快捷菜单可以进行快速操作。

图 3.20　下拉式菜单

图 3.21　弹出式快捷菜单

（3）系统菜单

单击窗口标题栏的左端，可打开系统菜单，主要用于更改窗口的大小、位置或关闭窗口，如图 3.22 所示。

图 3.22　系统菜单

2. 菜单的约定

在菜单中，Windows 7 用一些特殊的符号来表示不同类型的菜单项。

1）灰色的菜单选项：表示在当前情况下无法使用，单击灰色的菜单项将没有反应，只有满足了某种条件后，灰色的菜单项才恢复正常，此时方可使用。

2）带字母或组合键的菜单选项：表示可通过键盘输入字母或按组合键，直接执行对应的操作，因此称字母按键或组合键为快捷键。通常相同意义的操作选项在不同窗口中具有相同的快捷键，因此熟练使用这些快捷键将有助于加快操作。

3）带下划线字母的菜单选项：表示当其所在的菜单激活时，在键盘上按下带下划线的字母，可执行相应操作，为用户使用键盘操作命令提供方便。

4）带省略号"..."的菜单选项：表示选择此菜单项后将弹出一个对话框，要求用户输入某种信息或改变某些设置。

5）带"√"的菜单选项：表示该菜单选项是一个"开关"选项，如果该菜单选项前面有"√"，则表示选用了该菜单选项对应的功能；再次选择该选项，则前面的"√"将消失，表示该选项不起作用。

6）带圆点"●"的菜单选项：表示这是一个单选标记，表示在这一组命令中，每次只能有一个被选中，当前选中的命令左边出现一个单选标记"●"；再次选择该组的其他选项时，标记"●"将出现在新选中选项的左边，原来被选中选项左边的标记"●"将消失。

7）带右向箭头"▶"的菜单选项：表示选择该菜单选项后，会弹出一个级联菜单，级联菜单通常给出某一类选项或命令，有时是一组应用程序，用户可在级联菜单中选择某一选项，执行相应的操作。

8）菜单选项的分组：无论是哪一种菜单，大多数情况下，菜单选项之间会出现分隔线，将菜单选项分成若干组，功能相似或特征相同的选项被分在同一组。

3. 菜单的操作

（1）打开菜单

使用鼠标指针选择菜单时，单击菜单，移动鼠标指针到要选择的选项，再次单击即可。

使用键盘时，按下【Alt】键，用【←】、【→】方向键选择菜单选项（或者直接按【Alt】+菜单栏带下划线字母键，也可打开相应的菜单），用【↑】、【↓】方向键选择要选的选项，最后按【Enter】键即可。当然也可使用选项的快捷键实现相应操作。

（2）关闭菜单

如果要关闭一个菜单，只需在桌面或窗口空白处单击即可，也可以直接执行其他操作，系统将自动关闭菜单。还可以按【Esc】键关闭菜单。

3.2.5　Windows 7 帮助系统

在使用计算机的过程中，经常会遇到各种各样的问题，借助 Windows 7 提供的帮助系统，用户可以方便地找到问题的答案，更好地了解和驾驭计算机系统。获得系统帮助信息的途径有多种。

（1）使用帮助和支持中心

选择"开始"→"帮助和支持"命令，打开"Windows 帮助和支持"窗口，如图 3.23 所示。在使用 Windows 7 帮助和支持时，可以使用窗口上方的导航按钮来方便地浏览帮助信息，下面介绍这些按钮的作用。

1）"后退"按钮。单击该按钮可以返回上一个页面。

2）"前进"按钮。单击该按钮可以转到下一个页面。

3）"主页"按钮 。单击该按钮可以返回"Windows 帮助和支持"默认页。

4）"打印"按钮 。单击该按钮可以打印当前页面。

5）"浏览帮助"按钮 。单击该按钮可以打开帮助的分类目录。

6）"询问"按钮 。单击该按钮可以显示"Windows 远程协助""Windows 应答"等链接，单击其中的链接可以打开相关网站，获取更多帮助信息。

7）"选项"按钮。单击该按钮会弹出一个菜单，选择菜单中的相关选项可以执行设置字体大小、打印等操作。

8）"搜索帮助"文本框。在搜索文本框中输入搜索的内容可以列出相关的帮助信息。

图 3.23　"Windows 帮助和支持"窗口

（2）使用说明信息

在使用计算机的过程中，用户经常需要一些快速简洁的提示或对某个术语的解释，此时用户只需将鼠标指针指向界面中相应的项目上，在鼠标指针的旁边就会自动显示与该项目有关的快捷帮助信息。

（3）在窗口中获取帮助信息

单击窗口右上角的"获取帮助"按钮 ，或者按【F1】键，都可以打开"Windows 帮助和支持"窗口，打开的帮助信息是针对此窗口中内容的介绍，其帮助内容更具有针对性。

3.3　文　件　管　理

用户在使用计算机时，经常会面对众多的信息，还需要对信息进行各种操作，如复制、删除、移动、查找等。有效管理各种资源是操作系统的重要功能之一。

3.3.1　文件和文件夹

1. 文件

文件是具有名称的一组相关信息的集合，任何程序和数据都以文件的形式存放在计算机的存储器中。文件使系统能够区分不同的信息集合，每个文件都必须有文件名，Windows 正是通过文件名来识别和访问文件的。

文件名通常由主文件名和扩展名两部分构成，两部分之间用圆点（.）隔开，如 exm1.c、文稿.docx、TU3.bmp 等。通常在一般情况下，主文件名命名的随意性比较大，而扩展名通常表示文件的类型，具有特定的含义，因此不能随意修改。不同类型的文件其图标也不相同，常用的文件扩展名及其图标如表 3.1 所示。

表 3.1　常用的文件扩展名及其图标

扩展名	文件类型	图标	扩展名	文件类型	图标
.exe	可执行文件		.rar	压缩文件	
.sys	系统文件		.mp3	声音文件	
.txt	纯文本文件		.docx	Word 文档	
.jpg	图像文件		.xlsx	Excel 文件	
.mpg	视频文件		.pptx	演示文稿	

注意：

1）不能利用大小写区分文件名。例如，WIN.INI 和 win.ini 在计算机中被认为是同一个文件。

2）"*" 和 "？" 为通配符。"*" 代表任意一串字符，"？" 代表任意一个字符。

视频 3-6　文件和
文件夹

2.　文件夹

文件夹是用于存储程序、文档、快捷方式及其他子文件夹的，使用文件夹便于组织文件，使磁盘中的文件有条不紊、查找方便。通常一个文件夹中包含一些相关的文件。Windows 中的文件夹按照树形结构组织，系统通过文件夹名对文件夹进行各种操作。在 Windows 中，同一个文件夹中的文件或子文件夹不能同名。

3.3.2　资源管理器和库

1.　资源管理器

资源管理器是 Windows 操作系统提供的资源管理工具，可以通过资源管理器查看计算机上的所有资源，能够清晰、直观地对计算机上所有的文件和文件夹进行管理。

（1）启动资源管理器

资源管理器窗口如图 3.24 所示。启动资源管理器常用的方法如下。

1）右击"开始"按钮，在弹出的快捷菜单中选择"打开 Windows 资源管理器"命令。

2）选择"开始"→"所有程序"→"附件"→"Windows 资源管理器"命令。

3）在任何位置直接双击文件夹或文件夹快捷方式。

4）右击任务栏中的 Windows 资源管理器图标，在展开的列表中选择"Windows 资源管理器"选项。

（2）工作窗口

资源管理器工作窗口可分为左、右两个窗格：左侧是列表区，右侧是"目录栏"窗格，用于显示当前文件夹下的子文件夹或文件目录列表。

从图 3.24 中可见，左窗格中整个计算机的资源被划分为五大类："收藏夹"、"库"、"家庭组"、"计算机"和"网络"，这与 Windows XP 及 Vista 系统都有很大的不同，所有的改变都是为了让用户更好地组织、管理及应用资源，为用户带来更高效的操作。例如，在"收藏夹"下"最近访问的位置" 中可以查看到最近打开过的文件和系统功能，方便再次使用；在"网络"中，可以直接在此快速组织和访问网络资源。此外，更加强大的则是"库"功能，它将各个不同位置的文件资源组织成一个个虚拟的"仓库"，可以极大地提高用户的使用效率。

图 3.24　资源管理器窗口

将鼠标指针移动到左右两个窗格的分隔条上，当鼠标指针变为双向箭头时拖动分隔条可以改变左右窗格大小。

（3）地址栏

在 Windows 7 窗口地址栏中，不仅可以知道当前打开的文件夹名称，还可以在地址栏中输入本地硬盘的地址或网络地址，直接打开相应内容。

在 Windows 7 的地址栏中增加了地址栏按钮功能，该功能将当前位置整个路径上的所有文件夹都显示为可以单击的按钮。例如，在窗口中打开"C:\Windows\System32"文件夹，如图 3.25 所示，当把鼠标指标移动到这个路径上之后会发现，其实整个路径中每一步都可以单独单击选中，其右侧的下拉按钮单击后都会弹出一个列表框，列出与该文件夹同级的其他文件夹。因此，通过使用地址栏按钮，可以进入该路径上的任何一个文件夹。

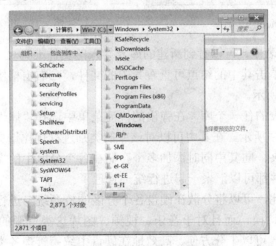

图 3.25　资源管理器窗口地址栏

如果需要复制当前的地址，只要在地址栏右侧空白处单击，即可让地址栏以传统的方式显示。

2. Windows 7 的库功能

Windows 7 全新引入的库功能给用户带来了文件管理的新变化。

（1）库

Windows 7 的库是一个特殊的文件夹，可以向其中添加硬盘上任意的文件夹，但是这些文件夹及其中的文件实际还是保存在原来的位置，并没有被移动到库中，只是在库中"登记"了它的信息并进行索引，添加一个指向目标的"快捷方式"，这样可以在不改动文件存放位置的情况下集中管理，提高工作效率。

（2）库的使用

打开 Windows 资源管理器，在左窗格中可以看到库。它默认包含视频、图片、文档和音乐四个库，如图 3.26 所示。用户可以向其中导入各种文件和文件夹，也可以根据需要创建新的库。创建新库的操作步骤如下。

1）在左窗格中选中"库"，右击，在弹出的快捷菜单中选择"新建"→"库"命令，或选择"文件"→"新建"→"库"命令。

2）输入库的名称（如"教学"），即创建了新库。双击进入新建的库，再单击"包括一个文件夹"按钮即可将所希望导入的文件夹包含进来，如图 3.27 所示。

 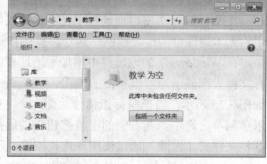

图 3.26　Windows 7 的库　　　　　　　　图 3.27　进入新建立的库

3）在左侧的库列表中，可以看到新建的库及导入的文件夹列表，所有的层级关系以树形显示，一目了然，单击其中的结点可查看其中的文件，在右窗格中可以看到每个文件的简要信息，如图 3.28 所示。

右击左窗格库列表的任一个库，在弹出的快捷菜单中选择"属性"命令，打开该库的属性对话框，如图 3.29 所示。在其中可以对该库的类别进行优化选择，也可以在此再次设置该库所包含的文件夹，向其中同时添加多个存储在各个分区中的文件夹。这样硬盘上不同位置的文件夹和文件都可以汇聚一起进行统一管理了。

库的优势就在于此，可以将分散在硬盘各个分区的资源统一进行管理，无须在多个资源管理器窗口中来回切换，而且对于音乐、视频、图片这类资源的管理更为有用。通过 Windows 7 的库功能，可以十分方便、高效地在硬盘中统筹管理各类文件，轻松浏览所需的资源。

图 3.28　查看新建立的库　　　　　　　　　图 3.29　"教学"库的属性对话框

（3）删除库

如果删除库，则可将库移动到"回收站"，但是不会删除通过该库中访问的文件夹和文件。如果意外删除了四个系统默认库（视频、图片、文档和音乐）中的一个，可以在导航窗格中右击"库"，然后在弹出的快捷菜单中选择"还原默认库"命令，将其恢复为原始状态。

如果从库中删除文件或文件夹，会同时从原始位置将其删除。如果要从库中删除项目，但不希望从存储位置将其删除，则可右击包含该项目的文件夹，然后在弹出的快捷菜单中选择"从库中删除位置"命令。同样，如果将文件夹包含到库中，然后从原始位置删除该文件夹，则无法再在库中访问该文件夹。

3.3.3　文件和文件夹的显示及排列方式

1．文件和文件夹的显示方式

在浏览文件和文件夹时，可以按用户所要求的显示方式和关心的内容不同而设置不同的显示方式。在 Windows 7 中文件和文件夹的显示方式有八种。

1）超大图标、大图标、中等图标。窗口中的文件和文件夹将以缩略图的形式显示，并且会显示图片的原貌。它们的区别就是显示大小不同。

2）小图标。只显示窗口中的文件和文件夹的图标类型和文件名称。

3）列表。文件和文件夹以列的方式显示为一列。

4）详细信息。文件和文件夹不仅以列表的方式显示，还会显示类型、大小和修改日期等详细信息。

5）平铺。文件的名称、类型及大小都会显示出来。

6）内容。显示文件的名称、类型、修改时间及作者信息。

设置文件和文件夹显示方式的具体操作方法如下。

在资源管理器窗口中选择"查看"下拉菜单中的一种查看模式，如图 3.30 所示；也可以右击窗口空白处，在弹出的快捷菜单中选择"查看"命令，在其级联菜单中选择一种查看模式。

2．文件和文件夹的排列方式

当一个文件夹中的子文件夹或文件过多时，可以重新排列，方便查找。具体操作方法如下。

选择"查看"→"排序方式"命令，其级联菜单中有四种排列方式（名称、修改日期、类型和大小）和两种排序方法（递增和递减），如图 3.31 所示，用户可根据需要对文件及文件夹的排列顺序进行设置。同样，右击，在弹出的快捷菜单中选择相应命令也可以完成此设置。

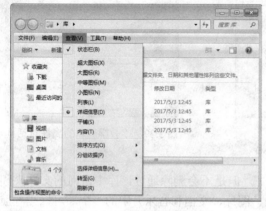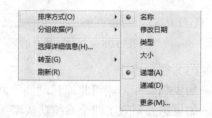

图 3.30　"查看"下拉菜单　　　　　　图 3.31　"排序方式"级联菜单

3. 修改其他查看选项

选择"工具"→"文件夹选项"命令，弹出"文件夹选项"对话框，在其中可设置其他的查看方式，如图 3.32 和图 3.33 所示，主要设置如下。

1）在同一窗口中打开每个文件夹或在不同窗口中打开不同的文件夹等。

2）是否显示隐藏的文件和文件夹。

3）是否隐藏已知文件类型的扩展名。

图 3.32　"常规"选项卡　　　　　　图 3.33　"查看"选项卡

3.3.4　选定对象操作

对文件或文件夹进行操作时必须先选定文件或文件夹，然后进行各种操作。常用的选定对象的操作方法如下。

（1）选定单个文件或文件夹

1）使用鼠标操作。单击要选定的对象。

2）使用键盘操作。移动【↑】、【↓】、【←】、【→】方向键选择要选定的对象。

（2）选定一组相邻的文件或文件夹

1）使用鼠标操作。单击第一项，按住【Shift】键，然后单击最后一个要选定的对象；或者在要选定的对象周围拖动，此时会出现一个虚线框，当虚线框框住所要选择的对象后，释放左键即可。

2）使用键盘操作。先选定第一项，再按住【Shift】键，然后用【↑】、【↓】、【←】、【→】方向键选定其他项。

（3）选定多个不相邻的文件或文件夹

先按住【Ctrl】键，然后依次单击要选择的对象。此时若想撤销某个已选定的对象，则再次单击该对象即可。

（4）选定当前文件夹下的所有对象

从当前文件夹窗口中选择"编辑"→"全选"命令，或单击工具栏中"组织"右侧的下拉按钮，在弹出的下拉列表中选择"全选"命令。按【Ctrl+A】组合键也可以选定当前文件夹中的所有对象。

（5）反向选定

从当前文件夹窗口中选择"编辑"→"反向选择"命令，将选定文件夹中没有被选定的其他对象。

注意：如果要全部撤销选定，单击文件夹窗口中的空白处即可。

3.3.5 文件和文件夹的操作

利用 Windows 资源管理器可方便地对文件和文件夹进行复制、移动、重命名、删除等一系列的操作。

1. 文件及文件夹的复制

（1）使用"复制"和"粘贴"命令

首先选定要复制的文件或文件夹，然后选择"编辑"→"复制"命令，这时当前选定文件或文件夹的副本被传送到剪贴板中；最后打开选定文件或文件夹要复制到的目标文件夹或驱动器，选择"编辑"→"粘贴"命令，此时剪贴板中文件的副本就被复制到目标文件夹中。

说明：以上操作也可以使用工具栏中"组织"下拉菜单中的"复制"和"粘贴"命令实现。还可以通过右击要复制的文件或文件夹，在弹出的快捷菜单中选择"复制"命令，然后在目标位置的空白处右击，在弹出的快捷菜单中选择"粘贴"命令实现；或者使用组合键，复制的组合键为【Ctrl+C】，粘贴的组合键为【Ctrl+V】。

（2）利用菜单向导

首先选定要复制的文件或文件夹，然后选择"编辑"→"复制到文件夹"命令，弹出

图 3.34　"复制项目"对话框

"复制项目"对话框，如图 3.34 所示，在此对话框中选定要复制到的文件夹，单击"复制"按钮即可。

（3）使用发送命令

若要将文件或文件夹复制到闪存盘上，除上述两种方法外，还可以采用更直接的方法，即使用"发送到"命令实现。首先选定要复制的文件或文件夹，然后选择"文件"→"发送到"命令，最后选择目标闪存盘名称即可。

（4）使用拖动方法

拖动是复制文件或文件夹的一种最简便的方法。在同一磁盘中复制文件或文件夹时，先选定文件或文件夹，再按住【Ctrl】键，将其拖动到目标位置（目标位置在左窗格可见），释放【Ctrl】键即可；在不同磁盘中复制文件或文件夹时，直接拖动即可完成复制操作。

2.　文件及文件夹的移动

（1）使用"剪切"和"粘贴"命令

首先选定要移动的文件或文件夹，然后选择"编辑"→"剪切"命令，这时当前选定文件或文件夹图标变成灰色，表示已将文件传送到剪贴板中；最后打开选定文件或文件夹要移动到的目标文件夹或驱动器，选择"编辑"→"粘贴"命令，此时文件或文件夹就被移动到了目标位置。

说明：以上操作也可以使用工具栏中"组织"下拉菜单中的"剪切"和"粘贴"命令实现。还可以通过右击要移动的文件或文件夹，在弹出的快捷菜单中选择"剪切"命令，然后在目标位置的空白处右击，在弹出的快捷菜单中选择"粘贴"命令实现；或者使用组合键，剪切的组合键为【Ctrl+X】，粘贴的组合键为【Ctrl+V】。

（2）利用菜单向导

首先选定要移动的文件或文件夹，然后选择"编辑"→"移动到文件夹"命令，弹出"移动项目"对话框，在此对话框中选定要移动到的文件夹，最后单击"移动"按钮即可。

（3）使用拖动方法

在同一磁盘中移动文件或文件夹，将选定的文件或文件夹直接拖动到目标位置（目标位置在左窗格可见）；在不同磁盘中移动文件或文件夹，按住【Shift】键，然后将选定的文件或文件夹拖动到目标位置（目标位置在左窗格可见）。

3.　文件及文件夹的重命名

文件及文件夹的重命名有以下四种方法。

（1）利用"文件"菜单完成

首先选定要重命名的文件或文件夹，然后选择"文件"→"重命名"命令，最后在文件名文本框中输入新的文件名或文件夹名，并按【Enter】键，这样旧文件（或文件夹）名就被新的文件（或文件夹）名替代。

（2）利用快捷菜单完成

右击要重命名的文件或文件夹，在弹出的快捷菜单中选择"重命名"命令，然后在文件名文本框中输入新的文件（或文件夹）名，并按【Enter】键确认。

（3）利用单击完成

首先选定要重命名的文件或文件夹，然后在要修改的文件（或文件夹）名上再次单击（这两次单击不能用连续的双击代替），在"文件名"文本框中输入新的文件（或文件夹）名，并按【Enter】键确认。

（4）利用快捷键完成

选定要重命名的文件或文件夹，按【F2】键，文件名变为可编辑状态，输入新的文件（或文件夹）名，并按【Enter】键确认。

4. 文件及文件夹的删除与恢复

（1）文件及文件夹的删除

删除文件及文件夹的方法很多，可以参照以下五种方法。

1）利用"文件"菜单。选定要删除的文件或文件夹，选择"文件"→"删除"命令。

2）利用快捷菜单。右击要删除的文件或文件夹，在弹出的快捷菜单中选择"删除"命令。

3）利用键盘。选定要删除的文件或文件夹，直接按【Delete】键。

以上操作完成之后，均会弹出确认文件删除的提示对话框，单击"是"按钮删除文件，单击"否"按钮取消删除操作。

4）利用左键拖动。选定要删除的文件或文件夹，将其直接拖动到桌面上的"回收站"图标上。

5）利用右键拖动。右击要删除的文件或文件夹，将其直接拖动到桌面上的"回收站"图标上，显示"移动到回收站"，释放鼠标右键，在弹出的快捷菜单中选择"移动到当前位置"命令。

（2）恢复被删除的文件及文件夹

对于误删除的文件或文件夹，其恢复操作分为下面两种情况。

1）删除文件或文件夹之后，立即用以下方法之一进行恢复。

① 选择"编辑"→"撤销删除"命令。

② 单击工具栏中的"组织"下拉按钮，在弹出的下拉列表中选择"撤销"命令。

③ 按【Ctrl+Z】组合键。

2）删除文件或文件夹之后，从"回收站"中恢复。其具体操作方法是打开回收站，然后在回收站中选定要恢复的文件或文件夹，选择下述方法之一进行恢复。

① 选择"文件"→"还原"命令。

② 单击"还原此项目"按钮。

③ 右击对象，在弹出的快捷菜单中选择"还原"命令。

如果选择"清空回收站"命令，则将彻底删除文件或文件夹。回收站有无文件或文件夹可以从图 3.35 所示的图标状态上看出。

视频 3-8　文件和
文件夹的操作

说明：如果删除文件时按住【Shift】键，则文件或文件夹将从计算机中删除，而不保

(a) 有文件　　　　(b) 无文件

图3.35　"回收站"内有无文件的图标状态

存到回收站中。此外，有下列三类文件被删除以后是不能被恢复的：移动存储器（如闪存盘、闪存卡、移动硬盘等）、网络上的文件、在 DOS 方式中被删除的文件，因为它们被删除后并没有被送到回收站中。

5. 查看与设置文件和文件夹的属性

文件和文件夹的属性是指其类型、在磁盘中的位置、所占空间的大小、修改时间与创建时间及在磁盘中的存在方式等信息。

（1）查看和设置文件夹的属性

查看和设置文件夹属性的操作步骤如下。

选定文件夹，选择"文件"→"属性"命令，或右击选定文件夹，在弹出的快捷菜单中选择"属性"命令，都可打开文件夹的属性对话框，如图3.36 所示。其中有"常规"、"共享"、"安全"、"以前的版本"和"自定义"五个选项卡。设置文件夹属性使用"常规"选项卡。

"常规"选项卡由四部分组成，第一部分列出了文件夹的图标和名称；第二部分列出了文件夹的类型、位置、大小、占用空间和包含文件及文件夹的数量；第三部分列出了文件夹的创建时间；第四部分是属性设置，有如下两种属性。

1）只读。选择此项则文件夹被设为"只读"属性，具有只读属性的文件夹不能被删除。

2）隐藏。选择此项则文件夹被设为"隐藏"属性，表示该文件夹将被隐藏起来。

单击"高级"按钮可以设置文件夹的"存档和索引属性"及"压缩或加密属性"等。

（2）查看和设置文件的属性

若右击选定的文件，在弹出的快捷菜单中选择"属性"命令，则系统会弹出文件的属性对话框，如图3.37 所示。其中有"常规"、"文件校验"、"安全"、"详细信息"和"以前的版本"等选项卡。文件类型不同，属性也不同，但都会含有"常规"选项卡。

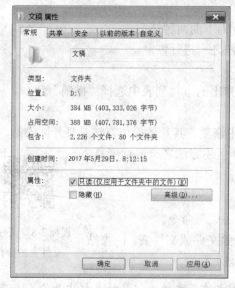

图3.36　文件夹属性对话框

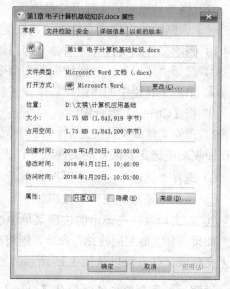

图3.37　文件属性对话框

文件属性对话框与文件夹属性对话框基本相似，使用也大体相同。

6. 文件和文件夹的加密

Windows 7 支持多用户，要保证自己的文件不被他人查看，可以对文件进行加密，但必须保证磁盘的文件系统为 NTEF 格式。操作步骤如下。

右击需要加密的文件，在弹出的快捷菜单中选择"属性"命令，弹出如图 3.37 所示的文件属性对话框。单击"常规"选项卡，单击"高级"按钮，打开"高级属性"对话框，如图 3.38 所示。勾选"压缩或加密属性"选项组中的"加密内容以便保护数据"复选框；单击"确定"按钮，返回上一级对话框；再次单击"确定"按钮完成文件加密。

如果是为文件夹加密，则单击"确定"按钮后将弹出"确认属性更改"对话框，询问是否将更改应用于该文件夹、子文件夹和文件。

7. 查找文件和文件夹

计算机中存储大量的文件和文件夹，它们的位置很难全部记清楚，用户可以利用 Windows 7 提供的搜索功能来定位文件和文件夹，可以采用如下两种方法。

1）单击"开始"按钮，在弹出的"开始"菜单中的搜索框中输入所要查找的文件或文件夹名称，此时在"开始"菜单上方会即时显示搜索结果。如果按【Enter】键则会打开搜索文件夹窗口并显示搜索结果。

以搜索所有的 Word 文档为例。单击"开始"按钮，在弹出的"开始"菜单中的搜索框中输入"*.docx"，在"开始"菜单上方即时显示搜索结果。按【Enter】键，打开"搜索结果"窗口，如图 3.39 所示。

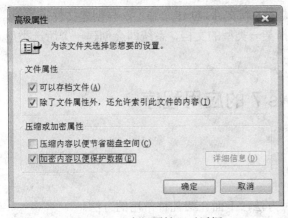

图 3.38　"高级属性"对话框

图 3.39　"搜索结果"窗口

2）按【Windows+F】组合键，可以打开搜索窗口，在搜索栏中输入要搜索的内容即可。如果找不到，则显示"没有与搜索条件匹配的项"。

在"搜索结果"窗口中，查找到的文件或文件夹与普通文件夹窗口一样，可以进行打开、复制、移动、删除、重命名等操作。

注意： 查找一组文件时，可以使用"*"和"？"通配符，其中"*"代表多个字符，"？"代表一个字符。例如，"*.docx"表示扩展名为.docx 的所有文件。如果要指定多个文件名，则可以使用分号、逗号或空格作为分隔符，如　"*.jpg；*.mp3；*.txt"。

8．创建新文件或文件夹

（1）创建一个新的文件夹

在 Windows 7 中可以采用多种方式方便地创建文件夹，具体操作方法如下。

选定要创建的位置，选择"文件"→"新建"→"文件夹"命令，或者在空白处右击，在弹出的快捷菜单中选择"新建"→"文件夹"命令，如图 3.40 所示。这时会在选定的位置新建一个文件夹，系统默认新建文件夹的名称为"新建文件夹"，并且名称处于选中状态，此时用户可以对文件夹重新命名。

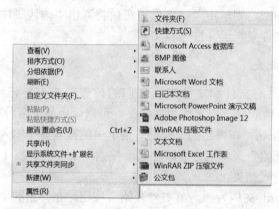

图 3.40　创建新的文件夹

（2）创建一个新的文件

在桌面上或其他文件夹中可创建各种类型的新文件。创建文件方法与创建文件夹类似，用户只需在如图 3.40 所示的快捷菜单中选择某一类型的文档，系统即会创建一个所选类型的文档。

3.4　Windows 7 的应用程序

3.4.1　应用程序的启动和关闭

1．启动应用程序

在 Windows 7 中，启动应用程序有多种方法，下面介绍几种常用的方法。

（1）使用快捷方式启动

如果用户经常要使用一个应用程序，可以在桌面上创建该应用程序的快捷方式，以后只要双击该快捷方式，就可以启动该应用程序。这是快速启动应用程序比较简单的方法。

（2）使用"开始"菜单启动

选择"开始"→"所有程序"命令，将鼠标指针移至要启动的应用程序名上，然后单击即可。

（3）在文件夹窗口中启动

并不是所有的应用程序都在桌面上有快捷方式或都位于"开始"菜单，此时要启动应用程序，可以通过"计算机"窗口或资源管理器窗口打开应用程序所在的文件夹，找到该应用程序的图标，然后双击该图标即可。

（4）使用搜索功能启动

如果不清楚应用程序所在的文件夹，可以利用"开始"菜单的搜索框直接查找该应用程序，找到后双击该图标即可。

（5）使用"运行"命令启动

选择"开始"→"运行"命令，弹出如图 3.41 所示的"运行"对话框，在其中输入应用程序的路径名、文件名，或者单击"浏览"按钮，在弹出的"浏览"对话框中查找并选择要运行的程序，然后单击"打开"按钮，返回"运行"对话框，再按【Enter】键或单击"确定"按钮即可启动程序。

2. 关闭应用程序

在 Windows 7 中，关闭应用程序也有多种方法，下面介绍几种常用的方法。

1）在应用程序中选择"文件"→"关闭"或"文件"→"退出"命令。

2）单击应用程序窗口右上角的"关闭"按钮。

3）双击应用程序窗口左上角的控制菜单按钮，或单击控制菜单按钮，在弹出的快捷菜单中选择"关闭"命令。

4）按【Alt+F4】组合键。

5）按【Ctrl+Shift+Esc】组合键，打开"Windows 任务管理器"窗口，如图 3.42 所示。该窗口的"应用程序"选项卡显示了正在运行的所有应用程序的清单，选择要关闭的应用程序后，单击"结束任务"按钮即可。

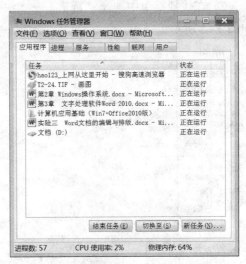

图 3.41 "运行"对话框   图 3.42 "Windows 任务管理器"窗口

3.4.2 创建和使用快捷方式

快捷方式提供了一种简便的工作捷径。一个快捷方式可以和用户界面中的任何对象相连。每一个快捷方式由一个左下角带有弧形箭头的图标表示，称为快捷图标。快捷图标是一个链接对象的图标，快捷方式不是这个对象的本身，而是指向这个对象的指针。

快捷方式虽然只占几字节的磁盘空间，但包含了用于启动一个程序、编辑一个文档或打开一个文件夹所需的全部信息。由于快捷方式的链接可自动更新，所以不论其链接的对象位置如何变化，都可以访问到所需的全部信息。

通过快捷方式可以为经常使用的文档或应用程序创建一个标识对象，其好处是在不改变原对象位置的情况下，可任意组织快捷方式，以便于使用程序，如将某些快捷方式放在一个文件夹中或桌面上。如果原对象位置需要调整，并不影响对应的快捷方式的位置，从而保护用户界面的稳定性。

使用快捷方式可以建立与 Windows 7 界面中任何对象的链接，并可将快捷方式置于界面上任意位置。也就是说，可以在桌面、文件夹或"开始"菜单中为一个文件、文件夹或应用程序创建快捷方式，打开快捷方式便意味着打开了相应的对象。

1. 创建快捷方式

（1）利用鼠标右键创建快捷方式

选定要创建快捷方式的对象并右击，在弹出的快捷菜单中选择"发送到"→"桌面快捷方式"命令，如图 3.43 所示。

（2）利用"创建快捷方式"向导创建快捷方式

使用"创建快捷方式"向导的操作步骤如下。

1）在目标位置右击，弹出快捷菜单，如图 3.44 所示。

2）在快捷菜单中选择"新建"→"快捷方式"命令，弹出"创建快捷方式"对话框，如图 3.45 所示。

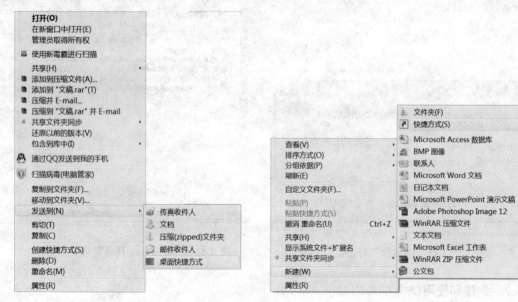

图 3.43　利用鼠标右键创建快捷方式　　　　　　　图 3.44　快捷菜单

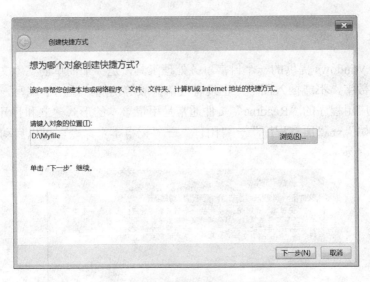

图 3.45　"创建快捷方式"对话框

3）在"请键入对象的位置"文本框中输入创建快捷方式的程序所在的文件夹和文件名。单击"浏览"按钮，可搜索创建快捷方式的程序所在的文件夹和文件名，单击"下一步"按钮，弹出快捷方式的命名对话框，为快捷方式命名，如图 3.46 所示。

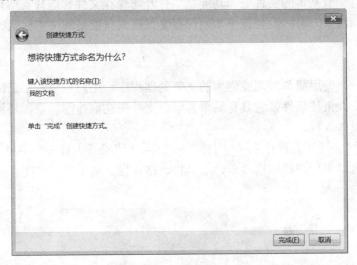

图 3.46　输入快捷方式的名称

4）在"键入该快捷方式的名称"文本框中为创建的快捷方式命名，单击"完成"按钮即可创建该快捷方式。

2. 删除快捷方式

右击要删除的快捷方式，在弹出的快捷菜单中选择"删除"命令，弹出"删除快捷方式"对话框，单击"是"按钮，即可删除快捷方式。

注意：快捷方式的特殊性在于它仅包含了链接对象的位置信息，并不包含对象本身，所以删除快捷方式不会删除它所链接的对象。

3.4.3　记事本

记事本是 Windows 提供的一个日常事务处理工具，是一个简单的文本文件编辑器，只能编辑文字和数字，不能插入图形，也没有段落排版等功能，适用于编写一些篇幅短小的文件，如一些应用程序的"Readme"文件通常是用记事本的形式建立和打开的。

选择"开始"→"所有程序"→"附件"→"记事本"命令，可以启动记事本应用程序，如图 3.47 所示。

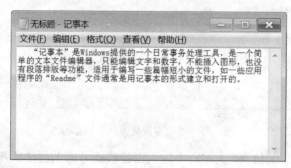

图 3.47　记事本窗口

记事本具有一般基本的文件处理功能，如打开与保存文件、选择与剪切、粘贴、复制文字、查找文字和打印文件等。但记事本的保存文件格式只能是纯文本格式（扩展名为.txt）。

3.4.4　写字板

写字板是一个使用简单却功能强大的文字处理程序，用户可以利用它编辑或打印各种文件、报表及个人来往信件。它具有简单易学、支持图文混排等特点，还可以插入声音、视频剪辑等多媒体资料。

选择"开始"→"所有程序"→"附件"→"写字板"命令，打开写字板窗口，如图 3.48 所示。写字板窗口由标题栏、选项卡、工具栏、格式栏、水平标尺、工作区和状态栏等部分组成。

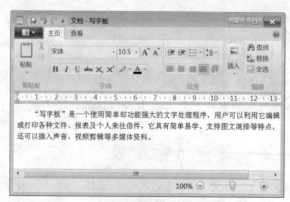

图 3.48　写字板窗口

在写字板的工作区中可以编辑一个文件。其工作区中的闪烁光标是插入点的位置，输入的正文将在插入点开始，到达行尾时会自动换行；开始一个新段落时按【Enter】键；按一次【Enter】键可以插入一个空行。

启动写字板程序时，系统为被编辑的文件自动命名为"文档"。如果要保存被编辑的文件，则选择"文件"→"另存为"命令，可以保存新文件或把编辑修改过的文件以新文件名存盘；若选择"文件"→"保存"命令，则只是对一个已存在的文件以原文件名再次保存。写字板文档可以保存为 RTF 文档、文本文档、Unicode 文本文档及 Office Open XML 文档等。

3.4.5　画图

画图程序是一个简单的图形处理应用程序。利用它可以绘制线条图或比较简单的艺术图案，也可以修改由扫描仪输入的图片文件，还可以在图中加入文字、对图形颜色进行处理、对图像在屏幕上的显示方式进行设置等。在编辑完成后，可以以 BMP、JPG、GIF 等格式存档。

选择"开始"→"所有程序"→"附件"→"画图"命令，可以打开画图窗口，如图 3.49 所示。画图窗口由标题栏、选项卡、功能区、绘图区、状态栏等部分组成。

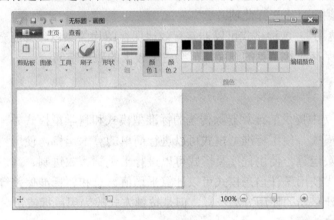

图 3.49　画图窗口

绘图区是供用户绘制图形或输入文字的区域，可以通过"画图"的"属性"选项，对绘图区的高度、宽度及颜色进行精确设置；也可以通过鼠标拖动绘图区尺寸控点来改变绘图区的大小。

在调色板左侧的方框"颜色 1"代表前景色，即当前画笔的颜色，"颜色 2"代表背景色，即绘图的底色。调色板中用许多小方框提供能够使用的各种颜色样板，单击"颜色 1"，然后从调色板中选择一种颜色，则把该颜色选为前景色。单击"颜色 2"，然后从调色板中选择一种颜色，则把该颜色选为背景色。

画图的基本步骤如下。

1）建立一个画图文件。启动画图程序将自动建立一个名为"无标题"的画图文件。如果已经打开画图窗口，可以选择"文件"→"新建"命令建立一个新的画图文件。

2）绘图。在绘图区中绘制图形或输入文字。可以使用绘图工具、调色板等进行编辑。

3）修改。对绘图区中的画图内容进行修改，可以灵活使用如下方法。

① 选择"编辑"→"撤销"命令，取消最近的操作。

② 擦除、移动或复制部分画面。单击"主页"选项卡，单击"图像"选项组中的"选择"下拉按钮，在弹出的下拉列表中根据需要选择"矩形选择"或"自由图形选择"选项，然后在擦除区域或移动区域拖动，使虚线框框住要擦除或移动的部分画面。要擦除内容时，则先单击"主页"选项卡，再单击"剪贴板"选项组中的"剪切"按钮或按【Delete】键；要移动内容时，则先单击"剪切"按钮，再单击"粘贴"按钮。

③ 使用橡皮工具可以进行随意擦除。

4）保存。单击"画图"下拉按钮，在弹出的下拉菜单中选择"画图"→"保存"命令或"画图"→"另存为"命令，将绘制的图画保存到磁盘中。画图程序可以将图画保存为BMP、JPG、GIF、PNG 等格式的文件。

有关保存文件时，文件类型的说明如下。

① "单色位图"。如果所画的图像不含有彩色则选择此项；否则，除非磁盘空间不够，文件不应以这种方式保存。

② "16 色位图"。Windows 默认的画图文件格式，支持 16 种颜色。

③ "256 色位图"。这是一种多颜色格式，需要更多的磁盘空间，因此只有当文件确实含有这么多的颜色时才选择此项。

④ "24 位位图"。这种格式可以非常有效地保存图片的颜色，它能充分地保存图片的颜色细节，可以保存非常精美的画面，但会占用较大的磁盘空间。

3.4.6 计算器

在 Windows 7 中提供的计算器除传统的标准型模式和科学型模式外，还增加了程序员模式和统计信息模式。使用标准型模式可以进行简单的算术运算，使用科学型模式可以进行比较复杂的函数运算，使用程序员模式可以进行十进制、二进制、八进制和十六进制的代数和逻辑运算，使用统计信息模式可以计算平均值、总和、标准偏差等。计算器的使用与一般常用电子计算器的使用方法一样，但是按键方式改为用鼠标或键盘来完成。

1. 打开计算器

选择"开始"→"所有程序"→"附件"→"计算器"命令，即可打开计算器窗口，如图 3.50 所示。在"查看"下拉菜单中选择所需计算器模式即可。

图 3.50 计算器窗口

2. 其他功能

Windows 7 的计算器除了常规的计算功能之外，还新增了很多非常实用的功能，能够帮助用户解决实际生活中所遇到的问题。

（1）日期计算

使用计算器可以计算两个日期之差，或计算自某个特定日期开始增加或减少天数。例如，指导老师要求学生必须在 5 月 10 号前提交毕业论文，如果想知道离这个期限还有多长时间，只需在计算器窗口中选择"查看"→"日期计算"命令，在右侧窗格"选择所需的日期计算"下拉列表中选择"计算两个日期之差"，并选定起止日期，单击"计算"按钮，即可得到结果，如图 3.51 所示。

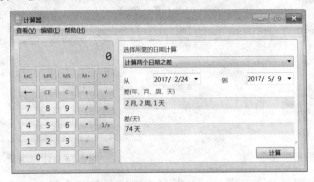

图 3.51 日期计算

（2）单位转换

可以使用计算器进行各种度量单位的转换，将一些对于用户来说陌生的度量单位转换成熟悉的度量单位。

在计算器窗口中选择"查看"→"单位转换"命令，在右侧窗格"选择要转换的单位类型"下拉列表中选择一种单位类型（如"长度"），然后选择待转换算单位（如"英寸"）、目标单位（如"厘米"），最后输入要转换的值，即可得到结果，如图 3.52 所示。

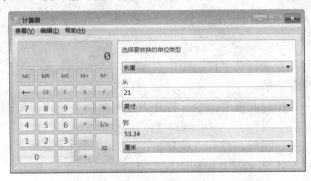

图 3.52 单位转换

（3）计算月供

Windows 7 的计算器还能帮助用户计算消费信贷的每月还款额，以确定选择哪个还款年限和贷款额度。

例如，用户需要购买一套价值 100 万元人民币的住房，首付款为 40 万元人民币，其他的费用采用公积金贷款。假定家庭月收入是 8000 元人民币，现在想要计算一下，如果还款年限为 30 年，能否满足公积金贷款中心要求月还款额度不超过家庭月收入一半的硬性要求呢？

在计算器窗口中选择"查看"→"工作表"→"抵押"命令，如图 3.53 所示。在右侧窗格"选择要计算的值"下拉列表中选择"按月付款"，在"采购价"文本框里输入购买房屋总金额 1000000，在"定金"文本框里输入房屋首付款 400000，在"期限"文本框输入还款年限 30，在"利率（%）"文本框里输入公积金贷款利率 4.5，单击"计算"按钮，即可计算出每月还款额是 3040.11 元，如图 3.54 所示，没有超出家庭月收入的一半。

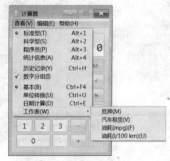
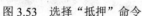

图 3.53 选择"抵押"命令

图 3.54 计算房贷

注意：以科学型模式进行计算时，计算器采用运算符优先级，精确到 32 位数。在程序员模式下也采用运算符优先级，最多可精确到 64 位（取决于用户所选的字大小），但只是整数模式，小数部分将被舍弃。

3.5 系 统 设 置

Windows 系统的控制面板集中了计算机的所有相关设置，想对系统做任何设置和操作，都可以在这里找到。

3.5.1 启动控制面板

可以通过以下两种方法打开"控制面板"窗口。

（1）通过"开始"菜单

选择"开始"→"控制面板"命令，打开"控制面板"窗口，如图 3.55 所示。

（2）通过"计算机"图标

双击桌面"计算机"图标，打开"计算机"窗口，单击工具栏中的"打开控制面板"按钮，也会打开如图 3.55 所示的"控制面板"窗口。

窗口打开后默认情况下是按类别显示，在"查看方式"下拉列表中可以选择"大图标"或"小图标"查看方式，如图 3.56 所示。

图 3.55 "控制面板"窗口

图 3.56 按小图标显示的"控制面板"窗口

3.5.2　鼠标的设置

鼠标是计算机 Windows 环境下不可缺少的一个工具，鼠标性能的好坏直接影响到用户的工作效率。

1. 打开"鼠标属性"设置窗口

在"个性化"窗口中单击"更改鼠标指针"超链接，弹出"鼠标属性"对话框，如图 3.57所示。该对话框有五个选项卡，默认为"指针"选项卡。

2. 设置鼠标按钮

对于一般人来说，右手使用鼠标比较方便、快捷。但对于平时习惯用左手的用户来说，这就很不方便了，因此需要在使用鼠标时更改鼠标左右键的功能。其操作步骤如下。

在"鼠标属性"对话框中单击"鼠标键"选项卡，如图 3.58 所示。用户可以对鼠标按键进行三方面的设置，分别是左右键切换、双击动作的间隔速度和单击锁定设置。

图 3.57　"鼠标属性"对话框

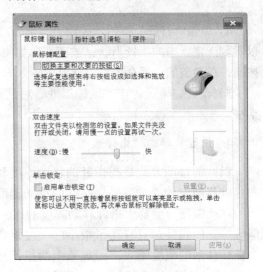

图 3.58　"鼠标键"选项卡

3. 设置指针

在 Windows 7 中，指针在不同工作状态下的形状会有所不同。例如，在默认指针设置下，它的形状是一个向左斜的箭头，而当系统前台忙时，指针会变成一个沙漏形。用户可以改变不同状态下的指针形状。操作步骤如下。

1）在"鼠标属性"对话框中单击"指针"选项卡，如图 3.57 所示。

2）在"方案"下拉列表中列出了 Windows 7 提供给用户的各种指针形状方案，用户可以从中选择一种方案。如果用户希望自己定义指针形状方案，则可在"自定义"列表框中选定要更改的选项，然后单击"浏览"按钮，此时将弹出"浏览"对话框，如图 3.59所示。

3）在"浏览"对话框中可以看到指针的各种形状，选择某一样式单独为该动作设置指针，在"预览"框中可以看到它的形状。

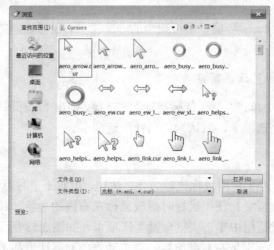

图 3.59　鼠标样式

4）单击"打开"按钮，关闭"浏览"对话框，返回"鼠标属性"对话框，在此用户可以看到选定状态的指针形状已被改变。如果用户想保存供以后使用，则可单击"另存为"按钮，在弹出的"另存为"对话框中输入方案的名称，单击"确定"按钮即可保存设置。

5）设置完毕后，在"鼠标属性"对话框中单击"确定"或"应用"按钮，关闭该对话框。

4. 设置鼠标的"指针选项"

指针的移动方式是指指针的移动速度和轨迹显示，它会影响到指针移动的灵活程度和指针移动时的视觉效果。指针的移动速度并不是指鼠标能够移动多快，而是指手中鼠标的移动幅度与屏幕上指针移动幅度的比。例如，如果用户手中的鼠标移动的幅度很大，但屏幕上的指针却只移动了很小的一段距离，则表明指针的移动速度过慢；反之，若手中鼠标移动的幅度不大，但屏幕上的指针却移动得很远，则表明指针的移动速度过快。在"鼠标属性"对话框中单击"指针选项"选项卡，可以调整指针的移动方式，如图 3.60 所示。

1）在"移动"选项组中，拖动"选择指针移动速度"滑块可改变鼠标指针的移动速度。

2）在"可见性"选项组中，如果勾选"显示指针踪迹"复选框，可以拖动其下方的滑块改变指针阴影的长短。另外，在该区域中还可以选择是否"在打字时隐藏指针"及是否在"当按 Ctrl 键时显示指针的位置"。

5. 设置"滑轮"

当窗口的大小显示不了全部内容时，窗口的右侧及下方通常会显示滚动条，如果用户使用的鼠标带有滚轮，则可通过滚动鼠标滚轮显示其他部分的内容。在"鼠标属性"对话框中单击"滑轮"选项卡，如图 3.61 所示。可在此对话框中设置滑轮一个齿格所滚动的行数或水平的字符数。

图 3.60　"指针选项"选项卡

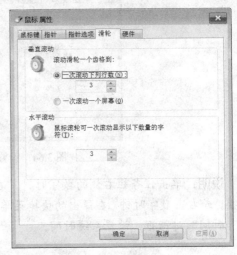

图 3.61　"滑轮"选项卡

3.5.3　系统日期和时间的设置

设置系统日期和时间的操作步骤如下。

1）在"控制面板"窗口中单击"日期和时间"图标，弹出"日期和时间"对话框，如图 3.62 所示。

2）在"日期和时间"选项卡中单击"更改日期和时间"按钮，弹出"日期和时间设置"对话框，如图 3.63 所示，在对话框中可以重新设置当前日期和时间，或单击图 3.62 中"更改时区"按钮设置用户所在的时区。

图 3.62　"日期和时间"对话框

图 3.63　"日期和时间设置"对话框

3）如果用户需要同时显示两个地区甚至三个地区的时间，可单击"日期和时间"对话框中的"附加时钟"选项卡，勾选"显示此时钟"复选框，再选择需要显示的地区。还可以在"输入显示名称"文本框中为该时钟设置名称，单击"确定"或"应用"按钮保存。设置完成后，任务栏的时间显示效果如图 3.64 所示。

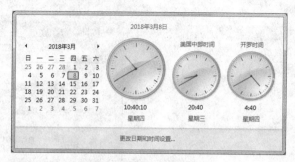

图 3.64　设置附加时钟后的效果

　　说明：单击任务栏右侧的数字时钟，在打开的界面中单击"更改日期和时间设置"超链接，或右击数字时钟，在弹出的快捷菜单中选择"调整日期/时间"命令，也可以弹出"日期和时间"对话框，设置系统时间。

3.5.4　汉字输入

　　中文 Windows 7 系统预置了几种常用的汉字输入法，如智能 ABC、微软拼音输入法等。如果要使用其他汉字输入法，用户要安装相应的应用程序。

　　1. 管理输入法

　　在控制面板中单击"区域和语言"图标，弹出"区域和语言"对话框，单击"键盘和语言"选项卡，如图 3.65 所示，单击"更改键盘"按钮，可弹出图 3.66 所示的"文字服务和输入语言"对话框，通过此对话框可对输入法进行设置和管理。

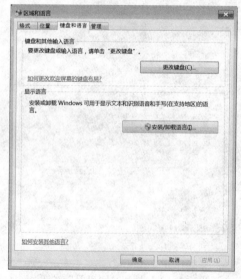

图 3.65　"键盘和语言"选项卡

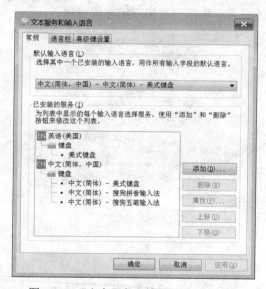

图 3.66　"文字服务和输入语言"对话框

　　1）添加输入法。单击"添加"按钮，弹出"添加输入语言"对话框，如图 3.67 所示，在"使用下面的复选框选择要添加的语言"列表框中选择要安装的输入法，然后单击"确定"按钮。

2）删除输入法。在图 3.66 所示的"已安装的服务"列表框中选择要删除的输入法，然后单击"删除"按钮即可。

3）设置输入法属性。在图 3.66 所示的"已安装的服务"列表框中选中要设置属性的输入法，单击"属性"按钮，即弹出该输入法的设置对话框，如图 3.68 所示，在其中可以进行输入法风格和功能设置等操作。

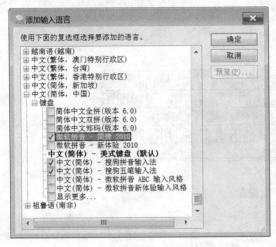

图 3.67 "添加输入语言"对话框

图 3.68 输入法属性设置

2. 汉字输入法的切换

在各种汉字输入法之间可以随时进行切换，切换输入法通常是按【Ctrl+Shift】组合键，汉字与英文输入法之间的切换则按【Ctrl+Space】组合键。

另一种切换输入法的方法是单击桌面任务栏上的输入法图标，弹出"输入法"菜单，如图 3.69 所示，在"输入法"菜单中选择相应的汉字输入法。

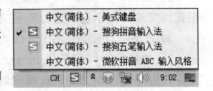

图 3.69 "输入法"菜单

3. 汉字输入

汉字输入法选定以后，屏幕上会出现一个汉字输入法的状态框。图 3.70 所示为搜狗拼音输入法状态框的三种不同设置。

图 3.70 搜狗拼音输入法状态框

这里以搜狗拼音为例说明输入汉字和标点符号的方法。

（1）输入汉字

要输入汉字，键盘应处于小写状态，并且确保输入法状态框处于中文输入状态。在大写状态下不能输入汉字，利用【Caps Lock】键可以切换大、小写状态。单击状态框左端的中文/英文按钮也可以切换中文、英文输入。

（2）输入中文和西文标点

如果通过键盘输入中文标点，则状态框必须处于中文标点输入状态，即"全/半角"按钮右侧的句号应是空心的，而且还要确定中文标点在键盘上的位置。

如果通过软键盘输入中文标点或其他的符号，则应该右击软键盘，在弹出的快捷菜单中选择符号类型，再在软键盘上单击所需的符号，图 3.71 所示为软键盘。

图 3.71　软键盘

3.5.5　添加/删除程序

1. 添加应用程序

安装应用程序有如下途径。

1）目前，许多应用程序是以光盘形式提供的，如果光盘上有"Autorun.inf"文件，则根据该文件的指示自动运行安装文件。

2）直接运行安装文件包（或光盘）中的安装程序（通常是"Setup.exe"或"Install.exe"）。

3）如果应用程序是从 Internet 上下载的，通常整套软件被捆绑成一个扩展名为.exe 的文件，用户运行该文件后直接安装。

2. 删除应用程序

如果不再使用某个程序，或者希望释放硬盘上的空间，则可以从计算机上卸载该程序。操作步骤如下。

1）在控制面板中单击"程序和功能"图标，打开"程序和功能"窗口，如图 3.72 所示。

2）选定要删除的应用程序，单击"卸载"按钮，在弹出的确认卸载对话框中单击"是"按钮即可。

在 Windows 系统中，删除一个应用程序比删除一个文件要复杂些，用户最好不要试图简单地打开应用程序所在的文件夹，然后通过彻底删除其中的文件的方式来删除该应用程序。因为一方面不可能删除干净，有些 DLL（即动态链接库）文件安装在 Windows 目录中；另一方面很可能会删除某些其他应用程序也需要的 DLL 文件，导致其他依赖这些 DLL 的应用程序被破坏，使其无法正常运行。

目前，大多数应用程序自身提供了卸载程序，只要打开这些应用程序后，选择其中的"卸载"命令即可删除该应用程序。

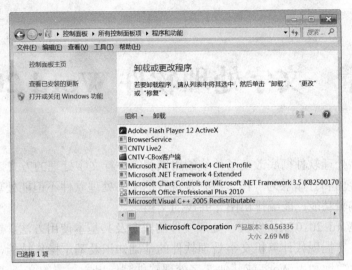

图 3.72　"程序和功能"窗口

习　题　3

一、填空题

1．Windows 7 中的文件夹是存放_____和_____的区域。

2．Windows 7 中被删除的文件或文件夹保存在_____中。

3．Windows 7 中不同任务的切换可通过单击_____上欲切换窗口的按钮。

4．在 Windows 7 中右击一般意味着打开_____菜单。

5．Windows 7 中可以通过_____或_____来进行文件和文件夹的管理。

二、判断题

1．在 Windows 7 系统下，正在打印时不能进行其他操作。　　　　　　　　（　　）

2．在 Windows 7 中，鼠标的左右键可以进行交换。　　　　　　　　　　（　　）

3．在 Windows 7 环境下，系统的属性是不能改变的。　　　　　　　　　（　　）

4．Windows 7 的桌面外观可以根据用户爱好进行更改。　　　　　　　　（　　）

5．在 Windows 7 的资源管理器中，可以同时查看多个文件夹或磁盘中的内容。

　　　　　　　　　　　　　　　　　　　　　　　　　　　　　　　　　　（　　）

三、简答题

1．在 Windows 7 中，启动一个应用程序有哪几种途径？

2．文件的基本属性包括哪些？

3．如何在 Windows 7 中选定多个文件或文件夹？

4．任务栏能隐藏吗？如何隐藏？

5．利用【Delete】键是否能够安全卸载某个应用程序？为什么？

第 4 章　文字处理软件 Word 2010

计算机文字处理软件彻底改变了传统的用纸和笔进行文字处理的方式，将文字的输入、编辑、排版、存储和打印融为一体。特别是现代的文字处理软件不但能处理文字，还能支持图形图像的编辑功能，能编排出图文并茂的文档。

本章通过 Word 2010 来讲解文字处理软件的概念及其基本使用方法。通过对本章的学习，读者应能够掌握现代计算机文字处理软件的基础知识及基本操作技能，并能在以后的工作和学习中有效地利用 Word 或其他文字处理软件制作出所需要的文档。

4.1　Word 2010 概述

Word 是 Microsoft 公司 Microsoft Office 套装软件中的一员。Microsoft Office 办公自动化软件包含 Word、Excel 和 PowerPoint 等几个主要工具，它们都是基于图形界面的应用程序，使用相同类型的用户界面。从开始发行到现在，已经发布了 Word 97、Word 2000、Word 2003、Word 2007、Word 2010、Word 2013、Word 2016 等版本。

4.1.1　启动和退出 Word 2010

1. 启动 Word 2010

启动 Word 2010 一般采用以下两种方法。

1）利用"开始"菜单。选择"开始"→"所有程序"→"Microsoft Office"→"Microsoft Office Word 2010"命令，即可启动 Word 2010。

2）利用快速启动栏。若在安装 Office 2010 时安装了 Office 2010 快捷启动方式，启动 Windows 时会自动启动 Office 2010 快速启动栏。此时用户只要单击快速启动栏中的 Microsoft Word 按钮，即可启动 Word 2010。

2. 退出 Word 2010

退出 Word 2010 的方法有多种。

1）单击"文件"选项卡中的"退出"按钮。

2）双击 Word 2010 程序窗口左上角的控制菜单按钮 W。

3）单击 Word 2010 程序窗口标题栏最右端的"关闭"按钮。

4）按【Alt+F4】组合键。

如果在退出 Word 2010 之前，工作文档还没有保存，在退出时，系统将提示用户是否将编辑的文档存盘。

4.1.2　Word 2010 的窗口组成

进入 Word 2010 后，桌面上将打开如图 4.1 所示的 Word 2010 窗口。Word 2010 窗口由如下几部分组成。

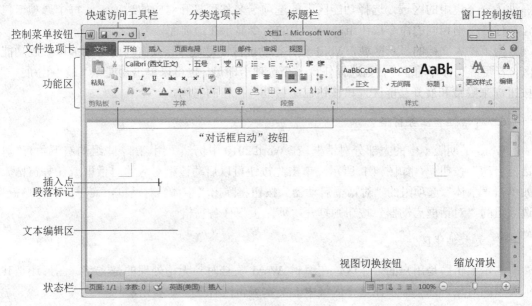

图 4.1　Word 2010 窗口组成

1.　控制菜单按钮和标题栏

控制菜单按钮和早期版本功能类似，单击该按钮可以打开包含还原、移动、大小、最大化、最小化、关闭等程序窗口基本操作命令的菜单，双击则关闭 Word 程序窗口。

标题栏位于窗口顶部，其中显示正在编辑的文档名称及所使用的应用程序。

2.　快速访问工具栏

快速访问工具栏默认包含"保存""撤销""恢复"等最基本的命令按钮，用户可以根据需要自定义快速访问工具栏，以便快速访问最常用的命令。

3.　窗口控制按钮

Word 窗口的大小可以通过"最大化"按钮、"最小化"按钮和"还原"按钮控制。

4.　"文件"选项卡

"文件"选项卡后位于 Word 窗口左上角，单击"文件"选项卡后，会打开 Backstage 视图。Backstage 视图是 Microsoft Office 2010 版本的新功能，它将 Office 2010 应用程序里与文件管理有关的操作命令集中在后台完成，因此称为 Backstage 视图。在 Backstage 视图中可以完成文档的保存、打开、关闭、打印、共享、设置选项等任务，相当于 Word 早期版本中的"文件"菜单。而早期版本中"工具"菜单"选项"对话框上完成的设置，则通过单击"文件"选项卡中的"选项"按钮，在弹出的"Word 选项"对话框完成。

5. 功能区

功能区是 Word 2007 以后的版本引入的一项新功能，它是一个带状区域，贯穿 Word 2010 窗口的顶部，其中包含多组命令。功能区替代了以前版本的菜单栏和工具栏，为命令提供了一个集中的区域，选择功能区上的选项卡名称可打开对应的选项卡。每个选项卡包含与任务类别相同的命令按钮组，最常用的命令显示在最前面。

为了扩大文档的显示区域，Word 允许把功能区隐藏起来。双击当前选项卡可关闭功能区，若要再次打开功能区，则选择任意一个选项卡即可。也可以单击功能区"最小化/展开"按钮 ⌃ 来隐藏和展开功能区，该按钮在"帮助"按钮的左侧。

6. 对话框和任务窗格

Word 早期版本中的大部分对话框，在 Word 2010 中仍然可用。在一些组的右下角有"对话框启动"按钮，如图 4.1 所示，单击此按钮可以启动该组对应的对话框或任务窗格。如单击"字体"选项组的"对话框启动器"按钮将弹出"字体"对话框，而单击"剪贴板"选项组的"对话框启动器"按钮则打开"剪贴板"任务窗格。

7. 文本编辑区

文本编辑区是用户的工作区。在编辑 Word 文档时，无论处理的是文字、图形还是其他类型的对象，都会显示在这个区域中。文本编辑区有三个基本元素。

1）插入点。文本编辑区中闪烁的光标称为插入点。它指示当前位置是文档中插入文字、符号、表格、图形等的开始位置。

2）段落标记。一个段落结束的标记，同时也包含了段落格式的有关信息。

3）文档结束符。文档结束的标记。在草稿视图中显示为文档结束处页面左侧的一条短横线。

8. 文本选定区

贴近文本编辑区左侧的一个没有任何边框标记的空白区域称为文本选定区。当鼠标指针进入该区域时，会变为向右指向的空心箭头。

9. 状态栏

状态栏位于 Word 窗口底部，显示当前文档的页码和总页数、文档总字数、拼写和语法检查、所使用的语言等编辑信息。

状态栏右侧为视图切换按钮，单击相应按钮可以在页面视图、阅读版式视图、Web 版式视图、大纲视图和草稿视图之间进行切换。

拖动状态栏最右侧的缩放滑块可以调整文档窗口的显示比例。

右击状态栏可以弹出"自定义状态栏"菜单，自行定义状态栏的显示内容。

10. 滚动条

滚动条分为水平滚动条和垂直滚动条，分别位于文本编辑区的底部和右侧。是利用鼠标水平或垂直移动文档的图形工具。

11. 标尺

标尺是一个可选择的栏目，分为水平标尺和垂直标尺两种。用水平标尺可以调整页面的左右边距、改变段落缩进、设置制表位、改变表格的列宽等。用垂直标尺可以调整页面的上下边距、表格的行高等。

视频 4-1 Word 窗口组成

4.2 文档的基本操作

文档是 Word 2010 文字处理软件所包含的文本、图形、图像和表格的总称。在 Word 中进行文字处理工作，首先创建或打开一个文档，用户输入文档的内容，然后进行编辑和排版，工作完成后将文档以文件形式保存，以便今后使用。其中，文档内容的输入是创建文档快慢的关键，格式编排是决定文档是否美观的关键。

4.2.1 新建和保存文档

1. 新建文档

可选择以下两种方法之一创建新文档。

1）启动 Word 2010 后，系统自动创建一个文件名为"文档 1"的空白文档，使用系统默认模板。

2）单击"文件"选项卡中的"新建"按钮，打开"新建文档"窗口，如图 4.2 所示。在窗口中预览并选择新建文档时需要套用的模板。

图 4.2 "新建文档"窗口

2. 保存文档

用户所输入的文档仅存放在内存中并显示在屏幕上，如果不执行保存操作，一旦关机

（断电），文档就得不到保存。只有外存上的文件才能被长期保存，所以当用户完成编辑工作后，应把工作的成果及时地保存到磁盘中。

（1）保存未命名的文档

首次保存某文档时，必须给文档指定一个名称，并且要决定把它保存到什么位置，可选择以下几种方法之一。

1）单击"文件"选项卡中的"另存为"按钮或"保存"按钮。

2）单击快速访问工具栏中的"保存"按钮。

3）按【Ctrl+S】组合键。

这时都会弹出"另存为"对话框，如图 4.3 所示。默认情况下，Word 将文档保存在"文档库"中。用户可以在左侧窗格中选择要保存文档的文件夹或其他位置；在"文件名"文本框中输入要保存的文件名；在"保存类型"下拉列表中选择要保存的文件类型，Word 2010 默认的扩展名为.docx，并自动添加，若用户要保存为其他类型的文件，则单击该下拉列表的下拉按钮，选择所需的文件类型即可。

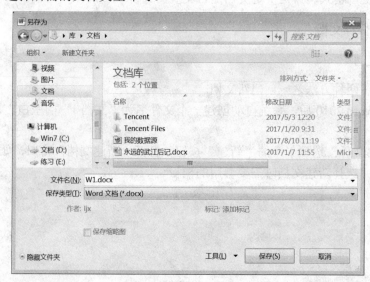

图 4.3　"另存为"对话框

（2）保存已命名的文档

当一个文档已命名后，对其进行操作后，也必须保存。这可方便地通过单击快速访问工具栏中的"保存"按钮、按【Ctrl+S】组合键或选择"文件"→"保存"命令实现。

（3）自动保存文档

为了防止突然断电或其他事故，Word 提供了在指定时间间隔自动为用户保存文档的功能，系统默认时间间隔为 10min。

用户还可以自己定义文档的保存方式，操作步骤如下。

1）单击"文件"选项卡中的"选项"按钮，弹出"Word 选项"对话框，如图 4.4 所示。

2）在该对话框中可以设置文件保存的格式、自动保存文档的时间间隔、程序自动保存文档的位置以及默认的文档保存位置等。

图 4.4　"Word 选项"对话框

说明： Word 97 到 Word 2003 文件扩展名是.doc，是向后兼容文档格式。对于在任何 Word 早期版本中创建的文件，Word 2010 都能够以兼容模式打开，标题栏中文件名的旁边将出现"[兼容模式]"，但在 Word 早期版本中必须安装 Microsoft Office 兼容包才能打开扩展名为.docx 的文件，当然可以将 Word 2010 文档扩展名保存为.doc，但 Word 2010 中新功能的格式和布局在早期版本的 Word 中可能无法使用。

4.2.2　文档的输入

创建了一个新的文档之后，接下来的工作就是输入文字、符号、表格、图形等内容，这里只讲述文本字符的输入。有关表格、图形等内容的处理，请参看后面的章节。

1. 输入文本

用户在光标处输入文档内容，输入文本后，光标自动后移，同时文本被显示在屏幕上；当用户输入文本到达右边界时，Word 会自动换行，光标移到下一行首，用户可继续输入，当输入满一屏时，Word 会自动下移。

2. 插入符号

对于各种符号的输入方法如下。

1）常用的标点符号。切换到中文输入法，直接按键盘的标点符号键。

2）数学符号、序号、希腊字母等。在中文输入法时单击软键盘，直接选择有关类和所需的字符。

3）特殊字符。单击"插入"选项卡"符号"选项组中的"符号"下拉按钮，在其下拉列表中选择"其他符号"选项，打开"符号"对话框，如图 4.5 所示，选择所需的符号后，单击"插入"按钮（或双击所需的符号），即可在光标处插入符号。

图 4.5 "符号"对话框

可以插入的符号和字符的类型取决于可用的字体。例如，"Wingdings"包括一些装饰性符号，如图 4.6 所示。在"符号"对话框中，选择"近期使用过的符号"列表框中的符号，可以实现快速插入近期使用过的符号；用户还可以调节"符号"对话框的大小，以便查看更多的符号。

图 4.6 Wingdings 中的"符号"对话框

3. 为符号或特殊字符指定快捷键

可以使用【Ctrl】键、【Alt】键或功能键为经常使用的符号指定快捷键，操作步骤如下。

1）单击"插入"选项卡"符号"选项组中的"符号"下拉按钮。

2）选择"符号"下拉列表中的"其他符号"选项，弹出"符号"对话框。

3）在"符号"对话框中选择包含所需符号的选项卡（如果看不到所需符号，可在下拉列表中单击其他字体或子集）。

4）选择所需的符号或字符，然后单击"快捷键"按钮，弹出"自定义键盘"对话框，如图 4.7 所示。

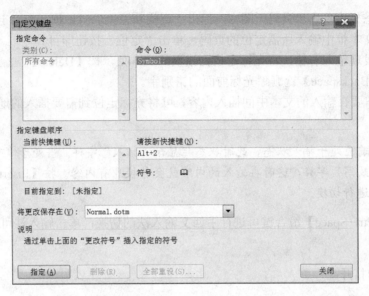

图 4.7　"自定义键盘"对话框

5）在"请按新快捷键"文本框中直接按要指定的快捷键，如按【Alt+2】组合键。

6）查看"目前指定到"选项，以查看该快捷键组合是否已经指定给命令或其他项，如果已经指定则需重新选择其他组合键。

7）在选择符合要求的快捷键后，单击"指定"按钮。

这样当在输入文本时，只要按【Alt+2】组合键，即可得到"📖"符号。

4. 输入文本时的注意事项

输入文本时的注意事项如下。

1）各行结尾处不要按【Enter】键，开始一个新段落时才可按此键。

2）对齐文本时不要用【Space】键，用以后章节中所讲的缩进等方式。

3）要重新定位光标，有以下三种方法。

① 利用键盘。常用的光标移动键如表 4.1 所示。

表 4.1　光标移动键

按键	功能	按键	功能
【←】	左移一个字符	【Ctrl+←】	左移一个单词
【→】	右移一个字符	【Ctrl+→】	右移一个单词
【↑】	上移一行	【Ctrl+↑】	上移一个自然段
【↓】	下移一行	【Ctrl+↓】	下移一个自然段
【Home】	移至行首	【Ctrl+Home】	文档的起始处
【End】	移至行尾	【Ctrl+End】	文档的结尾处
【Page Up】	上移一屏	【Ctrl+Page Up】	上一页的顶部
【Page Down】	下移一屏	【Ctrl+Page Down】	下一页的底部

② 利用鼠标移动或移动滚动条，然后在需要输入的位置单击即可。

③ 在状态栏中单击"页码"图标，弹出"查找和替换"对话框，在"定位"选项卡的"输入页号"文本框中输入所需定位的页码，单击"定位"按钮即可。

4）如果发现输入有错，将光标定位到错误的文本处，按【Delete】键删除光标后面的错别字，按【Backspace】键删除光标前面的错别字。

5）如果需要在输入的文本中间插入内容，可将光标定位到需要插入的地方，然后输入内容。

注意：当前应处于插入状态，此时状态栏显示"插入"字样。当处于"改写"状态时，状态栏显示"改写"字样，这时再输入的内容就会替换原有内容。按【Insert】键可以在这两种状态之间进行切换。

6）按【Ctrl+Space】组合键可进行中西文输入法的切换；单击输入法可进行输入法的选择。

4.2.3 文档的打开

打开文档是指将外存中的文档调入内存的过程，只有打开的文档才能进行编辑。

1. 打开最近使用过的文件

为了方便用户对前面工作的继续，系统会自动记录用户最近使用过的文件。单击"文件"选项卡中的"最近所用文件"按钮，从显示的文档列表中可以看到最近使用过的文件，如要打开列表中的某个文件，只需单击该文件名即可。

在 Word 2010 中还能够将最近使用的文件"固定"在最近使用的文档列表中，右击要保留的文件，在弹出的快捷菜单中选择"固定至列表"命令，或者单击文件名右侧的"图钉"按钮，可将相应的文件固定在列表中，此时固定图标将显示为一个图钉样式，再次单击"图钉"按钮可取消对文件的固定。

用户可重新设置最近使用文件列表中显示文件的个数。单击"文件"选项卡中的"选项"按钮，弹出"Word 选项"对话框，单击"高级"按钮，在"显示"选项组中为"显示此数目的'最近使用的文档'"设置一个数值。

注意：如果最近使用文档列表中的文件转移了位置，则指向该文件的链接将失效，系统会提示"找不到该文件"。此时必须使用"打开"对话框，通过浏览找到该文件才能打开文件。将该文件保存到新位置后系统会将其链接添加到列表中。

2. 打开以前的文件

如果想要使用的文件未显示在最近使用的文档列表中，可使用"打开"对话框来定位并选择。单击"文件"选项卡中的"打开"按钮，弹出"打开"对话框，如图 4.8 所示。

每次打开文件时系统总是首先列出"文档库"中的文件。可以在"打开"对话框中导航到包含该文件的文件夹。

Word 2010 中对打开文档的个数没有限定，每个文档都在各自独立的文档窗口中。操作时，可根据需要按以上方法逐个打开每个文档。

图 4.8 "打开"对话框

注意： 在打开多个文档时，在某一时刻只有一个文档是活动的，因为只能有一个窗口是活动窗口。用户可通过 Windows 任务栏选择某一文档为活动窗口。为了提高速度和减少占用的内存，建议每次打开的文档数不要太多。

4.2.4 文档的编辑

1. 选定文本

Windows 环境下的软件，其操作都有一个共同规律，即"先选定，后操作"。在进行所有的编辑操作之前，必须选定文本，也就是确定编辑的对象。

在选定文本内容后，被选中的部分背景呈深色，如图 4.9 所示。下面介绍几种选定文本的方式。

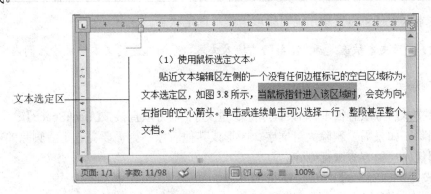

图 4.9 选定文本

（1）使用鼠标选定文本

贴近文本编辑区左侧的一个没有任何边框标记的空白区域称为文本选定区，当鼠标指针进入该区域时，会变为向右指向的空心箭头。单击或连续单击可以选择一行、整段甚至整个文档。此外，常用的鼠标选择文本的方法还有很多种，如表 4.2 所示。

表 4.2　使用鼠标选定文本

选择对象	操作
任意字符	拖过要选择的字符
字或单词	双击该字或单词
一行字符	单击该行左侧的文本选定区
多行字符	在字符左侧的文本选定区中拖动
句子	按住【Ctrl】键，并单击句子中的任何位置
段落	双击段落左侧的文本选定区，或者三击段落中的任何位置
多个段落	在文本选定区拖动鼠标
整个文档	三击文本选定区，或按【Ctrl+A】组合键
连续字符	在字符的开始处单击，然后按住【Shift】键单击结束位置
矩形区域	按住【Alt】键并拖动鼠标

（2）使用键盘选定文本

使用键盘选定文本如表 4.3 所示。

表 4.3　键盘选择方法

按键	功能	按键	功能
【Shift+←】	向左选择一个字符	【Ctrl+←】	选择到单词开始
【Shift+→】	向右选择一个字符	【Ctrl+→】	选择到单词结尾
【Shift+↑】	向上选择一个字符	【Ctrl+↑】	选择到段落开始
【Shift+↓】	向下选择一个字符	【Ctrl+↓】	选择到段落结尾
【Shift+Home】	选择到行首	【Ctrl+Shift+Home】	选择到文档开始
【Shift+End】	选择到行尾	【Ctrl+Shift+End】	选择到文档结尾
【Shift+Page Up】	选择到屏首	【Ctrl+A】	选择整个文档
【Shift+Page Down】	选择到屏尾		

在文本区中任意位置单击便可以取消文本选定状态。

注意：一旦文本被选定后，不要随意输入文本，否则选定的文本将被输入的内容所取代。

2. 删除文本

删除文本的方法有很多，如果仅删除少量文字，则可以直接按【BackSpace】键或【Delete】键进行删除。如果需要删除大量文字、图形或其他对象，则需要先选定要删除的对象，然后按下列任何一种方法进行删除。

1）按【BackSpace】键或【Delete】键。

2）单击"开始"选项卡"剪贴板"组中的"剪切"按钮 ✂。

3）右击选定的对象，在弹出的快捷菜单中选择"剪切"命令。

4）按【Ctrl+X】组合键。

3. 移动文本

若要将选定的文本移动到另一位置，可以使用以下两种方式。

（1）使用鼠标

选定要移动的文本，将鼠标指针移到选中的内容上，按住鼠标左键，将鼠标指针移到目标位置，然后释放鼠标左键，选定的内容就移动到新的位置。

（2）使用剪贴板

使用剪贴板操作步骤如下。

1）选定要移动的文本。

2）单击"开始"选项卡"剪贴板"选项组中的"剪切"按钮 ✄，或右击选定区域，在弹出的快捷菜单中选择"剪切"命令，此时选定的文本从原位置处删除，并被存放到剪贴板中。

3）将光标定位到欲插入的目标处。

4）单击"开始"选项卡"剪贴板"选项组中的"粘贴"按钮 📋，或右击目标位置，在弹出的快捷菜单中选择"粘贴"命令。

4. 复制文本

复制文本与移动文本操作相类似，只是复制后，选定的文本仍在原处。操作时与移动文本不同的是将"剪切"改为"复制"即可。

5. 剪贴板

剪贴板是 Windows 应用程序可以共享的一块公共信息区域，其功能强大，不仅可以保存文本信息，还可以保存图形、图像和表格等各种信息。Office 2010 的剪贴板对于原有版本的剪贴板进行了扩展，其功能更加强大，使用起来更加方便。

单击"开始"选项卡"剪贴板"选项组中的"对话框启动器"按钮，剪贴板即显示在主文档窗口的左侧，如图 4.10 所示。

当 Office 程序或其他应用程序进行了剪切、复制操作后，其内容会被放入剪贴板，并依次显示在"剪贴板"任务窗格中。剪贴板中可以存放最多 24 次复制或剪切的内容，如果超出了这个数目，最前面的对象将被从剪贴板中删除。在"剪贴板"任务窗格中单击所要粘贴的对象图标，该对象就会被粘贴到光标所在位置。

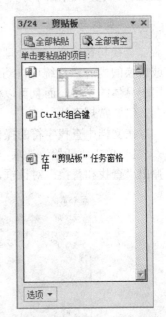

图 4.10　"剪贴板"任务窗格

在"剪贴板"任务窗格中，可执行下列操作。

1）若要清空一个项目，则将鼠标指针指向要删除的项目，其右侧即显示下拉按钮，单击该按钮，在弹出的下拉列表中选择"删除"选项；若要清空所有项目，则单击"全部清空"按钮。

2）单击"剪贴板"任务窗格底部的"选项"下拉按钮，设置所需的命令选项。

① 自动显示 Office 剪贴板：当复制项目时，自动显示"剪贴板"任务窗格。

② 按【Ctrl+C】组合键两次后显示 Office 剪贴板：按【Ctrl+C】组合键两次后自动显示"剪贴板"任务窗格。

③ 收集而不显示 Office 剪贴板：自动将项目复制到剪贴板中，而不显示"剪贴板"任务窗格。

④ 在任务栏上显示 Office 剪贴板的图标：当剪贴板处于活动状态时，在系统任务栏的状态区域中显示"剪贴板"图标。

⑤ 复制时在任务栏附近显示状态：当将项目复制到剪贴板时，显示所收集项目的信息。

在对应的粘贴操作中，会在粘贴位置的右侧显示一个"粘贴选项"智能按钮，单击该按钮右侧显示的下拉按钮可选择粘贴选项，如图 4.11 所示，可快速对所做操作进行相应选择。

图 4.11 "粘贴选项"智能按钮

视频 4-2 文档的基本操作

6. 撤销与恢复

（1）撤销

在操作过程中每个人都难免出现误操作，或者对先前所做的工作感到不满意。如果遇到这种情况，可单击快速访问工具栏中的"撤销"按钮 ，按【Ctrl+Z】组合键也可以执行撤销操作。Word 可以撤销最近进行的多次操作，单击"撤销"按钮右侧的下拉按钮，会看到此前的每一次操作，选择某个操作，将撤销这个操作之前的所有操作。

（2）恢复

单击"恢复"按钮 （或按【Ctrl+Y】组合键）允许撤销前一次或前几次的"撤销"操作。"恢复"按钮的功能与"撤销"按钮刚好相反，其可恢复被撤销的操作。

7. 查找与替换

查找与替换在文字处理软件中经常使用，是效率很高的编辑功能。根据输入的要查找或替换的内容，系统可自动地在规定的范围或全文内查找或替换。查找或替换不但可以作用于具体的文字，而且可以作用于格式、特殊字符、通配符等。

（1）常规查找

在文档中查找字符的操作步骤如下。

1）单击"开始"选项卡"编辑"选项组中的"查找"按钮，或按【Ctrl+F】组合键，弹出"查找和替换"对话框，如图 4.12 所示。

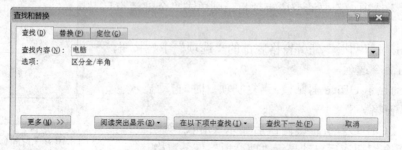

图 4.12 "查找和替换"对话框

2）在"查找内容"文本框中直接输入要查找的内容，或者从其下拉列表中选择一个以前查找过的内容，如输入"电脑"，如图 4.12 所示。

3）单击"查找下一处"按钮。如查找到匹配的文本，则在文档中高亮显示该文本。再次单击该按钮，将继续查找下一处。在查找状态下，可以对查找到的内容及文档中的其他内容进行修改，但不可以用鼠标移动或复制选定的文本。

4）单击"取消"按钮，可以取消查找。

（2）高级查找

如果想对查找参数进行精确设置或是查找特殊字符，或是要查找的内容是文字与格式的组合，可以选择"高级查找"方式。其操作步骤如下。

1）单击"开始"选项卡"编辑"选项组中的"查找"按钮，或按【Ctrl+F】组合键，弹出"查找和替换"对话框，单击"更多"按钮，此时的"查找和替换"对话框如图 4.13 所示。

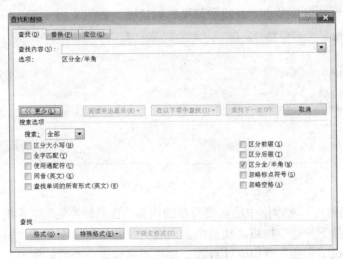

图 4.13　"查找和替换"对话框（高级）

2）在"搜索"下拉列表中选择所需的搜索方向。其中，"向上"和"向下"分别表示从光标位置向文档开头处和结尾处进行查找。通常，在不对搜索范围做出选择的情况下，Word 会默认搜索整个文档。

3）"搜索选项"选项组中的复选框用于限制查找内容的形式，其含义如表 4.4 所示。

表 4.4　"查找和替换"限制条件的含义

复选框	选定时的含义
区分大小写	只找出与"查找内容"文本框中所示内容大小写完全一致的文本
全字匹配	只查找符合条件的完整单词
使用通配符	可以使用通配符进行查找
同音	查找与"查找内容"文本框中的文字发音相同但拼写不同的单词
查找单词的所有形式	查找如名词的单数、复数，动词的原形，现在分词、过去分词，形容词的比较级和最高级等
区分全/半角	将同一数字或英文的全角与半角视为两个不同的字符

　　4）如果在"查找内容"文本框中不输入任何内容，则只对所设置的格式进行查找。单击"格式"下拉按钮，可进一步设置查找内容的格式。例如，在弹出的下拉列表中选择"字体"命令，弹出"查找字体"对话框，在该对话框中设置要查找内容的字体格式。

　　5）若要取消对查找内容设置的格式，可以单击"不限定格式"按钮。

　　6）有时也可能需要查找如分页符、段落标记、制表符、图形、连字符等的特殊字符，直接输入有一定困难，可单击"特殊格式"下拉按钮，在弹出的特殊格式下拉列表中进行选择，被选择的字符会显示在"查找内容"文本框中。

　　7）设置完毕，单击"查找下一处"按钮，即可进行查找。

　　单击"更少"按钮可切换成常规方式。

　　（3）常规替换

　　如果用户需要将某部分文本替换为其他内容的文本，则其操作步骤如下。

　　1）单击"查找和替换"对话框中的"替换"选项卡或单击"开始"选项卡"编辑"选项组中的"替换"按钮，弹出"查找和替换"对话框，如图4.14所示。

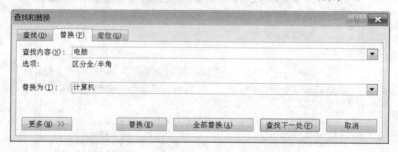

图4.14　"替换"选项卡

　　2）在"查找内容"文本框中输入要查找的内容，在"替换为"文本框中输入要替换的内容，单击"查找下一处"按钮。找到所需内容后，若要替换则单击"替换"按钮，若不替换则单击"查找下一处"按钮继续查找。如果不需要逐个查看，则单击"全部替换"按钮，Word将自动对整个文档进行查找、替换操作。

　　（4）高级替换

　　如果想对替换进行精确设置或替换格式、特殊字符，则其操作步骤如下。

　　1）在"查找和替换"对话框的"替换"选项卡中，单击"更多"按钮。

　　2）高级替换中的各项功能与高级查找中的各项功能相似。应用这些功能可以对一般文本、特定格式的文本、特殊字符和各种格式进行替换。

　　例如，将文档中所有的英文字母改为带有下划线的大写字母，操作步骤如下。

　　将光标定位在"查找内容"文本框中，单击"更多"按钮，单击"替换"选项卡中的"特殊格式"下拉按钮，在弹出的下拉列表中选择"任意字母"选项，在"查找内容"文本框中以"^$"显示，如图4.15所示。再将光标定位在"替换为"文本框，单击"格式"下拉按钮，在弹出的下拉列表中选择"字体"命令，在弹出的"替换字体"对话框中进行格式设置。

　　3）设置完毕，单击"查找下一处"按钮，找到所需内容后，单击"替换"按钮。

　　注意：在替换文本时，最好使用"替换"按钮，而不使用"全部替换"按钮，这样在每次替换时可加以确认，以免发生错误。

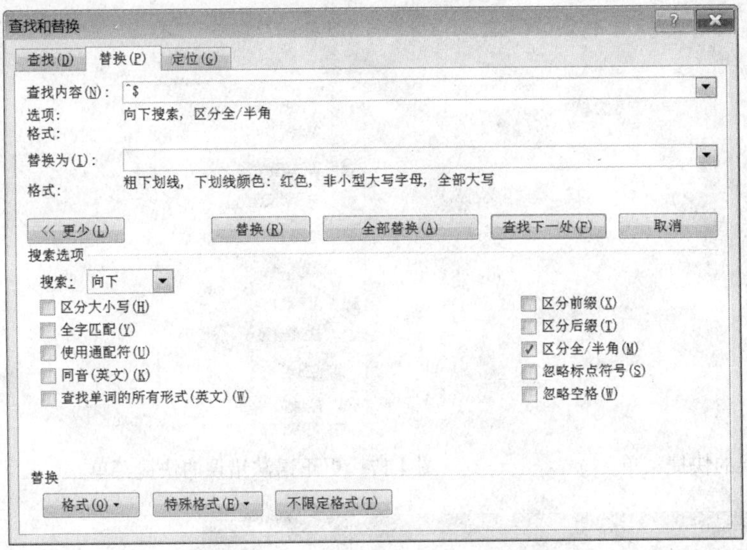

图 4.15　"替换"选项卡（高级）

视频 4-3　查找和替换

　　利用替换功能，还可以简化输入，提高效率。例如，在一篇文档中，经常要出现"Microsoft Office Word 2010"字符串，在输入时可先用一个不常用的字符表示，然后利用替换功能用字符串"Microsoft Office Word 2010"代替该字符，当然，替换时要防止出现两义性。

　　8. 更正拼写错误和语法错误

　　Word 的拼写和语法检查功能可以检查英文拼写和语法错误，如果文章中某个单词拼写错误，Word 会在这个单词下面用红色的波浪线标出，如果有语法错误，Word 会在出错的地方用绿色的波浪线标出。Word 同时还会给出修改建议。目前，Word 对英文拼写检查的正确性较高，对中文校对作用不大。

　　改正拼写错误和语法错误的操作步骤如下。

　　1）右击被标为错误的单词"Intenet"，弹出一个更正拼写错误的快捷菜单，如图 4.16 所示，在其中 Word 给出了修改建议。

　　2）选择所给出的更正项中的 Internet。

　　3）文字下面有绿色的波浪线时，表示有语法错误。右击有语法错误的语句，也会弹出更正语法错误的快捷菜单，如图 4.17 所示。

　　4）在快捷菜单中选择"语法"命令，弹出"语法：中文（中国）"对话框，如图 4.18 所示，其中指出了语法错误的位置。改正后单击"更改"按钮，改正语法错误。

　　如果拼写错误或语法错误的地方没有看到红色或绿色波浪线，则说明 Word 的"自动拼写和语法检查"功能没有启动。可以单击"文件"选项卡中的"选项"按钮，弹出"Word选项"对话框，单击"校对"按钮，在该对话框右侧窗格的"在 Word 中更正拼写和语法时"选项组中勾选"键入时检查拼写"和"键入时标记语法错误"复选框，如图 4.19 所示，然后单击"确定"按钮。这样就可以在错误处以波浪线标出，提示用户修改。

图 4.16　更正拼写错误的快捷菜单　　　　　　图 4.17　更正语法错误的快捷菜单

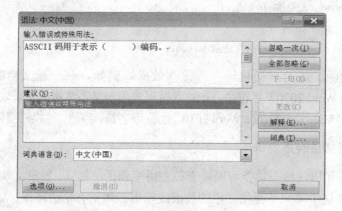

图 4.18　"语法：中文（中国）"对话框

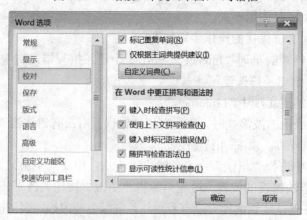

图 4.19　检查拼写和语法错误

　　拼写和语法检查的工作原理是读取文档中的每一个单词，与已有的词典库中的所有单词比较，若相同，就认为该单词是正确的；若不同，则显示出词典库中相似的单词，供用户选择。如果是新单词，则可添加到词典库；如果是人名、地名、缩写，则可忽略。

9. 字数统计

Word 字数统计项目（页数、字数、包含空格的字符数、段落数等）为简单数字值。为了显示文档的字数统计，单击"审阅"选项卡"校对"选项组中的"字数统计"按钮，或单击状态栏中的"文档的字数"按钮，弹出"字数统计"对话框，如图 4.20 所示。默认情况下，Word 统计整篇文档的字数，可以选择一个或多个部分进行统计。

字数统计	? ✕
统计信息：	
页数	74
字数	41,547
字符数(不计空格)	44,180
字符数(计空格)	44,697
段落数	1,025
行数	1,813
非中文单词	1,219
中文字符和朝鲜语单词	40,328
☐ 包括文本框、脚注和尾注(F)	
	关闭

图 4.20　"字数统计"对话框

4.2.5　文档的显示

当处理完一份文档后，需要显示文档以查看效果。Word 提供了多种显示文档的方式，不同的显示方式可以适应不同的工作特点，使用户在处理文档时把精力集中在不同方面。无论是何种显示方式，都可以对文档进行修改、编辑及按比例缩放尺寸等操作。

用户可以通过"视图"选项卡选择所需的显示方式，也可以直接通过位于窗口右下方的视图按钮在不同视图间快速切换。

下面介绍几种视图的主要特点与用途。

1. 页面视图

页面视图用于显示文档的打印效果。页面视图精确地显示文档中的各种内容（包括图形、页眉、页脚、页码等）和在打印时的位置，是一种真正实现"所见即所得"的视图模式。

2. 阅读版式视图

阅读版式视图用于增加可读性，优化阅读体验。默认情况下一次同时显示两页，该视图隐藏除快速访问工具栏以外的所有选项卡按钮，扩大了显示区，方便用户进行审阅编辑，用户还可以单击"工具"按钮选择各种阅读工具。在阅读版式下可以方便地增大或减小文本显示区域的尺寸，而不会影响文档中的字体大小。打开一个作为电子邮件附件接收的 Word 文档时，Word 会自动切换到阅读版式视图。

3. Web 版式视图

Web 版式视图用于创作 Web 页，能够仿真 Web 浏览器来显示文档。在 Web 版式下，文本将自动折行以适应窗口的大小，这是为联机阅读文档而设计的。

视频 4-4　文档的
视图方式

4. 大纲视图

大纲视图用于显示文档的框架，这种视图模式将文档组织成多层次的标题、子标题和正文文本，以便组织文档并观察文档的结构，也为在文档中进行大块文本移动、生成目录和其他列表提供了一条方便的途径，该视图广泛用于 Word 长文档的快速浏览和设置。

5. 草稿视图

草稿视图取消了页面边距、分栏、页眉、页脚和图片等元素，仅显示标题和正文，是最节省计算机系统硬件资源的视图方式。当然，现在计算机系统的硬件配置都比较高，基本上不存在由于硬件配置偏低而使 Word 2010 运行遇到障碍的问题。

4.3　文　档　排　版

为了使文档具有漂亮的外观，便于阅读，必须对文本进行必要的排版。Word 是"所见即所得"的文字处理软件，在屏幕所显示的字符格式就是实际打印时的形式，给用户提供了极大的方便。Word 提供了极其丰富的字符和段落格式及页面的设置。利用这一特性，可以提高排版效率，满足用户多方面的要求。

4.3.1　字符格式化

对字符的格式化处理包括选定字体、字形、字号、颜色、下划线、特殊效果，设置字符间距和动态效果、中文版式等。这里需要指出的是，对字符进行格式化必须首先选择需要格式化的文本对象，否则格式化操作只是对光标处输入的新文本起作用。

1. 字符格式及设置

单击"开始"选项卡"字体"选项组中的相应按钮，可对字符进行各种设置。也可以单击"开始"选项卡"字体"选项组的"对话框启动器"按钮，弹出"字体"对话框，如图 4.21 所示，在对话框中实现字符格式的设置。

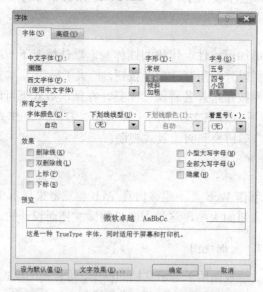

图 4.21　"字体"对话框

1）字体。用于描述汉字或英文字母的外观特征。常用汉字字体有宋体、仿宋体、楷体、黑体、隶书等；常用的英文字体包括 Arial、Times New Roman 等。可在"字体"对话框的"中文字体"和"西文字体"下拉列表中对字体进行设置。

2）字形。是指对常规的正方形字符进行变形。Word 对每种字体都提供了四种字形，即常规、倾斜、加粗和加粗倾斜。

3）字号。是指字符的大小，一般用"号"值或"磅"值来表示，中文字符习惯以字号表示。系统提供初号～八号共 16 种字号，5 磅～72 磅共 21 种磅值供选用，1 磅为 1/72 英寸，约为 0.3527mm。由于 Windows 字库是使用 TrueType 轮廓技术生成的，所以用户也可以根据需要直接在字号列表框内输入任意大小的字号。在默认（即标准）状态下，字体为宋体，字号为五号字。表 4.5 列出了部分字号与磅值的对应关系。

表 4.5   部分字号与磅值的对应关系

字号	初号	一号	二号	三号	四号	五号	六号	七号	八号
磅值	42	26	22	16	14	10.5	7.5	5.5	5

4）颜色。Word 可以为文档中的文字设置不同的颜色，系统提供了多种颜色供用户选用。

5）效果。对文字进行某种修饰后产生的特定效果。常见的修饰方法包括下划线、删除线、着重号、上标、下标、字符边框和底纹等。

6）字符间距。文档中文字之间的距离，通常系统按某种标准自动设置，但也可以根据需要调整其值。单击"字体"对话框中的"高级"选项卡，如图 4.22 所示。"间距"下拉列表提供了"标准""加宽""紧缩"三种字间距方式。必要时还可在其右侧的"磅值"数值框中指定具体的加宽和紧缩磅值。

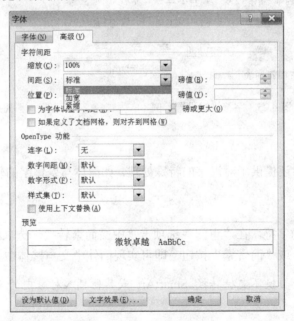

图 4.22   "高级"选项卡

7）文字效果。单击"字体"对话框中的"文字效果"按钮，弹出"设置文本效果格式"对话框，如图 4.23 所示，在此对话框中可为文字设置各种效果。或单击"开始"选项卡"字体"选项组中的"文字效果"按钮 A▾，选择所需效果，若需其他选项，可选择"轮廓"、"阴影"、"映像"或"发光"选项，然后选择要添加的效果。

此外，Word 2010 还提供了一个浮动工具栏，当用户选定要设置格式的文本后，浮动工具栏会自动出现在所选文本的右上方，其中包含文档中常用的格式命令，如图 4.24 所示。如果将鼠标指针靠近浮动工具栏，则浮动工具栏会渐渐淡入；如果将鼠标指针移开浮动工具栏，则该工具栏会慢慢淡出。如果不想使用浮动工具栏，只需将鼠标指针移开一段距离，浮动工具栏即会消失。

图 4.23 "设置文本效果格式"对话框

图 4.24 浮动工具栏

图 4.25 所示为一些已经设置了字符格式的文字。

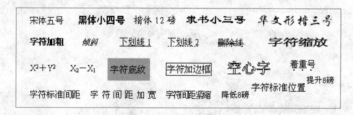

图 4.25 字符格式设置示例

视频 4-5 字符格式及设置

2. 中文版式

在 Word 2010 中还提供了对汉字的特殊处理，如简体与繁体字的转换、加拼音、加圈、纵横混排和双行合一等。

（1）简繁转换

选定需要转换的字符，在"审阅"选项卡"中文简繁转换"选项组中依照要转换的需求，单击"繁转简"或"简转繁"按钮，即可实现简体中文与繁体中文之间的转换。

注意：中文简繁转换不支持转换 SmartArt 或其他插入对象内的文字。

（2）拼音指南

该功能可以为文档中的汉字标注拼音。方法是选定需要注音的字符，单击"开始"选项卡"字体"选项组中的"拼音指南"按钮 ，弹出"拼音指南"对话框，在其中可以设置拼音的对齐方式、字体、字号等，效果如图 4.26 所示。

（3）带圈字符

该功能可以给单个字符添加圆圈、正方形、三角形和菱形的外框。方法是选定需要加外框的字符，单击"开始"选项卡"字体"选项组中的"带圈字符"按钮，弹出"带圈字符"对话框，在其中可选择外圈的形状及大小，效果如图 4.26 所示。

（4）纵横混排

该功能可以在横排的文本中插入纵向的文本，同样可以在纵向的文本中插入横排的文本。方法是选定需要改变排列方向的文本，单击"开始"选项卡"段落"选项组中的"中文版式"按钮 ，在下拉列表中选择"纵横混排"命令，弹出"纵横混排"对话框，在其中可以对纵横混排格式进行设置，效果如图 4.26 所示。

（5）合并字符

合并字符功能可以将最多 6 个字符分两行合并为一个字符。方法是选定需要合并的字符，单击"开始"选项卡"段落"选项组中的"中文版式"按钮 ，在下拉列表中选择"合并字符"选项，弹出"合并字符"对话框，在其中可设置合并后字符的字体、字号等，效果如图 4.26 所示。

（6）双行合一

该功能可以设置双行合一的效果，效果如图 4.26 所示。方法是选定需双行合一的文本，单击"开始"选项卡"段落"选项组中的"中文版式"按钮 ，在下拉列表中选择"双行合一"选项，弹出"双行合一"对话框，在其中进行设置即可。

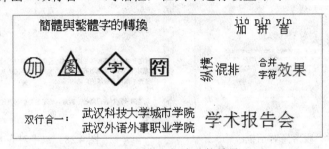

图 4.26　中文版式功能效果

4.3.2　段落格式化

在 Word 中，段落是一个文档的基本组成单位。段落可由任意数量的文字、图形、对象（如公式、图表）及其他内容构成。每按一次【Enter】键时就插入一个段落标记，表示一个段落的结束和另一个段落的开始。

Word 可以快速方便地设置或改变每一段落的格式，其中包括段落对齐方式、缩进设置、行距与段距、段落的修饰及分页状况等。当需对某一段落进行格式设置时，首先要选定该段落，或者将光标放在该段落中，然后才可开始对此段落进行格式设置。

单击"开始"选项卡"段落"选项组中的相应按钮，可对段落格式进行设置。也可以单击"开始"选项卡"段落"选项组的"对话框启动哭"按钮，弹出"段落"对话框，如图 4.27 所示，在对话框中设置有关选项。

1. 段落对齐方式

段落对齐方式包括段落水平对齐方式和段落垂直对齐方式两种。

1）段落水平对齐方式指文档边缘的对齐方式，包括左对齐、居中对齐、右对齐、两端对齐和分散对齐，作用分别如下。

① 左对齐。使正文向左对齐。

② 居中对齐。正文居中，一般用于标题或表格内的内容居中对齐。

③ 右对齐。使正文向右对齐。

④ 两端对齐。使左端和右端的文字对齐，Word 自动调整每一行的空格。

⑤ 分散对齐。把正文的所有行拉成左侧和右侧一样齐。

各种水平对齐方式如图 4.28 所示。要注意区别"两端对齐"和"分散对齐"的不同之处。

图 4.27 "段落"对话框

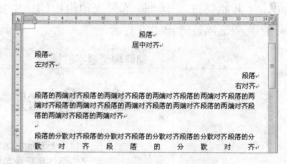

图 4.28 水平对齐方式

可从图 4.27 所示的"段落"对话框的"对齐方式"下拉列表中选择需要的对齐方式；也可以单击"开始"选项卡"段落"选项组中相应的按钮：左对齐 、居中对齐 、右对齐 、两端对齐 和分散对齐 。

2）段落垂直对齐方式指当在一段文字中使用了不同的字号时，可以将这些文字居下对齐、居中对齐、居上对齐操作，设置出特殊的形式。

在图 4.27 所示的"段落"对话框中单击"中文版式"选项卡，单击"文本对齐方式"下拉按钮，在其下拉列表中进行设置，如图 4.29 所示。

2. 段落的缩进

段落缩进指段落中的文本与页边距之间的距离，设置段落缩进是为了使文档更加清晰、易读。

（1）段落的缩进方式

段落缩进方式包括以下四种。

1）首行缩进。将段落的第一行从左向右缩进一定的距离，而首行以外的各行都保持不变。在中文的文章里，人们习惯于将段落的首行文本缩进两个汉字，且每个段落两端对齐，这是段落最常用的一种格式，如图 4.30（a）所示。

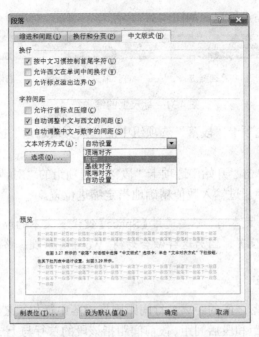

图 4.29　设置垂直对齐方式

2）悬挂缩进。与首行缩进相反，悬挂缩进首行文本不加改变，而除首行以外的各行文本向右缩进一定的距离。悬挂缩进常用于参考书条目、词汇表词条、简历及项目符号和编号列表中，如图 4.30（b）所示。

3）左缩进。使文档中某段的左边界相对其他段落向右偏离一定的距离，如图 4.30（c）所示。

4）右缩进。同左缩进格式相反，右缩进使文档中某段的右边界相对其他段落向左偏离一定的距离，如图 4.30（d）所示。

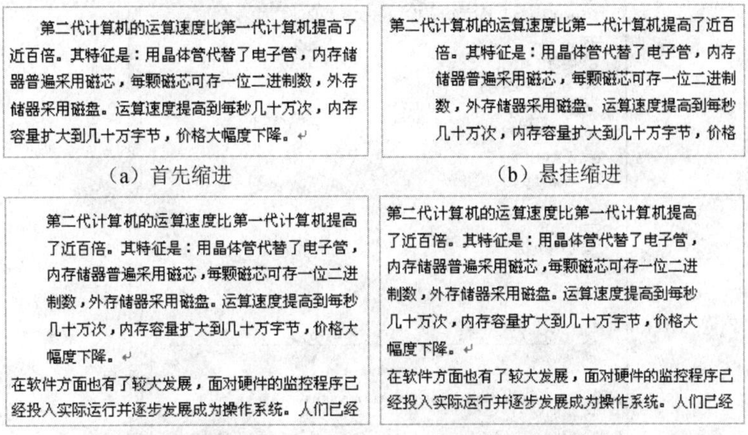

第二代计算机的运算速度比第一代计算机提高了近百倍。其特征是：用晶体管代替了电子管，内存储器普遍采用磁芯，每颗磁芯可存一位二进制数，外存储器采用磁盘。运算速度提高到每秒几十万次，内存容量扩大到几十万字节，价格大幅度下降。	第二代计算机的运算速度比第一代计算机提高了近百倍。其特征是：用晶体管代替了电子管，内存储器普遍采用磁芯，每颗磁芯可存一位二进制数，外存储器采用磁盘。运算速度提高到每秒几十万次，内存容量扩大到几十万字节，价格
（a）首先缩进	（b）悬挂缩进
第二代计算机的运算速度比第一代计算机提高了近百倍。其特征是：用晶体管代替了电子管，内存储器普遍采用磁芯，每颗磁芯可存一位二进制数，外存储器采用磁盘。运算速度提高到每秒几十万次，内存容量扩大到几十万字节，价格大幅度下降。 在软件方面也有了较大发展，面对硬件的监控程序已经投入实际运行并逐步发展成为操作系统。人们已经	第二代计算机的运算速度比第一代计算机提高了近百倍。其特征是：用晶体管代替了电子管，内存储器普遍采用磁芯，每颗磁芯可存一位二进制数，外存储器采用磁盘。运算速度提高到每秒几十万次，内存容量扩大到几十万字节，价格大幅度下降。 在软件方面也有了较大发展，面对硬件的监控程序已经投入实际运行并逐步发展成为操作系统。人们已经
（c）左缩进	（d）右缩进

图 4.30　四种缩进方式

（2）设置段落缩进

在 Word 中提供了三种设置段落缩进的方法。

1）在标尺上拖动缩进标记，如图 4.31 所示。

左缩进　　悬挂缩进　　　　首行缩进　　　　　右缩进

图 4.31　标尺上的缩进符号

2）单击"开始"选项卡"段落"选项组中的"减少缩进量"按钮 ≣ 和"增加缩进量"按钮 ≣。

3）选定某段落，单击"开始"选项卡"段落"选项组的"对话框启动器"按钮，弹出"段落"对话框，在其中通过输入数值精确地指定缩进位置。

注意：在输入 Word 文本时，不要通过【Space】键设置文本的缩进，也不要利用【Enter】键控制一行右侧的结束位置，因为这样做会妨碍 Word 对于段落格式的自动调整。

3. 段间距与行间距

段间距指段落与段落之间的距离，行间距则指段落中行与行之间的距离。

段间距包括段前间距和段后间距，段前间距指该段的首行与上一段的末行之间的距离；段后间距指该段的末行与下一段的首行之间的距离。

利用"段落"组中的"行和段落间距"按钮 ≣ 或"段落"对话框可以很方便地设置段间距和行间距。

4. 段落格式的细节

在"段落"对话框中有"换行和分页"选项卡，其中的选项有助于解决编辑文档时的一些细节问题。"换行和分页"选项卡如图 4.32 所示。

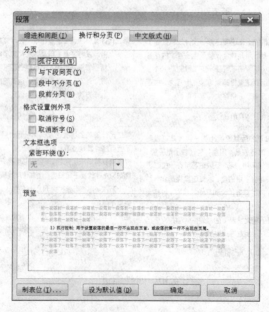

图 4.32　"换行和分页"选项卡

1）孤行控制。用于设置段落的最后一行不出现在页首，或段落的第一行不出现在页尾。

2）与下段同页。用于某段必须与下段同页，如文章标题就应该设置该项。

3）段中不分页。用于控制某段不分页显示。

4）段前分页。用于设置某段必须从新的一页开始。

5. 设置制表符

在每行特定的位置输入特定的内容，而且要求上下对齐，用户可以在每行按【Space】键将光标移到输入位置，但这显然不是一个好办法，而制表符正是解决这类输入问题的有效方法。

制表符设置在页面上用于放置和对齐文字的位置。每按一次【Tab】键，就表示插入一个制表符，其宽度 Word 默认为 2 字符，该值可由用户设置。

（1）使用标尺设置制表符

标尺上的制表符如图 4.33 所示。

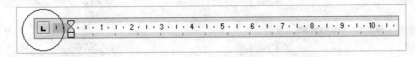

图 4.33　标尺左侧的制表符

在 Word 中，有五种制表符，如图 4.34 所示。使用标尺设置制表符的操作步骤如下。

1）选定要设置制表符的段落。也可以是一个新段落，设置好制表符后再输入内容。

2）选择对齐方式。单击水平标尺最左侧的"制表符对齐方式"按钮，逐次单击，将在五种类型之间切换。

3）设置制表符。在标尺所需位置上单击来设置制表符。

4）将光标移到文本中需要对齐的文本左侧，按【Tab】键使文本对齐。

如果移动标尺上的制表符，则可以重新设置对齐位置；如果要删除制表符，则将标尺上的制表符移出标尺即可。

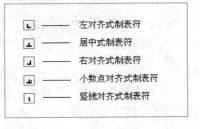

图 4.34　制表符

（2）使用"制表位"对话框设置制表符

单击"段落"对话框中的"制表位"按钮，弹出"制表位"对话框。在对话框中输入制表位位置、设置对齐方式。如果需要，还可以选择"前导符"来填充制表位之间的空白。

例如，做一个目录，如图 4.35 所示。要求内容左对齐，页码右对齐，中间以"点"为前导符。操作步骤如下。

1）输入文字。按【Tab】键，输入"第一部分"，再按【Tab】键，输入"1"，按【Enter】键换行。依照上述顺序完成其他文字的输入。

2）选择上述全部文字。

3）设置制表位。单击"段落"对话框中的"制表位"按钮，弹出"制表位"对话框，将"对齐方式"设置为"左对齐"，在"制表位位置"中输入"4"，"前导符"设置为"无"。单击"设置"按钮，弹出"制表位"对话框，将"对齐方式"设置为"右对齐"，在"制表位位置"文本框中输入"30"，"前导符"选择"2……"。

4）单击"设置"按钮，再单击"确定"按钮退出对话框。

6. 首字下沉

在报刊文章中，经常看到文章的第一个字使用首字下沉的方式表现，其目的是引起读者的注意，并由该字开始阅读。建立首字下沉的操作步骤如下。

1）选择段落前要下沉的字符，或将光标定位在要设定成首字下沉的段落中。

2）单击"插入"选项卡"文本"选项组中的"首字下沉"下拉按钮，在弹出的下拉列表中选择"首字下沉"选项，即可弹出"首字下沉"对话框，如图 4.36 所示。

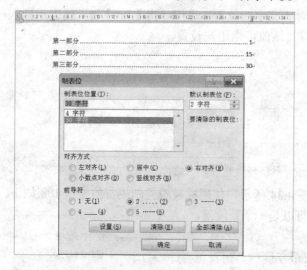

图 4.35　制表位的设置

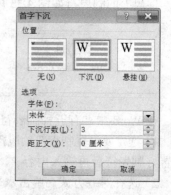

图 4.36　"首字下沉"对话框

3）按照需要在"位置"选项组中选择"下沉"或"悬挂"设置，对下沉字符设置字体、下沉的行数以及与正文的距离。

4）设置完成后单击"确定"按钮。

图 4.37 所示为一个首字下沉三行的示例。

图 4.37　首字下沉示例

注：首字下沉只有在页面视图中才能显示出效果。

如果要取消已有的首字下沉，操作方法与建立首字下沉方法相同，只需单击"首字下沉"对话框 "位置"选项组中的"无"按钮即可。

7. 边框和底纹

Word 提供了为文档中的文本或段落添加边框和底纹的功能，以使其更加醒目突出。

（1）添加边框和底纹

选定要添加边框和底纹的内容，单击"开始"选项卡"段落"选项组中的"下框线"下拉按钮，在弹出的下拉列表中选择"边框和底纹"选项，弹出"边框和底纹"对话框，如图 4.38 所示。在该对话框中选择边框的设置格式、线型、颜色等，选择的边框效果显示在预览区中。

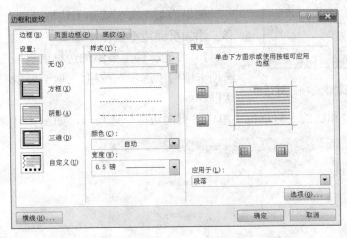

图 4.38　"边框和底纹"对话框

如果要为文本添加底纹，则在"边框和底纹"对话框中单击"底纹"选项卡，按要求选择底纹颜色、填充方式和图案样式等，其结果同样在预览区中显示，如图 4.39 所示。设置完成后单击"确定"按钮即可。

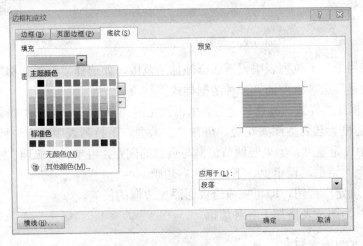

图 4.39　"底纹"选项卡

注意：选定段落是使段落高亮显示，而不能仅仅把光标放入段落之中。当为整个段落加边框时，在"边框和底纹"对话框的"边框"选项卡的"应用于"下拉列表中选择"段落"选项，如果选择"文字"选项，则 Word 会为选定段落的每一行文字均加上边框。

（2）在边框和文本间指定间距

如果需调节边框和文本之间的距离，可单击"边框"选项卡中的"选项"按钮，弹出

图 4.40　"边框和底纹选项"对话框

"边框和底纹选项"对话框，如图 4.40 所示。在对话框中设置上、下、左、右边距，同时可以在预览区中看到设置的结果；单击"确定"按钮即可在边框和文本间指定间距。

（3）添加页面边框

如果为某个页面添加了边框，则会使其更加丰富多彩。添加页面边框操作步骤如下。

1）将光标移至要添加边框的页面中，单击"边框"选项卡中的"选项"按钮，弹出"边框和底纹选项"对话框。

2）在"边框和底纹"对话框中单击"页面边框"选项卡，如图 4.41 所示。

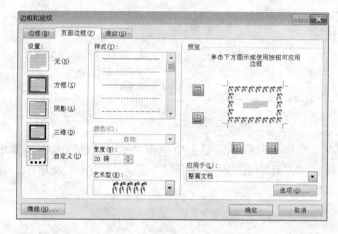

图 4.41　"页面边框"选项卡

视频 4-6　段落格式化

3）在"应用于"下拉列表中设置边框施加的范围，如选择"整篇文档"选项。

4）在"设置"选项组中选择一种边框样式。

5）设定边框线的样式、颜色和宽度。单击预览区调节按钮，可以增加或删除边框的边线；如果想使边框为艺术型图案花边，可在"艺术型"下拉列表中选定一种花边，在"宽度"下拉列表中设定宽度；如果要调节边框与页边的间距，可单击"选项"按钮，弹出"边框和底纹选项"对话框，设定上、下、左、右边距。

6）单击"确定"按钮，即可完成给页面添加边框的任务。

用户还可以为图、表格加上各种边框。

8.　项目符号和编号列表

提纲性质的文档称为列表，列表中的每一项称为项目。对于并列内容的项目，可使用项目符号列表；对于有先后顺序的项目，可使用编号列表，使这些文档突出、有层次感，或者当增加或删除项目时，系统会对编号自动进行相应的增减。

（1）项目符号

单击"开始"选项卡"段落"选项组中的"项目符号"下拉按钮 ，打开"项目符号库"，如图 4.42 所示。

项目符号可以是字符，也可以是图片。选择"定义新项目符号"命令，弹出"定义新项目符号"对话框，如图4.43所示。在对话框中单击"符号"或"图片"按钮可改变符号的样式。

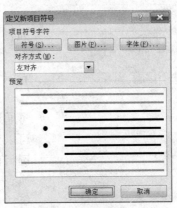

图4.42 "项目符号库"　　　　　　　图4.43 "定义新项目符号"对话框

（2）编号

单击"开始"选项卡"段落"选项组中的"编号"下拉按钮，打开"编号库"，如图4.44所示。

编号是连续的数字或字母，根据层次的不同，有相应的编号。选择"定义新编号格式"命令，弹出"定义新编号格式"对话框，如图4.45所示，在对话框中可改变编号的样式、编号的起始值、字体、格式编排等。

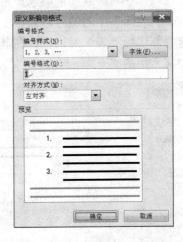

图4.44 "编号库"　　　　　　　图4.45 "定义新编号格式"对话框

说明：Word可以在用户输入文本时自动创建列表。默认情况下，如果段落以数字"1."开头，则系统认为用户在尝试开始编号列表，当按【Enter】键时会自动在下一段落继续创建列表。如果拒绝该文本自动转换为列表，可在"文件"选项卡中单击"选项"按钮，弹出"Word"选项对话框，单击"校对"和"自动更正选项"按钮，撤销自动设置编号。

（3）多级列表

在编辑文档的过程中，很多时候需要插入多级列表编号，以更清晰地表明各层次之间的关系。插入多级列表编号的方法如下。

图 4.46 "列表库"

1）单击"开始"选项卡"段落"选项组中的"多级列表"下拉按钮 ，打开"列表库"，如图 4.46 所示。

2）在"列表库"中选择一种符合实际需要的多级列表编号格式。

3）输入各级列表内容。可以先完成所有内容的输入，再通过选择"更改列表级别"命令设置各段落的级别，也可以分级输入文档内容。在输入文本结束后直接按【Enter】键将自动生成下一个编号（注意不是下一级编号），要切换到下一级编号，需在按【Enter】键后再按【Tab】键，每按一次【Tab】键下降一个级别；若要返回上一级别，则需在按【Enter】键后再按【Shift+Tab】组合键，每按一次可上升一个级别。

注意：只有在文档中插入了多级列表后才能更改级别。如果是普通编号或项目符号，则不能更改列表级别。

如果要对文档中已经存在的段落进行多级列表编号，可选定这些段落，然后单击"开始"选项卡"段落"选项组中的"多级列表"下拉按钮 ，在下拉列表中选择"更改列表级别"选项，在其级联菜单中选择符合要求的列表级别即可。

如果"列表库"中的编号格式都不满足需要，可以选择"定义新的多级列表"选项，弹出"定义新多级列表"对话框。在其中设置每一级别编号的具体样式，在右栏中可见预设，如中文常用的"一.（一）1.（1）"编号样式，如图 4.47 所示。

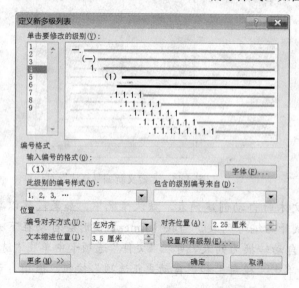

图 4.47 "定义新多级列表"对话框

视频 4-7 创建项目符号和编号

图 4.48 显示了各项目符号、编号和多级列表设置的效果。

项目符号（图片符号）	编号	多级列表
◆ 字符格式化	一、字符格式化	1.1　文档排版
◆ 段落格式化	二、段落格式化	1.1.1　字符格式化
◆ 字符及段落格式的复制	三、字符及段落格式的复制	1.1.2　段落格式化
◆ 页面设计	四、页面设计	1.2.1.1　段落对齐方式

图 4.48　各项目符号、编号和多级列表设置的效果

4.3.3　字符及段落格式的复制

当文档中某些字符或段落的格式相同时，可以像复制文本一样复制文本的格式，以提高排版效率和质量。具体操作步骤如下。

1）选择已格式化好的一段文本。

2）单击或双击"开始"选项卡"剪贴板"选项组中的"格式刷"按钮，这时鼠标指针会变成一个小刷子的样子 。

3）用"格式刷"选择需要复制格式的文本，"格式刷"刷过的文本的格式就与原文本格式相同了。

单击与双击"格式刷"的区别：单击后，"格式刷"刷一次即失效；而双击后，"格式刷"可以连续使用，直到再次单击"格式刷"按钮或按【Esc】键使之复原为止。

视频 4-8　格式复制

注意：因为段落结束标记包含了段落格式的全部设置，因此，复制段落格式时，不必选定整个段落，只要选定段落末尾的段落标记即可。

4.3.4　页面设计

与字符格式、段落格式相比，页面格式的设置更加重要，因为页面的安排直接影响到文档的打印效果。从制作文档的角度来讲，设置文档的页面格式应当先于制作文档，这样利于文档制作过程中的版式安排。否则，一旦需要对文档的页面格式重新进行设置，势必要对文档重新排版。其实创建一个新文档时，系统已经按默认的格式设置页面，即 A4 大小页面，纵向，上下页边距为 2.54cm，左右页边距为 3.17cm，系统会自动调整每行的字符数及每页的行数。

1．页面设置

页面格式化中最重要的工作就是设置打印文档时使用的纸张、方向和来源。例如，打印请柬时需要特殊大小的纸张，打印信封时应该使用横向输出等。

单击"页面布局"选项卡"页面设置"选项组中的相应按钮，可对页面格式进行设置。也可以单击"页面布局"选项卡"页面设置"选项组的"对话框启动器"按钮，弹出"页面设置"对话框，如图 4.49 所示，可以对页边距、纸张方向及纸张大小等进行设置。

随着页面设置的改变，Word 会自动进行重新排版，并在预览框中随时显示文档的外观。当外观合乎要求时，单击"确定"按钮完成设置。

图 4.49 "页面设置"对话框

视频 4-9 页面设置

2. 页眉和页脚

页眉和页脚是文档中每个页面的顶部和底部重复出现的文字或图形信息，如页码、日期、文档名或公司标志等。页眉打印在页面顶部，而页脚打印在页面底部。在文档中，可以自始至终用同一个页眉或页脚，也可在文档的不同部分使用不同的页眉和页脚。

（1）添加页眉和页脚

在文档中添加页眉和页脚，需将文档切换到页面视图。单击"插入"选项卡"页眉和页脚"选项组中的"页眉"下拉按钮，在弹出的下拉列表中选择一种页眉样式。也可以选择"编辑页眉"命令，手动输入页眉的内容。选择"编辑页眉"命令后，将弹出"页眉和页脚工具/设计"选项卡，如图 4.50 所示。

图 4.50 "页眉和页脚工具/设计"选项卡

光标自动定位于页眉编辑区中，单击"转至页脚"按钮，可将光标在页眉和页脚区进行切换，根据需要在光标处输入文字或图形即可。还可以像编辑文本一样，对处于页眉和页脚区的文字进行格式化操作。单击"页眉和页脚工具/设计"选项卡中的"关闭页眉和页脚"按钮或双击文档正文区，将结束页眉和页脚编辑，返回文档。

（2）添加独特的页眉和页脚

当文档的不同部分要使用不同的页眉和页脚时，如第一页的页眉和页脚与其他页不同，或者没有页眉和页脚，奇数页和偶数页的页眉与页脚不同等，使用 Word 提供的功能可以创建独特的页眉和页脚。

勾选"页眉和页脚工具/设计"选项卡"选项"选项组中的"奇偶页不同"复选框，将会对奇偶页的页眉和页脚分别设置，如在偶数页显示书名和页码，在奇数页显示章节和页码。若勾选"首页不同"复选框，将会对首页的页眉和页脚单独进行设置。在"页面设置"对话框中单击"版式"选项卡，在其中也可以设置奇偶页不同或首页不同的页眉和页脚。

如果需要在文档的不同部分添加不同的页眉或页脚，可在改变页眉或页脚的首页开头插入"下一页"分节符，在新的节中设定页眉或页脚，并在"页眉和页脚工具/设计"选项卡"导航"选项组中禁用"链接到前一条页眉"，即断开当前节和前一节中页眉或页脚间的链接。

用户在生成或编辑页眉或页脚时，文档中的其他部分将呈灰色显示；在文档中操作时，则页眉和页脚呈灰色。若要同时查看文档和页眉或页脚，可单击"文件"选项卡中的"打印"按钮，在"打印预览"窗口进行查看。

视频 4-10 设置
页眉和页脚

（3）修改和删除页眉和页脚

双击任何一个页眉或页脚即进入页眉或页脚设置状态，此时可修改或删除指定或所有的页眉和页脚。如果要修改页眉下的线型（默认为单线），则要先选定页眉文字，单击"开始"选项卡"段落"选项组中的"下框线"下拉按钮，在弹出的下拉列表中选择"边框和底纹"选项，弹出"边框和底纹"对话框，在其中选择要设置的线型。

3. 脚注、尾注和题注

给文档中的某些内容加上注释是写作中经常遇到的问题，在页面底部所加的注释称为脚注；在文档结束后所加的注释称为尾注；给图片、表格、图表、公式等项目添加的名称和编号称为题注。

（1）脚注

设置脚注的操作步骤如下。

1）将光标定位于所需标注内容的右侧。

2）单击"引用"选项卡"脚注"选项组中的"插入脚注"按钮，Word 会在光标位置插入一个脚注引用标记，同时页面底端出现脚注区，如图 4.51 所示。在脚注区中输入注释内容，注释内容可以和一般文字一样，可以进行修改和格式设置。

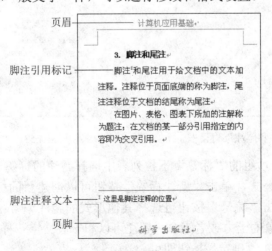

图 4.51 脚注引用标记及脚注区的表示

3）注释内容编辑完毕，单击正文区即可返回。

如果继续加脚注，则 Word 将继续编号，并允许用户输入其注释内容。

（2）尾注

单击"引用"选项卡"脚注"选项组中的"插入尾注"按钮，即可进行尾注的设置，其设置方法与脚注相同，只是尾注注释位于文档的结尾，一般用于对文档中引用的文献进行注释。

如果要更改注释的位置或编号方式，可右击任一注释，在弹出的快捷菜单中选择"便签选项"命令，或单击"引用"选项卡"脚注"选项组的"对话框启动器"按钮，弹出"脚注和尾注"对话框，如图 4.52 所示。在"位置"选项组的"脚注"或"尾注"下拉列表中选择想要的位置；在"格式"选项组的"编号格式"下拉列表中选择一种格式，也可以自定义标记。

如果要删除某一脚注或尾注，则要先选定脚注或尾注的引用标记，然后像删除文字一样删除该标记。当删除引用标记时，不仅同时删除了注释内容，还会自动调整发生了改变的注释编号。

（3）题注

使用题注功能可以保证长文档中图片、表格或图表等项目能够顺序地自动编号。如果移动、插入或删除带题注的项目，则 Word 可以自动更新题注的编号。设置题注的操作步骤如下。

1）选定要添加题注的对象。

2）单击"引用"选项卡"题注"选项组中的"插入题注"按钮，弹出"题注"对话框，如图 4.53 所示。

图 4.52 "脚注和尾注"对话框

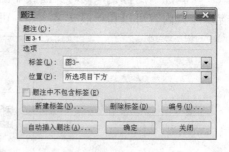

图 4.53 "题注"对话框

3）在"选项"选项组的"标签"下拉列表中选择题注的标签名称，Word 提供的标签名有图表、表格和公式，单击"新建标签"按钮可以创建新的标签名；题注的默认编号为阿拉伯数字，单击"编号"按钮可选择其他形式的题注编号；在"位置"下拉列表中可以选择题注在对象的上方或者下方。题注可以和一般文字一样进行修改和格式设置。

4）设置完成后单击"确定"按钮即可。

还可以设定 Word 自动给插入的对象加上题注，操作方法是在"题注"对话框中单击

"自动插入题注"按钮，弹出"自动插入题注"对话框，如图 4.54 所示。在"插入时添加题注"列表框中勾选要添加题注的项目复选框；在"使用标签"下拉列表中选择需要的标签；在"位置"下拉列表中选择题注出现的位置，也可以自定义标签，并选择合适的编号格式；设置完成后单击"确定"按钮即可。

　　4．文档分栏

　　日常生活中，在报刊上看到的一般版式大多是以多栏排版的方式出现的，这样会使版面更生动、更具有可读性。使用 Word 提供的分栏工具，同样可以达到这样的效果。

　　选择需要分栏的段落，单击"页面布局"选项卡"页面设置"选项组中的"分栏"下拉按钮，在弹出的下拉列表中选择一种预设分栏。要获得更多的分栏宽度控制，可选择"更多分栏"命令，弹出"分栏"对话框，如图 4.55 所示。

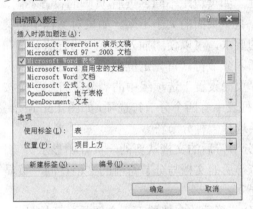

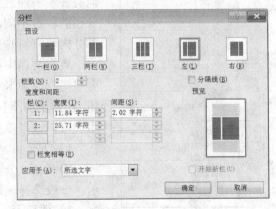

图 4.54　"自动插入题注"对话框　　　　　　图 4.55　"分栏"对话框

　　用户可以在此对话框中明确指定要使用的栏数、栏宽、栏与栏的间距及是否在两栏之间加分隔线等。在进行设置的同时，预览框中将显示分栏效果。

　　若要对文档进行多种分栏，只要分别选择需要分栏的段落，然后进行上述分栏操作即可。多种分栏并存时，在草稿视图中可以看到系统自动在不同栏之间增加了双虚线表示的"分节符"。

　　在"分栏"对话框中选择"一栏"选项，即可取消分栏。

　　注意：

　　1）分栏操作只有在页面视图中才能显示其效果，在草稿视图中见到的仍然是一栏，只不过栏宽是分栏的栏宽。

　　2）当分栏的段落是文档的最后一段时，为得到有效分栏，必须在分栏前在最后添加一空段落（按【Enter】键）。

视频 4-11　文档分栏

　　5．插入分隔符

　　Word 提供的分隔符有分页符、分栏符和分节符三种。下面介绍分页符和分节符的使用。

　　（1）分页符

　　当确定了页面大小和页边距以后，页面上每行文本的字数和每页能容纳的文本的行数就会确定下来，这时 Word 能够自动计算出应该分页的位置，自动插入分页符。但是有

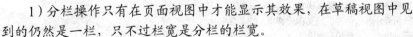

时在一页未写满时，希望开始新的一页，就需要进行人工分页。在文档中插入人工分页符的方法有以下两种。

1）首先定位光标，然后单击"页面布局"选项卡"页面设置"选项组中的"分隔符"下拉按钮，在弹出的下拉列表中选择"分页符"选项即可完成人工分页操作，如图 4.56 所示。

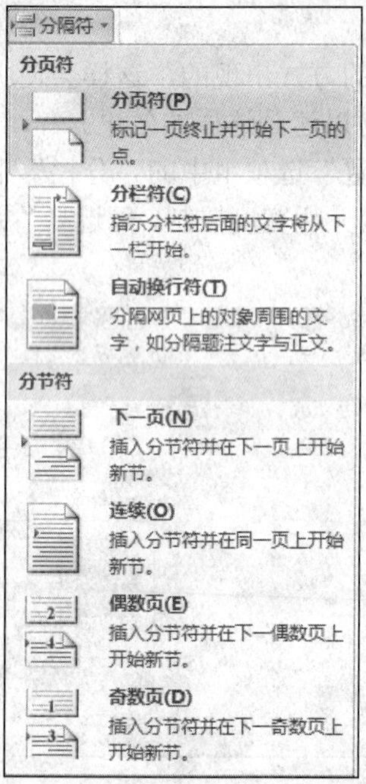

2）单击"插入"选项卡"页"选项组中的"分页"按钮，也可以在光标位置插入分页符标记。

当要删除分页符时，将光标定位在分页符处，按【Delete】键即可。

（2）分节符

在一篇长文档中，有时需要分很多章节，各章节之间可能有许多不同之处。如页边距不同、页眉/页脚的设置不同、分栏的栏数不同，甚至页面的大小不同。如果对文档中的某部分内容有特殊的要求，可以使用插入分节符的方法。

要在文档中插入分节符，首先定位光标，然后单击"页面布局"选项卡"页面设置"选项组中的"分隔符"下拉按钮，在弹出的下拉列表中有四个分节符选项，如图 4.56 所示。用户可以根据需要选择一种分节符。

1）下一页。分节符后的文档从新的一页开始显示。

2）连续。分节符后的文档与分节符前的文档在同一页显示，一般选择该选项。

3）偶数页。分节符后的文档从下一个偶数页开始显示。

4）奇数页。分节符后的文档从下一个奇数页开始显示。

图 4.56　"分隔符"下拉列表

分节后把不同的节作为一个整体处理，可以为节单独设置页面、页边距、页眉/页脚、分栏等。

分节符属非打印字符，由虚点双线构成，如图 4.57 所示，其显示或隐藏可通过"开始"选项卡"段落"选项组中的"显示/隐藏编辑标记"按钮实现。当要删除分节符时，将光标定位在分节符处，按【Delete】键即可。

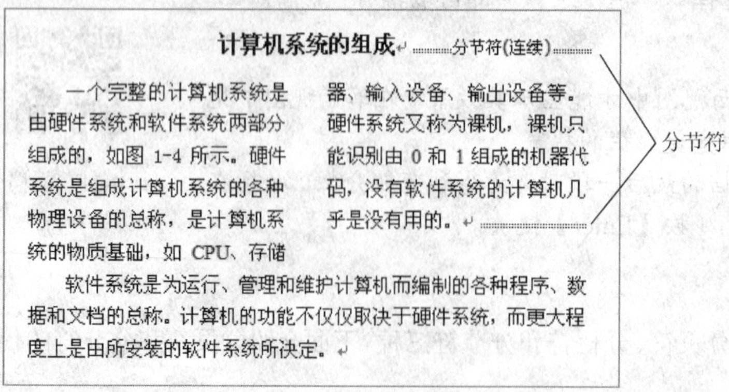

图 4.57　分节符示意

视频 4-12　插入分隔符

6. 插入页码

页码实际上是 Word 的一个域，它具有不同的表现形式（如位置、对齐方式等）及不同的数值特性。给页面插入页码有两种方式：一种是通过页眉和页脚设置，另一种是使用页码域。插入页码域的方法：单击"插入"选项卡"页眉和页脚"选项组中的"页码"下拉按钮，在弹出的下拉列表中对页码的格式、页边距和页码位置等进行设置，如图 4.58 所示。

如果起始页码需要从其他页面而非文档首页开始（第 1 页前面有前言、目录等不参加编号的页面），如从第 5 页开始设置页码为 1，2，3，……，其操作步骤如下。

1）将光标停留在第 4 页末，插入分节符，类型为"下一页"。

2）单击"插入"选项卡"页眉和页脚"选项组中的"页码"下拉按钮，在弹出的下拉列表中选择"设置页码格式"命令，弹出"页码格式"对话框，如图 4.59 所示。

　　　图 4.58　"页码"下拉列表　　　　　　　　　图 4.59　"页码格式"对话框

3）点选"起始页码"单选按钮，在数值框中设置起始页码为 1，单击"确定"按钮即可。

7. 文档的水印

文档水印是指在打印时显示在现有文档文字下面的文字或图片。水印经常出现在需要采取防伪措施的文件、书刊及宣传材料中，印刷时，水印呈现灰色，它对正文内容没有任何影响。

在文档中设置水印的方法如下：单击"页面布局"选项卡"页面背景"选项组中的"水印"下拉按钮，在弹出的下拉列表中选择一种水印样式。用户还可以自己定义水印效果，操作步骤如下。

1）单击"页面布局"选项卡"页面背景"选项组中的"水印"下拉按钮，在弹出的下拉列表中选择"自定义水印"选项，弹出"水印"对话框，如图 4.60 所示。

2）若要将一幅图片插入作为水印，则应点选"图片水印"单选按钮，单击"选择图片"按钮，弹出"插入图片"对话框，在其中选择所需图片；若要插入文字水印，则点选"文字水印"单选按钮，然后设置文字水印的内容、字体、字号、颜色及水平或倾斜等参数。

3）单击"应用"按钮，可预览水印设置效果，满意后单击"关闭"按钮退出对话框。

注意：要查看水印在页面上的效果，应使用页面视图。

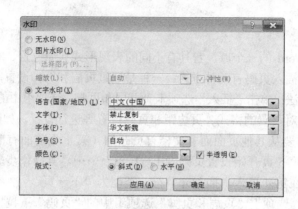

图 4.60　"水印"对话框

4.3.5　样式的创建及使用

样式是一组已命名的字符和段落格式的组合。通过样式格式化文档，可将一篇文档的内容分成不同的级别，并将相同级别的文档内容设置为相同的样式。例如，撰写毕业论文时，可以将文档分为一级标题、二级标题、三级标题等元素，分别为这些元素设置好格式，将它们指定为样式，就可以在论文中为某段文字选择使用已定义好的样式格式。当以后需要对文档中的所有二级标题格式进行修改时，只需直接修改"标题 2"样式的格式即可。

1. 样式的分类

样式分字符样式和段落样式。字符样式是字符格式的组合，如字体、字号、字形等。段落样式是指在某一样式名称下保存的一套字符格式和段落格式，包括字体、字号、行间距、段落间距、对齐方式、边框和其他与段落外观有关的格式内容。最常见的样式类型是段落样式，默认的段落样式被称作"正文"样式。

2. 应用样式

Word 中已存储了大量的标准样式供用户使用。在文档中应用样式有以下两种方法。

（1）从"开始"选项卡中选择样式

用户可以从"开始"选项卡的"快速样式列表"中应用某种样式。单击"快速样式列表"的"其他"按钮可打开整个列表，如图 4.61 所示。在页面视图或者 Web 版式视图下，当鼠标指针指向某个样式时，文档中的文本就会显示该样式的预览，可以在应用该样式前先预览其效果。这是一种快速简单使用样式的方法，但没有提供所有可用的样式。

（2）从"样式"任务窗格中选择样式

在 Word 2010 的"样式"任务窗格中可以显示全部的样式列表，操作步骤如下。

1）选定需要应用样式的段落或文本。单击"开始"选项卡"样式"选项组的"对话框启动器"按钮，弹出"样式"任务窗格，如图 4.62 所示。"样式"任务窗格可以在窗口右侧固定，也可以拖动到中央作为一个浮动窗口来使用。

2）在"样式"任务窗格中单击"选项"超链接，弹出"样式窗格选项"对话框，如图 4.63 所示。

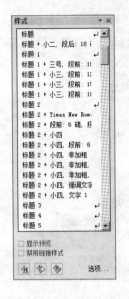
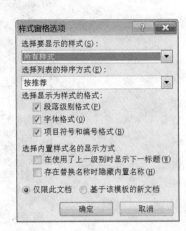

图 4.61　从"快速样式列表"中选择一　　图 4.62　"样式"任务　　图 4.63　"样式窗格选项"对话框
　　　　　种样式　　　　　　　　　　　　窗格

3）在"选择要显示的样式"下拉列表中选择"所有样式"选项，单击"确定"按钮。

4）返回"样式"任务窗格，可以看到"样式"任务窗格已经显示了所有的样式。勾选"显示预览"复选框可以查看所有样式的预览。

5）在样式列表中选择需要应用的样式，即可将该样式应用到被选中的文本或段落中。

3．新建样式

有时用户在对文档中段落和字符进行排版时，希望使用自己的风格。那么只需要按照自己的想法新建一个样式，把新建好的样式应用于自己的文档即可。其创建的方法如下。

（1）利用"快速样式列表"新建样式

首先选定要建立样式的段落或文本，然后单击"开始"选项卡"快速样式列表"中的"其他"按钮，在下拉列表中选择"将所选内容保存为新快速样式"命令。

（2）利用"样式"任务窗格新建样式

利用"样式"任务窗格新建样式的操作步骤如下。

1）单击"开始"选项卡"样式"选项组的"对话框启动器"按钮，弹出"样式"任务窗格。

2）单击"样式"任务窗格中的"新建样式"按钮 ，弹出"根据格式设置创建新样式"对话框，如图 4.64 所示。

3）在"名称"文本框中输入新建样式的名称，在"样式类型"下拉列表中选择新建样式的类型；若要为新样式指定一种基准样式，可使用"样式基准"下拉列表中的选项，新建样式默认的基准样式是"纯文本"样式；要为新样式后面一段指定一个样式，可使用"后续段落样式"下拉列表中的选项，系统的默认值就是当前创建的样式。

单击"格式"下拉按钮并选择下拉列表中的选项，可以从不同方面对新建样式的格式进行定义。若要把新建样式添加到"快速样式列表"中，应勾选"添加到快速样式列表"复选框；若要在该样式被修改时自动更新使用该样式的文本，应勾选"自动更新"复选框；如果希望新建样式应用于所有文档，则需点选"基于该模板的新文档"单选按钮。

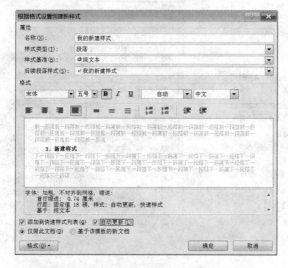

图 4.64　"根据格式设置创建新样式"对话框

4）设置完成后单击"确定"按钮即可。

4. 修改样式

如果用户对自己设计的样式不满意，可以随时更改。在"样式"任务窗格中，右击要修改的样式，在弹出的快捷菜单中选择"修改"命令，弹出"修改样式"对话框，在其中修改选定样式的属性和格式，其方法与新建样式相同，如图 4.65 所示。

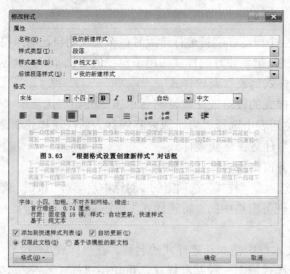

图 4.65　"修改样式"对话框

5. 删除样式

用户自定义的样式可以被删除，Word 预定义的样式不能被删除但是可以重新定义。若要删除创建的样式，右击该样式，在弹出的快捷菜单中选择"删除"命令即可。

4.3.6 模板文件及应用

模板是已经命名的某些规范化的文档格式。例如，国家标准公文格式、信函、备忘录、人事档案等都具有各自规范化的格式。样式所包含的是字符和段落的格式化信息，而模板所包含的则是整个文档的格式化信息。如果说使用样式可以使同一文档的不同部分具有相似或一致的风格，那么使用模板则可以使具有不同内容的同一类文档具有相同或相似的风格。

1. 模板文件类型

Word 2010 接受三种类型模板。当使用模板创建新文档时，三种模板区别并不明显，但当修改和创建模板时，模板类型就成为主要问题。

1）Word97-2003 模板（.dot）。在 Word 任何版本都有这些模板。

2）Word 模板（.dotx）。Word 2010 标准模板，支持所有功能，但不能储存宏。

3）启用宏的 Word 模板（.dotm）。与 Word 模板很相似，唯一不同之处是这种模板储存了宏。

2. 模板的应用

在 Word 中，用户所创建的任何新文档均要以某种模板为基础，通用模板 Normal 是系统默认的模板，它规定正文为五号、宋体、单倍行距，文档内容为空白。Word 2010 系统启动时自动为用户创建的新文档，实际上就是一个 Normal 模板的文档。若要创建一个基于其他模板的新文档，其操作步骤如下。

1）单击"文件"选项卡中的"新建"按钮。

2）单击"可用模板"选项组中的"样本模板"按钮，弹出"样本模板"列表，如图 4.66 所示。Word 2010 提供了 50 多种可用模板。

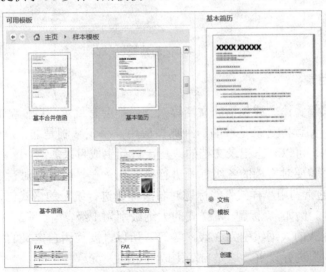

图 4.66 "样本模板"列表

3）在"样本模板"列表中选择所需的模板，确保点选列表右下角的"文档"单选按钮。

4）单击"创建"按钮，即可进行文档的编辑工作。

另外 Office.com 中的模板网站为 Word 用户提供了成百上千种其他免费模板，这些模板都是经过专业设计的，并且包含很多复合对象，如剪贴画、绘制图形、文本格式和文本框等。

3. 修改和创建模板

用户可以创建新的模板或者修改下载的有关模板，并将其保存在"我的模板"中以备再次使用。

利用已有的文档创建新模板，即从一个已经完成格式化的文档中提取有关格式化信息，生成一个新的模板，操作步骤如下。

1）打开文档，单击"文件"选项卡中的"另存为"按钮，弹出"另存为"对话框。

2）在"另存为"对话框中选择保存位置为 Microsoft Word 中的 Templates，在"文件名"文本框中输入模板的名称，如"模板 2"，在"保存类型"下拉列表中选择"Word 模板"选项。

3）单击"保存"按钮即可完成操作。

单击"可用模板"选项组中"我的模板"按钮，将出现新创建的"模板 2"，如图 4.67 所示。以后即可利用该模板创建相同格式的文档。

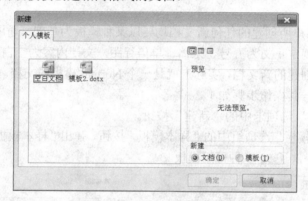

图 4.67　新建模板

4.3.7　自动生成目录

对于编写的书籍、论文或长篇的文档等，一般都会有目录，以便全面描述文档的内容与层次结构，便于阅读。目录是域的一种典型应用，手工编制是非常麻烦的，利用 Word 的编制目录的特性，可以动态记录文档的改变，自动生成目录。

要生成目录，需要对文档的各级标题进行格式化，在"段落"对话框中设置各级标题的"大纲级别"。通常利用"样式"的标题对各级标题进行统一的格式化，这些标题样式已经设置好大纲级别。例如，"标题 1"样式的大纲级别为 1 级，"标题 2"样式的大纲级别为 2 级，"标题 3"样式的大纲级别为 3 级，等等。所以，要使用自定义的样式来生成目录，必须对"大纲级别"进行设置，这是自动生成目录的关键。

1. 从预置样式中创建目录

在确保样式使用的一致性以后，就可以准备创建目录了。最容易的方法就是从预置的目录中选择一种，操作步骤如下。

1）将光标定位在准备生成文档目录的位置，一般定位在文档的开始位置。

2）单击"引用"选项卡"目录"选项组中的"目录"下拉按钮，即可弹出"目录"下拉列表。

3）在下拉列表中选择一种预置的目录样式，如图 4.68 所示。

2. 创建自定义目录

可以使用自定义的方式来创建目录，这样目录的各个方面，包括从文字样式到制表符、前导符的样式都可以进行更改，可以将自定义目录保存为在"目录"下拉列表中显示的预置样式。

例如，需要将某文档中的三级标题收入目录，其操作步骤如下。

1）设定三级标题的样式：分别选定属于第一级标题的内容，单击"开始"选项卡"段落"选项组的"对话框启动器"按钮，弹出"段落"对话框，在"大纲级别"下拉列表中选择"1 级"；再分别选定属于二级标题的内容，以同样方法在"大纲级别"下拉列表中选择"2 级"；以此类推。

2）将光标定位在准备生成目录的位置。

3）单击"引用"选项卡"目录"选项组中的"目录"下拉按钮，在弹出的下拉列表中选择"插入目录"选项，弹出"目录"对话框，如图 4.69 所示。

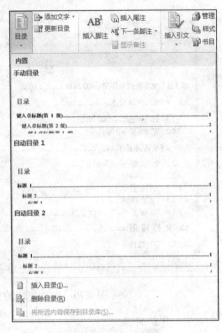

图 4.68　"目录"下拉列表

4）在"格式"下拉列表中选择目录格式，在"Web 预览"中可以看到目录的效果；确定目录中是否"显示页码"及是否"页码右对齐"；在"显示级别"中设置目录包含的标题级别，如设置"3"则可以在目录中显示三级标题；在"制表符前导符"下拉列表中可以选择目录中的标题名称与页码之间的分隔符样式。

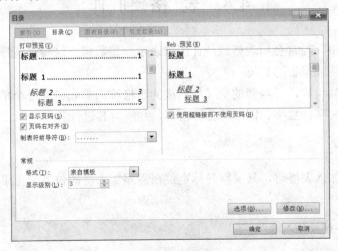

图 4.69　"目录"对话框

5）如果单击"修改"按钮，可以对目录的字符格式和段落格式等进行重新定义。

6）设置完成后单击"确定"按钮退出对话框，返回文本编辑区，系统自动生成目录，如图 4.70 所示。它是一个整体文本，用户可以改变目录的排版格式，如调整字号、段间距、制表位等。

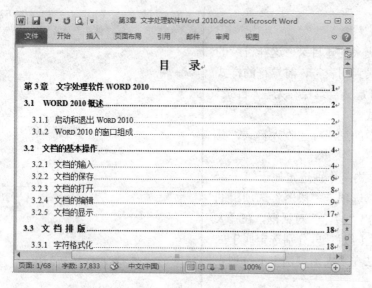

图 4.70　自动生成的目录样式

视频 4-13　自动生成目录

3. 更新目录

在添加、删除、移动或编辑文档中的标题或者其他文本之后，需要更新目录。其方法是将光标定位于目录中，然后按【F9】键，弹出"更新目录"对话框。其中"只更新页码"表示仅更新现有目录项的页码，不影响目录项的增加和修改；"更新整个目录"表示将重新建立整个目录。

4.4　表　格　制　作

在一份文档中，经常会用表格或统计图来表示一些数据，这种表现形式可以简明、直观地表达一份文件或报告的意思。

表格由行和列组成，行与列的交叉处形成的小格称为单元格。每个单元格相当于一个文档，可以插入文字、数字、图形等各种内容，并能对其进行各种编辑及格式化操作。

4.4.1　创建表格

当在文档中加入表格时，只需将光标定位在需添加表格的位置，用下列五种方法之一插入表格即可。

1. 使用表格模板插入表格

可以使用表格模板并基于一组预先设好格式的表格来插入一张表格。表格模板包含示例数据，可以帮助用户想象添加数据时表格的外观。

　　将光标定位在要插入表格的位置，单击"插入"选项卡"表格"选项组中的"表格"下拉按钮，在弹出的下拉列表（图 4.71）中选择"快速表格" 选项，再单击需要的模板即可。

2.　从"表格"下拉列表插入表格

　　将光标定位在要插入表格的位置，单击"插入"选项卡"表格" 选项组中的"表格"下拉按钮，在弹出的下拉列表的网格上拖动选择所需的行列数单元格，如图 4.71 所示。当释放鼠标左键时，即可在光标所在处创建一个与选定行列数目相同的表格。

3.　通过"插入表格"对话框插入表格

　　在图 4.71 所示的"表格"下拉列表中选择"插入表格"选项，弹出"插入表格"对话框，如图 4.72 所示。在此对话框中设置表格所需的行数、列数、每一列的宽度等，单击"确定"按钮，即可在光标处创建一个表格。

　　　图 4.71　　"表格"下拉列表　　　　　　　　图 4.72　　"插入表格"对话框

4.　绘制表格

　　对于绘制简单和格式固定的表格，可以采用上述方法创建，但有时会需要建立一些复杂的或格式不固定的表格，这就需要用 Word 提供的表格绘制功能。

　　在图 4.71 所示的"表格"下拉列表中选择"绘制表格"选项，鼠标指针变成"铅笔"形状，移动这支"铅笔"，可以画横线、竖线和斜线，绘制出复杂的表格。如果需要擦除绘制好的某条线，单击"表格工具/设计"选项卡"绘图边框"选项组中的"擦除"按钮，鼠标指针会变成"橡皮"形状，在要擦除的表线上拖动此"橡皮"即可擦除表线。

5.　粘贴表格

　　将 Excel 等程序中的二维电子表格通过剪贴板复制到文档。单击"开始"选项卡"剪

视频 4-14　创建表格

贴板"选项组中的"粘贴"下拉按钮，在其下拉列表中可选择不同的粘贴选项，如保留原格式、使用目标样式、只保留文本等。

　　创建表格后 Word 2010 会自动显示"表格工具/设计"和"表格工具/布局"两个选项卡。前者侧重于表格的格式，后侧重于表格的修改。

4.4.2　输入表格内容

　　创建好一个表格之后，接着便是向表格的每个单元格依次输入内容，输入完毕时一个完整的 Word 表格就产生了。按输入数据的方向分类，可分为按行填表和按列填表。按行填表即输完某一单元格后，按【Tab】键将光标移到该行向右的一个单元格继续输入。当数据宽度大于列宽时，系统自动换行，该行的行高自动增加。按列填表就是输完某一单元格后，按【↓】键将光标移到该列的下一单元格继续输入。

4.4.3　表格的编辑

　　完成了表格的建立和内容输入后，还需要对表格进行一系列的处理，包括选定表格中的行、列、单元格；在已有表格中插入或删除行、列、单元格；修改表格的行高度、列宽度；拆分与合并单元格；移动和复制表格中的行、列、单元格。

　　1．选定表格编辑对象

　　不管对表格中的行、列、单元格进行何种处理，都必须首先选定相应的对象。在表格中，每一列的上边界、每行或每个单元格的左边界都有一个看不见的选择区域。选定表格的有关操作如下。

　　1）把光标定位到单元格里，单击"表格工具/布局"选项卡"表"选项组中的"选择"下拉按钮，在弹出的下拉列表中可选取行、列、单元格或者整个表格。

　　2）选定一个单元格。把光标移到单元格左边界的选择区域，鼠标指针变成一个黑色的箭头，单击可选定一个单元格，拖动可选定多个单元格。

　　3）选定一行。单击该行左边界的选择区，或者双击该行任意一单元格的选择区域。

　　4）选定一列。单击该列顶端的边框。

　　5）选定整个表格。以选定行或列的方式垂直或水平拖动鼠标；或者按住【Shift】键单击表格第一行。

　　2．插入单元格、行和列

　　在进行表格中单元格、行或列的插入操作时，首先要在表格中选定单元格、行或列并右击，在弹出的快捷菜单中选择"插入"命令，如图 4.73 所示。可通过菜单中的命令在选定行的上方或下方插入新行，在选定列的左侧或右侧插入新列，在选定单元格的左边或上边插入新单元格。如果需要插入多行

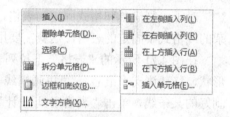

图 4.73　插入操作

或多列，不需要重复进行多次插入操作，只需在插入之前选中与插入行或插入列数目相同

的行、列数，即可完成相应的操作。

在"表格工具/布局"选项卡中，也有作用于插入行和列的按钮。

说明： 在右下单元格内单击然后按【Tab】键可以快速在表格的末尾添加一行。

3. 删除单元格、行和列

选定要删除的行、列或单元格（可多个），单击"表格工具/布局"选项卡"行和列"选项组中的"删除"下拉按钮，在弹出的下拉列表中选择相应的选项。当需要删除指定单元格时，还需对其他单元格的移动方向做出选择。

注意： 【Delete】键对删除表格中的行、列或单元格没有作用，它可以清除某单元格、某行、某列或整个表格的内容，但会把表格的框架保留下来。

4. 调整行高和列宽

在表格处理时，经常需要根据其单元格放置的内容（字符、数字或图形）调整表格行的高度和列的宽度。调整行高和列宽有以下两种方法。

1）拖动调整行高及列宽。将鼠标指针定位在待调整行高的行底边线上，当鼠标指针变为指向上下的双向箭头时，沿垂直方向拖动即可调整行高；将鼠标指针定位在待调整列宽的列右边线上，当鼠标指针变为指向左右的双向箭头时，沿水平方向拖动即可调整列宽。

2）单击"表格工具/布局"选项卡"表"选项组中的"属性"按钮，弹出"表格属性"对话框，选择"行"选项卡或"列"选项卡，可分别对行高及列宽进行精确设定，如图 4.74 和图 4.75 所示。

图 4.74　"行"选项卡

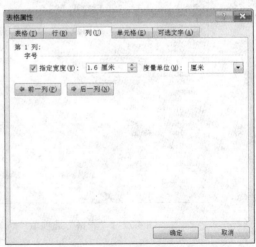

图 4.75　"列"选项卡

5. 改变表格的位置

绘制表格时，可以把表格放在文档中的任何位置。插入表格时，表格左边界会与文档的左边距对齐。对于分栏的文档，还会与栏的左边距对齐，可以按以下方法调整表格位置。

把鼠标指针放到表格中任意位置，在表格的左上角和右下角会出现两个标记，如图4.76所示。左上角的是选中整个表格标记，单击此标记可以选中整个表；再选择"开始"选项卡"段落" 选项组中的一种对齐方式，如单击"居中"对齐按钮 ≣，整个表格就会居中对齐。还可以直接拖动此标记调整表格在页面上的位置。单击任意位置，则取消整个表的选定。

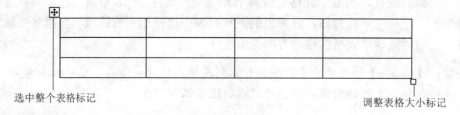

选中整个表格标记   调整表格大小标记

图4.76　表格的标记

将鼠标指针定位在右下角标记上，当鼠标指针变为双向箭头时，沿不同方向拖动此标记，可以调整整个表格的大小。

在"表格属性"对话框中单击"表格"选项卡，如图4.77所示。在"对齐方式"选项组中选择一种对齐方式，如设置"左对齐"，在"左缩进"数值框中修改左缩进的距离。如果希望文字能环绕在表格的周围，可选择"环绕"方式，单击"确定"按钮，返回编辑状态，拖动表格到文字的中间，文字就在表格的周围形成了环绕。用这个方法也可以将表格放在页面的任意位置。

图4.77　"表格"选项卡

视频4-15　编辑表格

6. 拆分和合并单元格

拆分单元格就是把一个单元格拆分为多个单元格；而合并单元格正好相反，是把相邻的多个单元格合并成一个单元格。

拆分单元格时首先选定要拆分的单元格，然后单击"表格工具\布局"选项卡"合并"选项组中的"拆分单元格"按钮，弹出"拆分单元格"对话框，在其中输入要拆分的列数与行数即可，如图 4.78 所示。

合并单元格的操作是在选定要合并的单元格的基础上，通过单击"表格工具\布局"选项卡"合并"选项组中的"合并单元格"按钮实现的，这样可以把选定的多个单元格合并成一个单元格。拆分和合并单元格示例如图 4.79 所示。

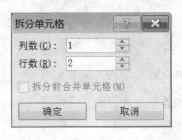

图 4.78　"拆分单元格"对话框　　　　　图 4.79　拆分和合并单元格示例

7. 编辑表格内容

在不同的单元格之间移动或复制文字、图形，与在文档中的其他地方进行移动和复制相同，可直接使用"剪切""复制""粘贴"按钮，也可以采用拖放的方法完成表格中不同单元格之间文字或图形的移动或复制。

8. 表格文本的对齐方式

可以把表格中的每个单元格的内容分别看成一个小文档，对选定的一个或多个单元格、块、行或列的文档进行对齐操作。在表格中除了可以实现常见的对齐方式外，还提供了另外一些对齐工具。可右击选定的单元格，在弹出的快捷菜单中选择"单元格对齐方式"级联菜单中的选项，如图 4.80 所示。

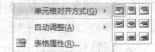

图 4.80　单元格对齐方式

9. 将文本插入表格前

当表格处于文档的最开始时，想要在表格的前面添加一些文本，如表格的标题等，可按以下方法操作。将光标定位于表格的首行，单击"表格工具/布局"选项卡"合并"选项组中的"拆分表格"按钮，将在表格的上面新增加一个段落，输入相关的文本即可。

视频 4-16　编辑
表格内容

10. 处理表格数据

处理表格中的数据包括在单元格中输入数学公式和对指定单元格中的数据进行简单的数值计算，还包括对表格中的一批数据按照指定的规律进行排序等。

（1）数值计算

例如，在图 4.81 所示表格中进行横向的总分、列向的平均分的计算。

记录求和计算的操作步骤如下。

1）将光标定位在"王芳"记录的最后一个单元格中。

2）单击"表格工具/布局"选项卡"数据"选项组中的"公式"按钮，弹出"公式"对话框，如图 4.82 所示。

姓名	语文	数学	英语	总分
王芳	78	84	90	
刘明	80	92	86	
李军	81	75	82	
陈伟	90	89	85	
张平	70	82	87	
平均分				

图 4.81　示例表格

图 4.82　"公式"对话框

3）设置"公式"为"=SUM（LEFT）"，表示对左侧数据求和。

4）单击"确定"按钮，完成对"王芳"总分的计算。

计算其余记录的总分有以下两种方法。

① 重复输入公式，但一定要将公式"=SUM（ABOVE）"中的"ABOVE"改成"LEFT"。

② 复制"王芳"的总分，分别粘贴到其他记录的总分单元格中，然后分别右击得到的总分，在弹出的如图 4.83 所示的快捷菜单中选择"更新域"命令。选中所有记录的总分单元格后按【F9】键也可更新结果。

计算每一科目平均分的操作步骤如下。

1）将光标定位在"语文"栏的最后一行。

2）单击"表格工具/布局"选项卡"数据"选项组中的"公式"按钮，弹出"公式"对话框，在"粘贴函数"下拉列表中选择"AVERAGE"选项，在函数括号内输入"ABOVE"，在"编号格式"中输入 0.0（保留 1 位小数）。

3）单击"确定"按钮，完成"语文"平均分的计算。

其余科目的平均分可按上述方法计算，也可以通过"复制→粘贴→更新"方式完成，计算结果如图 4.84 所示。

图 4.83　"更新域"快捷菜单

姓名	语文	数学	英语	总分
王芳	78	84	90	252
刘明	80	92	86	258
李军	81	75	82	238
陈伟	90	89	85	264
张平	70	82	87	239
平均分	79.8	84.4	86.0	250.2

图 4.84　表格公式计算结果

视频 4-17　表格中公式的使用

注意：公式中不能输入全角标点符号，否则系统将显示"语法错"。

Word 只能进行求和、求平均等一些简单的计算，要解决复杂的表格数据计算统计，可利用 Microsoft Excel，或单击"插入"选项卡"表格"选项组中的"表格"下拉按钮，在弹出的下拉列表中选择"Excel 电子表格"选项，直接在 Word 中使用 Excel 工作表完成。

（2）表格数据的排序

表格数据的排序操作步骤如下。

1）选择表中除平均分所在行以外的所有行。

2）单击"表格工具\布局"选项卡"数据"选项组中的"排序"按钮，或单击"开始"选项卡"段落"选项组中的"排序"按钮⬆↓，弹出"排序"对话框，如图 4.85 所示。

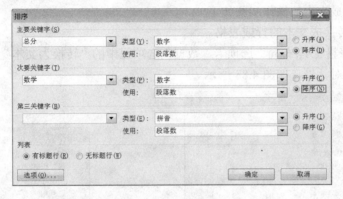

图 4.85　"排序"对话框

3）在"主要关键字"下拉列表中选择"总分"选项，排序方式设置为"降序"；在"次要关键字"下拉列表中选择"数学"选项，排序方式设置为"降序"。即当"总分"相同时，按"数学"分数的大小降序排序。

4）单击"确定"按钮，实现对表格的排序，如图 4.86 所示。

姓名	语文	数学	英语	部分
陈伟	90	84	90	252
刘明	80	92	86	258
王芳	78	75	82	238
张平	70	89	85	264
李军	81	82	87	239
平均分	79.8	84.4	86.0	250.2

图 4.86　表格排序效果

视频 4-18　数据排序

11. 文本与表格的转换

在 Word 中可以实现文本与表格的相互转换。

（1）将文本转换成表格

将文本转换成表格的操作步骤如下。

1）插入分隔符，用其标识转换为表格时新行或新列的起始位置。例如，使用逗号或制表符指示将文本分成列的位置，使用段落标记指示要开始新行的位置。

2）选定要转换的文本。

3）单击"插入"选项卡"表格"选项组中的"表格"下拉按钮，在弹出的下拉列表中选择"文本转换成表格"选项，弹出"将文字转换成表格"对话框，如图 4.87 所示。

4）在对话框的"文字分隔位置"选项组中选择在文本中使用的分隔符；在"表格尺寸"选项组的"列数"数值框中输入列数，如果未看到预期的列数，则可能是文本中的一行或多行缺少分隔符。

5）单击"确定"按钮即可将选定的文本转换成表格。

（2）将表格转换成文本

将表格转换成文本的操作步骤如下。

1）选择要转换成文本的行或表格。

2）单击"表格工具/布局"选项卡"数据"选项组中的"转换为文本"按钮，弹出"表格转换成文本"对话框，如图4.88所示。

图4.87　"将文字转换成表格"对话框　　　图4.88　"表格转换成文本"对话框

视频4-19　表格与
文本的转换

3）在对话框的"文字分隔符"选项组中选择要用于代替列边界的分隔符，表格各行用段落标记分隔。

4）单击"确定"按钮即可将选定的表格转换成文本。

从网页上复制的对象常因网页布局而将表格一起复制下来，可利用此方法将其转换为文本。

12. 多页重复显示表格标题

如果表格太长，超过了一页，可以通过指定标题来使表格的标题出现在每一页的表格上方。选中表格的第一行，单击"表格工具/布局"选项卡"数据"选项组中的"重复标题行"按钮，选中的第一行就变成了标题。在"页面视图"下跳转到第二页，会发现在第二页同样出现表格的标题。

4.4.4　表格外观的修饰

用户还可以对表格外观进行各种处理，包括为表格加上边框、底纹、颜色等。对表格的外观进行修饰除了可以美化表格外，还能使表格内容清晰整齐。

1. 添加边框和底纹

在Word中，可以为整个表格或选定行、选定列、选定单元格添加边框或底纹。当为整个表格添加边框或底纹时，可将光标定位在表格中任何位置；当为表格的某些行或列添加边框或底纹时，应选定这些行和列；当为某些单元格添加边框或底纹时，应选定这些单元格。单击"表格工具/设计"选项卡"表格样式"选项组中的"边框"下拉按钮，在弹出的下拉列表中选择"边框和底纹"选项，弹出"边框和底纹"对话框，其设置方法与字符或段落的边框和底纹设置相同。

使用"开始"选项卡"段落"选项组中的"下框线"下拉按钮也可以完成上述操作。

2. 设置表格样式

如果希望表格更具吸引力和可读性，可以设置表格样式。要应用表格样式，先在表格内任意位置单击，然后在"表格工具/设计"选项卡"表格样式"选项组中选择一种表格样式，如图 4.89 所示。单击"表格工具/设计"选项卡"表格样式"选项组中的"其他"按钮，可以获得更多表格样式。

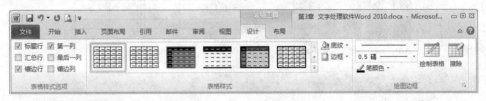

图 4.89　"表格工具/设计"选项卡中的"表格样式"选项组

应用表格样式后，勾选"表格工具/设计"选项卡"表格样式选项"选项组中的复选框可以打开和关闭更多格式设置。这些设置对某些行或列指定不同的格式。

4.4.5　从表格数据生成图表

用图表的形式表示表格中的数字关系是一种常用的统计方式，Word 提供了将表格的部分或全部数据生成各种统计图的功能，有直方图、饼图、折线图等，可以达到图文并茂的效果。其操作方法如下。

1）单击"插入"选项卡"插图"选项组中的"图表"按钮，弹出"插入图表"对话框，如图 4.90 所示。

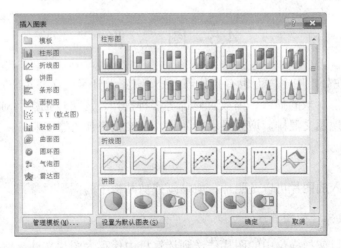

图 4.90　"插入图表"对话框

2）在左侧的图表类型列表中选择需要创建的图表类型，在右侧图表子类型列表中选择图表的类型，单击"确定"按钮。

3）系统将并排打开 Excel 窗口。首先需要在 Excel 窗口中编辑图表数据，如修改系列名称和类别名称，编辑具体数值。在编辑 Excel 表格数据的同时，Word 窗口中将同步显示图表结果，如图 4.91 所示。

4）完成 Excel 表格数据的编辑后关闭 Excel 窗口，在 Word 窗口中可以看到创建完成的图表。

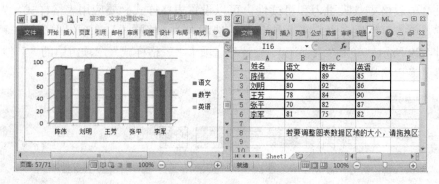

图 4.91　从表格数据生成图表

视频 4-20　表格生成统计图表

生成的图表和插入文档中的图片对象一样，选定图表，可改变其大小、移动其位置。利用"图表工具"选项卡可以对图表的设计、布局及格式进行设置。右击数据系列，在弹出的快捷菜单中选择"编辑数据"命令，可打开 Excel 窗口，修改其中的数据。

对图表的详细介绍参见第 5 章 Excel 的相关知识。需要指出的是，创建表格有多种方法，Word、Excel 和 Access 都可以创建表格。用户在创建表格之前，应选择合适的工具软件。用 Word 创建的表格可以包含复杂的格式设置及图形；用 Excel 创建的表格中可以包含复杂的计算、统计分析或图表，并且具有一定的数据库功能；而用 Access 创建的表格可以包含全部的关系数据库功能。

4.5 图　　形

Word 2010 在处理图形方面也有其独到之处，真正做到了图文并茂。在 Word 2010 中可以实现对各种图形对象的插入、缩放、修饰等多种操作，还可以把图形对象和文字结合在一个版面上，实现图文混排，增强显示的效果，使文档更加丰富多彩。

4.5.1　插入图片

在文档中插入的图片可以是照片、剪贴画或剪贴板中的图形对象。

1.　插入来自文件的图片

可以将照相机或扫描仪中的图片传送到计算机中保存为图片文件，然后插入 Word 文档中，其操作步骤如下。

1）将光标定位到文档中需要插入图片的位置。

2）单击"插入"选项卡"插图"选项组中的"图片"按钮，弹出"插入图片"对话框，如图 4.92 所示。

3）选择要插入的图片文件，如果所需的图片文件不在当前文件夹中，可以改变文件夹的位置，直到所希望的图片文件出现在文件列表中。

4）单击"插入"按钮，图片即被插入文档中的指定位置。

2. 插入剪贴画

剪贴画是通过关键词组织起来的，搜索和插入剪贴画的操作步骤如下。

1）单击"插入"选项卡"插图"选项组中的"剪贴画"按钮，弹出"剪贴画"任务窗格，如图 4.93 所示。

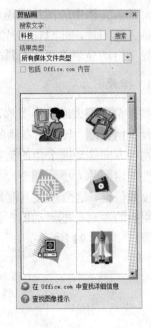

图 4.92 "插入图片"对话框　　　　　图 4.93 "剪贴画"任务窗格

2）在"搜索文字"文本框中输入要搜索的关键词，或剪贴画文件的全部或部分文件名。

3）选择好搜索范围和结果类型后，单击"搜索"按钮，在列表框中会显示相关的剪贴画。

4）在图片上单击，或者右击图片，在弹出的快捷菜单中选择"插入"命令，即可将图片插入文档中。

3. 屏幕截图

利用 Word 2010 的"屏幕截图"功能，用户可以方便地将已经打开且未处于最小化状态的窗口截图插入当前 Word 文档中，便于编写程序应用说明等需要局部截取屏幕图像的文档。其操作步骤如下。

1）将准备插入 Word 文档中的窗口设为非最小化状态，然后打开 Word 文档窗口。

2）单击"插入"选项卡"插图"选项组中的"屏幕截图"下拉按钮，打开"可用视窗"

视频 4-21　插入图片

列表，系统将显示智能监测到的可用窗口。

　　3）在"可用视窗"列表中单击需要插入截图的窗口即可。

　　如果用户仅仅需要将特定窗口的一部分作为截图插入 Word 文档中，则可以只保留该特定窗口为非最小化状态，然后在"可用视窗"列表中选择"屏幕剪辑"选项。进入屏幕裁剪状态后，拖动鼠标即可截取相应画面，释放鼠标左键返回文档窗口，刚才截取的画面将自动插入当前 Word 文档中。

　　说明：添加屏幕截图后，可以使用"图片工具"选项卡中的工具来编辑和增强屏幕截图。

4.5.2　编辑图片

　　对插入文档中的图片还需要进一步编辑，包括移动、复制、删除及各种格式设置。单击被插入的图片，此时在图片的四周出现八个浅蓝色选择手柄，表明图片已经被选定。同时系统会自动显示"图片工具/格式"选项卡。

　　1．缩放图片

　　如果希望扩大或缩小图片，则可以拖动选择手柄至合适位置后释放鼠标左键，图片将随选择手柄伸缩。其中左右侧的选择手柄改变图片宽度；上下方的选择手柄改变图片高度；向对角线方向拖动四个角的选择手柄可以保持原图片的比例对图片进行缩放。

　　要指定图片大小到某个尺寸，使用"图片工具/格式"选项卡"大小"选项组中的高度和宽度数值框，这两个数值框是相互联系的。也可以单击"图片工具/格式"选项卡"大小"选项组中的"对话框启动器"按钮，弹出"布局"对话框，在其中对图片的位置及大小进行设置，如图 4.94 所示。

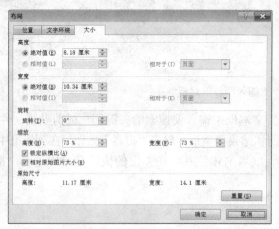

图 4.94　"布局"对话框

　　2．裁剪图片

　　裁剪操作通常用来修整图片，以截取图片中最需要的部分。Word 2010 中增强了裁剪功能，用户可以将图片裁剪为特定形状、经过裁剪来适应或填充形状、裁剪为通用图片等。

（1）裁剪图片

对图片进行裁剪的操作方法如下。

1）选定要裁剪的图片。

2）单击"图片工具/格式"选项卡"大小"选项组中"裁剪"按钮▣，图片周围将出现八个裁剪控点，将鼠标指针移到某控点上，鼠标指针变成裁剪形状。此时可执行下列操作之一。

① 若要裁剪某一侧，将该侧的中心裁剪控点向里拖动。

② 若要同时均匀地裁剪两侧，在按住【Ctrl】键的同时将任一侧的中心裁剪控点向里拖动。

③ 若要同时均匀地裁剪四侧，在按住【Ctrl】键的同时将一个角部裁剪控点向里拖动。

3）将光标移出图片，单击确认裁剪。按【Esc】键或单击"裁剪"按钮也可以结束裁剪。

对于图片更精确的裁剪，可通过对话框来设置。其操作方法如下：右击要裁剪的图片，在弹出的快捷菜单中选择"设置图片格式"命令，弹出"设置图片格式"对话框，如图4.95所示。在该对话框"裁剪"选项卡"图片位置"选项组中输入所需的"宽度"和"高度"值即可。

（2）裁剪为特定形状

快速更改图片形状的方法是将其裁剪为特定形状。在裁剪为特定形状时，将自动修整图片以填充形状的几何图形，同时会保持图片的比例。其操作方法如下。

1）选择要裁剪为特定形状的一张或多张图片。如果要裁剪多张图片，只能将其裁剪为同一形状，若要裁剪为不同的形状，可分别进行裁剪。

2）单击"图片工具/格式"选项卡"大小"选项组中的"裁剪"下拉按钮，如图4.96所示，在弹出的下拉列表中选择"裁剪为形状"选项，然后选定要裁剪成的形状即可。

图4.95 "设置图片格式"对话框

图4.96 "裁剪"下拉列表

说明：如果希望同一图片出现在不同形状中，可创建该图片的一个或多个副本，然后分别将每个图片裁剪为所需形状。

（3）裁剪为通用纵横比

有时用户需要将图片裁剪为通用的照片或纵横比（即图片宽度与高度之比，重新调整图片尺寸时，该比值可保持不变），使其适合图片框，其操作方法如下。

1）选择要裁剪的图片。

2）单击"图片工具/格式"选项卡"大小"选项组中的"裁剪"下拉按钮，在弹出的下拉列表中选择"纵横比"选项，然后单击所需的比例即可。

3．移动图片

将鼠标指针移入图片并将其拖动至合适位置。

若新插入图片的文字环绕方式是"嵌入型"，无法拖动，只能调整图片的大小，则需要将图片的格式设置为"嵌入"之外的环绕方式，才能将其拖动到合适的位置。

图片的复制、删除操作与文本的复制、删除操作方法相同。

4．设置图片效果

在 Word 2010 中可以对图片应用各种图片样式，这些预设设置包含了各种类型的格式，包括边框样式和形状、阴影、柔化边缘、发光效果、三维旋转和映像。

要应用图片样式，单击"图片工具/格式"选项卡"图片样式"选项组中的"其他"按钮，选择列表框中的一种样式，如图 4.97 所示。

如果要调整图片亮度和对比度，可以单击"图片工具/格式"选项卡"调整"选项组中的"更正"下拉按钮，对亮度、对比度进行改变，改变的值可在-40%～+40%内选择，对比度和亮度都以 10%为增量。

单击"图片工具/格式"选项卡"图片样式"选项组的"对话框启动器"按钮，弹出"设置图片格式"对话框。在该对话框选择"图片颜色"选项卡，如图 4.98 所示。颜色模式的有关控制选项在"重新着色"下拉列表中。

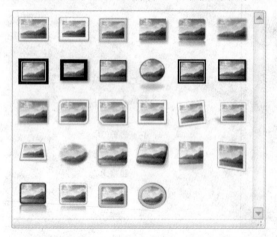

　　　　图 4.97　　Word 2010 图片样式　　　　　　　图 4.98　　"图片颜色"选项卡

注意：以上图片样式及绝大部分效果只用于 Word 2010 文档，对于早期版本的 Word 文档，用户可以将其从兼容模式转换为完整功能。选择"文件"→"信息"→"转换"命令将文件升级为 Word 2010 版本格式。

4.5.3　图文混排

视频 4-22　编辑图片

在文档中插入图片后，会看到周围的正文被"挤开"了，通常把这种正文为图片"让路"的特点称为"文字环绕"。此时的文档中共存着文字和图片两类对象，它们之间存在着"层次关系"，即图文同处一个层面、图片浮在文字上及图片衬于文字下方。可以在"图片工具/格式"选项卡"排列"选项组中，选择"自动换行"下拉列表中需要的文字环绕方式。例如，希望图片置于文字下方，可先选定图片，再单击"自动换行"下拉按钮，在其下拉列表中选择"衬于文字下方"，如图 4.99 所示。

图 4.99　文字环绕方式

视频 4-23　图文混排

当图文同处一个层面时，在同一位置只能有一个对象存在，可以是段落、标题、页码、表格、图片，对象之间彼此不能覆盖。如果选择"上下型环绕"方式，即可使选定图片与文本置于同一层面上。各种环绕效果如图 4.100 所示。

（a）四周型环绕　　　　　（b）衬于文字下方　　　　　（c）浮于文字上方

（d）紧密型环绕　　　　　（e）上下型环绕　　　　　（f）穿越型环绕

图 4.100　环绕效果示例

4.5.4 绘制图形

Word 绘图工具可以绘制简单的矢量图形。矢量图形是基于线条的绘图，并且是借助数学公式产生的。在基于矢量的图像中，每个线条和形状都具有各自的选择手柄，可根据需要移动、调整大小和重新设置形状。通过组合线条和形状并进行分层，也能产生较为复杂的图形。

在 Office 程序中绘制的线条和形状都被称作自选图形。

1. 绘制自选图形

Word 提供了一套现成的基本图形，可以在文档中方便地使用这些图形，并可对这些图形进行组合、编辑等。绘制自选图形的操作步骤如下。

1）单击"插入"选项卡"插图"选项组中的"形状"下拉按钮，在弹出的下拉列表中选择所需的类型及该类中所需的图形。

2）将鼠标指针移动到要插入图形的位置，此时鼠标指针变成"十"字形，拖动鼠标到所需的位置。如果要保持图形的高度和宽度成比例，在拖动时按住【Shift】键即可。

曲线绘制不同于其他图形：单击起始点，再次单击创建第二个曲线点，依次单击创建其他曲线点；在两个点之间拖动调整线条曲度；完成后，双击即可成功绘制。

2. 使用绘图画布

绘图画布是指绘制线条和形状的矩形区域。绘图画布的使用不是必需的，但使用绘图画布的好处是，它可以像背景幕布一样容纳所有的线条和形状，并且可以设置独立于 Word 2010 文档页面的背景。

单击"插入"选项卡"插图"选项组中的"形状"下拉按钮，在弹出的下拉列表中选择"新建绘图画布"选项，然后根据需要在绘图画布中创建线条和形状。拖动选择手柄，可以调整绘图画布的大小。要调整绘图画布使其刚好容纳当前内容，可右击绘图画布，在弹出的快捷菜单中选择"调整"命令。

说明：要添加自动创建画布功能，单击"文件"选项卡中的"选项"按钮，弹出"Word 选项"对话框，单击"高级"按钮，在"编辑选项"选项组中勾选"插入'自选图形'时自动创建绘图画布"复选框。

3. 编辑图形

Word 对手工绘制的图形和插入文档中的图片或剪贴画是"一视同仁"的，所以可以像对待图片那样设置绘制图片的格式。例如，设置图形的文字环绕、移动、缩放及边框类型等，但不能进行图形亮度、对比度及裁剪等修改。

（1）在图形中添加文字

绘制自选图形的一大特点是可以在图形中添加文字，也可以设置文字的格式。其操作方法如下。

右击自选图形，在弹出的快捷菜单中选择"添加文字"命令，如图 4.101 所示，光标将出现在选定的自选图形中，输入所要添加的文字即可。

（2）设置图形的边框、填充色、阴影和三维效果

可单击"绘图工具/格式"选项卡"形状样式"选项组中的"形状轮廓"下拉按钮和"形状填充"下拉按钮完成图形边框和填充色的设置。利用"形状效果"下拉按钮可以设置图形的阴影效果和三维格式，如图 4.102 所示。

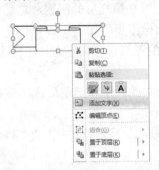

图 4.101　在自选图形中添加文字

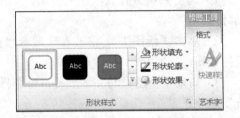

图 4.102　"形状样式"选项组

（3）组合图形

创建包含多个形状和线条的复杂绘图时，可以把所有对象都组合为一个单元，然后对组合后的对象进行移动、调整大小、剪切、复制、粘贴等。

要组合各个对象，先选定所有要组合在一起的对象（按住【Ctrl】键后单击每个对象），然后单击"绘图工具/格式"选项卡"排列"选项组中的"组合"下拉按钮，在弹出的下拉列表中选择"组合"命令，单个对象的选择手柄随即消失，取而代之的是整个组合对象的选择手柄。

分解图形是组合图形的反向操作，即取消图形的组合，将每个图形恢复成各自独立的对象。可右击选定对象，在弹出的快捷菜单中选择"取消组合"命令。

（4）旋转与翻转

用户可将指定的图形进行旋转或翻转，以满足排版的要求。其操作步骤如下。

1）选定要进行旋转的图形。

2）单击"绘图工具/格式"选项卡"排列"选项组中的"旋转"下拉按钮，弹出的下拉列表如图 4.103 所示。

3）在"旋转"下拉列表中选择所需的选项即可。

将鼠标指针指向图形的旋转点，拖动鼠标可根据需要进行任意角度的旋转，如图 4.104 所示。

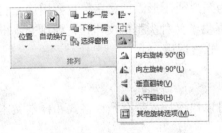

图 4.103　"旋转"下拉列表

图 4.104　自由旋转

注意： 在旋转时，只能旋转图形对象，图形中的文本不能旋转。但可以通过文本框的横排或竖排来实现，也可以通过使用"艺术字"来任意旋转文本。

4. 图形叠放次序的调整

当两个图形有重叠部分时，存在着谁在顶层，谁在底层的问题。顶层图形会覆盖底层图形相重叠的部分。当多个图形有重叠部分时，还存在谁在第几层的问题，总是上一层图形覆盖下一层图形相重叠的部分。调整图形叠放次序的操作步骤如下。

1）选定要调整叠放次序的图形，如果该图形被其他图形覆盖在下面，可按【Tab】键循环选择。

2）单击"绘图工具/格式"选项卡"排列"选项组中的"上移一层"或"下移一层"下拉按钮。

3）如果要使图像与文字重叠，可选择下拉列表中的"浮于文字上方"或"衬于文字下方"选项。

也可以右击图形，在弹出的快捷菜单中选择相关命令，确定图形放置的位置。图形叠放次序示例如图 4.105 所示。

图 4.105　图形叠放次序示例

4.6　插入其他对象

在 Word 2010 中，还可以添加许多丰富多彩的其他对象，包括生动的艺术字和文本框、专业的公式、精美的封面及音频和视频文件等。

4.6.1　插入文本框

文本框是用来存放文本的一个矩形框，是一种可移动、可调大小的文字或图形容器，可以看作特殊的图形对象。文本框的作用是为图片或图形添加文字，主要用途是将文字段落和图形组织在一起，形成一个整体。Word 提供了两种类型的文本框：横排文本框和竖排文本框。竖排文本框对于中国文字的竖排形式非常适用。

1. 建立文本框

Word 2010 包含很多文本框构建基块，可以快速插入带有预设格式和样本文本的文本框。其操作步骤如下。

1）单击"插入"选项卡"文本"选项组中的"文本框"下拉按钮，弹出"文本框"下拉列表，如图 4.106 所示。

2）在下拉列表中选择一种预设文本框。

3）在文本框中输入、编辑文本内容。

图 4.106 "文本框"下拉列表

视频 4-24 插入文本框

2. 编辑文本框

文本框具有图形的属性，所以对文本框的操作与图形的操作相似。当文本框被选定时，会自动显示"绘图工具/格式"选项卡，其中包含用来设置文本框格式的选项。右击文本框的边框，在弹出的快捷菜单中选择"设置形状格式"命令，弹出"设置形状格式"对话框，在其中也可以修改线条颜色、填充效果和文字版式等文本框格式。

4.6.2 创建 SmartArt 图形

SmartArt 是简单易用的图形结构布局设计工具，使用户能够用简单的方法设计出专业水平的布局设计，以创建结构明晰、构图美观的图形设计布局。创建 SmartArt 图形的操作步骤如下。

1）单击"插入"选项卡"插图"选项组中的"SmartArt"按钮，弹出"选择 SmartArt 图形"对话框，如图 4.107 所示。

2）在"选择 SmartArt 图形"对话框中，单击左侧的类型名称选择合适的图形类型，在对话框右侧选择所需的 SmartArt 图形。

3）在插入的 SmartArt 图形中单击文本占位符添加文本（也可以在文本窗格中添加和编辑）或图片。

插入 SmartArt 图形后，系统会自动显示"SmartArt 工具/设计"和"SmartArt 工具/格式"两个选项卡，可利用其中的工具添加或删除形状、调整 SmartArt 图形中每个元素的布局、样式。

视频 4-25 SmartArt 图形

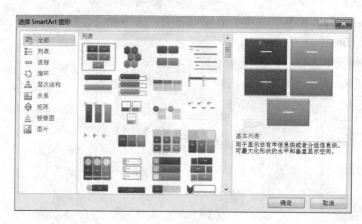

图 4.107　"选择 SmartArt 图形"对话框

决定图形类型的主要因素是要表达的内容，可以尝试切换不同类型的布局，以创建清楚和易于理解的文档信息图解，还可以联机获取新的类型。

4.6.3　使用艺术字

艺术字是文档中具有特殊效果的文字图形，它不是普通文字，而是图形对象。艺术字通话对文本进行变形、加阴影、旋转和拉伸等。甚至可以加入三维效果，增强表现艺术性。

1．插入艺术字

插入艺术字的操作步骤如下。

1）将光标定位于要加入艺术字的位置。

2）单击"插入"选项卡"文本"选项组中的"艺术字"下拉按钮，弹出艺术字库，如图 4.108 所示。

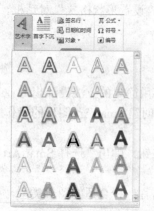

图 4.108　艺术字库

3）在艺术字库中选择一种预设艺术字样式（没有满意的样式，可先任意选择一种，待输入文字后可以重新设置）。

4）输入艺术字文字，艺术字即以图形的方式插入文档中。

若要编辑艺术字图形，则单击该图形，出现八个选择手柄，可进行图形移动、缩放等操作。同时，Word 自动显示"绘图工具/格式"选项卡，可利用选项卡中的按钮对艺术字进行编辑。

2．修改艺术字效果

选中要修改的艺术字，单击"绘图工具/格式"选项卡，在功能区将显示艺术字的以下几类操作按钮。

1）形状样式。在"形状样式"选项组中，可修改整个艺术字的样式，并可以设置艺术字形状的填充、轮廓及形状效果。

2）艺术字样式。在"艺术字样式"选项组中，可以对艺术字中的文字设置填充、轮廓及文字形状效果。

3）文本。在"文本"选项组中，可以对艺术字文字设置链接、文字方向、对齐文本等。

4）排列。在"排列"选项组中，可以修改艺术字的排列次序、环绕方式、旋转及组合。

5）大小。在"大小"选项组中，可以设置艺术字的宽度和高度。

图 4.109 所示为艺术字效果示例。

图 4.109 艺术字效果示例

视频 4-26 案例 东湖宣传册

4.6.4 创建公式

在编辑与数学、物理、化学等有关的文档时，经常会遇到各种公式，创建公式的操作步骤如下。

单击"插入"选项卡"符号"选项组中的"公式"下拉按钮，在弹出的下拉列表中选择一种预设，公式将以自身的对象框架的形式显示在文档中，可以根据需要对其进行编辑。

如果预设的公式都不满足需要，可单击"公式"按钮创建新的空白公式对象。此时会显示一个带有占位符的公式框架 在此处键入公式。，单击"公式工具/设计"选项卡"结构"组中的相关按钮，选择所需的结构类型，如图 4.110 所示。选择适当的结构，在结构所包含的占位符小虚框内输入构成公式的符号或数字即可。

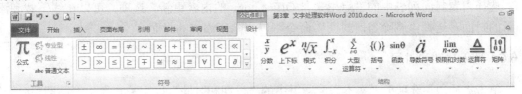

图 4.110 "公式工具/设计"选项卡

如果要编辑公式，可单击该公式进入其编辑环境，重新对公式进行修改，如图 4.111 所示。单击公式框架右下角的下拉按钮，将弹出一个下拉列表，在其中可以设置公式的对齐方式，利用"另存为新公式"命令可以将用户自己定义的公式存入系统公式库，并在"公式工具/设计"选项卡"符号"选项组的"公式"下拉列表中显示。

$$C_n = \frac{1}{T} \int_0^T P(t)e^{-jn\omega t} dt = \frac{q}{T} \frac{\sin(n\omega q)/2}{n\omega q/2} e^{-jn\omega t/2}$$

图 4.111 公式编辑示例

注意：Word 2010 为了行距整齐美观，对公式的行高做了与文字行高相等的约束，如果公式无法正常显示，修改该行的行高即可。

4.6.5 插入封面

快速插入封面是 Word 2010 的新功能。

单击"插入"选项卡"页"选项组中的"封面"下拉按钮，弹出内置封面列表，如图 4.112 所示。在其中选择一种内置封面，就可以快速在文档首页添加一个含有文本框和图片等对象的专业文档封面。

图 4.112　内置封面列表

可以对所添加的封面中的"标题""作者""摘要"等文本占位符进行编辑，也可以修改封面上的图片。如果在文档中插入了另一个封面，则新的封面将替换前一个封面。

选择内置封面列表中的"启用来自 Office.com 的内容更新"选项，可以在线下载和添加新的封面。选择"删除当前封面"命令可以删除所添加的封面。

4.6.6　插入日期和时间

单击"插入"选项卡"文本"选项组中的"日期和时间"按钮，弹出"日期和时间"对话框，如图 4.113 所示。选择日期的样式，单击"确定"按钮后即可在文档中光标所在处插入当前日期。

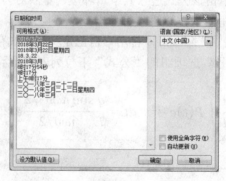

图 4.113　"日期和时间"对话框

如果插入日期和时间时选择了"自动更新"复选框，日期和时间将以域的形式插入，将光标移动到域所在位置时将显示默认域底纹，此时按【F9】键可刷新为当前日期和时间。

通过按【Ctrl+Shift+D】组合键可以快速插入系统当前日期，通过按【Ctrl+Shift+T】组合键可以快速插入当前系统时间。

4.6.7　插入音频和视频

在 Word 2010 中插入音频和视频对象，可以实现声情并茂的效果。单击"插入"选项卡"文本"选项组中的"对象"按钮，弹出"对象"对话框。单击"由文件创建"选项卡，如图 4.114 所示，单击"浏览"按钮，弹出"浏览"对话框，找到需要插入文档中的音频或视频对象，单击"确定"按钮，该对象将嵌入文档中，并以图标形式显示。双击该图标则启动本地计算机上默认的媒体播放器播放音频和视频。

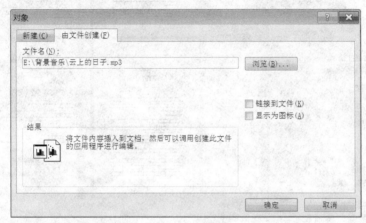

图 4.114　"对象"对话框

4.7　打　印　文　档

一个 Word 文档经历了建立、编辑处理之后，可以以文件的形式保存在磁盘上，也可以通过打印机在纸张上打印出来，分发文件的最好方式仍然是打印输出。文档的打印操作包括打印预览和打印两种操作。

1. 打印预览

使用打印预览，可以在屏幕上精确地显示文档的打印外观效果。在正式打印之前，先预览待打印的文档，若预览满意即可打印，否则应重新进行有关内容的修改，这样可节省时间，也避免错误打印而浪费纸张。

单击"文件"选项卡中的"打印"按钮，打开打印界面。在打印界面右侧预览区域可以查看 Word 文档打印预览效果，如图 4.115 所示。用户所做的纸张方向、页面边距等设置都可以通过预览区域查看效果。用户还可以通过调整预览区下面的滑块改变预览视图的大小。

如果预览结果符合最后要求，即可进行打印输出。

2. 打印文档

打印整个文档的方法比较简单，单击快速访问工具栏的"快速打印"按钮即可。如仅打印部分内容，或要设置打印的份数等，则需在"打印"对话框中进行相关的设置。

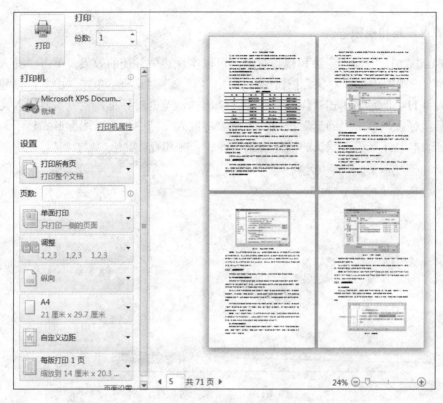

图 4.115　打印界面

（1）选择打印机

在打印界面中单击"打印机"下拉按钮，可在"打印机"下拉列表中选择准备使用的打印机。

（2）设置打印份数

用户可以自由设置文档打印的份数，以及多份打印时的打印方式，即"逐份打印"或"逐页打印"。可在"份数"数值框中输入或选择要打印的份数（默认值为 1 份），然后单击"设置"选项组中的"调整"下拉按钮，在其下拉列表中若选择"调整"选项，将在完成第1 份打印任务后再打印第 2 份、第 3 份……；选择"取消排序"选项，将逐页打印足够的份数。

（3）打印指定页码

用户可以根据实际需要选择要打印的文档页码。单击"设置"选项组中的"打印所有页"下拉按钮，在其下拉列表中列出了用户可以选择的文档打印范围。选择"打印当前页面"选项，可打印光标所在的页；如果事先选定了一部分文档，则"打印所选内容"选项会变得可用，选择该项可以打印选定的文档内容；选择"打印自定义范围"选项，可打印用户指定的页，在"页数"文本框中输入要打印的页码，连续页码可用半角连接符（如 3-6），不连续的页码可用半角逗号分隔（如 5，8，16）。

（4）手动双面打印

尽管大多数打印机不支持双面打印 Word 文档，但用户可以借助 Word 2010 提供的"手动双面打印"功能实现双面打印。

在一张空白纸的顶端做标记并打印一页任何内容，以明确打印机进纸方向和打印方向两者间的关系。单击"设置"选项组中的"单面打印"下拉按钮，在其下拉列表中选择"手动双面打印"选项，并单击"打印"按钮，则开始打印当前文档的奇数页。完成奇数页的打印后，将已经打印奇数页的纸张正确放入打印机开始打印偶数页。

（5）纸张大小缩放打印

在实际工作当中，用户经常需要将当前文档以比实际设置的纸张更小的纸型进行打印。例如，将当前 A4 纸张幅面的文档打印成 B5 纸张幅面，这可以通过按纸张大小缩放打印文档的方法实现。单击"设置"选项组中的"每版打印 1 页"下拉按钮，在其下拉列表中选择"缩放至纸张大小"选项，并在弹出的纸张列表中选择合适的纸型。Word 还提供了多版缩放打印功能，可将多页文档打印在一页纸上，只需在下拉列表中选择合适的版数即可。

在打印界面中用户还可以对纸张方向、页面边距等进行设置。

习　题　4

一、填空题

1．用户有时要暂时退出 Word 窗口，转而去运行其他应用程序，此时可单击窗口右上角的"_____"按钮，将文档窗口变为一个列于 Windows 桌面上的_____。当用户想重新进入该文档编辑窗口时，只要_____ 即可。

2．在 Word 中，按_____键可将光标移到下一个制表位上。

3．菜单命令旁带"…"表示_____。

4．用户可以使用_____、_____、_____三种方式来输入中文标点符号。

5．段落的标记是在输入_____之后产生的。

二、判断题

1．页眉页脚的操作可以在草稿视图下进行。　　　　　　　　　（　　）

2．在分栏排版中，只能进行等栏宽分栏。　　　　　　　　　　（　　）

3．如果想在某页没有满的情况下强行分页，只要多按几次【Enter】键即可。（　　）

4．Word 允许在表格中再建立表格。　　　　　　　　　　　　（　　）

5．在打印 Word 文档时，可以在"打印"窗口中设置页码位置。　（　　）

三、简答题

1．在文档中选择文本的操作方式有几种？

2．文档中"段落"的概念是什么？段落格式化主要包括哪些内容？

3．文档中"节"的功能是什么？如何进行分节？

4．如何在文档不同部分设置不同的页眉和页脚？

5．Word 提供了几种图文混排形式？如何调整图形对象与正文之间的前后位置？

第 5 章　电子表格软件 Excel 2010

电子表格软件通常以一个工作簿管理多个二维行列工作表的文档形式，不仅可以快速地制作表格，还能够对表格中的数据进行各种计算、分析并将数据用统计图的形式形象地表达出来，是数据分析乃至辅助决策的重要办公工具。

本章将通过 Excel 2010 讲解电子表格软件的概念和基本使用方法。

5.1　Excel 2010 概述

Excel 2010 是当今比较流行的电子表格处理软件，是 Microsoft Office 套装软件之一。Excel 2010 一些基本操作与 Office 2010 中其他组件的操作相似，掌握最基本的操作是熟练使用 Excel 2010 的基础。

5.1.1　启动和退出 Excel 2010

1. 启动

Excel 2010 是基于 Windows 操作系统下的应用软件，因此首先应启动 Windows 操作系统，然后选择"开始"→"所有程序"→"Microsoft Office"→"Microsoft Office Excel 2010"命令，Excel 2010 即被启动。

如果在桌面上创建了 Excel 2010 的快捷方式，则可以在 Windows 的桌面上直接双击 Microsoft Excel 图标，启动操作更为简单。

2. 退出

用户如果想退出 Excel 2010，方法与关闭应用程序窗口的方法完全相同。

退出 Excel 2010 时，如果有文件还没有保存，Excel 会出现一个对话框，提示是否保存文件。

退出时，如果 Excel 文件还没有命名，则会弹出"另存为"对话框，用户在此对话框中输入新名称后，单击"保存"按钮即可。

5.1.2　Excel 的窗口组成

启动 Excel 2010 后，系统会自动创建一个名为"工作簿 1"的空白工作簿，如图 5.1 所示。

一个工作簿可以包含多个工作表，每一个工作表的名称在工作簿的底部以标签形式出现。默认情况下，一个新工作簿包含三个工作表，如图 5.1 中的"工作簿 1"由 Sheet1、Sheet2 和 Sheet3 三个工作表组成，用户根据实际情况可以增减工作表和选定工作表。

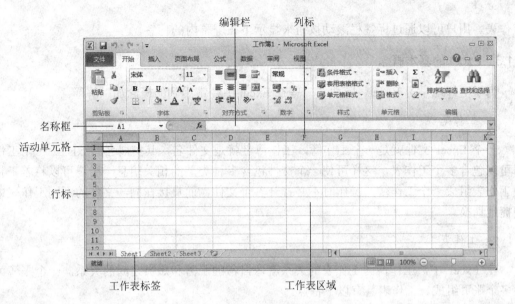

图 5.1 Excel 2010 的窗口界面

从图 5.1 中可以看出，Excel 2010 窗口中也有快速访问工具栏、"文件"选项卡、其他各类选项卡及选项组，其操作方法也与 Word 2010 相同。Excel 2010 窗口主要有下面几部分。

（1）编辑栏

选项组的下方是编辑栏，用于显示活动单元格中的数据和公式。编辑栏由按钮工具和编辑文本框组成，随着操作会发生变化。当选定某单元格时，无论这个单元格中是否有数据，都是图 5.2 所示的状态，此时可在编辑栏中对该单元格输入或编辑数据。而当输入数据或双击单元格准备进行编辑时，编辑栏如图 5.3 所示。

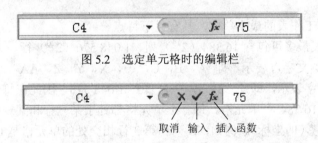

图 5.2 选定单元格时的编辑栏

图 5.3 输入或编辑数据时的编辑栏

（2）名称框

编辑栏左边的区域称为名称框，用于显示当前活动单元格的位置。还可以利用名称框对单元格进行命名，以使操作更加简单明了。

（3）工作表区域

工作表区域为 Excel 窗口的主体，是用于记录数据的区域，所有数据都将存放在这个区域中。

（4）工作表标签

工作表标签位于工作簿文档窗口的左下角，用于显示工作表的名称，初始为 Sheet1、Sheet2、Sheet3，单击工作表标签将激活相应

视频 5-1 Excel 概述

工作表。用户可以通过标签栏滚动按钮来显示不在屏幕内的标签。

5.1.3　Excel 的基本概念

为了更好地学习 Excel，下面对一些在 Excel 中经常用到的概念加以解释。

1. 工作簿

一个 Excel 文件就是一个工作簿，工作簿名就是文件名，其扩展名为.xlsx。一个工作簿可以包含多个工作表，这样可使一个文件包含多种类型的相关信息，用户可以将若干相关工作表组成一个工作簿，操作时不必打开多个文件，而直接在同一文件的不同工作表中便捷地切换。

2. 工作表

在 Excel 中，工作簿与工作表的关系就像日常的账簿和账页之间的关系，一个账簿可由多个账页组成。工作表具有以下特点。

1）　每一个工作簿可包含多个工作表（工作表的数目受限于可用的内存和系统资源），但当前工作的工作表只能有一个，称为活动工作表。

2）工作表的名称反映在屏幕的工作表标签栏中，标签呈白色的为活动工作表。

3）单击任一工作表标签可将其激活为活动工作表。

4）双击任一工作表标签可更改工作表名。

5）工作表标签左侧有四个按钮 ⏮ ◀ ▶ ⏭，用于管理工作表标签，单击它们可分别激活第一个工作表标签、上一个工作表标签、下一个工作表标签和最后一个工作表标签。

3. 单元格

单元格是组成工作表的最小单位，具有以下特点。

1）一个工作表最多可包含 16 384（2^{14}）列、1 048 576（2^{20}）行。

2）每一列用英文字母表示，即 A，B，C，…，X，Y，Z，AA，AB，…，AZ 直到 XFD；每一行用数字表示，即 1、2、3，…，直到 1 048 576。因此在每一个工作表中，最多能有 1 048 576×16 384 个单元格。每一个单元格都处于某一行和某一列的交叉位置，这也就是"引用地址"（即坐标）。例如，B 列和第 3 行相交处的单元格是 B3。在引用单元格时（如公式中），必须使用单元格的引用地址。

3）每个工作表中只有一个单元格为当前活动的，称为活动单元格，图 5.1 中带粗线黑框的单元格就是活动单元格。

4）活动单元格名称可在名称框中反映出来。

视频 5-2　Excel
基本知识

4. 单元格内容

每一单元格中的内容可以是数字、字符、公式、日期等，如果是字符，还可以分段落。

5. 单元格区域

多个相邻的呈矩形的一片单元格称为单元格区域（范围）。每个区域有一个名称，称为区域名。区域名由区域左上角单元格名称和右下角单元格名称中间加冒号 ":" 表示。例如，"C3:F8" 表示左上角 C3 单元格到右下角 F8 单元格共 24 个单元格组成的矩形区域，如图 5.4 所示。若给单元格区域 C3:F8 定义一个名称 "Score"（在名称框中输入 "Score"，然后按【Enter】键即可），当需要引用该区域时，使用 "Score" 和使用 "C3:F8" 的效果是完全相同的。

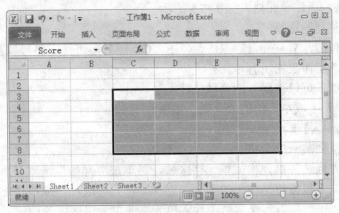

图 5.4　单元格区域及名称

5.2　Excel 的基本操作

Excel 的基本操作包括工作簿的创建、工作范围选取、数据的输入、工作表的管理及工作簿的保存等。

当启动 Excel 时，Excel 将自动产生一个工作簿 "工作簿 1"，并且为此工作簿隐含创建三个工作表：Sheet1、Sheet2 和 Sheet3。

5.2.1　区域选择

区域是一组选定的单元格，既可以是连续的，又可以是离散的（也可仅有一个）。在 Excel 中，输入数据或对数据进行操作，必须在当前单元格或当前区域内进行，因此，区域的选择是一项十分重要的操作。

（1）单个单元格的选择

将鼠标指针指向单元格并单击即可选定该单元格，被选定的单元格成为活动单元格，其四个周边以黑色粗线条显示。也可以利用键盘来选择或移动活动单元格。

1）使用【↑】、【↓】、【←】、【→】方向键可使相邻的单元格成为活动单元格。

2）使用【Home】键，使当前行的 A 列单元格成为活动单元格。

3）使用【Ctrl+Home】组合键，使 A1 单元格成为活动单元格。

4）使用【Page Up】、【Page Down】键，使活动单元格向上、下移一屏。

（2）单元格区域的选择

选择单元格区域用鼠标最为方便，只要将鼠标指针指向该区域任一角落的单元格，拖动到对角的单元格，被选定的范围背景呈深色，活动的单元格则呈白色。

（3）多个不相邻的单元格或单元格区域的选择

首先选定一个单元格或单元格区域,在选定下一个单元格或单元格区域之前按住【Ctrl】键,再进行单元格或单元格区域的选择。在任一时刻,工作表中只能存在一个活动单元格。若选择了多个不连续单元格或单元格区域,最后选择的单元格或单元格区域中左上角的单元格成为活动单元格。例如,选择了三个不连续区域,先选择 A1:B2 和 C4:E5,最后选择 D7:E9,则 D7 成为活动单元格,如图 5.5 所示。

（4）整行或整列的选择

单击行号（1,2,3,…）或列标（A,B,C,…）即可选定整行或整列。

（5）选择整个工作表的所有单元格

选择整个工作表可以使用下面两种快捷方法。

1）单击工作表区域左上角的"全选"按钮。

2）使用【Ctrl+A】组合键。

（6）快速定位到某一单元格

要快速移动光标选择单元格或单元格区域,可单击"开始"选项卡"编辑"选项组中的"查找和选择"下拉按钮,在下拉列表中选择"转到"选项,或按【F5】键,弹出"定位"对话框,在"引用位置"文本框中输入单元格或单元格区域的地址,如图 5.6 所示,然后单击"确定"按钮,即可快速移动到指定的单元格或单元格区域上。

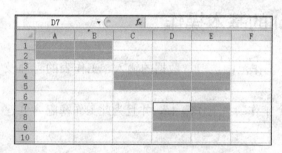

图 5.5　选择不连续的区域

图 5.6　"定位"对话框

（7）撤销选择

如果选择错误,可将鼠标指针移开所选单元格或单元格区域单击即可撤销选择;重新选择也可以撤销上一次的选择。

5.2.2　向工作表中输入数据

Excel 中的数据以常量和公式两种形式出现,本节介绍常量的输入。

1. 直接输入数据

可直接在单元格或编辑栏输入数据。输入的数据可以是文本型、数值型和日期时间型。

（1）输入文本

Excel 文本包括汉字、英文字母、数字、空格及其他键盘能输入的符号。在单元格中输入文本的方法是选定一个活动单元格,直接由键盘输入文本,输入完毕后按【Enter】键或单击编辑栏中的"输入"按钮✔。如果在输入时想取消本次操作,可以按【Esc】键或单击编辑栏中的"取消"按钮✖。

文本输入时向左对齐，如图 5.7 所示。当输入的文字长度超出单元格宽度时，若右边单元格无内容，则扩展到右边列；否则截断显示。当在一个单元格内输入的内容需要分段时，按【Alt+Enter】组合键。

某些表示序列代码的数字，并不参加算术运算，本质上是文本，如课程编号"061021"，若直接输入，系统会默认为数值，省略前面的"0"。对于这些文本型数字，输入时应以半角单引号引导，如"'061021"。输入后在单元格左上角出现绿色三角标记，选定该单元格会出现提示，如图 5.8 所示。从其他应用程序导入的数据有些被认为是文本数据，不参加算术运算，可在计算前先将其转换为数值。

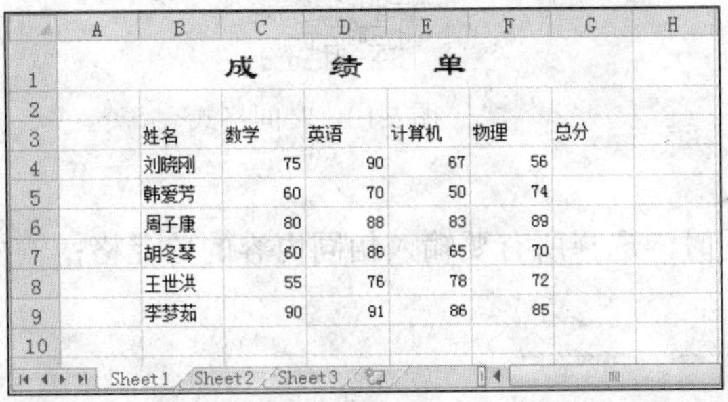

图 5.7　向工作表中输入数据

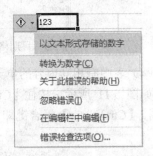

图 5.8　数值与文本转换快捷菜单

（2）输入数值

数值除了包括数字（0～9）组成的字符串外，还包括+、–、E、e、$、%及小数点（.）和千分位号（,）等特殊字符。数值型数据在单元格中默认为靠右对齐。

Excel 数值输入与数值显示未必相同，当输入数字长度超出单元格宽度或超过 15 位时，Excel 自动以科学计数法表示，如（7.89E+08）。如果单元格数字格式设置为两位小数，此时输入三位小数，则末位将进行四舍五入。

Excel 在计算时，用输入的数值参与计算，而不是显示的数值。例如，某个单元格数字格式设置为两位小数，此时输入数值 45.678，则单元格中显示的数值为 45.68，但计算时仍用 45.678 参与运算。

在输入分数（如 3/5）时，应先输入"0"及一个空格，然后再输入分数。否则 Excel 将把它处理为日期数据（如 3/5 处理为 3 月 5 日）。

（3）输入日期和时间

Excel 2010 内置了一些日期和时间格式，当输入数据与这些格式相匹配时，单元格的格式就会自动转换为相应的"日期"或者"时间"格式，而不需要去设置该单元格为日期或者时间格式。Excel 2010 可以识别的日期和时间格式如图 5.9 和图 5.10 所示。

如果在同一个单元格中同时输入日期和时间，那么日期和时间之间要用空格进行分隔，如 17/2/17□ 8:30。

日期或时间数据在单元格中右对齐。如果输入的日期或时间是 Excel 2010 不能识别的格式，则输入的内容将当作字符数据处理。

如果要在单元格中插入当前日期，可直接按【Ctrl+;】组合键；如果要在单元格中输入当前时间，可直接按【Ctrl+Shift+;】组合键。

图 5.9 日期格式

图 5.10 时间格式

（4）表中有相同内容的单元格的输入

如图 5.11 所示，按住【Ctrl】键的同时，选择所有要输入相同内容的单元格；输入数据，按【Ctrl+Enter】组合键即完成操作。

	A	B	C	D	E	F	G	H
1			课	程	表			
2								
3		星期一	星期二	星期三	星期四	星期五		
4	1	计算机						
5	2	计算机						
6	3					计算机		
7	4					计算机		
8	5			计算机				
9	6			计算机				
10	7							
11	8							

成绩单 / 课程表 / Sheet3

图 5.11 表中有相同内容的单元格的输入

视频 5-3 Excel 数据输入

2. 利用下拉列表输入数据

单元格中的数据如果固定为某几项，可以创建一个下拉列表来输入数据，从而避免反复手工输入相同的汉字。创建下拉列表的操作步骤如下。

1）选中需要放置下拉列表的单元格。

2）单击"数据"选项卡"数据工具"选项组中的"数据有效性"按钮，弹出"数据有效性"对话框，如图 5.12 所示。

3）单击"设置"选项卡，在"允许"下拉列表中选择"序列"选项。

4）如果序列位于同一个工作表上，可在"来源"文本框中输入对序列的引用；也可以直接在"来源"文本框中输入序列数据（序列数据之间应以半角逗号分隔），如图 5.12 所示，勾选"提供下拉箭头"复选框。

5）设置完成后单击"确定"按钮。

单击单元格右侧的下拉按钮会弹出下拉列表，从中选择需要的数据项即可，如图 5.13 所示。

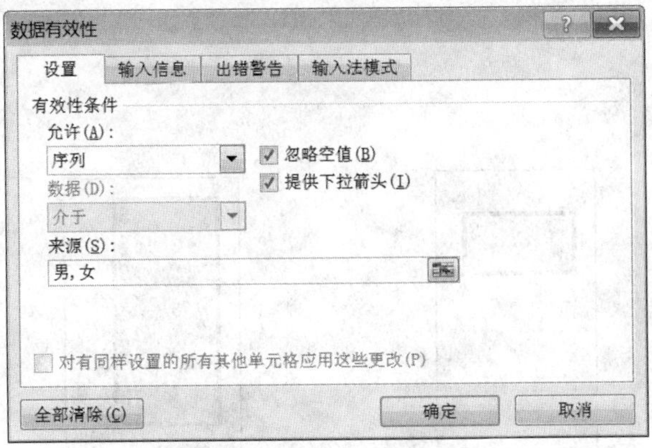

图 5.12 "数据有效性"对话框

图 5.13 利用下拉列表输入数据

3. 利用填充功能输入有规律的数据

（1）自动填充

自动填充是根据初始值决定以后的填充项。当选定初始值所在单元格或区域后，所选区域边框的右下角会出现一个黑点，称为填充柄。鼠标指针指向填充柄时，鼠标指针会变成一个"瘦"加号，可以将填充柄向上、下、左、右四个方向拖动，经过相邻单元格时，就会将选定区域中的数据按某种规律自动填充到这些单元中。有以下几种情况。

1）初始值为纯字符或纯数字，填充相当于数据复制，如图 5.14 所示。

2）初始值为文字数字的混合体，填充时文字不变，最右边的数字递增（向下或向右拖动时）或者递减（向上或向左拖动时）。例如，初始值为 A1，填充为 A2，A3，…，如图 5.15 所示。

3）对于日期型数据，填充为递增或递减的日期序列。

4）初始值为 Excel 默认的自动填充序列中一员，按预设序列填充。例如，初始值为二月，自动填充三月、四月等，如图 5.16 所示。

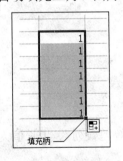

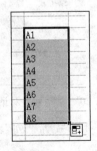
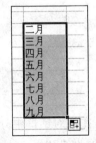

图 5.14 数据复制　　　图 5.15 最右边的数字递增　　　图 5.16 按预设序列填充

释放鼠标左键后，在填充柄的右下方会出现一个"自动填充选项"按钮，也可以通过此按钮的下拉列表选择填充的方式，如图 5.17 所示。

用上面的方法进行的自动填充，每一个相邻的单元格相差的数值只能是 1，要填充的序列差值是 2 或 2 以上，则要求先输入前两个数据，以给出数据变化的趋势，然后选定两个单元格，如图 5.18 所示，沿填充方向拖动鼠标，填充以后的效果如图 5.19 所示。

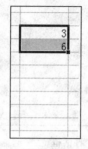

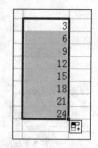

图 5.17　"自动填充选项"下拉列表　　图 5.18　选定两个单元格　　图 5.19　填充效果

利用复制方式是达不到上述效果的。

注意：对于日期型及具有增序或减序可能的文本型数据，如果要实现复制填充，则在沿填充方向拖动填充柄时需要按住【Ctrl】键。

（2）序列填充

序列是指有规律的数据，如数字序列和日期序列，填充这样的数据不必全部手工输入，可以使用对话框进行填充，操作步骤如下。

1）在序列起始单元格 A1 中输入一个起始值，如 2，选定单元格 A1。

2）单击"开始"选项卡"编辑"选项组中的"填充"下拉按钮 ，在弹出的下拉列表中选择"系列"选项，弹出"序列"对话框，如图 5.20 所示。

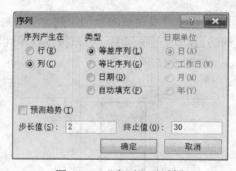

图 5.20　"序列"对话框

3）在该对话框中分别指定序列产生方式为"列"、类型为"等差数列"、步长值为"2"及终止值为"30"。

4）单击"确定"按钮，系统会自动在 A1～A15 中填入 2～30。

（3）自定义序列

Excel 除本身提供的预定义的序列外，还允许用户自定义序列，可以把经常用到的一些序列进行定义，储存起来供以后填充时使用。自定义序列操作步骤如下。

1）单击"文件"选项卡中的"选项"按钮，弹出"Excel 选项"对话框，单击"高级"

按钮，在"常规"选项组中单击"编辑自定义列表"按钮，弹出"自定义序列"对话框，如图 5.21 所示。

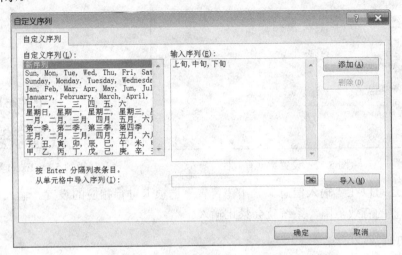

图 5.21　"自定义序列"对话框

2）在"输入序列"文本框中输入新的序列，在序列成员之间用逗号（注意：一定是半角方式下的逗号）或【Enter】键分隔。

3）输入完毕后单击"添加"按钮，新输入的序列会显示在"自定义序列"列表框中。

序列定义成功以后就可以进行自动填充了，输入初始值后使用自动填充可节省许多输入工作量，尤其是序列多次出现时。

如果用户想把已经输入工作表中的序列定义为 Excel 中的自定义序列，只需选定这些数据，在"自定义序列"对话框中单击"导入"按钮即可，省去了重新定义输入的麻烦。

可以对已经存在的自定义序列进行编辑，或者删除不再使用的自定义序列，只需在"自定义序列"对话框中的"自定义序列"列表框中选择要编辑或删除的自定义序列，被选定的序列将显示在"输入序列"文本框中，编辑完成后单击"添加"按钮确认编辑，如果要删除序列，则单击"删除"按钮。

视频 5-4　Excel 数据填充

注意：对于 Excel 系统提供的序列不能进行编辑和删除。

4. 数据有效性

数据有效性可自动阻止不符合预先制订规范的数据输入，从而控制和确保用户输入单元格数据的有效性，适用于需要大量人工输入数据的场合。例如，在输入学生成绩时进行有效性检验，要求学生的成绩介于 0～100 分。其操作步骤如下。

1）选择成绩输入区域，如 C4:F9。

2）单击"数据"选项卡"数据工具"选项组中的"数据有效性"按钮，弹出"数据有效性"对话框，如图 5.22 所示。

3）在"设置"选项卡中设置输入数据范围。

4）设置完毕，单击"确定"按钮即可。

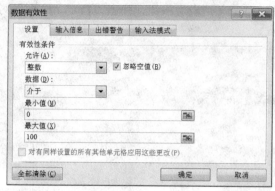

图 5.22　设置数据有效性

视频 5-5　Excel 数据有效性

此外，还可以在"输入信息""出错警告"选项卡进行相应的设置。输入数据时，若超出数值设置的有效范围，系统就会禁止输入。

5. 使用批注

使用批注可为工作表中的单元格添加注释，方便对数据进行解释说明，使工作表更易于理解。

（1）插入批注

插入批注的操作方法：选择单元格，单击"审阅"选项卡"批注"选项组中的"新建批注"按钮，或右击该单元格，在弹出的快捷菜单中选择"插入批注"命令，在批注编辑框中输入批注内容，单击其他任一单元格即完成批注的添加。

有批注的单元格默认隐藏批注，仅在单元格的右上角显示一个红色三角，鼠标指针经过该单元格可显示批注。

（2）编辑批注

编辑批注的操作方法：选择含有批注的单元格，单击"审阅"选项卡"批注"选项组中的"编辑批注"按钮，或右击该单元格，在弹出的快捷菜单中选择"编辑批注"命令，对批注内容进行编辑。

在批注编辑状态下，右击批注编辑框，在弹出的快捷菜单中选择"设置批注格式"命令，可以进行批注格式的设置。

（3）删除批注

删除批注的操作方法：选择含有批注的单元格，单击"审阅"选项卡"批注"选项组中的"删除"按钮，或右击该单元格，在弹出的快捷菜单中选择"删除批注"命令，即可删除批注。

5.2.3　编辑工作表

1. 选择工作表

要对工作表进行操作，首先要选定该工作表，使其成为当前工作表。选定一个工作表，可单击位于工作窗口底部工作表标签中该工作表的名称。当工作表过多，标签栏显示不完全时，可通过标签栏滚动按钮前后翻阅工作表名称。

选择多个连续工作表时，可先单击第一个工作表，然后按住【Shift】键单击最后一个工作表。选择多个不连续工作表时，可通过按住【Ctrl】键单击选取。选定多个工作表将组成一个工作组，选定工作组的好处是在其中一个工作表的任意单元格中输入数据或设置格式，在工作组其他工作表的相同单元格中将出现相同数据或相同格式。显然，如果想在工作簿多个工作表中输入相同数据或设置相同格式，通过设置工作组可节省不少时间。

要取消工作组，可通过单击工作组外任意一个工作表标签来进行。

如果要选中全部工作表，则可右击工作表标签，在弹出的快捷菜单中选择"选定全部工作表"命令，如图 5.23 所示。

2．插入新的工作表

插入工作表可以通过以下三种方法实现。

1）单击工作表标签右侧的"插入工作表"按钮 ，则自动在所有工作表的最后插入一个新工作表。

2）右击某个工作表标签，在弹出的快捷菜单中选择"插入"命令，弹出"插入"对话框，单击"工作表"图标，然后单击"确定"按钮，则在选择的工作表前面插入了一个新工作表。

3）单击一个工作表标签，然后单击"开始"选项卡"单元格"选项组中的"插入"下拉按钮，在弹出的下拉列表中选择"插入工作表"选项，则在选择的工作表前面插入了一个新工作表。

3．移动或复制工作表

工作表可以在工作簿内或工作簿之间移动或复制。选定要移动或复制的工作表，单击"开始"选项卡"单元格"选项组中的"格式"下拉按钮，在弹出的下拉列表中选择"移动或复制工作表"选项，弹出"移动或复制工作表"对话框，如图 5.24 所示，选择要移动或复制的目标位置，包括工作簿名和工作表名，是移动还是复制，取决于是否勾选"建立副本"复选框，如果勾选该复选框，则为复制，否则为移动，设置完成后单击"确定"按钮，完成操作。

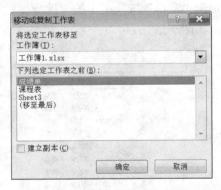

图 5.23　工作表标签的快捷菜单　　　图 5.24　"移动或复制工作表"对话框

如果是在当前工作簿内移动或复制工作表，还可用鼠标拖动：移动工作表时，单击要移动的工作表标签，然后沿着工作表标签行将工作表标签拖动到新的位置；复制工作表时，单击要复制的工作表标签，按住【Ctrl】键，然后沿着工作表标签行将工作表标签拖动到新的位置。

4. 工作表的重新命名

在实际的应用中，一般不使用 Excel 默认的工作表名称。为了从工作表名称了解工作表的内容，需要给工作表重命名。以图 5.7 中的成绩单为例，下面三种方法都可以用于将工作表 Sheet1 重命名为"成绩单"。

1）选择工作表 Sheet1，单击"开始"选项卡"单元格"选项组中的"格式"下拉按钮，在弹出的下拉列表中选择"重命名工作表"选项。

2）右击工作表 Sheet1，在弹出的快捷菜单中选择"重命名"命令，如图 5.23 所示。

3）双击工作表 Sheet1。

这三种方法都会使标签中的工作表名 Sheet1 反白显示，此时输入新名称"成绩单"，再按【Enter】键即可。

视频5-6　Excel编辑工作表

5. 删除工作表

当不再需要某个工作表时，可将其删除。选定要删除的工作表，单击"开始"选项卡"单元格"选项组中的"删除"下拉按钮，在弹出的下拉列表中选择"删除工作表"选项，或右击要删除的工作表，在弹出的快捷菜单中选择"删除"命令。

6. 拆分或冻结工作表

由于屏幕大小有限，工作表很大时，往往只能看到工作表的部分数据。如果希望比较对照工作表中相距甚远的数据，可将窗口分为几个部分，在不同窗口均可通过移动滚动条显示工作表的不同部分，这需要通过窗口的拆分来实现。

拆分分为三种：水平拆分，垂直拆分，水平、垂直同时拆分。

（1）水平拆分

单击水平拆分线下一行的行号或下一行最左列的单元格，如选定单元格 A2，单击"视图"选项卡"窗口"选项组中的"拆分"按钮，则实现水平拆分，工作表被分为上、下两个窗口，如图 5.25 所示。

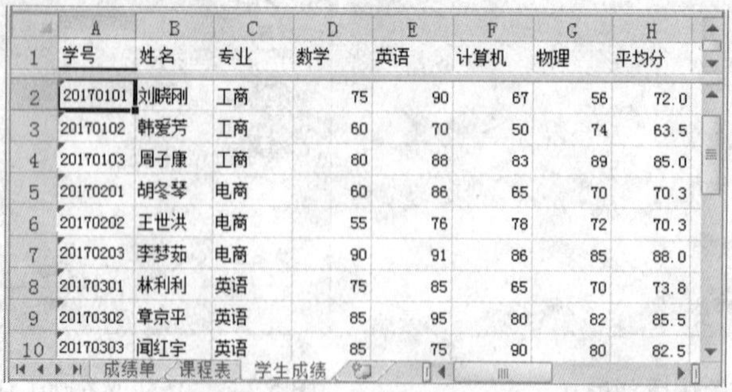

	A	B	C	D	E	F	G	H
1	学号	姓名	专业	数学	英语	计算机	物理	平均分
2	20170101	刘晓刚	工商	75	90	67	56	72.0
3	20170102	韩爱芳	工商	60	70	50	74	63.5
4	20170103	周子康	工商	80	88	83	89	85.0
5	20170201	胡冬琴	电商	60	86	65	70	70.3
6	20170202	王世洪	电商	55	76	78	72	70.3
7	20170203	李梦茹	电商	90	91	86	85	88.0
8	20170301	林利利	英语	75	85	65	70	73.8
9	20170302	章京平	英语	85	95	80	82	85.5
10	20170303	闻红宇	英语	85	75	90	80	82.5

成绩单　课程表　学生成绩

图 5.25　水平拆分

（2）垂直拆分

单击垂直拆分线右一列的列号或右一列最上方的单元格，如选定单元格 C1，单击"视图"选项卡"窗口"选项组中的"拆分"按钮，则实现垂直拆分，工作表被分为左、右两个窗口，如图 5.26 所示。

	A	B	C	D	E	F	G	H
1	学号	姓名	专业	数学	英语	计算机	物理	平均分
2	20170101	刘晓刚	工商	75	90	67	56	72.0
3	20170102	韩爱芳	工商	60	70	50	74	63.5
4	20170103	周子康	工商	80	88	83	89	85.0
5	20170201	胡冬琴	电商	60	86	65	70	70.3
6	20170202	王世洪	电商	55	76	78	72	70.3
7	20170203	李梦茹	电商	90	91	86	85	88.0
8	20170301	林利利	英语	75	85	65	70	73.8
9	20170302	章京平	英语	85	95	80	82	85.5
10	20170303	闻红宇	英语	85	75	90	80	82.5

图 5.26　垂直拆分

（3）水平、垂直同时拆分

单击工作表非第一行也非第一列的任一单元格，如选定单元格 C2，单击"视图"选项卡"窗口"选项组中的"拆分"按钮，则活动单元格上侧和左侧分别出现拆分线，工作表被分为上、下、左、右四个窗口，如图 5.27 所示。

拖动水平拆分框或垂直拆分框都可以移动拆分线的位置，双击拆分线或单击"拆分"按钮可以取消窗口的拆分。

单击"视图"选项卡"窗口"选项组中的"冻结窗格"下拉按钮，在弹出的下拉列表中选择"冻结拆分窗格"选项，如图 5.28 所示，可以把图 5.27 中左上、左下和右上三个区域冻结起来。即上下移动窗口时，工作表的第一行（字段名）始终不动；左右移动窗口时，第一、二两列（学号、姓名）始终不动。这样便于观察工作表中的数据。

	A	B	C	D	E	F	G	H
1	学号	姓名	专业	数学	英语	计算机	物理	平均分
2	20170101	刘晓刚	工商	75	90	67	56	72.0
3	20170102	韩爱芳	工商	60	70	50	74	63.5
4	20170103	周子康	工商	80	88	83	89	85.0
5	20170201	胡冬琴	电商	60	86	65	70	70.3
6	20170202	王世洪	电商	55	76	78	72	70.3
7	20170203	李梦茹	电商	90	91	86	85	88.0
8	20170301	林利利	英语	75	85	65	70	73.8
9	20170302	章京平	英语	85	95	80	82	85.5
10	20170303	闻红宇	英语	85	75	90	80	82.5

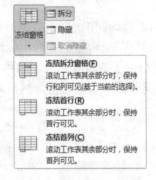

图 5.27　水平、垂直同时拆分　　　　　图 5.28　"冻结窗格"按钮的下拉列表

如果在"冻结窗格"下拉列表中选择"冻结首行"和"冻结首列"选项，则可以直接冻结工作表中的第 1 行和第 A 列，而无须考虑当前单元格的位置。

单击"视图"选项卡"窗口"选项组中的"冻结窗格"下拉按钮，在弹出的下拉列表中选择"取消冻结窗格"选项只取消窗口的冻结，单击"拆分"按钮，可以同时取消窗口的拆分和冻结。

视频 5-7　Excel 查看工作表

5.2.4 文件的保存

完成一个工作簿的数据输入、编辑后，下一步需要完成的工作就是保存。要养成随时保存文件的习惯，以防止突然停电或死机而引起的数据丢失。

1. 保存新的工作簿

单击"文件"选项卡中的"保存"按钮，弹出"另存为"对话框，选择保存工作簿文件的位置——驱动器、路径，输入工作簿文件名，再单击"保存"按钮即可完成文件的保存。Excel 默认文件类型为"Excel 工作簿（*.xlsx）"。如不做设置，Excel 将把当前工作簿保存到"文档库"中，并按默认文件名命名。

2. 保存已有工作簿

对已经命名的工作簿的保存操作非常简单，直接单击"文件"选项卡中的"保存"按钮，或单击快速访问工具栏中的"保存"按钮，或按【Ctrl+S】组合键都可以对当前工作簿进行保存。如果希望将当前工作簿保存到其他位置或以另外的名称保存，则可以单击"文件"选项卡中的"另存为"按钮，弹出"另存为"对话框，在其中进行设置。

5.3 编 辑 数 据

在单元格中输入数据后可以对其进行修改、删除、复制和移动等操作。

1. 数据的修改

在 Excel 中，修改数据有两种方法：一是在编辑栏中修改，只需先选定要修改的单元格，然后在编辑栏中进行相应修改，单击"输入"按钮 ✔ 确认修改，单击"取消"按钮 ✖ 或按【Esc】键放弃修改，此种方法适用于内容较多和公式的修改；二是直接在单元格中修改，此时需双击单元格，然后对单元格内容进行修改，此种方法适用于内容较少的修改。

2. 数据的删除

Excel 中删除数据有两个概念：数据清除和数据删除。

（1）数据清除

数据清除针对的对象是数据，单元格本身并不受影响。在选定单元格或一个区域后，单击"开始"选项卡"编辑"选项组中的"清除"下拉按钮，下拉列表中包含以下五个选项，如图 5.29 所示。

1）全部清除。清除单元格的全部内容和格式。

2）清除格式。仅清除单元格的格式，不改变单元格中的内容。

3）清除内容。仅清除单元格中的内容，不改变单元格的格式。

4）清除批注。仅清除单元格的批注，不改变单元格的格式和内容。

5）清除超链接。因为应用极少，此处不再介绍。

数据清除后单元格本身仍留在原位置不变。

选定单元格或单元格区域后按【Delete】键，相当于选择"清除内容"选项。

（2）数据删除

数据删除针对的对象是单元格，删除后选定的单元格与单元格中的数据都会从工作表中消失。

选定单元格或单元格区域后，单击"开始"选项卡"编辑"选项组中的"删除"下拉按钮，在下拉列表中选择"删除单元格"选项，弹出"删除"对话框，如图 5.30 所示。用户可点选"右侧单元格左移"或"下方单元格上移"单选按钮填充被删掉单元格后留下的空缺。点选"整行"或"整列"单选按钮将删除选定单元格区域所在的行或列，其下方行或右侧列自动填充空缺。当选定要删除的单元格区域为若干整行或若干整列时，将直接删除而不弹出对话框。

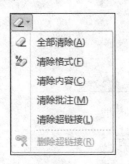

图 5.29 "清除"下拉列表　　　　　图 5.30 "删除"对话框

3. 数据的移动和复制

移动或复制数据可在同一个工作表中进行，也可以在不同的工作表、不同的工作簿中进行。移动数据操作将使目标单元格或单元格区域的数据被移动来的数据所覆盖。移动或复制数据通常使用以下两种方法。

（1）鼠标拖动

这种方法比较适用于短距离、小范围的数据移动和复制。

首先选定单元格或单元格区域，将鼠标指针指向其边框，待鼠标指针由原来的空心十字变成十字箭头形状时，拖动此边框到目标单元格，再释放鼠标左键即可。如果要进行复制操作，则只需在拖动的同时按住【Ctrl】键。

（2）使用剪贴板

首先选定单元格或单元格区域，单击"开始"选项卡"剪贴板"选项组中的"剪切"（或"复制"）按钮，然后选择目的地，再单击"粘贴"按钮即可。

在源区域执行剪切或复制选项后，区域周围会出现闪烁的虚线，只要闪烁的虚线不消失，就可以进行多次粘贴，一旦虚线消失，粘贴将无法进行。如果只需粘贴一次，有一种简单的粘贴方法，即在目标区域直接按【Enter】键。

在复制单元格时包含了单元格的全部信息，如果要有选择性地复制单元格数据的部分信息，如单元格的格式、批注、公式等，则可以使用选择性粘贴。其操作步骤如下。

1）对选定源单元格或单元格区域执行复制操作。

2）选定目标单元格或单元格区域。

3）单击"开始"选项卡"剪贴板"选项组中的"粘贴"下拉按钮，在弹出的下拉列表中选择"选择性粘贴"选项，弹出"选择性粘贴"对话框，如图 5.31 所示。

4）在该对话框的"粘贴"选项组中选择要粘贴的项目。

5）单击"确定"按钮即可完成设置。

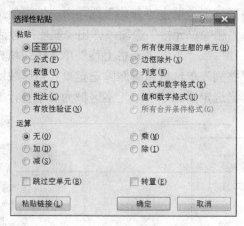

图 5.31 "选择性粘贴"对话框

单元格中数据的成分较多，各选项说明如表 5.1 所示。

表 5.1 "选择性粘贴"选项说明表

目的	选项	含义
粘贴	全部	默认设置，将源单元格所有属性都粘贴到目标区域中
	公式	只粘贴单元格公式，而不粘贴格式、批注等
	数值	只粘贴单元格中显示的内容，而不粘贴其他属性
	格式	只粘贴单元格的格式，而不粘贴单元格内的实际内容
	批注	只粘贴单元格的批注，而不粘贴单元格内的实际内容
	有效性验证	只粘贴源区域中的有效性数据规则
	边框除外	只粘贴单元格的值和格式等，但不粘贴边框
	列宽	将某一列的宽度粘贴到另一列中
	公式和数字格式	只粘贴单元格公式和所有数字格式
	值和数字格式	只粘贴单元格中显示的内容和所有数字格式
运算	无	默认设置，不进行运算，用源单元格数据完全取代目标区域中数据
	加	源单元格中数据加上目标单元格数据再存入目标单元格
	减	源单元格中数据减去目标单元格数据再存入目标单元格
	乘	源单元格中数据乘以目标单元格数据再存入目标单元格
	除	源单元格中数据除以目标单元格数据再存入目标单元格
设置	跳过空单元	不粘贴源区域中的空白单元格，以避免其取代目标区域的数值
	转置	将源区域的数据行列交换后粘贴到目标区域

4. 单元格、行、列的插入和删除

输入数据时难免会出现遗漏，有时是漏输一个数据，有时可能漏掉一行或一列。这些可通过 Excel 的"插入"操作来弥补。

（1）插入单元格

选定要插入单元格的位置，单击"开始"选项卡"单元格"选项组中的"插入"下拉按钮，在弹出的下拉列表中选择"插入单元格"选项，弹出"插入"对话框，选定新单元格出现的位置，单击"确定"按钮插入一个空白单元格，如图 5.32 所示。

图 5.32　　"插入"对话框

（2）插入行、列

在如图 5.32 所示的"插入"对话框中，若点选"整行"单选按钮，则在插入位置即当前行的上面插入一个空白行，当前行及以下各行依次向下移；若点选"列整"单选按钮，则在插入位置即当前列的左边插入一个空白列，当前列及以后各列依次向右移。

视频 5-8　Excel
编辑单元格

如果选定了插入位置处的若干行或列后，单击"开始"选项卡"单元格"选项组中的"插入"下拉按钮，在弹出的下拉列表中选择"插入工作表行"或"插入工作表列"选项，则在当前行的上方插入多行或在当前列的左侧插入多列，插入的行数或列数与选择的行数或列数相等。

单元格、行、列的删除参见"2.数据的删除"。编辑数据时如有误操作均可使用快速工具栏中的"撤销"按钮，恢复到误操作之前的状态。

5.4　工作表的格式化

5.4.1　格式化工作表

建立了工作表并不等于完成了所有工作，还必须对工作表中的数据进行格式化，使工作表的外观更漂亮，排列更整齐，重点更突出。

格式化工作表主要包括数字格式、字体、列宽和行高、对齐方式、表格边框线及底纹的设置等。为了提高格式化的效率，Excel 还提供了一些格式化的快速操作方法，如复制格式、样式的使用、自动格式化、条件格式等。

1. 数字的格式化

Excel 提供了大量的数字格式，并将它们分成常规、数值、货币、特殊、自定义等，如果不做设置，输入时使用默认的"常规"单元格格式。

在选定需要设置数字格式的单元格或单元格区域后，可以使用以下三种方法设置数字格式。

（1）使用"开始"选项卡

直接单击"开始"选项卡"数字"选项组中的"会计数字格式"、"百分比样式"、"千位分隔样式"、"增加小数位数"及"减少小数位数"按钮，可以进行常用数字格式的快速设置。

（2）使用"设置单元格格式"对话框

单击"开始"选项卡"数字"选项组的"对话框启动器"按钮，弹出"设置单元格格式"对话框，单击"数字"选项卡，如图 5.33 所示，从中选择需要的数字格式，即可把相应格式反映到工作表的相应区域。

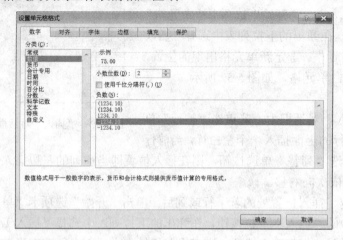

图 5.33　"数字"选项卡　　　　　　　　　　　　视频 5-9　Excel 数字格式化

（3）使用快捷菜单

右击要设置数字格式的单元格，在弹出的快捷菜单中选择"设置单元格格式"命令，弹出如图 5.33 所示的"设置单元格格式"对话框，其他操作与前一种方法相同。

2. 设置字体

在 Excel 的字体设置中，字体类型、字体形状、字体尺寸是最主要的三个方面。可使用"开始"选项卡"字体"选项组中的相关按钮进行相应的设置。也可以在"设置单元格格式"对话框的"字体"选项卡中进行设置，如图 5.34 所示，各项意义与 Word 的"字体"对话框相似，在此不再详细介绍。

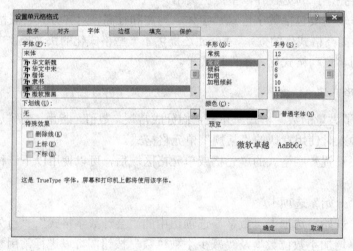

图 5.34　"字体"选项卡

3. 调整工作表的列宽和行高

当用户建立工作表时，所有单元格具有相同的宽度和高度。默认情况下，当单元格中输入的字符串超过列宽时，如果相邻单元格中已有内容，那么超长的文字就被截去，对于数字，则以一串"#"表示。当然，完整的数据还在单元格中，只不过没有显示出来。因此需要调整列宽和行高，以便于数据的完整显示。

调整列宽和行高常用的方法有以下三种。

（1）利用鼠标调整列宽和行高

将鼠标指针指向要调整列宽（或行高）的列标（或行标）分隔线上，这时鼠标指针会变成一个双向箭头，拖动分隔线至适当位置即可。

若要调整多列的宽度，则选择要调整列宽的列，然后拖动所选列标题的右侧边界。调整多行的高度与调整多列宽度的操作类似，只需拖动所选行标题的下边界即可。

（2）利用选项卡进行调整

1）调整列宽。选定要调整列或列中的任意一个单元格，单击"开始"选项卡"单元格"选项组中的"格式"下拉按钮，在弹出的下拉列表中选择"列宽"选项，弹出"列宽"对话框，输入需要的宽度值，单击"确定"按钮即可。

2）调整行高。调整行高与调整列宽操作类似，只需在下拉列表中选择"行高"选项，在"行高"对话框中输入需要的高度值即可。

（3）自动调整列宽或行高

1）自动调整列宽。使用鼠标双击列标题右侧的分隔线，可将该列的宽度自动调整到该列所有单元格中实际数据所占长度最大的那个单元格所应具有的宽度。另一种方法是单击"开始"选项卡"单元格"选项组中的"格式"下拉按钮，在弹出的下拉列表中选择"自动调整列宽"选项。

2）自动调整行高。自动调整行高与自动调整列宽操作类似，只需使用鼠标双击行标题下面的分隔线，或者在下拉列表中选择"自动调整行高"选项即可。

4. 设置对齐方式

在 Excel 中，不同类型的数据在单元格中以不同的默认方式对齐，如文字左对齐、数字右对齐、逻辑值居中对齐等。如果对默认的对齐方式不满意，可以在选定需要设置对齐方式的单元格或单元格区域后，使用下面三种方法设置数据对齐方式。

（1）使用"开始"选项卡的"对齐方式"选项组

单击"开始"选项卡"对齐方式"选项组中的"文本左对齐""居中""文本右对齐"按钮可以设置水平对齐方式，单击"顶端对齐""垂直居中""底端对齐"按钮可以设置垂直对齐方式。

（2）使用"设置单元格格式"对话框

单击"开始"选项卡"数字"选项组的"对话框启动器"按钮，弹出"设置单元格格式"对话框，单击"对齐"选项卡，如图 5.35 所示。

"水平对齐"下拉列表包括常规、靠左、居中、靠右、填充、两端对齐、跨列居中、分散对齐等选项。"垂直对齐"下拉列表包括靠上、居中、靠下、两端对齐、分散对齐等选项。对齐示例如图 5.36 所示。

勾选以下复选框时，可解决单元格中文字较长时被截断的情况。

1）自动换行。对输入的文本根据单元格列宽自动换行。

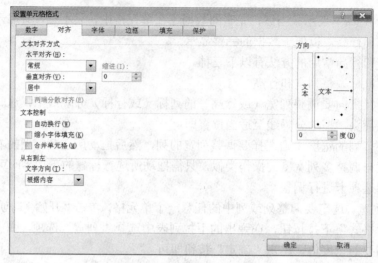

图 5.35　"对齐"选项卡

图 5.36　"对齐"格式示例

2）缩小字体填充。减小单元格中的字符大小，使数据的宽度与列宽相同。

3）合并单元格。将多个单元格合并为一个单元格，和"水平对齐"下拉列表中的"居中"结合，一般用于标题的对齐显示，如前面的成绩单、课程表等。"开始"选项卡"对齐方式"选项组中的"合并后居中"按钮🔲直接提供了该功能。

"方向"选项组可设置单元格文字或数据旋转显示的角度，角度范围为-90°～+90°。

（3）使用快捷菜单

右击要设置对齐方式的单元格，在弹出的快捷菜单中选择"设置单元格格式"命令，弹出"设置单元格格式"对话框，单击"对齐"选项卡，如图 5.35 所示，其他操作与前一种方法相同。

5．添加边框

通常用户在工作表中所看到的单元格都带有浅灰色的网格线，其实这是 Excel 内部设置的便于用户操作的网格线，打印时不会出现，而在制作财务、统计等报表时常常需要把报表设计成各种各样的表格形式，使数据及其说明文字层次更加分明，这就需要通过设置单元格的边框线来实现。

在选定需要添加边框的单元格或单元格区域后，可以使用下面三种方法为单元格添加边框。

（1）使用"开始"选项卡的"字体"选项组

使用"开始"选项卡"字体"选项组中的"边框"按钮![border]▼进行边框设置。

（2）使用"设置单元格格式"对话框

单击"开始"选项卡"字体"选项组、"对齐方式"选项组或"数字"选项组的"对话框启动器"按钮，弹出"设置单元格格式"对话框，单击"边框"选项卡，如图 5.37 所示。

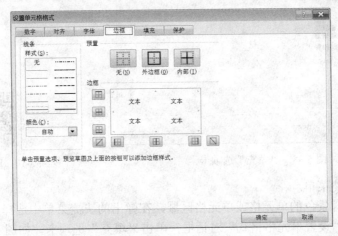

图 5.37 "边框"选项卡

1）在"样式"列表框中选择边框线的类型，在"颜色"下拉列表中选择边框线的颜色。

2）在"预置"选项组中单击"内部"按钮，可为所选单元格区域添加内部框线；单击"外边框"按钮，可为所选单元格区域添加外部框线。

3）在"边框"选项组中单击需要边框的按钮，或单击预览区中预览草图上的相应框线的位置，边框添加的效果会显示在预览区中。如果要删除某一边框，可以再次单击该边框的图示按钮。

（3）使用快捷菜单

右击要添加边框的单元格或单元格区域，在弹出的快捷菜单中选择"设置单元格格式"命令，弹出"设置单元格格式"对话框，单击"边框"选项卡，如图 5.37 所示，其他操作与前一种方法相同。

6. 添加底纹

除了为工作表添加边框外，还可以添加背景颜色和图案，突出单元格中的内容，增强工作表的视觉效果。

在选定需要添加背景颜色和图案的单元格或单元格区域后，可以使用下面三种方法为单元格添加底纹。

（1）使用"开始"选项卡的"字体"选项组

使用"开始"选项卡"字体"选项组中的"填充颜色"按钮![fill]▼设置所选单元格的背景色。

（2）使用"设置单元格格式"对话框

单击"开始"选项卡"字体"选项组、"对齐方式"选项组或"数字"选项组的"对话框启动器"按钮，弹出"设置单元格格式"对话框，单击"填充"选项卡，如图 5.38 所示。

可以为单元格设置背景色和渐变的填充效果，也可以设置单元格具有图案颜色和样式，通过"示例"区域可以预览设置的效果。

图 5.38　"填充"选项卡

视频 5-10　Excel 单元格格式

（3）使用快捷菜单

右击要设置背景色的单元格或单元格区域，在弹出的快捷菜单中选择"设置单元格格式"命令，弹出"设置单元格格式"对话框，单击"填充"选项卡，如图 5.38 所示，其他操作与前一种方法相同。

5.4.2　条件格式

条件格式是指当单元格中的数据满足指定条件时设置为指定的格式。应用条件格式可根据设定规则使处于不同取值范围的单元格呈现不同的格式，从而突出显示所关注的单元格或单元格区域、强调特殊值和可视化数据。使用条件格式可以帮助用户直观地查看和分析数据、关注变化转折和发现变化趋势等。

（1）快速设置条件格式

Excel 2010 支持多种条件格式，设置方式基本类似，只是选择不同规则时所需要的参数不同，因而设置的对话框也有所不同。

单击"开始"选项卡"样式"选项组中的"条件格式"下拉按钮，弹出的下拉列表中的规则如下。

1）突出显示单元格规则。当单元格的值大于、小于、等于或介于设定值时，或包含特定文本或日期时，为选定范围内唯一值或选定范围内有重复值时进行格式的设定。

例如，在打印学生成绩单时，对不及格的成绩用突出的方式表示，如设置为浅红填充色深红色文本，当要处理大量的学生成绩时，条件格式带来了极大的方便。其操作步骤如下。

① 选定要设置格式的单元格区域。

② 单击"开始"选项卡"样式"选项组中的"条件格式"下拉按钮，在其下拉列表选中"突出显示单元格规则"→"小于"选项，弹出"小于"对话框，如图 5.39 所示。

③ 在"为小于以下值的单元格设置格式"文本框中输入"60"，在"设置为"下拉列表中选择"浅红填充色深红色文本"选项。

④ 单击"确定"按钮，完成操作，结果如图 5.40 所示。

2）项目选取规则。当单元格的值为选定范围内最大或最小的几项时，或为选定范围内前百分之几或后百分之几时，高于或低于选定范围值的平均数时进行格式的设定。

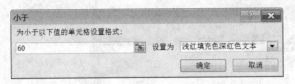

图 5.39　设置条件格式

3）数据条。数据条可以直观显示某个单元格对于其他单元格的值。数据条的长度代表单元格的值。数据条越长，表示值越高；数据条越短，表示值越低。

4）色阶。色阶包含双色刻度和三色刻度。

① 双色刻度使用两种颜色的深浅程度来帮助比较某个区域的单元格。颜色的深浅表示值的高低。

② 三色刻度使用三种颜色的深浅程度来帮助比较某个区域的单元格。颜色的深浅表示值的高、中、低。

5）图标集。使用图标集可以对数据进行注释，并可以按阈值将数据分为 3～5 个类别，每个图标代表一个值的范围。

数据条、色阶与图标集的效果如图 5.41 所示。

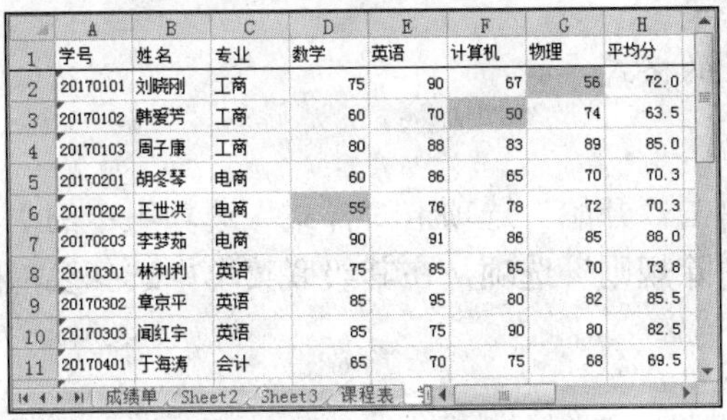

	A	B	C	D	E	F	G	H
1	学号	姓名	专业	数学	英语	计算机	物理	平均分
2	20170101	刘晓刚	工商	75	90	67	56	72.0
3	20170102	韩爱芳	工商	60	70	50	74	63.5
4	20170103	周子康	工商	80	88	83	89	85.0
5	20170201	胡冬琴	电商	60	86	65	70	70.3
6	20170202	王世洪	电商	55	76	78	72	70.3
7	20170203	李梦茹	电商	90	91	86	85	88.0
8	20170301	林利利	英语	75	85	65	70	73.8
9	20170302	章京平	英语	85	95	80	82	85.5
10	20170303	闻红宇	英语	85	75	90	80	82.5
11	20170401	于海涛	会计	65	70	75	68	69.5

图 5.40　设置条件格式后的结果

	J	K	L
1	数据条	色阶	图标集
2	75	75	75
3	60	60	60
4	80	80	80
5	60	60	60
6	55	55	55
7	90	90	90
8	75	75	75
9	85	85	85
10	85	85	85
11	65	65	65

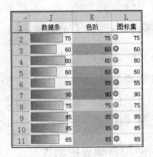

图 5.41　数据条、色阶与图标集的效果图

（2）条件格式的详细设置

如果需要进一步设置条件格式的参数，可以选择“条件格式”下拉列表中的“新建规则”选项，弹出“新建格式规则”对话框，如图 5.42 所示。通过该对话框可以详细地设置条件格式的各个参数，规则参数的不同，对话框的形式也不同。

“选择规则类型”列表框中列出了六种规则。

1）基于各自值设置所有单元格的格式。这是规则中设置最为复杂的一类。“编辑规则说明”选项组的“格式样式”下拉列表中包含数据条、色阶（双色刻度、三色刻度）与图标集几种类型。

2）只为包含以下内容的单元格设置格式。可以按数字、日期或时间、文本、空值、错误值等不同条件设置格式，不同的条件可以设置的格式也不相同。

3）仅对排名靠前或靠后的数值设置格式。可以设置前（后）几名或前（后）百分之几的单元格格式。

4）仅对高于或低于平均值的数值设置格式。可以设置高于或低于区域中所有单元格的平均值的单元格及高于或低于单元格区域中所有单元格的一个、两个或三个标准偏差的单

元格的格式。

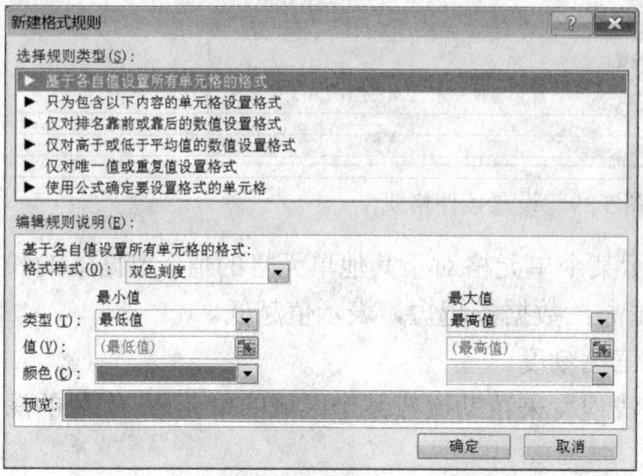

图 5.42　"新建格式规则"对话框　　　　视频 5-11　Excel 条件格式

5）仅对唯一值或重复值设置格式。可以设置选定范围内的唯一值或重复值的格式。

6）使用公式确定要设置格式的单元格。输入返回值为逻辑值（true 或 false）的公式，当公式结果值为 true 时，对选定的区域应用设置的格式；当公式结果值为 false 时，则忽略设置的格式。

注意： 条件格式的优先级高于手动设置的格式。

（3）清除条件格式

如果要清除已设置的条件格式，可以单击"开始"选项卡"样式"选项组中的"条件格式"下拉按钮，在其下拉列表中选择"清除规则"选项，在其级联菜单中选择要清除规则的范围（所选单元格或整个工作表）。

5.4.3　使用自动套用格式

如果对所建工作表没有特殊的格式要求，用户大可不必为工作表的修饰花太多时间，因为在 Excel 中有许多现成的格式可以供用户自动套用。这样既可节省大量时间，又能获得较好的效果。其操作步骤如下。

1）选定要应用格式的单元格区域。

2）单击"开始"选项卡"样式"选项组中的"套用表格格式"下拉按钮，从其下拉列表中选择合适的格式。

3）弹出"套用表格式"对话框，如图 5.43 所示，确认表数据的来源区域正确。

图 5.43　"套用表格式"对话框

4）单击"确定"按钮，将所选的格式应用到所选的单元格区域中，同时弹出"表格工具/设计"选项卡，可以继续设置相关的表选项。

5.4.4　格式的复制和删除

对已格式化的数据区域，如果其他区域也要使用该格式，不必重复设置，可以使用复制格式的方法快速完成，也可以把不满意的格式删除。

1. 格式复制

格式的复制一般使用"开始"选项卡"剪贴板"选项组中的"格式刷"。其操作步骤如下。

1）选定所要复制格式的源单元格或源单元格区域。

2）单击"开始"选项卡"剪贴板"选项组中的"格式刷"按钮。

3）此时，鼠标指针变成小刷子样式，使用其选择目标区域，即可完成操作。

也可以单击"复制"按钮确定要复制的格式，再选定目标区域，单击"粘贴"下拉按钮，在其下拉列表中选择"选择性粘贴"→"格式"选项，实现对目标区域的格式复制。

2. 格式删除

当对已设置的格式不满意时，可以选定已设置格式的单元格区域，然后单击"开始"选项卡"编辑"选项组中的"清除"按钮，在其下拉列表中选择"清除格式"选项。格式清除后，单元格中的数据以常规格式表示。

5.4.5　插入图片

选定要添加背景的工作表，单击"页面布局"选项卡"页面设置"选项组中的"背景"按钮，弹出"工作表背景"对话框，如图 5.44 所示，找到所需的图片后单击"插入"按钮，则选择的图片将成为工作表的背景。

如果要删除工作表的背景，选定工作表后单击"页面布局"选项卡"页面设置"选项组中的"删除背景"按钮即可。

图 5.44　"工作表背景"对话框

视频 5-12　Excel 美化表格

5.5　公式与函数的应用

电子表格软件与文字处理软件最显著的差别是能够对输入的数据进行各种计算。电子表格中计算是以公式的形式进行的，因此，公式是电子表格的核心。

5.5.1 公式

所谓公式，类似于数学中的表达式。公式以等号开头，由常量、单元格引用、函数和运算符等组成，如=（A1+25）*B5。公式的运算结果就是单元格的值。

1. 运算符及优先级

公式中可使用的运算符主要包括以下几种。

（1）算术运算符

它主要对数值型数据进行基本的数学运算，算术运算符如表 5.2 所示。

表 5.2　算术运算符

算术运算符	含义	示例	算术运算符	含义	示例
+	加	=3+3	/	除	=3/3
−	减	=3−1	%	百分号	=20%
*	乘	=3*3	^	乘方	=3^2

（2）比较运算符

可以使用下列运算符比较两个值的大小，比较的结果是一个逻辑值，即逻辑真（true）或逻辑假（false）。比较运算符如表 5.3 所示。

表 5.3　比较运算符

比较运算符	含义	示例	比较运算符	含义	示例
=	等于	A1=B1	>=	大于等于	A1>=B1
>	大于	A1>B1	<=	小于等于	A1<=B1
<	小于	A1<B1	<>	不等于	A1<>B1

（3）文本运算符

&（连接）将两个文本值连接起来产生一个连续的文本值。例如，"North" & "wind"的运算结果为"Northwind"。

（4）引用运算符

引用运算符指示公式中引用数据所在的单元格。引用运算符如表 5.4 所示。

表 5.4　引用运算符

引用运算符	含义	示例
:	区域运算符（引用区域内的全部单元格）	B5:B15
,	联合运算符（多个引用区域内的全部单元格）	SUM(B5:B15,D5:D15)
空格	交叉运算符（只引用交叉区域内的单元格）	SUM(B5:B15□D5:D15)

当多个运算符同时出现在公式中时，Excel 对运算符的优先级做了严格规定，算术运算符中从高到低分三个级别：百分号和乘方、乘和除、加和减。比较运算符优先级相同。三类运算符又以算术运算符最高，文本运算符次之，最后是比较运算符。优先级相同时，按从左到右的顺序计算。

2. 创建公式

在工作表中创建公式，也就是把公式输入单元格中，其具体步骤如下。

1）选定要输入公式的单元格。

2）首先在单元格中输入等号（=），然后输入编制好的公式。

3）按【Enter】键确认输入，计算结果显示在单元格中，而公式则显示在编辑栏上。

例如，在"成绩单"中求刘晓刚的总分，选择单元格 G4，输入求和公式"=C4+D4+E4+F4"，按【Enter】键或单击编辑栏中的✔按钮即可。

3. 公式中的数据引用

（1）单元格引用

单元格引用是指一个引用位置可代表工作表中的一个单元格或一片区域，引用位置用单元格的地址表示。在公式中之所以不用数字本身而是用单元格的地址，就是要使计算的结果始终准确地反映单元格的当前数据。只要改变了数据单元格中的内容，公式单元格中的结果就会立刻自动刷新。如果在公式中直接写数字，那么即使单元格中的数据有变化，汇总的信息也不会自动更新。

公式中输入单元格引用时可以逐字输入单元格地址，但更为简便的方法是直接选取单元格或单元格区域。

单元格引用可分为相对引用、绝对引用和混合引用三种。

1）相对引用。即用字母表示列，用数字表示行，如"G4""C4""F5"。相对引用仅指出引用数据的相对位置，当把一个含有相对引用的公式复制或移动到其他单元格位置时，公式会根据移动的位置自动调节公式中引用的单元格。一般在公式中使用的单元格默认为相对引用。

2）绝对引用。即在列名和行号前分别加上一个符号"$"，如"$G$4"。绝对引用的单元格地址不随移动或复制目的单元格的变化而变化。

3）混合引用。单元格引用地址的一部分为绝对地址，另一部分为相对地址，如"$A1"或"A$1"。如果$符号在行号前，则表明该行位置"绝对不变"，而列位置仍随目的位置的变化做相应变化。反之，如果$符号在列名前，则表明该列位置"绝对不变"，行位置将随目的位置的变化而变化。

三种引用地址输入时可以互相转换：在公式中选定引用单元格的部分，反复按【F4】键可进行引用间的转换。转换时，单元格中公式的引用会按 A1→$A$1→A$1→$A1→A1 顺序变化。

（2）工作表和工作簿的引用

1）工作表的引用。当前工作表中的单元格可以引用同一工作簿中其他工作表中的单元格，引用格式为"=<工作表标签>！<单元格引用>"。例如，将 Sheet3 的单元格 B6 内容与 Sheet2 的单元格 G4 内容相加，其结果放入 Sheet2 的单元格 H4 中，则在 Sheet2 的单元格 H4 中应输入公式"=Sheet3！B6+Sheet2！G4"。

2）工作簿的引用。当前工作表还可以引用其他工作簿中的单元格，

视频 5-13 公式和单元格引用

引用格式为"=[<工作簿>]<工作表标签>！<单元格引用>"。例如，"=[职工基本情况表.xlsx]Sheet3！\$A\$3"。对已关闭工作簿的引用，则必须输入工作簿存放位置的完整路径并加单引号，如"='D:\Myfiles\[职工基本情况表.xlsx]Sheet3'！\$A\$3"。

4. 移动和复制公式

某个单元格中的数据如果是通过公式计算得到的，那么在对此单元格的数据进行移动或复制时，就不是一般数据简单的移动和复制。在进行公式的移动和复制时，会发现经过移动或复制后的公式有时会发生变化。例如，如果把图 5.45 所示的单元格 G4 的公式复制到单元格 G5 中，结果如何呢？

单元格 G4 存放了求和公式"=C4+D4+E4+F4"（注意编辑栏显示的 G4 单元格内容），通过复制操作，将该公式复制到 G5 单元格，结果如图 5.46 所示。复制后的公式随目标单元格位置的变化相应变化为"=C5+D5+E5+F5"。

图 5.45　复制公式　　　　　　　　　　　图 5.46　公式复制结果

要将公式复制到区域 G5:G9 中的每一个单元格，只需选中 G4，拖动填充柄到单元格 G9，则相应的公式就输入了 G5:G9。

有些情况下公式的计算并不希望单元格引用地址变化，如图 5.47 所示，要计算"单项平均"时，单元格 C11 中公式为"=C10/A11"，如果用公式复制的方法，将公式复制到单元格 D11、单元格 E11、单元格 F11，会变成"=D10/B11"、"=E10/C11"和"=F10/D11"，这显然是不正确的，而实际想得到的是"=D10/A11"、"=E10/A11"和"=F10/A11"，这就需要使用绝对引用地址。例如，图 5.47 中的\$A\$11，符号"\$"就像一把"锁"，锁住了参与运算的单元格，使其不会因为复制的目的位置的变化而变化。

图 5.47　使用绝对引用地址

5.5.2　使用函数

一些复杂的运算如果由用户自己来设计公式将会很麻烦，有些甚至无法做到（如开平方），Excel 提供了大量可用于不同用途的各类函数，为用户对数据进行运算和分析带来极大的方便。这些函数分为财务、逻辑、文本、日期与时间、查找与引用、数学与三角函数、统计、工程、多维数据库和信息十大类。

1. 函数的一般格式

函数的一般格式如下。

函数名（参数 1，参数 2，…）

由函数的一般格式可见，函数由函数名、参数和圆括号组成。函数名起标识作用，参数可以是数值、文本、单元格引用，也可以是常量、公式或其他函数，写在括号内，所以函数名后一定要有一对圆括号，括号中写参数，当有多个参数时，各个参数之间用逗号分隔，个别函数不需要参数。例如，

1）SUM(C3:F3)表示将单元格 C3 到单元格 F3 的所有值相加。

2）AVERAGE(C3:F3)表示对单元格 C3 到单元格 F3 的所有值求平均值。

3）MAX(C3:F3)表示对单元格 C3 到单元格 F3 中的所有值求最大值。

4）PI()表示产生圆周率 π 的值。

使用函数时必须按照正确的顺序和格式输入函数参数才能进行计算。

2. 输入函数

输入函数有三种方法，分别是直接输入、使用"插入函数"对话框和利用"公式"选项卡。

（1）直接输入

如果用户对函数名称和参数意义都非常清楚，可直接在单元格或编辑栏中输入函数及其参数。输入函数与输入公式一样，一定要以等号"="开头，等号后面紧跟函数，如"=SUM(C3:F3)"，按【Enter】键或单击编辑栏中的"确认"按钮确认，得到计算结果。

在直接输入函数时还可使用"公式记忆式输入"法。其操作方法如下。

1）在单元格中输入等号（=）和函数开头的一个或几个字母，系统将在单元格的下方显示一个动态下拉列表，该下拉列表中包含与这些字母相匹配的可用函数。使用向下键滚动列表时还将看到每个函数的功能提示，如图 5.48（a）所示。

2）在列表中双击要使用的函数，系统将在单元格中自动输入函数名称，后面紧跟一个左括号，并提示该函数的语法及参数类型，如图 5.48（b）所示。

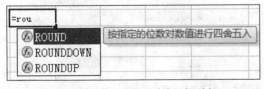

（a）在单元格下方显示动态下拉列表　　　　　　（b）语法和参数提示

图 5.48 公式记忆式输入示例

3）按【Enter】键后系统自动添加右括号，并在单元格中显示函数的计算结果，在编辑栏中可以查看公式。

使用这种方法输入函数可以减少输入错误和语法错误。

（2）使用"插入函数"对话框

由于 Excel 有几百个函数，要记住它们难度很大。为此，Excel 提供了"插入函数"对话框，引导用户正确输入函数。下面以公式"=SUM(C4:F4)"为例说明"插入函数"对话框的使用。

1）选择要输入函数的单元格（如单元格 G4）。

2）单击"公式"选项卡"函数库"选项组中的"插入函数"按钮，或单击编辑栏中的"插入函数"按钮 f_x，或按【Shift+F3】组合键，弹出"插入函数"对话框，如图 5.49 所示。

3）在该对话框的"或选择类别"下拉列表中选择函数类型（如"常用函数"），在"选择函数"列表框中选择函数名称（如"SUM"），此时列表框的下方显示关于该功能的简单介绍。

4）单击"确定"按钮，弹出"函数参数"对话框，如图 5.50 所示。

5）在"SUM"文本框中输入常量、单元格或区域。

6）输入完函数所需的所有参数后，单击"确定"按钮。在单元格中显示计算结果，编辑栏中显示公式。

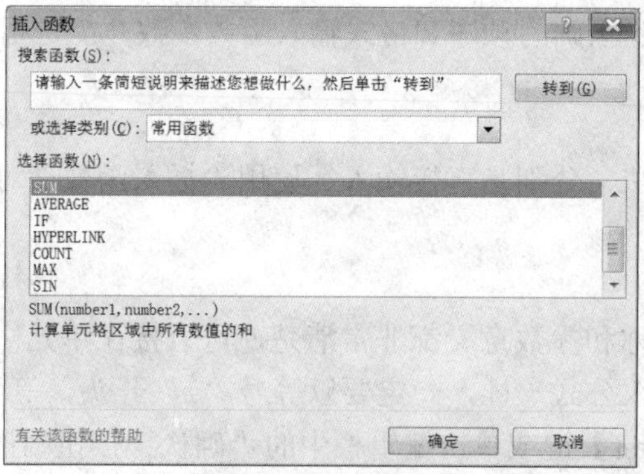

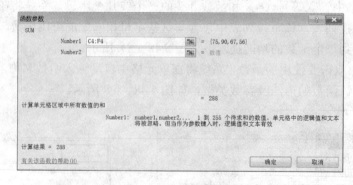

图 5.49 "插入函数"对话框

图 5.50 "函数参数"对话框

在参数框右侧有一个"折叠对话框"按钮，当对输入的单元格或区域无把握时，可单击此按钮，暂时折叠起对话框，显示出工作表，选择所需的单元格或单元格区域，再单击折叠后的输入框右侧按钮，恢复"函数参数"对话框。"折叠对话框"按钮在以后需要选择单元格区域的对话框中还会多次用到。

（3）利用"公式"选项卡

按照要使用的函数类别，使用"公式"选项卡"函数库"选项组中的各类函数下拉按钮，如图 5.51 所示，在下拉列表中选择函数名称，同样会弹出如图 5.50 所示的"函数参数"对话框，可以与前面一样输入函数的参数，完成函数的使用。

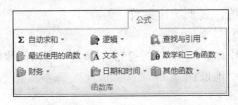

图 5.51　"函数库"选项组中的各类函数按钮　　　　视频 5-14　Excel 函数格式与输入

函数输入后如果需要修改，可以在编辑栏中直接修改，也可用"插入函数"按钮，在"函数参数"对话框中进行修改。

3. 自动求和

在 Excel 工作表数据处理中经常需要对数据进行求和运算，单击"开始"选项卡"编辑"选项组中的"自动求和"按钮，可以快捷地调用求和函数，以及平均值、最大值、最小值等函数。

例如，用函数求出"成绩单"中第一个学生的"总分"。其操作步骤如下。

1）选定要存放求和结果的单元格 G4。

2）单击"开始"选项卡"编辑"选项组中的"自动求和"按钮。

3）Excel 自动在单元格中插入 SUM()函数，并给出默认的求和区域，生成相应的求和公式，如图 5.52 所示。可以使用鼠标重新选择求和区域。

	B	C	D	E	F	G	H	I
1	成		绩		单			
2								
3	姓名	数学	英语	计算机	物理	总分		
4	刘晓刚	75	90	67	56	=SUM(C4:F4)		
5	韩爱芳	60	70	50	74	SUM(number1, [number2], ...)		
6	周子康	80	88	83	89			
7	胡冬琴	60	86	65	70			
8	王世洪	55	76	78	72			
9	李梦茹	90	91	86	85			

图 5.52　自动求和

按【Enter】键或单击编辑栏中的"确认"按钮确认输入。

如果要自动求和的区域是不连续的，那么在拖动选定单元格时，需按住【Ctrl】键，依次单击各个要选定的单元格。求和区域也可以手工输入。

此外，还可以单击"自动求和"下拉按钮，在下拉列表中选择"平均值""计数""最大值""最小值"等函数进行相应的计算。

4. 常用函数

（1）求和函数 SUM()

函数功能：计算所有参数的和，属于数学与三角函数。

　　格式：SUM(number1,number2,…)

　　参数：number1,number2, …——1～255 个待求和的数值，可以是数值、逻辑值、文本数字、单元格和单元格区域的引用地址。

　　（2）求平均值函数 AVERAGE()

　　函数功能：计算所有参数的算术平均值，属于统计函数。

　　格式：AVERAGE(number1,number2,…)

　　参数：number1,number2, …——需要计算平均值的 1～255 个参数，可以是数值、逻辑值、文本数字、单元格和单元格区域的引用地址。

　　（3）四舍五入函数 ROUND()

　　函数功能：按指定的位数对数值进行四舍五入，属于数学与三角函数。

　　格式：ROUND(number, num_digits)

　　参数：number——要四舍五入的数值，可以是数值或单元格地址。

　　num_digits——执行四舍五入时采用的位数。

　　说明：如果 num_digits 大于 0，则将数字四舍五入到指定的小数位。

　　　　　如果 num_digits 等于 0，则将数字四舍五入到最接近的整数。

　　　　　如果 num_digits 小于 0，则在小数点左侧进行四舍五入。

　　（4）取整函数 INT()

　　函数功能：将数值向下取整为最接近的整数，属于数学与三角函数。

　　格式：INT(number)

　　参数：number——要取整的实数，可以是数值或单元格地址。

　　（5）求最大值函数 MAX()

　　函数功能：返回参数包含的数据集中的最大值，属于统计函数。

　　格式：MAX(number1,number2,…)

　　参数：number1,number2, …——需要求最大值的参数，最多可以有 255 个参数，可以是数值、逻辑值、文本数字、单元格和单元格区域的引用地址。

　　（6）求最小值函数 MIN()

　　函数功能：返回参数包含的数据集中的最小值，属于统计函数。

　　格式：MIN(number1,number2,…)

　　参数：number1,number2, …——需要求最小值的参数，最多可以有 255 个参数，可以是数值、逻辑值、文本数字、单元格和单元格区域的引用地址。

　　（7）计数函数 COUNT()

　　函数功能：返回参数中包含数字的单元格的个数，属于统计函数。

　　格式：COUNT(value1, value2,…)

　　参数：value1, value2,…——包含或引用各种类型数据的参数，最多可以有 255 个参数，可以是数值、逻辑值、文本数字、单元格和单元格区域的引用地址。

　　（8）计数函数 COUNTA()

　　函数功能：返回参数中不为空的单元格的个数，属于统计函数。

　　格式：COUNTA(value1, value2,…)

　　参数：value1, value2,…——包含或引用各种类型数据的参数，最多可以有 255 个参数，可以是数值、逻辑值、文本数字、单元格和单元格区域的引用地址。

注意：COUNTA 函数与 COUNT 函数的区别如下。

COUNTA 函数可对包含任何类型数据的单元格进行计数，包括错误值和空文本（""）；而 COUNT 函数只对包含数字的单元格进行计数。

（9）条件返回函数 IF()

函数功能：判断是否满足某个条件，如果满足返回一个值，如果不满足则返回另一个值，属于逻辑函数。

格式：IF(logical_test, value_if_true, value_if_false)

参数：logical_test——结果为 true 或 false 的任意值或表达式。

value_if_true——logical_test 参数计算结果为 true 时所要返回的值。

value_if_false——logical_test 参数计算结果为 false 时所要返回的值。

（10）条件计数函数 COUNTIF()

函数功能：返回参数中满足单个指定条件的单元格的个数，属于统计函数。

格式：COUNTIF(range, criteria)

参数：range——要对其进行计数的一个或多个单元格。

Criteria——以数字、表达式或文本形式定义的条件。

例如，要统计数学成绩在 80 分以上的人数，可使用函数"=COUNTIF(C2:C13,">80")"。

（11）日期与时间函数

1）NOW()。

函数功能：返回系统设置的当前日期和时间的序列号。

格式：NOW()

2）TODAY()。

函数功能：返回系统设置的当前日期的序列号。

格式：TODAY()

3）YEAR()。

函数功能：返回某日期对应的年份值，一个 1900～9999 范围内的数字。

格式：YEAR(serial_number)

参数：serial_number——包含年份的日期值。

（12）提取字符串函数 MID()

格式：MID(text,start_num,num_chars)

函数功能：从文本字符串中指定的起始位置起返回指定长度 视频 5-15 Excel 常用函数
的字符，属于文本函数。

参数：text——准备从中提取字符串的文本字符串。

start_num——准备提取的第一个字符的位置。

num_chars——指定所要提取的字符串长度。

在公式中可以使用嵌套函数，即在公式中将一个函数的结果

视频 5-16 Excel 函数示例 作为另一个函数的参数，将两个或多个函数嵌套使用。例如：

"=IF(G4>=90, "优秀",IF(G4>=80, "良好", IF(G4>=70, "中等", IF(G4>=60, "及格","不及格"))))"

5.6 图 表 功 能

图表将数据以图形形式可视化显示，使用户直观理解和比较大量数据，并发现不同数据系列之间的关系。

5.6.1 创建图表

1. 图表元素

在创建图表之前，先了解 Excel 图表的组成部分。
各个图表元素在图表中的位置如图 5.53 所示。

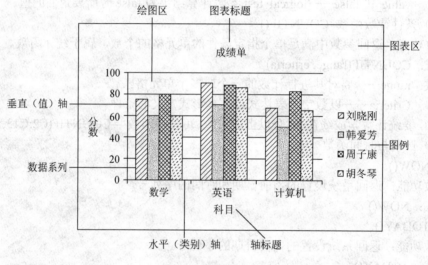

图 5.53 图表元素

1）图表区。整个图表及包含的元素。

2）绘图区。以坐标轴为界，包含全部数据系列的区域。

3）数据系列。绘制在图表中的一些相关数据点，来源于工作表的行或列，被按行或按列分组而构成各个数据系列。如果按行定义数据系列，那么每一行上的数据就构成一个数据系列；如果按列定义数据系列，那么每一列上的数据就构成一个数据系列。各数据系列的颜色各不相同。

4）图例。位于图表中适当位置处的一个方框，内含各个数据系列名及图例项标志（标志各个数据系列的颜色及填充图案）。

5）水平（类别）轴。常用来表示种类，在一些图表类型中用水平方向的 x 轴代表。

6）垂直（值）轴。表示数值的大小，在一些图表类型中用垂直方向的 y 轴代表。

7）图表标题。一般情况下每个图表都有一个标题，用来标明图表的内容。

8）轴标题。在图表中使用坐标轴来描述数据内容时的标题，有水平（类别）轴标题和垂直（值）轴标题。

2. 图表类型说明

Excel 提供了 11 种标准的图表类型，每种图表类型又包含若干种子图表类型。每种图表各有特色，下面简单介绍 11 种标准的图表类型。

1）柱形图。柱形图用于显示一段时间内的数据变化或显示各项之间的比较情况。在柱形图中，通常沿横坐标轴组织类别，沿纵坐标轴组织值。

2）折线图。折线图可以显示随时间而变化的连续数据，因此非常适用于显示在相等时间间隔下数据的趋势。在折线图中，类别数据沿水平轴均匀分布，所有值数据沿垂直轴均匀分布。

3）饼图。仅排列在工作表的一行或一列中的数据可以绘制到饼图中。饼图显示一个数据系列中各项的大小与各项总和的比例。饼图中的数据点显示为整个饼图的百分比。

4）条形图。类似于柱形图，强调各个数据项之间的差别情况。纵轴为分类轴，横轴为数据项，这样可以突出数值的比较。

5）面积图。面积图强调数量随时间而变化的程度，也可用于引起人们对总趋势的注意。例如，表示随时间而变化的利润的数据可以绘制在面积图中以强调总利润。通过显示所绘制的值的总和，面积图还可以显示部分与整体的关系。

6）XY 散点图。散点图显示若干数据系列中各系列之间的关系，或者将两组数绘制为 xy 坐标的一个系列。散点图有两个数值轴，沿横坐标轴（x 轴方向）显示一组数值数据，沿纵坐标轴（y 轴方向）显示另一组数值数据。散点图将这些数值合并到单一数据点并按不均匀的间隔或簇来显示它们。散点图通常用于显示和比较数值，如科学数据、统计数据和工程数据。

7）股价图。以特定顺序排列在工作表的列或行中的数据可以绘制到股价图中。顾名思义，股价图经常用来显示股价的波动。然而，这种图表也可用于科学数据。例如，可以使用股价图来显示每天或每年温度的波动。必须按正确的顺序来组织数据才能创建股价图。

8）曲面图。如果要找到两组数据之间的最佳组合，可以使用曲面图。就像在地形图中一样，颜色和图案表示具有相同数据范围的区域。当类别和数据系列都是数值时，可以使用曲面图。

9）圆环图。像饼图一样，圆环图显示各个部分与整体之间的关系，但是它可以包含多个数据系列，圆环图的每一个环都代表一个数据系列。

10）气泡图。数据标记的大小反映了第三个变量的大小。要排列数据，应将 X 值放在一行或一列中，并在相邻的行或列中输入对应的 Y 值和气泡大小。

11）雷达图。每个分类都有它自己的数值轴，每个数值轴都从中心向外辐射。而线条则以相同的顺序连接所有的值。

3. 创建图表的方法

在 Excel 中，图表可分为两种类型：一种是独立图表，它位于单独的工作表中，与数据源不在同一个工作表上，打印时也将与数据表分开打印；另一种是嵌入式图表，它与数据源在同一工作表上，可以同时看到图表与数据的内容，打印时也同时打印。

独立图表和嵌入式图表都与工作表数据源相链接，并随工作表数据的更新而自动更新。

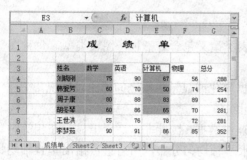

图 5.54　选定数据区域

（1）创建嵌入式图表

创建嵌入式图表的操作步骤如下。

1）选定要创建图表的数据区域。正确地选定数据区域是能否创建图表的关键。选定的数据区域可以连续，也可以不连续。但需注意，若选定的区域不连续，则第二个区域应和第一个区域所在行或所在列具有相同的矩形；若选定的数据区域有文字，则文字应在区域的最左列或最上行，作为图表中数据含义的说明，如图 5.54 所示。

2）使用"插入"选项卡"图表"选项组中的相应按钮选择图表类型，如单击"柱形图"下拉按钮后，在其下拉列表中选择"二维柱形图"→"簇状柱形图"选项，如图 5.55 所示。

3）此时即快速建立了一个嵌入式图表，如图 5.56 所示。

图 5.55　选择图表类型

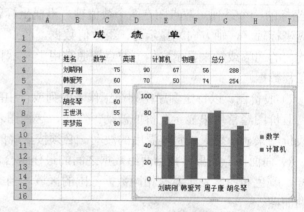

图 5.56　嵌入式图表

（2）创建独立图表

创建独立图表有以下两种情况。

1）创建默认的独立图表。Excel 默认的图表类型为柱形图。选定要创建图表的数据区域，按功能键【F11】，即可创建默认的独立图表。

2）将嵌入式图表更改为独立图表。选定已经建立的嵌入式图表，单击"图表工具/设计"选项卡"位置"选项组中的"移动图表"按钮，弹出"移动图表"对话框，如图 5.57 所示。点选"新工作表"单选按钮，输入新工作表的名称，单击"确定"按钮，则将嵌入式图表移动到一个新工作表中，即为一个独立图表。

如果选定独立图表，点选"移动图表"对话框中的"对象位于"单选按钮，则可以将独立图表移动至其他工作表中而成为嵌入式图表。

图 5.57　"移动图表"对话框　　　　　　　　视频 5-17　Excel 图表创建

5.6.2　编辑图表

图表建立好之后，如果需要修改图表类型或是图表中的某些选项，可单击图表区域的任一位置选择要修改的图表，然后对图表进行编辑。此时系统会自动显示"图表工具/设计"、"图表工具/布局"和"图表工具/格式"三个选项卡。其中"图表工具/设计"选项卡是对图表整个格局的设置，如图表布局、图表样式等；"图表工具/布局"选项卡是对图表中的对象的编辑，如图表标题、坐标轴标题、图例等；"图表工具/格式"选项卡是对图表中对象格式的设置，如形状样式、艺术字样式等。

1. 更改图表类型

对已创建的图表，可根据需要改变图表的类型。单击"图表工具/设计"选项卡"类型"选项组中的"更改图表类型"按钮，弹出"更改图表类型"对话框，选择所需的图表类型，在右侧选择所需的子图表类型，最后单击"确定"按钮。

虽然图表的外观发生改变，但图表中所表示的数值并没有变化。这表明图表仍然与它所表示的数据相联系。同一组数据能用许多种不同的图表类型进行表达，因此在选择图表类型时可以选择最适合于表达数据内容的图表类型。

2. 更改图表样式

如果对创建的图表样式不满意，可以进行修改。单击"图表工具/设计"选项卡"图表样式"选项组中的一种外观样式的按钮，随后即可查看更改图表样式后的效果。

3. 更改图表中的数据

图表建好之后，图表和工作表的数据区域之间建立了联系，当工作表中的数据发生变化时，图表中的对应数据也自动更新。

1）删除图表中的数据系列。选定需要删除的数据系列，按【Delete】键即可把该数据系列从图表中删除，但不影响工作表中的数据。若删除工作表中的数据，则图表中对应的数据系列也自动地被删除。

2）向图表添加数据系列。选择新添数据源单元格区域，单击"开始"选项卡"剪贴板"选项组中的"复制"按钮，再选择图表，然后单击"粘贴"按钮即可。

3）重新选择图表的数据源。选定图表，单击"图表工具/设计"选项卡"数据"选项组中的"选择数据"按钮，弹出"选择数据源"对话框，如图 5.58 所示，其中的"图表数据区域"可以重新选择创建图表的数据区域，"图例项（系列）"可以实现对数据系列的添加、编辑和删除。选择完成后单击"确定"按钮。

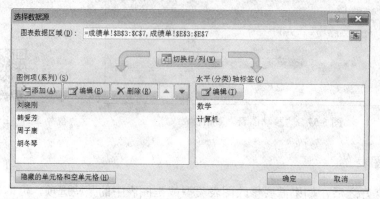

图 5.58 "选择数据源"对话框

4）更改图表中的数据系列来源。单击"图表工具/设计"选项卡"数据"选项组中的"切换行/列"按钮，或者在如图 5.58 所示的"选择数据源"对话框中单击"切换行/列"按钮，都可以实现数据系列的行列互换。

4. 设置图表选项

标题、图例、数据标签、数据表、坐标轴和网络线是图表中的重要组成部分，可以通过"图表工具/布局"选项卡进行编辑。

（1）设置图表标题

单击"图表工具/布局"选项卡"标签"选项组中的"图表标题"下拉按钮，在弹出的下拉列表中可以选择放置标题的方式和关于图表标题的其他设置，如图 5.59 所示。

（2）设置坐标轴标题

单击"图表工具/布局"选项卡"标签"选项组中的"坐标轴标题"下拉按钮，在弹出的下拉列表中可以分别设置主要横坐标轴标题和主要纵坐标轴标题，如图 5.60 所示。

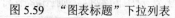
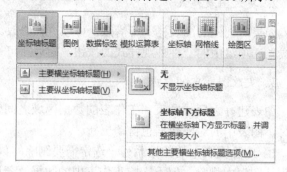

图 5.59 "图表标题"下拉列表　　　　　图 5.60 "坐标轴标题"下拉列表

标题文字内容的添加与修改可以通过直接双击标题区域或者右击标题区域后在弹出的快捷菜单中选择"编辑文本"命令完成。

（3）设置图例

单击"图表工具/布局"选项卡"标签"选项组中的"图例"下拉按钮，在弹出的下拉列表中可以通过选择设置图例的位置和关于图例的其他设置，如图 5.61 所示。

（4）设置数据标签

单击"图表工具/布局"选项卡"标签"选项组中的"数据标签"下拉按钮，在弹出的下拉列表中可以设置数据标签的位置。选择下拉列表中的"其他数据标签选项"命令，弹出"设置数据标签格式"对话框，如图 5.62 所示，可以设置标签选项（标签内容和位置）、标签中的数字、填充、边框颜色、边框样式、阴影、发光和柔化边缘、三维格式和对齐方式。

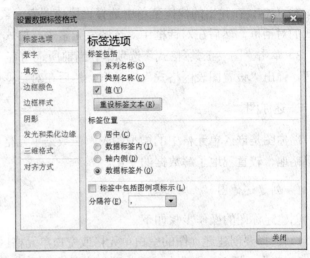

图 5.61 "图例"下拉列表　　　　图 5.62 "设置数据标签格式"对话框

（5）设置数据表

单击"图表工具/布局"选项卡"标签"选项组中的"数据表"下拉按钮，在弹出的下拉列表中可以设置数据表显示的内容。选择下拉列表中的"其他数据表选项"选项，弹出"设置数据表格式"对话框，在其中可以设置数据表选项、填充、边框颜色、边框样式、阴影和三维格式。

（6）设置坐标轴

坐标轴是图表布局中一个很重要的设置。单击"图表工具/布局"选项卡"坐标轴"选项组中的"坐标轴"下拉按钮，可在弹出的下拉列表中进行坐标轴的设置。坐标轴分为主要横坐标轴和主要纵坐标轴，可以通过单击"坐标轴"下拉按钮，在其下拉列表中分别进行设置。对于横坐标轴和纵坐标轴的选项设置有所不同，可以在各自的"设置坐标轴格式"对话框中完成。

（7）设置网格线

单击"图表工具/布局"选项卡"坐标轴"选项组中的"网格线"下拉按钮，在弹出的下拉列表中可以进行网格线的设置。网格线分为主要横网格线和主要纵网格线，可以通过单击"网格线"下拉按钮，在其下拉列表中分别进行设置，其他选项设置通过"设置主要网格线格式"对话框完成。

视频 5-18 Excel 图表编辑

5.6.3 修饰图表

当生成一个图表后，图表上的信息都是按照默认的外观显示的。为了获得更理想的显示效果，就需要对图表中的各个图表元素进行格式化，以改变它们的外观。

选定图表中的某个图表元素后，可以使用以下方法设置图表元素的格式。

1）单击"图表工具/格式"选项卡"形状样式"选项组中的已有的样式按钮直接应用，也可以单击"形状填充"、"形状轮廓"和"形状效果"下拉按钮对填充颜色、边框和效果进行单独设计。

2）右击，在弹出的快捷菜单中选择设置该图表元素格式的命令，弹出设置该图表元素格式的对话框，然后在对话框中对该图表元素进行格式设置。

3）单击"图表工具/格式"选项卡"当前所选内容"选项组中的"设置所选内容格式"按钮，弹出"设置图表区格式"对话框，然后在对话框中对该图表元素进行格式设置。

5.6.4　迷你图

迷你图是嵌入单元格中的微型图表，在数据单元格旁边可视化地汇总数据趋势，供用户粗略地、较直观地了解数据的变化。

1. 创建迷你图

创建迷你图的操作步骤如下。

1）选择要创建迷你图的空白单元格或空白单元格区域。

2）单击"插入"选项卡"迷你图"选项组中要创建的迷你图类型（折线图、柱形图或盈亏图），弹出"创建迷你图"对话框，如图5.63所示。

3）在该对话框的"数据范围"文本框中输入迷你图的数据区域，单击"确定"按钮，即可完成迷你图的创建，如图5.64所示。

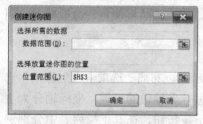

图5.63　"创建迷你图"对话框

图5.64　迷你图示例

2. 编辑迷你图

当在工作表上选定某个迷你图时，系统将自动弹出"迷你图工具/设计"选项卡，其中包含"迷你图"、"类型"、"显示"、"样式"和"分组"选项组。使用这些选项组中的按钮可以创建新的迷你图、更改迷你图的类型、设置其格式、显示或隐藏折线型迷你图上的数据点，或者设置迷你图组中垂直轴的格式。

可以在含有迷你图的单元格中直接输入说明性文本，并设置文本格式，如字体颜色、字号及对齐方式等，还可以在该单元格中应用填充（背景）颜色。

迷你图单元格支持自动填充柄拖动填充和复制粘贴。

5.7 数据管理和分析

Excel 除了上面介绍的若干功能以外，在数据管理方面也有强大的功能，在 Excel 中不但可以使用多种格式的数据，还可以对不同类型的数据进行各种处理，包括排序、筛选、分类汇总等操作。可以说，Excel 在制表、作图等数据分析方面的能力比一般数据库更好，更能发挥其在表处理方面的优势。

5.7.1 数据清单的概念

在 Excel 中，数据清单是指以具有相同结构方式存储的数据集合。简单理解就是带有标题行的一个工作表，每个工作表的每一行结构是相同的，每一列的各个单元格（除标题行）的数据类型是相同的。数据的管理是基于数据清单形式进行的。

数据清单的具体创建操作与普通表格的创建完全相同。以学生成绩单为例，在工作表的第一行输入列标题，然后依次输入每个学生的记录，如图 5.65 所示。

	A	B	C	D	E	F	G	H
1	学号	姓名	专业	数学	英语	计算机	物理	平均分
2	20170101	刘晓利	工商	75	90	67	56	72.0
3	20170102	韩爱芳	工商	60	70	50	74	63.5
4	20170103	周子康	工商	80	88	83	89	85.0
5	20170201	胡冬琴	电商	60	86	65	70	70.3
6	20170202	王世洪	电商	55	76	78	72	70.3
7	20170203	李梦茹	电商	90	91	86	85	88.0
8	20170301	林利利	英语	75	85	65	70	73.8
9	20170302	章京平	英语	85	95	80	82	85.5
10	20170303	闻红宇	英语	85	75	90	80	82.5
11	20170401	于海涛	会计	65	70	75	68	69.5
12	20170402	吴江宁	会计	85	90	85	80	85.3
13	20170403	周萍萍	会计	95	85	85	80	86.3

图 5.65 学生成绩清单

建立数据清单应注意以下几点。

1）一个工作表中最好只放置一个数据清单，尽量避免一个以上的数据清单，因为数据清单的某些管理功能一次只能处理工作表上的一份清单。

2）在数据清单的第一行建立列标题，列标题使用的格式应与清单中其他数据有所区别。

3）列标题名唯一且同列数据的数据类型应完全相同。

4）数据清单区域内不可出现空列或空行，如果为了将数据隔开，可使用边框线。

5）一个工作表中除数据清单外可以有其他数据，但数据清单和其他数据之间要用空行分开。

5.7.2 数据排序

排序就是按照一定次序重新排列记录的顺序。排序并不改变记录的内容，排序后的数据清单有利于记录查询。

1. 排序规则

在 Excel 中，排序的规则如下。

1）数字按大小排序。

2）日期和时间按先后顺序排序。

3）英文按字母顺序，可以指定是否区分大小写。如果区分大小写，在进行升序排序时，小写字母排在大写字母之前。

4）汉字既可以按拼音字母的顺序排序，也可以按汉字的笔划进行排序。

5）在逻辑值中，升序排列时 false 在 true 之前。

6）对于空白单元格，无论是升序还是降序总是排在最后。

2. 简单排序

当仅需要对数据清单中的某一列数据进行排序时，只要选定该列中的任一单元格，然后单击"开始"选项卡"编辑"选项组中的"排序和筛选"下拉按钮，在其下拉列表中选择"升序"或"降序"选项，即可完成按当前列的值升序或降序的排序。

例如，在如图 5.65 所示的学生成绩清单中，要按平均分从高到低的顺序排列，可选定"平均分"字段列中的任意单元格，按上述操作选择"降序"命令，即可将每条记录按平均分从高到低进行排列，各记录行的顺序被重新调整，排序结果如图 5.66 所示。

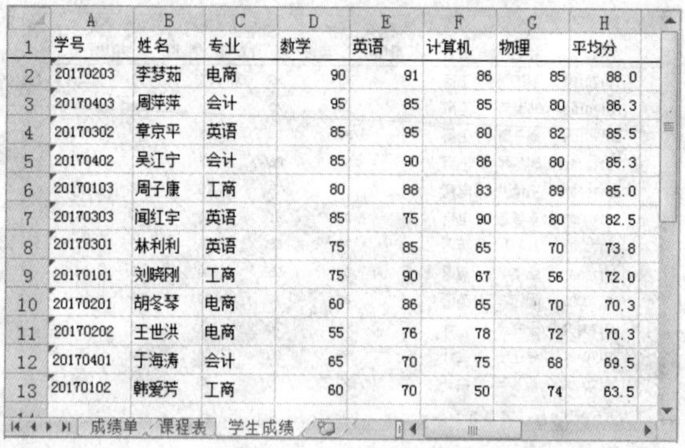

图 5.66　简单排序结果

3. 自定义排序

如果排序要求较复杂，如想先将专业相同的学生排在一起，然后按平均分降序排列，平均分相同时再按数学得分降序排列，此时排序不再局限于单列，必须使用"排序和筛选"下拉列表中的"自定义排序"选项。其操作步骤如下。

1）选定学生成绩清单中任一单元格。

2）在"排序和筛选"下拉列表中选择"自定义排序"选项，弹出"排序"对话框，如图 5.67 所示。

3）在"列"选项组中的"主要关键字"下拉列表中选择要排序的字段名，如"专业"。

4）在"排序依据"下拉列表中选择排序类型。若按文本、数字、日期或时间进行排序，选择"数值"；若按格式进行排序，则选择"单元格颜色"、"字体颜色"或"单元格图标"。此处选择"数值"。

5）在"次序"下拉列表中选择排序方式。对于文本值、数值、日期或时间值，选择"升序"或"降序"；若要基于自定义序列进行排序，则选择"自定义序列"。此处选择"升序"。

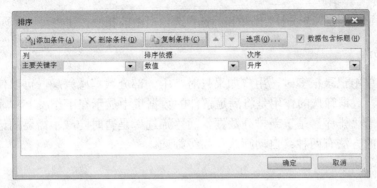

图 5.67 "排序"对话框

6）单击"添加条件"按钮，在次要关键字下拉列表中选择"平均分"字段，选择"排序依据"为"数值"，选择排序方式为"降序"；再次单击"添加条件"按钮，在次要关键字下拉列表中选择"数学"字段，选择"排序依据"为"数值"，选择排序方式为"降序"，如图 5.68 所示。

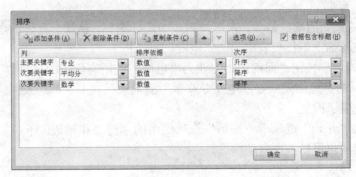

图 5.68 添加排序条件

7）为避免字段名也成为排序对象，可勾选"数据包含标题"复选框。单击"确定"按钮，排序结果如图 5.69 所示。

若在如图 5.67 所示的"排序"对话框中单击"选项"按钮，可弹出"排序选项"对话框，如图 5.70 所示。在该对话框中可以选择对英文字母是否"区分大小写"，对中文名称通常习惯按汉字的笔划排序，则可点选"笔划排序"单选按钮。

图 5.69 对学生成绩清单进行自定义排序的结果

图 5.70 "排序选项"对话框

视频 5-19
Excel 数据排序

此外，使用"数据"选项卡"排序和筛选"选项组中的相应按钮也可以实现数据的排序。

5.7.3 数据筛选

当数据清单中记录很多时，用户如果只对其中一部分数据感兴趣，可以使用 Excel 的数据筛选功能。数据筛选的作用是将满足条件的数据集中显示在工作表上。"筛选"与"排序"的区别在于"排序"是重新排列数据，而"筛选"是暂时隐藏不需要的记录。

筛选数据的方法有两种：自动筛选和高级筛选。

1. 自动筛选

自动筛选是针对简单条件进行的筛选，通过筛选器实现。

（1）使用自动筛选

使用自动筛选的操作步骤如下。

1）选定数据清单中任一单元格。

2）单击"数据"选项卡"排序和筛选"选项组中的"筛选"按钮，在每个列标题旁将出现向下的筛选箭头。

3）单击要筛选列的筛选箭头，在下拉列表中进行选择。例如，只显示全部电商专业学生的记录，可在其筛选下拉列表中勾选"电商"复选框。

4）单击"确定"按钮，即筛选出专业为"电商"的所有学生的记录。

图 5.71 所示的筛选结果只显示电商专业学生的记录，其中含筛选条件的列（专业）旁边的筛选箭头发生了改变。

此外，单击"开始"选项卡"编辑"选项组中的"排序和筛选"下拉按钮，通过下拉列表中的相应选项也可以实现自动筛选。

（2）自定义筛选

如果在筛选箭头下拉列表中选择"自定义筛选"选项，则弹出"自定义自动筛选方式"对话框，如图 5.72 所示，可从中筛选出条件更为复杂的数据。

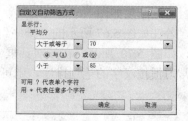

图 5.71　简单筛选　　　　图 5.72　"自定义自动筛选方式"对话框

例如，要筛选平均分为 70～85 的学生，可在该对话框上、下两组文本框中输入筛选条件，两组文本框中间选择条件逻辑关系"与"，单击"确定"按钮，满足条件的记录即被筛选出来。

筛选并不意味着删除不满足条件的记录，而只是将其暂时隐藏起来。如果想恢复被隐藏的记录，可通过以下方法实现。

1）退出自动筛选。再次单击"数据"选项卡"排序和筛选"选项组中的"筛选"按钮，即可退出自动筛选功能。

2）取消对所有列进行的筛选。单击"数据"选项卡"排序和筛选"选项组中的"清除"

按钮，可以显示原来的全部记录，但不退出自动筛选状态。

3）取消对某一列进行的筛选。单击该列字段名的向下筛选箭头，在下拉列表中选择"全选"选项或者选择从该列中清除筛选。

注意：筛选条件是累加的，每一个追加的筛选条件都是基于当前的筛选结果，同时对每一列只能应用一种筛选条件。

2. 高级筛选

利用自动筛选对各字段进行的筛选是逻辑与的关系，即同时满足各个条件，若要实现逻辑或的关系，则必须借助于高级筛选。高级筛选根据复合条件来筛选数据，并允许把满足条件的记录复制到另外的区域，形成一个新的数据清单。

在高级筛选中，将数据清单中进行筛选的区域称为数据区域。筛选条件所在的区域称为条件区域，在使用高级筛选之前，应正确地设置条件区域。

（1）条件区域的设置

1）条件区域与数据区域之间至少要空出一行或一列。

2）条件区域至少有两行，第一行为条件标记，条件标记名必须与数据清单中的字段名完全相同，排列顺序可以不同。条件标记下方的各行为相应的条件。

3）一条空白的条件行表示无条件，即数据清单中的所有记录都满足它，所以条件范围内不能有空白的条件行，它会使其他的条件都无效。

4）同一条件行不同单元格的条件，互为"与"的关系，表示筛选同时满足这些条件的记录。

5）对相同的列指定一个以上的条件，或条件为一个数据范围时，应重复输入列标记。例如，筛选出条件为计算机成绩大于等于 70 分，并且小于 90 分的学生记录的条件标记如下。

计算机	计算机
>=70	<90

6）不同条件行不同单元格中的条件，互为"或"的关系，表示筛选满足任何一个条件的记录。例如，条件为数学和计算机课程中某科成绩大于 80 分的学生记录的条件标记如下。

数学	计算机
>80	
	>80

7）如果是在相同的范围内指定"或"的关系，则应重复输入条件行。例如，条件为工商或会计专业，英语成绩大于 85 分的学生记录。

专业	英语
工商	>85
会计	>85

（2）高级筛选的应用

建立条件区域后，就可以使用高级筛选来筛选记录了。

例如，在学生成绩清单中筛选数学、计算机两科成绩均大于 80 分的学生，操作步骤如下。

1）在数据清单的下方输入筛选条件，如图 5.73 所示的 B16:C17 单元格区域的内容为条件标记。

图 5.73　输入筛选条件及"高级筛选"对话框

2）选择数据清单中任一单元格。

3）单击"数据"选项卡"排序和筛选"选项组中的"高级"按钮，弹出"高级筛选"对话框，如图 5.73 所示。

4）分别设置数据区域和条件区域，然后单击"确定"按钮即完成筛选，筛选结果如图 5.74 所示。

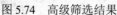

图 5.74　高级筛选结果

视频 5-20　Excel 数据筛选

（3）取消高级筛选

单击"数据"选项卡"排序和筛选"选项组中的"清除"按钮，可以清除当前数据范围内的高级筛选，并显示全部记录。

5.7.4　分类汇总

分类汇总是对相同类别的数据进行统计汇总，也就是将相同类别的数据排列在一起，然后再进行求和、计数、求平均值等汇总运算，从而对数据进行管理和分析。

1. 创建分类汇总表

分类汇总前必须先对数据按照需要分类的字段进行排序。

例如，图 5.65 所示的学生成绩清单中包括工商、电商、英语、会计四个专业的学生成绩，排列无规律。现有要统计每个专业的计算机平均成绩，具体操作步骤如下。

1）进行分类。将相同专业的学生记录排列在一起，通过对学生成绩清单按照需要分类的字段进行排序来实现。本例中以"专业"字段为关键字排序。

2）选择数据清单中任一单元格，再单击"数据"选项卡"分级显示"选项组中的"分类汇总"按钮，弹出"分类汇总"对话框，如图 5.75 所示。

3）在"分类字段"下拉列表中选择需要用来分类汇总的字段，选择的字段应与排序的分类字段相同。本例中选择"专业"字段。

4）在"汇总方式"下拉列表中选择所需的统计函数，如求和、平均值、最大值、计数等。本例中选择"平均值"方式。

5）在"选定汇总项"下拉列表中选择汇总的对象，可以对多项指标进行汇总，即同时选择多项。本例中勾选"计算机"复选框。

6）单击"确定"按钮，得到分类汇总统计结果，如图 5.76 所示。

注意： 在以某一字段为分类字段进行分类汇总后，可以在保留已有的汇总结果的基础上，再进行以其他字段为分类字段的分类汇总，但操作时需要在如图 5.75 所示的"分类汇总"对话框中取消勾选"替换当前分类汇总"复选框。

图 5.75　"分类汇总"对话框

1 2 3		A	B	C	D	E	F	G	H	I
	1				学 生 成 绩 单					
	2	学号	姓名	专业	数学	英语	计算机	物理	平均分	
	3	20170201	胡冬琴	电商	60	86	65	70	70.3	
	4	20170202	王世洪	电商	55	76	78	72	70.3	
	5	20170203	宇梦茹	电商	90	91	86	85	88.0	
	6			电商 平均值			76.33			
	7	20170101	刘晦利	工商	75	90	67	56	72.0	
	8	20170102	韩爱芳	工商	60	70	50	74	63.5	
	9	20170103	周子康	工商	80	88	83	89	85.0	
	10			工商 平均值			66.67			
	11	20170401	于海涛	会计	65	70	75	68	69.5	
	12	20170402	吴江宁	会计	90	90	86	80	86.5	
	13	20170403	周萍萍	会计	95	85	85	80	86.3	
	14			会计 平均值			82			
	15	20170301	林利利	英语	75	85	65	70	73.8	
	16	20170302	章京平	英语	80	80	80	82	85.5	
	17	20170303	阐红宇	英语	85	75	90	80	82.5	
	18			英语 平均值			78.33			
	19			总计平均值			75.83			

图 5.76　分类汇总统计结果

2．分类汇总表的显示

对数据清单使用分类汇总功能后，在工作表窗口的左侧会显示分级显示区，如图 5.76 所示。其中列出了一些分级显示按钮，利用这些按钮可以对数据的显示进行控制。

通常情况下，数据分三级显示。在分级显示区的上方用"数字"按钮进行控制。数字越小，代表的层级超高。各个按钮的功能如下。

1）"1"代表总计。单击"1"按钮时，只显示全部数据的汇总结果，即全体学生的计算机平均成绩（总计平均值）。

2）"2"代表分类汇总结果。单击"2"按钮时，可显示全部数据的汇总结果及分类汇总结果，即全体学生的计算机平均成绩和电商、工商、会计、英语四个专业的计算机平均成绩。

3）"3"代表明细数据。单击"3"按钮时，显示所有的详细数据。

4）"+"表示数据隐藏状态。单击"+"按钮时，显示该按钮所对应的分类组中的明细数据。

5）"−"表示数据展开状态。单击"−"按钮时，隐藏该按钮所对应的分类组中的明细数据。

6）"|"为级别条。它指示属于某一级别的明细数据行或列的范围。单击级别条可隐藏

所对应的明细数据。

3. 删除分类汇总

选择数据清单中任一单元格，再单击"数据"选项卡"分级显示"选项组中的"分类汇总"按钮，弹出"分类汇总"对话框，如图 5.75 所示。单击该对话框中的"全部删除"按钮，分类汇总的结果被撤销，数据清单显示为分类汇总之前的状态。

视频 5-21　Excel 分类汇总

5.8　页面设置与工作表打印

工作表设计好之后，需要把它打印出来。其操作步骤一般是先进行页面设置，再进行打印预览，最后打印输出。

5.8.1　页面设置

可以使用"页面布局"选项卡"页面设置"选项组的相应按钮功能对页面进行设置，或单击"页面布局"选项卡"页面设置"选项组的"对话框启动器"按钮，弹出"页面设置"对话框，在该对话框中进行页面设置。其中页边距、纸张方向、纸张大小等设置与在 Word 中基本类似，在此不再赘述。下面介绍与工作表有关的选项的设置。

1. 设置打印区域

正常情况下打印工作表时，会将整个工作表全部打印输出。如果仅打印部分区域的内容，可以通过设置打印区域实现。

选定当前工作表中需要打印的区域，单击"页面布局"选项卡"页面设置"选项组中的"打印区域"下拉按钮，在其下拉列表中选择"设置打印区域"选项；或单击"页面布局"选项卡"页面设置"选项组的"对话框启动器"按钮，弹出"页面设置"对话框，单击"工作表"选项卡，在"打印区域"文本框中输入需要打印的单元格区域，如图 5.77 所示的"$D$2:$G$14"。

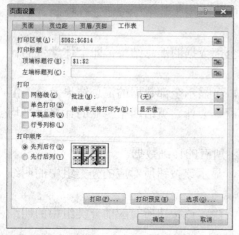

图 5.77　"工作表"选项卡

2. 设置分隔符

当需要打印的工作表的内容多于一页时，Excel 会根据纸张大小、页边距等设置自动将工作表分页打印。此外，也可以根据需要进行人工强制分页。

（1）插入分页符

插入分页符的操作步骤如下。

1）单击分页符插入位置，即新页左上角的单元格。

2）单击"页面布局"选项卡"页面设置"选项组中的"分隔符"下拉按钮，在其下拉列表中选择"插入分页符"选项。

如果单击第一行中的某个单元格或某一列的列标，将只插入垂直分页符；如果单击第一列中的某个单元格或某一行的行标，将只插入水平分页符；如果单击工作表中其他位置的单元格，将同时插入水平分页符和垂直分页符。

（2）删除分页符

如果删除水平分页符，则需要选择水平分页符下侧的单元格；如果删除垂直分页符，则需要选择垂直分页符右侧的单元格；如果同时删除水平分页符和垂直分页符，则选择新起始页左上角的单元格，然后单击"页面布局"选项卡"页面设置"选项组中的"分隔符"下拉按钮，在其下拉列表中选择"删除分页符"选项即可。

3. 设置打印标题

通过设置打印标题可以指定在每个打印页的顶端或左侧重复显示的行或列。

单击"页面布局"选项卡"页面设置"选项组中的"打印标题"按钮，弹出"页面设置"对话框，在"工作表"选项卡中的"顶端标题行"或"左端标题列"文本框输入作为标题行或列的单元格区域。

其中，顶端标题行用于设置某行区域作为每一页水平方向的标题，左端标题列用于设置某列区域作为每一页垂直方向的标题。例如，图 5.77 就将当前工作表中前两行（$1:$2）内容设置为需要重复打印表格的水平标题。

5.8.2 页眉与页脚

页眉位于页面的最顶端，通常用来标明工作表的标题。页脚位于页面的最底端，通常用来标明工作表的页码。用户可以根据需要指定页眉或页脚的内容。

1. 通过"页面设置"对话框设置

其操作步骤如下。

1）选定需要添加页眉/页脚的工作表。

2）单击"页面布局"选项卡"页面设置"选项组的"对话框启动器"按钮，弹出"页面设置"对话框，在其中单击"页眉/页脚"选项卡，如图 5.78 所示。

图 5.78 "页眉/页脚"选项卡

3）从"页眉"下拉列表中选择 Excel 预设的页眉内容。

4）单击"自定义页眉"按钮，弹出"页眉"对话框，如图 5.79 所示。可以在"左""中""右"三个文本框中输入自定义的页眉内容。"左""中""右"三个文本框中的信息将分别显示在打印页顶部的左端、中间和右端。

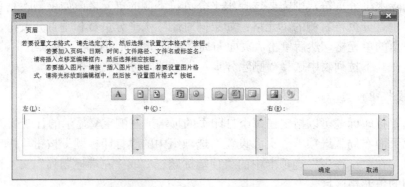

图 5.79 "页眉"对话框

通过"页眉"对话框中间部位的各按钮可以输入页眉的内容或者设置页眉的格式。这些按钮分别是"格式文本""插入页码""插入页数""插入日期""插入时间""插入文件路径""插入文件名""插入数据表名称""插入图片"。

5）单击"确定"按钮，完成页面设置。

页脚设置方法与页眉设置方法相同。

2. 通过"插入"选项卡设置

其操作步骤如下。

1）选定需要添加页眉/页脚的工作表。

2）单击"插入"选项卡"文本"组中的"页眉和页脚"按钮，弹出"页眉和页脚工具/设计"选项卡，如图 5.80 所示。

图 5.80 "页眉页脚工具/设计"选项卡

3）工作表自动切换至页面布局视图，在顶部页眉区的左、中、右的三个文本框中可以输入页眉内容。

单击"页眉和页脚元素"选项组中的按钮可以在页眉中插入页码、页数、当前日期、当前时间、文件路径、文件名、工作表名和图片。

单击"页眉和页脚"选项组中的"页眉"下拉按钮或"页脚"下拉按钮，可以在其下拉列表中选择 Excel 预设的页眉或页脚内容。

4）单击"视图"选项卡"工作簿视图"选项组中的"普通"按钮或状态栏中的"普通"

按钮，退出页面布局视图。

5.8.3　打印工作表

打印工作表之前一般先进行打印预览。

1. 打印预览

打印预览就是在打印工作表之前浏览打印的效果，模拟显示打印的设置结果。

单击快速访问工具栏中的"打印预览"按钮或者单击"文件"选项卡中的"打印"按钮，打开打印界面，如图 5.81 所示。在右侧预览区可以查看工作表的打印预览效果。预览区下方状态栏将显示打印总页数和当前页码。若要在打印预览中调整页边距，则可单击预览区右下角的"显示边距"按钮，然后拖动页面的任一侧或页面顶部或底部上的黑色边距控点。

图 5.81　打印界面

视频 5-22　Excel 页面设置

视频 5-23　Excel 综合案例

2. 打印工作表

经页面设置、打印预览后，工作表便可正式打印了。在打印界面的"打印机"选项组中可以选择打印机的类型。在"设置"选项组中可以选择打印"选定区域"、"活动工作表"或"整个工作簿"；选择工作表中要打印的起始页码和终止页码。用户还可以对纸张方向、页面边距、是否缩放及打印份数等进行设置。

设置完成后，单击"打印"按钮即开始打印。

习 题 5

一、填空题

1. 在 Excel 中，一般工作文件的默认文件类型为_____。

2. 在 Excel 中，被选中的单元格称为_____。

3. 在 Excel 中，每一个单元格具有对应的参考坐标，称为_____。

4. 在 Excel 中，引用地址有_____、_____及_____三种表示方式。

5. 在 Excel 工作表中，假定单元格 D1 中保存的公式为"=B2+$C$3"，若把它移动到 E1 中，则 E1 中的公式将变为_____。

二、判断题

1. Excel 中的单元格可用来存取文字、公式、函数及逻辑值等数据。　　（　　）

2. 在 Excel 中，只能在单元格内编辑输入的数据。　　（　　）

3. Excel 规定在同一工作簿中不能引用其他表。　　（　　）

4. 在 Windows 环境下可将其他软件的图片嵌入 Excel 中。　　（　　）

5. 在对 Excel 的工作簿单元进行操作时，也可以进行外部引用，外部引用表示时必须加上"!"。　　（　　）

三、简答题

1. 复制单元格中的内容时，Excel 是怎么处理"一般数据"和"公式"这两种不同的对象的？

2. "在原工作表中嵌入图表"和"建立新图表"有什么不同？它们各自如何实现？

3. 若要在 Excel 中实现数据库的简单功能，对电子表格有些什么约定？

4. 试比较 Excel 中的图表功能和 Word 中的图表功能。

第6章 演示文稿软件PowerPoint 2010

PowerPoint 是一个功能强大的演示文稿制作工具，是目前学术交流、教学、展示等数字多媒体传播需求中最为便捷的一种形式。其最终目标大多是以投影机投射在屏幕上辅助演讲或展示。所以，电子演示文稿的本质在于可视化，就是要把原来看不见、摸不着、晦涩难懂的抽象文字转化为由图形、图片、动画及声音所构成的生动场景，以求通俗易懂、栩栩如生。

视频 6-1 PPT 简介

本章通过 PowerPoint 2010 来讲解演示文稿制作软件的概念和基本使用方法。

6.1 PowerPoint 2010 概述

6.1.1 启动和退出 PowerPoint 2010

PowerPoint 2010 是 Microsoft Office 套装软件之一，所以启动和退出 PowerPoint 2010 程序也与启动和退出 Word 2010、Excel 2010 的操作方式基本相同。

1. 启动 PowerPoint 2010

启动 PowerPoint 2010 一般常用以下两种方法。

1）利用"开始"菜单。选择"开始"→"所有程序"→"Microsoft Office"→"Microsoft Office PowerPoint 2010"命令，PowerPoint 2010 即开始启动，同时建立一个新的演示文稿，如图 6.1 所示。从图中可以看出，PowerPoint 2010 窗口中也有快速访问工具栏、"文件"选项卡、其他各类选项卡选项组，其操作方法也与 Word 和 Excel 相同。

2）利用快速启动栏。若在安装 Office 2010 时安装了 Office 2010 快捷启动方式，启动 Windows 时会自动启动 Office 2010 快速启动栏。此时用户只要单击快速启动栏中的 Microsoft PowerPoint 2010 按钮，即可启动 PowerPoint 2010。

2. 退出 PowerPoint 2010

退出 PowerPoint 2010 的方法有多种。

1）单击"文件"选项卡中的"退出"按钮。

2）双击 PowerPoint 2010 工作窗口左上角的控制菜单按钮。

3）单击 PowerPoint 2010 工作窗口标题栏右上角的"关闭"按钮。

4）按【Alt+F4】组合键。

无论使用哪种方法退出 PowerPoint 2010，如果有未保存的文档，都将弹出一个提示对话框询问是否保存对演示文稿的修改，需要根据要求确认后再退出 PowerPoint 2010 程序。

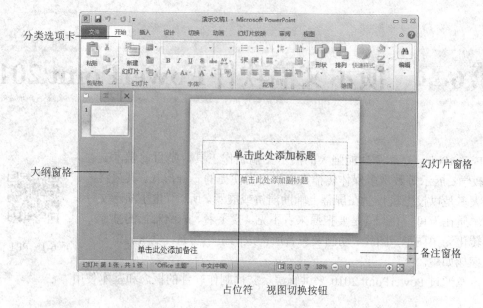

分类选项卡

大纲窗格

幻灯片窗格

备注窗格

占位符　视图切换按钮

图 6.1　PowerPoint 2010 的工作界面

视频 6-2　PPT 工作界面　　　视频 6-3　演示文稿及幻灯片区别　　　视频 6-4　演示文稿的制作步骤

6.1.2　PowerPoint 2010 的视图模式

PowerPoint 2010 提供了普通视图、幻灯片浏览视图、幻灯片放映视图和阅读视图四种视图。在不同的视图中，PowerPoint 2010 显示文稿的方式是不同的，并且可以对文稿进行不同的加工。无论是在哪一种视图中，对文稿所做的编辑都会反映到其他的视图中。

1. 普通视图

普通视图是主要的编辑视图，用于撰写和设计演示文稿。普通视图有两种状态：一种包含大纲窗格、幻灯片窗格和备注窗格，如图 6.2 所示；另一种包含缩略图窗格、幻灯片窗格和备注窗格，如图 6.3 所示。

这些窗格用户可以在同一位置使用演示文稿的各种特征。拖动窗格边框可调整不同窗格的大小，这种窗格通常称为三框式。大纲窗格以大纲的形式显示演示文稿中的文本内容；缩略图窗格以缩略图的形式显示演示文稿中的幻灯片，幻灯片窗格显示当前幻灯片中所有的内容和设计元素，备注窗格显示当前幻灯片的备注。单击任何一个窗格，即可选择对演示文稿的大纲、幻灯片和备注进行编辑。

2. 幻灯片浏览视图

在幻灯片浏览视图中，可以在屏幕上同时看到演示文稿中的所有幻灯片，这些幻灯片是以缩略图显示的，如图 6.4 所示。右击选定的幻灯片，在弹出的快捷菜单中选择相应的命令，即可很容易地添加、删除和移动幻灯片。

图 6.2 包含大纲窗格的普通视图

图 6.3 包含缩略图窗格的普通视图

图 6.4 幻灯片浏览视图

3．幻灯片放映视图

在创建演示文稿的任何时候，用户都可以通过单击"幻灯片放映"按钮启动幻灯片放映和预览演示文稿。在幻灯片放映视图中，一张幻灯片占据整个屏幕，可以看到所有幻灯片，可以看到过渡、变化过程等。

4．阅读视图

阅读视图用于查看、审阅演示文稿。在阅读视图中也可以看到幻灯片的各种动画设计效果，但不以全屏方式放映幻灯片。在阅读视图中设有几个简单控件以方便审阅，如果要更改演示文稿，可随时切换至其他视图。

视频 6-5 视图方式

在 PowerPoint 窗口底部有四个视图切换按钮，如图 6.1 所示，单击相应按钮可以在 PowerPoint 的四种视图中进行切换。

6.2 创建演示文稿

在 PowerPoint 中创建一个演示文稿，就是建立一个新的以.pptx 为扩展名的 PowerPoint 文件。一个演示文稿是由若干张幻灯片组成的，创建一个演示文稿的过程实际上就是依次制作一张张幻灯片的过程。

图 6.5　幻灯片版式

6.2.1　幻灯片版式

版式是幻灯片上显示内容的格式设置和位置设置，其中对象的位置以占位符表示，如图 6.1 所示。占位符是版式中的容器，可容纳文本（包括正文文本、项目符号列表和标题）、表格、图表、SmartArt 图形、影片、声音、图片及剪贴画等内容。版式也包含幻灯片的主题和背景。

PowerPoint 中包含的内置幻灯片版式如图 6.5 所示，各种版式上显示了可在其中添加文本或图形等占位符的位置。

如果标准版式不能满足演示文稿的设计需要，也可以根据设计的特定需求创建自定义版式，个性化地指定占位符的数目、大小和位置、背景内容、主题颜色、字体及效果等。

6.2.2　新建演示文稿

PowerPoint 2010 根据用户的不同需要，提供了多种新建演示文稿的方式。

1. 新建空演示文稿

用户如果希望建立具有自己风格的幻灯片，可以从空白的演示文稿开始设计。其操作步骤如下。

1）单击"文件"选项卡中的"新建"按钮，打开"新建演示文稿"窗口，如图 6.6 所示。

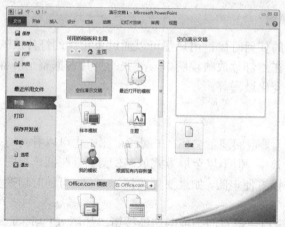

图 6.6　"新建演示文稿"窗口

2）选择"空白演示文稿"选项即可建立一个空的演示文稿。

3）单击"开始"选项卡"幻灯片"选项组中的"幻灯片版式"下拉按钮，在其下拉列表中选择一种合适的版式，用户可以在上面添加文字、图片或其他对象，创建具有个人风格的演示文稿。

在 PowerPoint 中建立空演示文稿时，显示的默认版式是"标题幻灯片"，如图 6.1 所示。

2. 利用模板建立演示文稿

模板是控制演示文稿外观统一的最快捷的方法。模板是以扩展名为.potx 的文件保存的幻灯片或幻灯片组合图案或蓝图。模板可以包含版式、主题和背景样式，还可以包含部分特定内容。模板的选择对于一个演示文稿的风格和演示效果影响很大。用户可以随时为某个演示文稿选择一个满意的模板，并对选定的模板做进一步的修饰与更改。

利用模板创建演示文稿的操作步骤如下。

1）单击"文件"选项卡的"新建"按钮，打开"新建演示文稿"窗口，如图 6.6 所示。

2）在"可用的模板和主题"选项组中选择"样本模板"选项，从中选择一种合适的模板，如"培训"模板，如图 6.7 所示，即建立起一个以选定的设计模板为背景的空演示文稿。

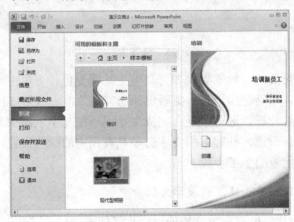

图 6.7 选择"培训"模板

3）如果对"样本模板"中的模板都不满意，可以从下面的"Office.com 模板"下选择模板类别，选择一个模板，然后单击"下载"按钮将该模板从 Office.com 下载到本地计算机。

若用户要重复使用最近用过的模板，可选择"最近打开的模板"选项；若要使用已安装到本地计算机中的模板，可在"我的模板"中选择。

用户还可以根据自己的需要对模板进行修改，创建自己的模板，并通过"文件"选项卡中的"另存为"按钮将其保存为模板文件供以后使用。

注意：在另存文件时，保存类型应选择"PowerPoint 模板（*.potx）"，并需为模板命名。

3. 利用"主题"新建演示文稿

主题包含设计元素的颜色、字体和效果（如渐变、三维、线条、填充、阴影等）。应用主题可使演示文稿的风格统一，并与所表现的内容相和谐，使幻灯片具有专业设计师水准的外观设计。

利用"主题"创建演示文稿的操作步骤如下。

1）单击"文件"选项卡中的"新建"按钮，打开如图 6.6 所示的"新建演示文稿"窗口。

2）在"可用的模板和主题"选项组中选择"主题"选项，如图 6.8 所示。从中选择一种满意的主题，就可以建立起一个以该主题为背景和字体搭配的演示文稿。

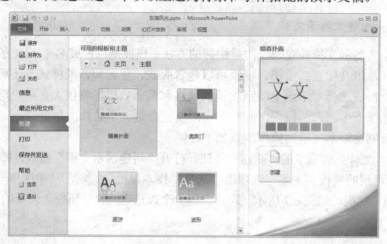

图 6.8　选择主题

变换不同的主题可使幻灯片的版式和背景发生显著变化。可单击不同的主题图标预览演示文稿的外观变化，以确定应用某个主题更和谐、高效地表达幻灯片内容。

高效、专业的幻灯片设计通常不是在完成文字稿后在文字上添加颜色，而是在设计之初即定义了统一的主题颜色，使输入的文字自动具有预定的颜色设置。这样既达到了配色统一协调，又避免了大量的手工步骤。

4. "根据现有内容新建"建立新演示文稿

"根据现有内容新建"创建演示文稿的操作步骤如下。

1）单击"文件"选项卡中的"新建"按钮，弹出"新建演示文稿"窗口，如图 6.6 所示。

2）在"可用的模板和主题"选项组中选择"根据现有内容新建"选项，可以根据一个已有的演示文稿新建另一个演示文稿。

视频 6-6　创建
演示文稿

5. 制作相册

应用 PowerPoint 2010 可以很轻松地制作出各种精美的电子相册。

单击"插入"选项卡"图像"选项组中的"相册"按钮，弹出"相册"对话框，如图 6.9 所示。单击"文件/磁盘"按钮，弹出"插入新图片"对话框，插入所需要的图片。如果要更改图片的显示顺序，可在"相册中的图片"列表框中单击要移动的图片文件名，然后使用方向按钮在列表框中向上或向下移动，单击"创建"按钮，即可建立起精美的相册，如图 6.10 所示。单击"插入"选项卡"图像"选项组中的"相册"下拉按钮，在其下拉列表中选择"编辑相册"选项，可重新选择要制作相册的图片。

图 6.9　"相册"对话框

图 6.10　新建的相册

6.2.3　保存演示文稿

与 Microsoft Office 中其他应用程序一样，创建好演示文稿后，应立即为其命名并加以保存，在编辑过程中也要经常保存所做的更改。

保存演示文稿的操作步骤如下。

1）单击"文件"选项卡中的"保存"或"另存为"按钮，弹出"另存为"对话框。

2）在"另存为"对话框的左侧窗格中，选择要保存演示文稿的文件夹或其他位置。

3）在"文件名"文本框中输入演示文稿的文件名。

4）在"保存类型"下拉列表中选择要保存的文件类型。PowerPoint 2010 文件默认的扩展名为.pptx，并自动添加。

5）单击"保存"按钮完成设置。

如果要在没有安装 PowerPoint 的计算机上播放演示文稿，可在"保存类型"下拉列表中选择"PowerPoint 放映（*.ppsx）"选项，如图 6.11 所示。以后在"计算机"窗口或"资源管理器"窗口中双击此演示文稿时即可进行自动播放。

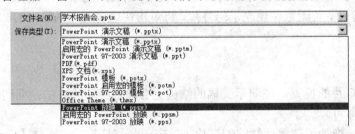

图 6.11　保存为"PowerPoint 放映"文件

视频 6-7　保存演示文稿

如果要保存为可在早期版本的 PowerPoint 中打开的演示文稿，可在"保存类型"下拉列表中选择"PowerPoint 97-2003 演示文稿（*.ppt）"选项。

在以后的编辑修改中，用户可以按【Ctrl+S】组合键或单击快速工具栏中的"保存"按钮，随时快速保存演示文稿。

6.3 编辑和美化演示文稿

在 6.2 节中讲到，创建一个演示文稿的过程实际上就是依次制作一张张幻灯片的过程，而演示文稿中每一张幻灯片又是由若干"对象"组成的，它们是幻灯片重要的组成元素。每当用户往幻灯片中插入文字、图片及其他可插入元素时，它们都是以一个个对象的形式出现在幻灯片中的。用户可以选择对象，修改对象的内容或大小，移动、复制或删除对象；还可以改变对象的属性，如颜色、阴影、边框等。所以，制作一张幻灯片的过程，实际上是制作其中每一个被指定对象的过程。本节将介绍如何编辑演示文稿，并通过各种方式美化演示文稿。

6.3.1 编辑演示文稿

在组织演示文稿时，为使文稿内容更连贯，文稿意图表达得更清楚明白，经常需要通过插入、删除、移动及复制幻灯片来逐渐完善演示文稿。

幻灯片的插入、删除、移动及复制操作一般在幻灯片浏览视图或普通视图的"幻灯片"选项卡中进行。

1. 插入幻灯片

单击"开始"选项卡"幻灯片"选项组中的"新建幻灯片"按钮，可以在选定幻灯片之后插入一张新的幻灯片。如果要为插入的幻灯片选择版式，则单击该按钮右下角的下拉按钮，在其下拉列表中选择一种需要的版式。

如果要修改已经建立的幻灯片的版式，可右击幻灯片，在弹出的快捷菜单中选择"版式"命令，或单击"开始"选项卡"幻灯片"选项组中的"幻灯片版式"按钮。

2. 删除幻灯片

选定幻灯片，按【Delete】键，或右击要删除的幻灯片，在弹出的快捷菜单中选择"删除幻灯片"命令，可删除幻灯片。若无意中误删了幻灯片，可单击快速访问工具栏中的"撤销"按钮 ↩ 恢复。

3. 移动幻灯片

移动幻灯片可以调整幻灯片的位置，使演示文稿的结构更合理。移动的方法：拖动幻灯片到目标位置，释放鼠标即可。

单击可选定一张幻灯片，拖动可选定连续的幻灯片，单击一张幻灯片后，按住【Ctrl】键再单击其他的幻灯片，可选定不连续的多张幻灯片。利用剪贴板剪切、粘贴也可以实现幻灯片的移动操作。

4. 复制幻灯片

视频 6-8 编辑演示文稿

在幻灯片浏览视图中，拖动幻灯片进行移动的同时按住【Ctrl】键可以将选定的幻灯片复制到指定位置。利用剪贴板复制、粘贴也可以实现幻灯片的复制操作。

6.3.2 插入对象

1. 输入和编辑文本

（1）添加文本

在 PowerPoint 中，每张不同版式的新幻灯片上都有带虚线或影线标记边框的框，其中有相关提示文字，称为占位符，如图 6.12 所示。在占位符内单击便激活该区域，随后即可在其中输入或粘贴文本。

1）在标题区输入"三个层次的课程体系"。

2）在文本区输入第一级文本"大学计算机基础"。

3）按【Enter】键，光标移至第二行，单击"开始"选项卡"段落"选项组中的"增大缩进级别"按钮，使其降为第二级文本。

单击"开始"选项卡"段落"选项组中的"项目符号"下拉按钮，在其下拉列表中选择一种项目符号，输入"《大学计算机基础》"后按【Enter】键，再单击"减少缩进级别"按钮，回到第一级文本位置，输入"计算机程序设计基础"，如图 6.13 所示。以此类推，完成整个内容的输入。

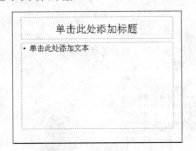

图 6.12　演示文稿的占位符

图 6.13　在文本区分级输入文本

在 PowerPoint 中，幻灯片上的所有文本都要输入文本框中。若要在空白版式的幻灯片或占位符之外添加文字（如在图形上添加标题或标注），则单击"插入"选项卡"文本"选项组中的"文本框"按钮，在空白的幻灯片中或其他需要输入文字的位置添加文本框，然后向其中输入具体内容，完成后单击文本框外区域的任意位置即可。

在输入文本过程中，若文本较多而超过了文本框的长度，超长文本会自动换行；若要强行换行，则可按【Enter】键；若不希望换行，则在输入文本后拖动文本框左右两侧的尺寸控制句柄，拉长文本框使其中的文本排列在一行内即可。

（2）设置文本格式

对于幻灯片中输入的文本，为增强其表达效果，有时需要更改或添加文本的格式。可以在"开始"选项卡中进行操作，在弹出的"字体"对话框和"段落"对话框中进行相关的设置，也可以利用"字体"选项组和"段落"选项组中的工具按钮进行操作。例如，设置字体、字号、对齐方式和项目符号等。

在 PowerPoint 中编辑文本与 Word 中的方法类似，在此不再详述。在对文本进行编辑之前，首先要选定文本。可以使用拖动的方法选择部分文本，当单击标题区或文本区时，则可以选择整个标题或文本框。

视频 6-9　输入与编辑文本

2. 插入艺术字

艺术字属于嵌入式的应用程序，PowerPoint 利用艺术字功能创建旗帜鲜明的标志或标题。下面就用艺术字创建一张幻灯片的标题。

1）插入一张新幻灯片，选择"标题幻灯片"版式。

2）双击"标题"占位符的虚线边框，按【Delete】键删除此占位符。

3）单击"插入"选项卡"文本"选项组中的"艺术字"按钮，弹出艺术字库，从中选择一种艺术字式样。

4）输入文字内容"武汉科技大学城市学院"，然后设置文字字体、字号和字形。这样即在幻灯片中插入艺术字，如图 6.14 所示。

视频 6-10 插入艺术字、公式、符号

3. 插入图片

可以直接在幻灯片中插入各种图片，操作步骤如下。

1）单击"插入"选项卡"图像"选项组中的"图片"按钮，弹出"插入图片"对话框。

2）选定要插入的图片，单击"插入"按钮，即可将图片插入幻灯片中，如图 6.15 所示。

图 6.14 在幻灯片中引入艺术字

图 6.15 在幻灯片中插入图片

幻灯片中插入的图片对象可以包括剪贴画、来自文件的各种格式图像（如文件扩展名为.bmp、.jpg、.gif、.emf 等格式）、来自扫描仪或数码照相机的图像等。这些图片对象的操作方法都是类似的。

4. 插入自选图形

单击"插入"选项卡"插图"选项组中的"形状"按钮，可插入任意的自选图形。PowerPoint 中的自选图形操作与 Word 中相似，不同之处主要有以下两点。

1）在 PowerPoint 中，给自选图形添加文字比 Word 方便，画完自选图形后可直接输入文字；而 Word 中需要选定图形后右击，从弹出的快捷菜单中选择"添加文字"命令。

2）在 PowerPoint 中，文本框在默认情况下无边框，因此为流程图的线条添加文字比较方便；在 Word 中，需要将文本框的"颜色和线条"设置为"无线条、无填充"。

5. 插入表格

可以先在 Word 或 Excel 中制作好表格，然后通过复制、粘贴操作将其插入幻灯片中。也可以在 PowerPoint 中直接绘制表格，操作步骤如下。

1）插入一张新幻灯片，选择"标题和内容"版式，如图 6.16 所示。

2）在标题区中输入幻灯片标题"课程学时安排"。

3）单击"插入表格"下拉按钮，在弹出的下拉列表中选择"插入表格"命令，弹出"插入表格"对话框，在此对话框中设置表格所需的行数、列数，单击"确定"按钮即可创建一个表格，其制作方法与 Word 相同。效果如图 6.17 所示。

图 6.16 "标题和内容"版式	图 6.17 在幻灯片中插入表格

6. 插入 SmartArt 图形

SmartArt 是简单易用的图形结构布局设计工具，下面以插入 SmartArt 图形中的组织结构图为例介绍其操作步骤。

1）插入一张新幻灯片，选择"标题和内容"版式。

2）在标题区中输入幻灯片标题"教学管理"。

3）单击"插入"选项卡"图像"选项组中的"SmartArt"按钮，弹出"选择 SmartArt 图形"对话框；在此对话框中单击"层次结构"选项卡中的"组织结构图"按钮，生成一个示例组织结构图，如图 6.18 所示。

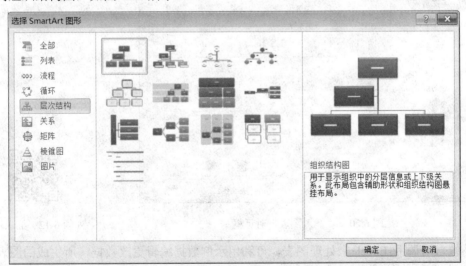

图 6.18　选择"层次结构"中的"组织结构图"

4）单击"SmartArt 工具/设计"选项卡"创建图形"选项组中的"添加形状"按钮，完成各层次图框数的调整，然后输入各个图框中的文字，完成后的效果如图 6.19 所示。

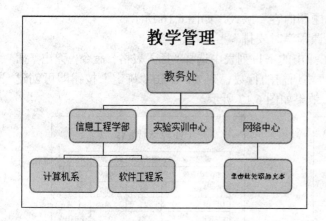

图 6.19　在幻灯片中插入 SmartArt 图形示例

视频 6-11　插入图片、形状、SmartArt 图形

SmartArt 图形作为一个嵌入对象，同样可以像图片和艺术字一样根据需要对其进行修饰操作，以突出某一级别的图框内容或更改图框的边框样式等。

7. 插入图表

学术和教学演示文稿的有力支持是数据，但数据列表非常枯燥且不够直观，插入图表可使数据以可视化形式直观表现。在 PowerPoint 中，可以插入多种数据图表，如柱形图、折线图、饼图、条形图、面积图、散点图、股价图、曲面图、圆环图、气泡图和雷达图等。

单击"插入"选项卡"插图"选项组中的"图表"按钮，弹出"插入图表"对话框，选择所需图表的类型，单击"确定"按钮，如图 6.20 所示。

图 6.20　"插入图表"对话框

视频 6-12　插入图表

系统自动调用 Excel 来处理图表，可利用示例数据编辑更改数据，所生成的图表对象直接插入 PowerPoint。

图表插入后会自动弹出"图表工具/设计"、"图表工具/布局"和"图表工具/格式"选项卡，利用其可以对图表进行编辑和修改，也可直接在 Excel 中生成图表，再利用剪贴板粘贴到 PowerPoint 中。

8. 插入声音和影像

PowerPoint 提供了在幻灯片放映时播放声音、音乐和影片的功能。用户可以在幻灯片中插入声音和视频信息，使演示文稿声色俱佳。

插入声音和视频文件的方式有两种："插入"和"链接到文件"，如图 6.21 所示。选择"插入"方式是将声音或视频嵌入演示文稿，该方式可能会造成该演示文稿文件过大，但优点是不会因未复制外部声音或视频文件或相对路径改变而无法播放。而选择"链接到文件"方式，则声音或视频文件不嵌入演示文稿文件，在复制时需要将外部声音或视频文件一并复制，并保持与演示文稿文件的相对路径一致，才能正常播放。

图 6.21 插入方式

（1）插入声音

在 PowerPoint 中插入的声音文件，可以来自于网络、CD-ROM，也可以自己进行录制。在演示文稿中插入声音的操作步骤如下。

1）选定要添加音乐或声音的幻灯片。

2）单击"插入"选项卡"媒体"选项组中的"音频"下拉按钮，在其下拉列表中选择"文件中的音频"选项，弹出"插入音频"对话框。

3）在"插入音频"对话框中，选择要插入的声音文件后，单击"插入"按钮即可将该文件嵌入演示文稿中。如果希望采用链接方式插入，则单击"插入"按钮右侧的下拉按钮，在其下拉列表中选择"链接到文件"方式，如图 6.21 所示。

4）此时在幻灯片中将出现一个声音图标，如图 6.22 所示。这表明，声音文件已经成功插入了演示文稿。选定声音图标，单击图标下方的"播放"按钮，可在幻灯片中试听声音。

若在"音频"下拉列表中选择了"剪贴画音频"选项，则可在"剪贴画"任务窗格中找到所需的音频剪辑，将其添加到演示文稿中。

（2）设置声音的播放选项

在幻灯片中插入声音文件后，播放时默认情况下只在有声音图标的幻灯片中播放，当进入下一张幻灯片时就会停止。用户可以根据需要设置声音的播放选项。

选定幻灯片中的声音图标，在如图 6.23 所示的"音频工具/播放"选项卡的"音频选项"选项组中进行如下设置。

1）如果在"开始"下拉列表中选择"自动"选项，可在放映该幻灯片时自动开始播放声音。

2）如果在"开始"下拉列表中选择"单击时"选项，可在幻灯片中通过单击声音图标手动播放。

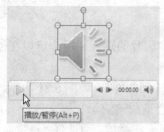

图 6.22　声音图标

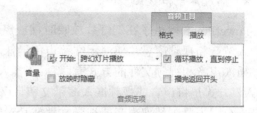

图 6.23　"音频工具/播放"选项卡

3）如果在"开始"下拉列表中选择"跨幻灯片播放"选项，可使插入的声音在多张幻灯片中连续播放。

4）如果声音文件的长度不足以在幻灯片上继续播放，可勾选"循环播放，直到停止"复选框，以继续重复此声音，直至用户停止播放或转到下一张幻灯片为止。

5）勾选"放映时隐藏"复选框，可在放映幻灯片时隐藏声音图标。但只有在两种情况下才可以使用此复选框：一是将声音设置为自动播放；二是创建了可通过单击来播放声音的某种其他控件，如动作按钮。

在普通视图中，声音图标始终是可见的。

视频 6-13　插入音频及视频

注意：如果添加了多个声音，则会层叠在一起，并按照添加顺序依次播放。如果希望每个声音都在单击时播放，可在插入音频后拖动声音图标使其分开。

（3）插入影像

插入影像和插入声音的操作非常相似，单击"插入"选项卡"媒体"选项组中的"视频"按钮，进行相关操作即可。

6.3.3　设置幻灯片外观

PowerPoint 的一大特点是可以使演示文稿的所有幻灯片具有一致的外观。控制幻灯片外观的方法有三种，分别是母版、主题和背景样式。

1．使用母版

母版是幻灯片层次结构中的顶层幻灯片，用于存储主题和版式信息，包括背景、颜色、字体、效果、占位符大小和位置。

使用母版的优点是可以统一演示文稿中所有幻灯片的风格和样式。改变母版中的任何格式或添加任何对象，均会反映到基于该母版的所有幻灯片中。所以，对每张幻灯片上相同的信息可使用母版一次性设定，节省编辑时间，提高编辑效率。

一些初学者在新建了多张幻灯片之后才创建幻灯片母版，此时幻灯片上的某些项目可能与母版的设计风格不完全相符。所以，建议在开始新建各张幻灯片之前先创建幻灯片母版，而不应在编辑了多张幻灯片之后再创建母版。

PowerPoint 2010 提供的母版分为三类，分别是幻灯片母版、讲义母板和备注母版。幻灯片母版控制在幻灯片上输入的标题和文本的格式与类型；讲义母板用于添加或修改幻灯片在讲义视图中每页讲义上出现的页眉或页脚信息；备注母版可以用于控制备注页的版式及备注文字的格式。最常用的母版是幻灯片母版。

（1）打开幻灯片母版

要对幻灯片母版进行操作，首先需要打开幻灯片母版，并将其显示在屏幕上，以便用户进行编辑。执行下列操作之一，可切换到如图 6.24 所示的幻灯片母版视图。

1）单击"视图"选项卡"母版视图"选项组中的"幻灯片母版"按钮。

2）按住【Shift】键的同时单击窗口下方的"普通视图"按钮。

注意：图 6.24 中①为"幻灯片母版"视图中的幻灯片母版，②是与幻灯片母版相关联的幻灯片版式。

幻灯片母版给出了标题区、项目列表区、日期区、页脚区和数字区五个占位符。

（2）编辑幻灯片母版

在幻灯片母版中，用户可以对其中的所有内容进行修改，如改变背景、改变配色方案、改变各个占位符的位置及格式、插入图片、媒体剪辑等。可以说，凡是能够在演示文稿的幻灯片中所做的操作，都可以在幻灯片母版中进行，只是这些操作所影响的范围不同而已。

例如，要在除标题幻灯片以外的所有幻灯片中添加相同的页脚内容，操作步骤如下。

1）切换到幻灯片母版视图。

2）单击"插入"选项卡"文本"选项组中的"页眉和页脚"按钮，弹出"页眉和页脚"对话框，如图 6.25 所示。

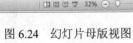
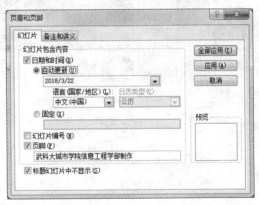

图 6.24 幻灯片母版视图　　　　　　　图 6.25 "页眉和页脚"对话框

3）在该对话框中勾选"页脚"复选框，并在其下的文本框中输入"武科大城市学院信息工程学部制作"字样。在该对话框中还可以设置幻灯片的日期、时间及幻灯片编号。

4）勾选"标题幻灯片中不显示"复选框，单击"全部应用"按钮，返回幻灯片母版视图，对输入的字体进行格式的调整。

5）单击"幻灯片母版"选项卡中的"关闭母版视图"按钮，或选择幻灯片的其他视图，结束对幻灯片母版的编辑，此时，所插入的页脚信息出现在除标题幻灯片以外的整个演示文稿的每张幻灯片上。

一个演示文稿中包含多个幻灯片版式，每个版式的设置方式都不同，但与幻灯片母版相关联的所有版式均包含相同主题（配色方案、字体和效果），在修改这些版式时，实质上

视频 6-14 母版
及其应用

也就是在修改该幻灯片的母版。

并非所有幻灯片在每个细节上都必须与幻灯片母版一致。若要使某张幻灯片的格式或风格与母版有所不同，可以在幻灯片的普通视图中单独设置该幻灯片的格式。

2. 应用主题

PowerPoint 2010 的主题相当于 PowerPoint 2003 的设计模板，但它比设计模板更灵活、更丰富。主题将配色方案、字体样式和效果集中成精美的设计包，此设计包可用于多种类型的演示文稿。

单击"设计"选项卡"主题"选项组中的"其他"下拉按钮，在其下拉列表中展示了系统的内置主题，如图 6.26 所示。PowerPoint 2010 的主题具有预览功能，当鼠标指针指向某一主题时，当前幻灯片就显示出该主题的效果。右击该主题，在弹出的快捷菜单中可选择该主题应用的范围。应用完某一内置主题后还可以再通过"主题"选项组中的"颜色"、"字体"和"效果"按钮进一步修饰，并且可以将修饰完的主题存储为自定义的主题。

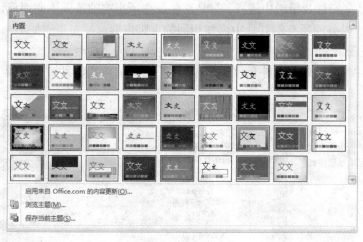

图 6.26 内置主题

视频 6-15 设计幻灯片页面

3. 更改幻灯片背景

幻灯片的背景是幻灯片中最显著的部分，在 PowerPoint 中可以单独改变幻灯片背景的颜色、过渡、图案或者纹理。此外，还可以使用图片作为幻灯片背景。更改背景时，可以将更改只应用于当前幻灯片，也可以应用于所有的幻灯片或幻灯片母版。

更改幻灯片背景的操作步骤如下。

1）打开演示文稿，选定需要更改背景的幻灯片。

2）单击"设计"选项卡"背景"选项组中的"背景样式"下拉按钮，弹出如图 6.27 所示的下拉列表。

3）从中选择一种背景样式，然后在选择的样式上右击，在弹出的快捷菜单中选择下列命令之一。

① 如果要将更改应用到当前幻灯片，则选择"应用于所选幻灯片"命令。

② 如果要将更改应用到所有的幻灯片，则选择"应用于所有幻灯片"命令。

如果对默认设置不满意，可选择"设置背景格式"命令，弹出"设置背景格式"对话框，如图 6.28 所示，在其中选择一种填充模式即可。

图 6.27 "背景样式"下拉列表

图 6.28 "设置背景格式"对话框

注意：在 PowerPoint 的背景中，"渐变"、"纹理"、"图案"或"图片"修饰只能使用一种，也就是说，如果先选择了幻灯片背景的纹理，又选择了幻灯片背景图片，则在演示文稿的幻灯片中，将只显示背景图片。

6.3.4 设置幻灯片的动画效果

利用 PowerPoint 提供的动画功能可控制幻灯片中的文本、形状、图像和其他对象的进入方式和顺序，以突出重点并提高演示文稿的趣味性。

1. 动画的类型

PowerPoint 可支持以下四种不同类型的动画效果。

1）进入。对象从视野之外进入幻灯片的动画效果，如飞入、切入、楔入等。

2）退出。对象从幻灯片中退出的动画效果，如飞出、淡出、消失等。

3）强调。对象吸引观众注意力的强调效果，如放大、缩小、填充颜色及旋转等。

4）动作路径。指定对象移动的动画路径，使对象沿着某种形状，甚至自定义路径移动。

2. 动画的设置

动画设置的操作步骤如下。

1）在普通视图中，选定要设置动画效果的幻灯片。

2）选定需要动态显示的对象，如艺术字"武汉科技大学城市学院"。

3）单击"动画"选项卡"动画"选项组中的"其他"下拉按钮，在其下拉列表中选择所需的动画效果，如选择"飞入"效果，如图 6.29 所示。

动画的多种效果可组合在一起，如单击"动画"选项卡"高级动画"选项组中的"添加动画"下拉按钮，在其下拉列表中选择"放大"效果，即可设置对象边飞入边放大。

图 6.29 设置"飞入"动画

4）设置在播放时触发动画效果开始计时的选项，包括以下内容。

① 单击开始（默认）：单击鼠标时开始动画效果。

② 与上一动画同时：与列表框中上一个动画效果同时开始，用于同一时间组合多个效果。

③ 上一动画之后：在列表框中上一个动画效果完成后自动开始。

5）在"计时"选项组中为动画指定持续时间及延迟计时（均以秒为单位）。其中，持续时间是动画动作完成的快慢，延迟是动画开始前的等待时间。

图 6.30 "飞入"效果选项

6）若要为动画设置效果选项，可单击"动画"选项卡"动画"选项组中的"效果选项"下拉按钮，在其下拉列表中选择所需的效果。图 6.30 所示为"飞入"的效果选项。

如果演示文稿中的幻灯片数目较多，可用母版进行动画设置，从而提高设定动画的效率。

3. 更改动画播放顺序

在演示文稿中可以改变各个对象出现的先后顺序，更改动画播放顺序的操作步骤如下。

1）在普通视图中，选择要更改动画顺序的幻灯片。

2）单击"动画"选项卡"高级动画"选项组中的"动画窗格"按钮。

3）在"动画窗格"任务窗格中选定需要重新排序的动画，单击"重新排序"按钮右侧的向上或向下移动按钮，便可以上下移动动画列表中的对象，改变该对象的动画顺序。

在"动画窗格"任务窗格中可以查看幻灯片上所有动画的列表框，并显示有关动画效果的重要信息，如效果的类型、多个动画效果之间的相对顺序、受影响对象的名称及效果的持续时间等。

4. 使用动画刷

类似于使用格式刷复制格式，使用动画刷可以复制动画。操作步骤如下。

1）选择已设置动画效果的对象。

2）单击或双击"动画"选项卡"高级动画"选项组中的"动画刷"按钮，这时光标会变成一个小刷子的样式 。

3）用动画刷单击某个对象，即可将动画复制给该对象。单击与双击动画刷的区别：单击后，动画刷刷一次即失效；而双击后，动画刷可以连续使用，直到再次单击"动画刷"按钮或按【Esc】键使之复原为止。

视频 6-16 自定义动画

6.3.5　设置幻灯片的切换效果

幻灯片的切换效果是指幻灯片放映时幻灯片进入和离开屏幕的视觉效果。可以选择不同的切换方式并改变其速度，也可以改变切换效果以引出演示文稿新的部分或强调某张幻灯片。设置幻灯片切换效果的方法如下。

1）选定需要设置切换方式的幻灯片。

2）单击"切换"选项卡"切换到此幻灯片"选项组中的"其他"下拉按钮，在其下拉列表中选择所需的切换效果，如图 6.31 所示。

图 6.31　幻灯片切换效果设置

3）如果要将所做的设置应用于所有的幻灯片，应单击"全部应用"按钮，否则只对选定的幻灯片添加切换效果。

在"切换"选项卡"计时"选项组中，可以选择切换方式的持续时间、从当前幻灯片进入下一张幻灯片时的换片方式及切换时的声音效果。偶尔使用声音效果配合幻灯片切换可起到活跃气氛、引起注意等作用，但滥用声音效果反而可能令人反感，造成不良后果。

视频 6-17　设置
切换效果

6.3.6　设置超链接

可以利用 PowerPoint 的超链接功能在制作演示文稿时预先为幻灯片对象创建超链接，并将链接目的地指向其他地方，如演示文稿内特定的幻灯片、另一个演示文稿、某个 Word 文档或 Excel 工作簿，甚至是某个网上资源地址，从而制作出具有交互使用功能的多媒体文稿，放映时用户可根据自己的需求单击某个超链接，进行相应内容的跳转。

1．使用"动作设置"对话框创建超链接

使用"动作设置"对话框可以将超链接功能创建在任何对象上，如文本、图形、表格或图片等。例如，为图 6.32 所示的幻灯片添加超链接功能，其操作步骤如下。

图 6.32　示例幻灯片

1）选定文本"行吟阁"。

2）单击"插入"选项卡"链接"选项组中的"动作"按钮，弹出"动作设置"对话框，如图 6.33 所示。

3）PowerPoint 提供了两种激活超链接功能的交互动作：单击鼠标和鼠标移过。单击鼠标的方式用于设置单击动作交互时的超链接功能，大多数情况下采用这种方式；鼠标移过的方式适用于提示、播放声音或影片。

4）点选"超链接到"单选按钮，在其下拉列表中选择跳转目的地的幻灯片，弹出"超链接到幻灯片"对话框，如图 6.34 所示。

图 6.33　"动作设置"对话框　　　　　图 6.34　"超链接到幻灯片"对话框

5）单击"确定"按钮完成示例幻灯片与"行吟阁"幻灯片的超链接。

此时代表超链接的文本"行吟阁"会添加下划线，并显示成主题所指定的颜色。从超链接跳转到其他位置后，其颜色会改变。超链接只在幻灯片放映时才会起作用，在其他视图中处理演示文稿时不会起作用。

2. 使用"超链接"按钮创建超链接

使用"超链接"按钮创建超链接的操作步骤如下。

1）选定文本"楚城"。

2）单击"插入"选项卡"链接"选项组中的"超链接"按钮，弹出"插入超链接"对话框，如图 6.35 所示。

图 6.35　"插入超链接"对话框

3）在"链接到"列表框中选择"本文档中的位置"选项，在"请选择文档中的位置"列表框中选定幻灯片"楚城"。

4）单击"确定"按钮完成示例幻灯片与楚城幻灯片的超链接。

也可以右击选定文本，在弹出的快捷菜单中选择"超链接"命令，弹出"插入超链接"对话框，在其中进行相关设置。

添加超链接功能后的幻灯片如图 6.36 所示。

3. 使用动作按钮创建超链接

PowerPoint 带有一些制作好的动作按钮,可以将动作按钮插入演示文稿并为之定义超链接。动作按钮包括一些形状,如左箭头和右箭头等,可以使用这些常用的、易于理解的符号转到下一张、上一张、第一张和最后一张幻灯片等。例如,在"东湖风光"演示文稿中设置"行吟阁"幻灯片返回目录幻灯片的超链接的操作步骤如下。

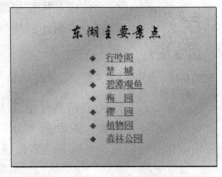

图 6.36 添加超链接功能后的示例幻灯片

1)选定"行吟阁"幻灯片。

2)单击"插入"选项卡"插图"选项组中的"形状"下拉按钮,在其下拉列表中选择"动作按钮:后退或前一项"选项,如图 6.37 所示。

3)将鼠标指针移动到"行吟阁"幻灯片右下角,此时鼠标指针变成"十"字形,拖动鼠标,出现相应的动作按钮,同时弹出"动作设置"对话框。

4)在"动作设置"对话框中设置要超链接到的位置,然后单击"确定"按钮关闭对话框,此时将看到"行吟阁"幻灯片右下角增加了返回按钮,如图 6.38 所示。

图 6.37 使用动作按钮创建超链接

图 6.38 返回按钮

4. 编辑超链接

右击具有超链接功能的对象,在弹出的快捷菜单中选择"编辑超链接"命令,弹出"编辑超链接"对话框,如图 6.39 所示,可在对话框中重新设置超链接。

图 6.39 "编辑超链接"对话框

使用动作按钮创建的超链接，可右击动作按钮，在弹出的快捷菜单中选择"编辑超链接"命令，弹出"动作设置"对话框，在其中重新设置超链接。

5. 删除超链接

右击具有超链接功能的对象，在弹出的快捷菜单中选择"删除超链接"命令即可删除超链接；或者在"动作设置"对话框中点选"无动作"单选按钮；使用动作按钮创建的超链接，可以先选定按钮再按【Delete】键进行删除。

6.4　放映和发布演示文稿

创建演示文稿的目的是在观众面前放映和演示。除了要在创建演示文稿的过程中做好整体规划、精益求精，以获得出色的视觉效果外，还要根据使用者的需要，设置不同的放映方式。

6.4.1　设置演示文稿的放映方式

1. 放映类型

PowerPoint 提供了三种放映幻灯片的方式，单击"幻灯片放映"选项卡"设置"选项组中的"设置幻灯片放映"按钮，弹出"设置放映方式"对话框，如图 6.40 所示。可根据需要在对话框中选择不同的放映类型。

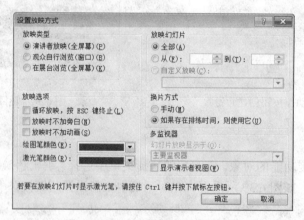

图 6.40　"设置放映方式"对话框

1）演讲者放映（全屏幕）。这是最常用的放映方式，可运行全屏幕显示的演示文稿。在大多数情况下，特别是演讲者亲自放映时，应该使用这种方式。可通过快捷菜单或按【Page Down】键、【Page Up】键显示不同的幻灯片，提供绘画笔进行勾画。

2）观众自行浏览（窗口）。以窗口形式显示。允许用户在放映时移动、复制和打印幻灯片。这种方式适合运行小规模的演示，如个人通过公司的网络浏览。

3）在展台浏览（全屏幕）。可自行运行演示文稿。在展览会场或会议中经常会使用这种方式，它的特点是无人管理。在放映前，要事先通过排练计时将每张幻灯片放映的时间规定好。在放映过程中，除了保留指针用于选择屏幕对象外，其余功能全部失效（按【Esc】键终止放映）。

2. 换片方式

（1）手动放映

手动放映是默认的放映方式，单击（或按【Enter】键）可播放下一张幻灯片，按【Esc】键可结束播放过程；使用【Page Down】键和【Page Up】键可向后或向前翻一张幻灯片。

（2）自动放映

在设置自动放映方式之前，先要设定排练时间，其操作步骤如下。

1）设置排练计时。单击"幻灯片放映"选项卡"设置"选项组中的"排练计时"按钮，激活排练方式。此时幻灯片开始放映，同时计时系统启动，如图 6.41 所示。

2）通过单击自行安排每张幻灯片放映时所需的时间。如果重新计时可以单击按钮 ，暂停可以单击按钮 ，如果要继续，则需再一次单击按钮 。

3）整个演示文稿放映完毕，系统将自动弹出排练计时提示对话框显示放映的总时间，单击"是"按钮保存排练计时，如图 6.42 所示。在幻灯片浏览视图中，设置了演示时间的幻灯片左下方会显示演示的时间长度。

图 6.41 排练计时

图 6.42 排练计时提示对话框

4）应用排练计时。单击"幻灯片放映"选项卡"设置"选项组中的"设置幻灯片放映"按钮，弹出"设置放映方式"对话框，设置"换片方式"为"如果存在排练时间，则使用它"，如图 6.40 所示。

5）如果需要循环放映，则可勾选"循环放映，按 Esc 键终止"复选框。

6）单击"确定"按钮后，按【F5】键，即可实现自动放映。

视频 6-19 创建自
动演示文稿

3. 控制播放过程

在演示文稿放映过程中，右击幻灯片，将弹出快捷菜单，如图 6.43 所示。用户可以使用快捷菜单在演示过程中进行一些必要的操作。例如，可以使用"定位至幻灯片"直接跳到指定的幻灯片；选择"指针选项"→"笔"选项，将鼠标指针变为绘图笔，在播放过程中在幻灯片上书写或绘画等。

如果需要更改画绘图笔的颜色，可以执行下面的操作。

1）右击幻灯片，在弹出的快捷菜单中选择"指针选项"→"墨迹颜色"命令。

2）在"墨迹颜色"级联菜单中选择需要的颜色。

放映完一张幻灯片后，必须先取消绘图笔功能，才能翻到下一页，即选择"指针选项"→"箭头"选项。

如果想在幻灯片上强调要点，则可将鼠标指针变成激光笔。在幻灯片放映视图中按住【Ctrl】键，单击即可开始标记。

4. 有选择地放映部分幻灯片

根据不同的观众对象和场合，有时往往会有选择地放映整套幻灯片中的一部分。"自定义放映"和"隐藏幻灯片"两种功能都能达到有选择地演示部分幻灯片的目的。

（1）自定义放映

使用幻灯片自定义放映功能，可以有选择地放映演示文稿中某一部分幻灯片。操作步骤如下。

1）单击"幻灯片放映"选项卡"开始放映幻灯片"选项组中的"自定义幻灯片放映"按钮，弹出"自定义放映"对话框，如图 6.44 所示。

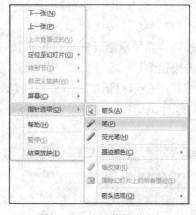

图 6.43　演示快捷菜单

图 6.44　"自定义放映"对话框

2）单击"新建"按钮，弹出"定义自定义放映"对话框，在"幻灯片放映名称"文本框中输入自定义放映的演示文稿名称，如"教学内容及组织"，如图 6.45 所示。

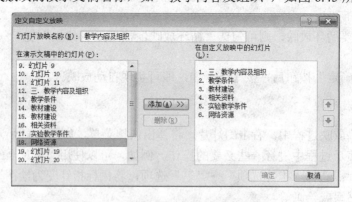

图 6.45　"定义自定义放映"对话框

3）在左侧"在演示文稿中的幻灯片"列表框中选择要放映的幻灯片，单击"添加"按钮，添加到"在自定义放映中的幻灯片"列表框中。若要删除错选的幻灯片，可选定该幻灯片后单击"删除"按钮。

4）单击"确定"按钮，返回"自定义放映"对话框。在该对话框的"自定义放映"列表框中列出了已经建立和刚刚建立的"自定义放映"名称，选定"教学内容及组织"，单击"放映"按钮即可实现自定义放映。

在"自定义放映"对话框中选定某个自定义放映项，单击"删除"按钮即可删除该自定义放映。

（2）隐藏幻灯片

在幻灯片浏览视图中，选择演示时不放映的幻灯片，然后单击"幻灯片放映"选项卡"设置"选项组中的"隐藏幻灯片"按钮，被隐藏幻灯片右下角的序号数字上将显示隐藏标记，如图 6.46 所示，表示该幻灯片在放映时将被跳过而不演示。选定该隐藏幻灯片后再单击"隐藏幻灯片"按钮，则取消隐藏。

视频 6-20 幻灯片放映设置

5. 录制幻灯片演示

放映幻灯片时，如果演讲者无法在旁解说幻灯片的内容，可以利用 PowerPoint 的录制幻灯片演示功能，将演讲者要说的内容预先录制在演示文稿中，播放时的效果类似纪录片。录制方法是先带好耳机，然后单击"幻灯片放映"选项卡"设置"选项组中的"录制幻灯片演示"按钮，弹出"录制幻灯片演示"对话框，如图 6.47 所示。此功能不仅可录下演讲者的讲解内容，还可记录幻灯片的放映时间，以及演讲者使用激光笔在幻灯片上讲解时的墨迹。录好的幻灯片即可脱离演讲者来放映。

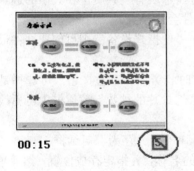

图 6.46 隐藏幻灯片

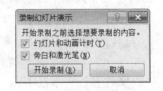

图 6.47 "录制幻灯片演示"对话框

6.4.2 发布演示文稿

演示文稿完成后，除保存为以扩展名.pptx 或.ppsx 的文件复制到其他计算机播放外，常用的幻灯片发布形式还包括广播幻灯片、创建视频和打包成 CD 等。

1. 广播幻灯片

演示者可通过 Internet 向远程用户广播 PowerPoint 演示文稿。当演示者在 PowerPoint 中放映幻灯片时，远程用户可以通过浏览器同步观看。

单击"幻灯片放映"选项卡"开始放映幻灯片"选项组中的"广播幻灯片"按钮，弹出"广播幻灯片"对话框，如图 6.48 所示，按提示操作即可。

2. 创建视频

可以将演示文稿保存为 Windows Media 视频（.wmv）文件或其他格式（.avi、.mov 等）的视频文件，以保证演示文稿中的动画、旁白和多媒体内容顺畅播放，观看者无须在其计算机上安装 PowerPoint 即可观看。创建视频的操作步骤如下。

1）单击"文件"选项卡中的"保存并发送"按钮，在弹出的窗口中单击"创建视频"按钮，弹出如图 6.49 所示的"创建视频"窗格。

图 6.48　　"广播幻灯片"对话框

图 6.49　　"创建视频"窗格

2）单击"计算机和 HD 显示"下拉按钮，可显示所有视频质量和大小的选项。选择"计算机和 HD 显示"可创建质量较高的视频（文件会比较大）；选择"Internet 和 DVD"可创建具有中等文件大小和中等质量的视频；选择"便携式设备"则可创建文件最小的视频（质量低）。

视频 6-21　幻灯片保存为视频

3）单击"不要使用录制的计时和旁白"下拉按钮，可选择是否使用录制的计时和旁白；在"放映每张幻灯片的秒数"数值框中可更改每张幻灯片的放映时间。

4）单击"创建视频"按钮，弹出"另存为"对话框。在该对话框的"文件名"文本框中输入视频文件的名称，并指定存放位置，然后单击"保存"按钮即可。

3. 打包成 CD

如果演示文稿中超链接了一些其他文件，如图片、音频和影视等，则在复制演示文稿到其他计算机上放映时，需要把这些文件一起复制。PowerPoint 2010 中的"将演示文稿打包成 CD"功能将所有超链接文件与演示文稿一起复制到一个位置（CD 或文件夹）并更新媒体文件的所有超链接，这样就可以在一个没有安装 PowerPoint 的计算机上播放了。打包的操作步骤如下。

1）打开要打包的演示文稿，如果要将演示文稿保存到 CD，则需要在 CD 驱动器中插入光盘。

2）单击"文件"选项卡中的"保存并发送"按钮，在弹出的窗口中单击"将演示文稿打包成 CD"按钮，然后在"半演示文稿打包成 CD"窗格中单击"打包成 CD"按钮，弹出"打包成 CD"对话框，如图 6.50 所示。

3）在"打包成 CD"对话框中可进行如下操作。

① 通过"添加"按钮在一个包中添加多个 PowerPoint 文件或其他相关的非 PowerPoint 文件。

注意：当前打开的演示文稿会自动显示在"要复制的文件"列表框中，与该演示文稿超链接的文件虽然会被自动包括，但不会出现在"要复制的文件"列表框中。

② 在"要复制的文件"列表框中选定某个演示文稿或文件后，单击"删除"按钮，即可将该演示文稿或文件从列表框中删除。

③ 单击"选项"按钮，弹出"选项"对话框，如图 6.51 所示，在该对话框中可以进行相关选项的设置。

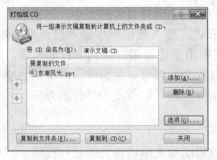

图 6.50 "打包成 CD"对话框

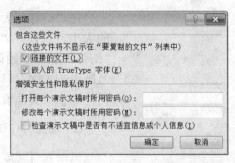

图 6.51 "选项"对话框

4）在"打包成 CD"对话框的"将 CD 命名为"文本框中输入 CD 或文件夹名称，如"东湖风光 CD"，然后单击"复制到文件夹"按钮，弹出"复制到文件夹"对话框，如图 6.52 所示。

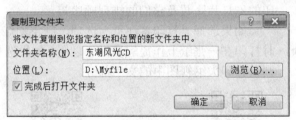

图 6.52 "复制到文件夹"对话框

5）在该对话框中输入文件夹名称及位置，单击"确定"按钮就完成了打包过程。

此时，在 D 盘的"Myfile"文件夹中就产生了一个名为"东湖风光 CD"的文件夹。该文件夹中包含运行演示文稿的必要动态链接库及 PowerPoint 播放器等。

如果要将演示文稿复制到 CD，则需单击"打包成 CD"对话框中的"复制到 CD"按钮。

6.4.3 打印演示文稿

演示文稿除了可以用于在计算机中进行电子演示外，还可以将它们打印出来作为资料，也可以将幻灯片打印在投影胶片上，以后通过投影放映机放映。

打印幻灯片之前，要进行一系列的设置。

1. 页面设置

在打印之前，必须设计幻灯片的大小和打印方向，以达到满意的打印效果。单击"设计"选项卡"页面设置"选项组中的"页面设置"按钮，弹出"页面设置"对话框，如图 6.53 所示。

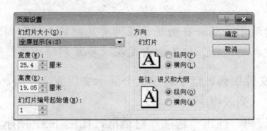

图 6.53　"页面设置"对话框

在"幻灯片大小"下拉列表中选择页面的大小，如果没有合适的大小，可以在"宽度"和"高度"数值框中输入自定义的数字。"幻灯片编号起始值"数值框用于设置第一张幻灯片的编号，该编号既影响大纲窗口中的幻灯片起始编号，又影响页脚中的数字区。另外，在"页面设置"对话框中还可以改变幻灯片的方向。

2. 设置打印选项

图 6.54　设置打印选项

页面设置完成后就可以将演示文稿、讲义等进行打印了。单击"文件"选项卡中的"打印"按钮，弹出"打印"窗格，在其中可以对打印机、打印份数、打印范围及打印的内容等进行设置，如图 6.54 所示。

为了节约纸张，可以选择"打印讲义"选项，同时设置每页打印的幻灯片张数及它们的排列顺序等。

如果选择"打印备注页"选项，则将幻灯片和备注页的内容同时打印在一张纸上作提醒演讲者之用。如果选择"打印大纲"选项，则只打印大纲视图中的文字部分。

视频 6-22　打印幻灯片　　　　　　视频 6-23　案例

习　题　6

一、选择题

1. 在 PowerPoint（　　）视图中，可以精确设置幻灯片的格式。
   A. 备注页　　　　　　　　　　B. 浏览
   C. 幻灯片　　　　　　　　　　D. 黑白
2. PowerPoint 中，下列有关幻灯片背景的说法错误的是（　　）。
   A. 用户可以为幻灯片设置不同的颜色、阴影、图案或者纹理的背景
   B. 也可以使用图片作为幻灯片背景
   C. 可以为单张幻灯片进行背景设置

D．不可以同时对多张幻灯片设置背景

3．在 PowerPoint 的（   ）中，在同一窗口能显示多个幻灯片，并在幻灯片的下面显示它的编号。

A．大纲视图   B．幻灯片浏览视图

C．备注页视图   D．幻灯片视图

4．PowerPoint 演示文稿设计模板的默认扩展名是（   ）。

A．potx   B．pftx

C．pptx   D．prtx

5．如果要从第 2 张幻灯片跳转到第 9 张幻灯片，在 PowerPoint 中应使用（   ）来实现。

A．超链接   B．动画方案

C．幻灯片切换   D．自定义动画

6．PowerPoint 中设置幻灯片放映方式应单击"幻灯片放映"选项卡"设置"选项组中的（   ）按钮。

A．自定义动画   B．排练计时

C．设置幻灯片放映   D．幻灯片切换

7．PowerPoint 状态栏的缩放滑块用于（   ）。

A．字符缩放   B．字符放大

C．字符缩小   D．以上均不是

8．在 Power Point 2010 中，设置超链接的目标对象可以是同一演示文稿中的（   ）。

A．某张幻灯片   B．某张幻灯片中的文本

C．某张幻灯片中的动画   D．某张幻灯片中的图片

二、填空题

1．在"设置放映方式"对话框中有三种不同的方式放映幻灯片，它们是 _____、_____ 和 _____。

2．在一个演示文稿中_____（能、不能）同时使用不同的模板。

3．幻灯片之间的切换效果，可通过_____选项卡来设置。

4．在 PowerPoint 中，背景图片只要在_____视图中更改一次，就能作用于当前演示文稿中的所有幻灯片。

5．在 Power Point 2010 中要切换到幻灯片母版，应首先单击_____选项卡。

三、简答题

1．请说出幻灯片几种视图的名称及它们的用途。

2．简述幻灯片母版的特点。

3．如何设置演示幻灯片时每张幻灯片的切入方式？

4．如何向幻灯片中添加声音？

5．如何利用超链接功能组织幻灯片的浏览顺序？

6．如何设置演示文稿的自动播放效果？

第 7 章　计算机网络

随着通信技术和信息技术的飞速发展，计算机网络已经应用到社会的各个角落，在各行各业中起着举足轻重的作用。Internet 作为世界上最大的计算机网络信息管理系统，已经改变了人们的工作和生活方式，成为现代办公和家庭中不可缺少的工具。因此，人们需要了解和掌握一些网络的基本知识，以及 Internet 的使用方法。

7.1　计算机网络基础

人类生活的时代是一个以网络为核心的信息时代，其特征是数字化、网络化和信息化。世界经济正从工业经济转变到知识经济。知识经济最重要的特点是信息化和全球化。要实现信息化和全球化，就必须依赖完善的网络体系，即电信网络、有线电视网络和计算机网络。在这三类网络中，起核心作用的是计算机网络。计算机网络的建立和使用是计算机科学与通信技术发展相结合的产物，是信息高速公路的重要组成部分，是一门涉及多种学科和技术领域的综合技术。计算机网络使人们不受时间和地域的限制，实现资源共享。

7.1.1　计算机网络概述

1. 计算机网络的定义

计算机网络虽然发展速度很快，但到目前为止对计算机网络并没有一个精确、统一的定义。

美国著名的网络专家 Tanenbaum 给出了最简单的定义：网络是一些互相连接、自治的计算机集合。在这个定义里，互联是指计算机间能够相互交换信息，而自治则指不受其他计算机控制，具有自我运行、计算能力。这一定义将一些早期带有多个终端的大型计算机排除在外。

另一位网络专家 Landwber 则指明一个计算机网络应当有以下三个组成部分。

1）若干主机，它们向网络提供服务。

2）一个通信子网，它由一些专用的结点交换机和连接这些结点的通信链路所组成。

3）一系列的协议，这些协议在主机之间或主机与子网的通信中使用。

这些定义从不同的角度对计算机网络进行了描述。综合起来，我们可以将计算机网络理解为将地理上分散的多台主机通过通信设备、传输介质互相连接起来，并配以相应的网络协议、网络软件，以达到主机间能够相互交换信息、实现资源共享的系统。

视频 7-1　计算机网络概述

2. 计算机网络的产生与发展

计算机网络的发展几乎与计算机的发展一同起步。自从 1946 年第一台电子计算机 ENIAC 诞生以来，计算机与通信的结合不断地发展，计算机网络技术就是这种结合的结果。

1952 年美国半自动化地面防空系统（SAGE system）的建成可以看作计算机技术与通信技术的首次结合。此后，计算机通信技术逐渐从军事应用扩展到民间应用，一些研究机构、大学和大型商业组织在 20 世纪 60 年代陆续建立起一批实验研究用计算机通信网和实用计算机通信网。

计算机网络发展过程中的一个里程碑事件是 ARPANET 的诞生。ARPANET 是美国国防部高级研究计划局 1968 年提出的概念，到 1971 年 2 月，ARPANET 已建成 15 个结点，并进入工作阶段。在随后几年间，其地理范围从美国本土扩展至欧洲。

视频 7-2　互联网的发展史

计算机网络出现的时间不长，但发展的速度很快，经历了具有通信功能的单机系统、具有通信功能的计算机网络和体系结构标准化的计算机网络等发展阶段。其现在正向高速光纤网络技术、综合服务数字网技术、无线数字网技术和智能网技术等方面发展。

3. 计算机网络的功能

计算机网络的功能主要体现在资源共享、信息交换和分布式处理三方面。

（1）资源共享

资源指的是网络中所有的硬件、软件和数据。共享指的是网络中的用户都能够部分或全部地使用这些资源。

通常，在网络范围内的各种输入/输出设备、大容量的存储设备、高性能的计算机等都是可以共享的硬件资源，对于一些价格高又不经常使用的设备，可通过网络共享提高设备的利用率，节约不必要的开支，降低使用成本。

软件共享是网络用户对网络系统中的各种软件资源的共享，如主计算机中的各种应用软件、工具软件、语言处理程序等。数据共享是网络用户对网络系统中的各种数据资源的共享。网上的数据库和各种信息资源是共享的一个主要内容。因为任何用户都不可能把需要的各种信息收集齐全，而且也没有这个必要，计算机网络提供了这样的便利，全世界的信息资源可通过 Internet 网实现共享。

（2）信息交换

信息交换功能是计算机网络最基本的功能，主要完成网络中各个结点之间的通信。任何人都需要与他人交换信息，计算机网络提供了最快捷、最方便的途径。人们可以在网上传送电子邮件、发布新闻消息，以及进行电子商务、远程教育和远程医疗等服务。

（3）分布式处理

分布式处理就是指网络系统中若干计算机可以互相协作共同完成一个大型任务。或者说，一个程序可以分布在几台计算机上并行处理。这样，就可以将一项复杂的任务划分成许多部分，由网络中各个计算机分别完成有关的部分，这样处理能均衡各计算机的负载，充分利用网络资源，增强处理问题的实时性，提高系统的可靠性。对解决复杂问题来讲，多台计算机联合使用并构成高性能的计算机体系，这种协同工作、并行处理要比单独购置高性能的大型计算机便宜得多。

4. 计算机网络的分类

计算机网络可以从不同的角度进行分类，最常见的分类方法如下。

（1）按照网络的覆盖范围分类

1）局域网（local area network，LAN）：一般用微型计算机通过高速通信线路相连，覆盖范围在 1km 以内，通常用于连接一栋或几栋大楼，在局域网内传输速率高、传输可靠、误码率低；结构简单，容易实现。

2）城域网（metropolitan area network，MAN）：在一个城市范围内建立的计算机通信网。通常使用与局域网相似的技术，传输媒介主要采用光缆。所有联网设备均通过专用连接装置与媒介相连，但对媒介访问控制在实现方法与 LAN 不同。

当前，城域网的一个重要用途是用作骨干网，通过它将位于同一城市内不同地点的主机、数据库，以及 LAN 等互联起来。

3）广域网（wide area network，WAN）：又称远程网。当人们提到计算机网络时，通常所指的是广域网。广域网一般是在不同城市之间的城域网网络互联。地理范围从几十千米到几千千米，它的通信传输装置和媒体一般由专门的部门提供。广域网的通信子网主要使用分组交换技术，它可以使用公用分组交换网、卫星通信网和无线分组交换网。由于广域网常常借用传统的公共传输网（如电话网）进行通信，因此广域网的数据传输率比局域网系统慢，传输误码率也较高。随着新的光纤标准和能够提供更宽带宽、更快传输率的全球光纤通信网络的引入，广域网的速度也将大大提高。

4）因特网：即 Internet，常有 Web、WWW 和万维网等多种叫法。在互联网应用如此发展的今天，Internet 已是我们每天都要打交道的一种网络，无论从地理范围，还是从网络规模来讲，Internet 都是最大的一种网络。从地理范围来说，Internet 可以是全球计算机的互联，这种网络的最大特点就是不定性，整个网络的计算机每时每刻随着人们网络的接入在不断地变化。Internet 的优点就是信息量大，传播广。因为这种网络的复杂性，所以 Internet 实现的技术也是非常复杂的。

（2）按照网络的拓扑结构分类

网络中各个结点的物理连接方式称为网络的拓扑结构。网络的拓扑结构有许多种，常用的拓扑结构有总线结构、星形结构、环形结构和树形结构。除此之外，还有一些比较复杂的拓扑结构，包括网状结构、混合型结构，但这些网络拓扑结构的数据通信可靠性要求高。

1）总线拓扑结构。总线拓扑结构以一根电缆作为传输介质（称为总线）将各个结点相互连接在一起，各个结点相互共享这条总线进行数据的传输与交换。为防止信号反射，一般在总线两端连有终结器匹配线路阻抗，如图 7.1 所示。

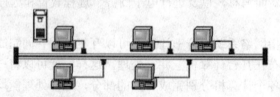

图 7.1　总线拓扑结构

总线拓扑结构的优点是信道利用率较高，结构简单，价格相对便宜，新结点的增加简单，易于扩充。其缺点为同一时刻只能有两个网络结点相互通信，网络延伸距离有限，网络容纳结点数有限。在总线上只要有一个结点出现连接问题，就会影响整个网络的正常运行。目前在局域网中多采用此种结构。

　　总线拓扑网络相对来说容易安装，只需铺设主干电缆，比其他拓扑结构使用的电缆要少；配置简单，很容易增加或删除结点，但当可接收的分支点达到极限时，就必须重新铺设主干电缆。相对来说，总线拓扑网络维护比较困难，因为在排除介质故障时，要将错误隔离到某个网段，所以受故障影响的设备范围大。

　　2）星形拓扑结构。星形拓扑结构以一台计算机为中心，各种类型的入网机器均与该中心结点有物理链路直接相连。也就是说，网络上各结点之间的相互通信必须通过中央结点，如图 7.2 所示。

　　星形拓扑结构的特点是通信协议简单，任何一个连接只涉及中央结点和一个站点；对外围站点要求不高，站点故障容易检测和隔离，单个站点的故障只影响一个设备，不会影响整个网络。

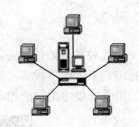

　　星形拓扑结构的缺点是整个网络过分依赖中央结点，若中央结点发生故障，则整个网络无法工作；每个站点直接和中央结点相连，需要大量的电缆，费用较大。

图 7.2　星形拓扑结构

　　大多数星形配置的网络使用廉价的双绞线电缆，并且为了诊断和测试，所有的线头都放置在一个位置。Windows 系统的对等网常采用星形拓扑结构。学校教学用的计算机常用网络为星形拓扑结构。

　　3）环形拓扑结构。环形拓扑结构是将各台联网的计算机用通信线路连接成一个闭合的环，如图 7.3 所示。环形拓扑结构也称为分散型结构。

　　在环形结构的网络中，信息按固定方向流动，或顺时针方向，或逆时针方向。

　　环形结构的优点是一次通信信息在网中传输的最大传输延迟是固定的；每个网上结点只与其他两个结点有物理链路直接互联。因此，传输控制机制较为简单，实时性强。其缺点是一个结点出现故障可能会终止整个网络运行，因此可靠性较差。为了克服可靠性差的问题，有的网络采用具有自愈功能的结构，一旦一个结点不工作，自动切换到另一环路工作。此时，网络需对全网进行拓扑和访问控制机制的调整，因此较为复杂。

　　环形拓扑结构是一个点到点的环形结构。每台设备都直接连到环上，或通过一个接口设备和分支电缆连到环上。

　　在初始安装时，环形拓扑网络比较简单。但随着网上结点的增加，重新配置的难度也增加，对环的最大长度和环上设备总数有限制。环形拓扑网络中可以很容易地找到电缆的故障点。环形拓扑网络受故障影响的设备范围大，在单环系统上出现的任何错误，都会影响网上的所有设备。

　　4）树形拓扑结构。树形拓扑结构实际上是星形拓扑结构的一种变形，它将原来用单独链路直接连接的结点通过多级处理主机进行分级连接，网络中的各结点按层次进行连接。不同层次的结点承担不同级别的职能。层次越高的结点，功能就越强，对其可靠性要求就越高。树形拓扑结构如图 7.4 所示。

　　这种结构与星形拓扑结构相比降低了通信线路的成本，但增加了网络复杂性。网络中除最低层结点及其连线外，任一结点或连线的故障均影响其所在支路网络的正常工作。

　　Internet 是当今世界上规模最大、用户最多、影响最广泛的计算机互联网络。Internet 上连有大大小小成千上万个不同拓扑结构的局域网、城域网和广域网。因此，Internet 本身只是一种虚拟拓扑结构，无固定形式。

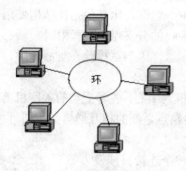

图 7.3　环形拓扑结构

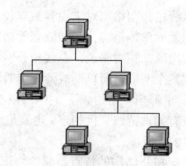

图 7.4　树形拓扑结构

　　各种网络拓扑结构各有优点和缺点，在实际建网过程中，到底应该选用哪一种网络拓扑结构要依据各种实际情况来定，主要是考虑以下因素：安装的相对难易程度、重新配置的难易程度、维护的相对难易程度、通信介质发生故障时受影响设备的情况。

视频 7-3　计算机网络的分类

视频 7-4　网络通信原理

7.1.2　计算机网络的组成

　　计算机网络系统是由网络操作系统和用以组成计算机网络的多台计算机，以及各种通信设备构成的。其包括网络硬件和网络软件两大类。

　　1. 计算机网络硬件系统

　　硬件系统是计算机网络的物质基础，构成计算机网络首先要实现物理上的连接，这些物理设备主要有以下几类。

　　（1）计算机

　　网络中的计算机又分为服务器和工作站两类。

　　1）服务器。服务器是计算机网络的核心，负责网络资源管理和用户服务，并使网上的各工作站能共享软件资源和昂贵的外部设备（如大容量硬盘、光盘、高级打印机等）。通常用小型计算机、专用个人计算机或高档微机作为网络的服务器。一个计算机网络系统至少要有一台服务器，也可有多台。

　　服务器的主要功能是为网络工作站上的用户提供共享资源、管理网络文件系统、提供网络打印服务、处理网络通信、响应工作站上的网络请求等。常用的网络服务器有文件服务器、通信服务器、域名服务器、数据库服务器和打印服务器等。

　　2）工作站。工作站是网络上的个人计算机，通过网络接口卡和通信电缆连接到文件服务器上。它保持原有计算机的功能，作为独立的个人计算机为用户服务，同时又可以按照被授予的一定权限访问服务器。各工作站之间可以相互通信，也可以共享网络资源。有的网络工作站本身不具备计算功能，只提供操作网络的界面。

　　工作站能够访问文件服务器，与文件服务器之间进行信息交换，网络系统的信息处理是在工作站上完成的。工作站的功能是向各种服务器发出服务请求和从网络上接收传送给用户的数据。

（2）网络适配器

网络适配器简称网卡，是计算机与通信介质的接口，是构成网络的基本部件。文件服务器和每个工作站上至少要安装一块网卡，通过网卡与公共通信电缆相连接。

网卡的主要功能是实现网络数据格式与计算机数据格式的转换、网络数据的接收与发送等。

（3）传输介质

传输介质是计算机之间传输数据信号的重要媒介，它提供了数据信号传输的物理通道。传输介质主要分为两大类：有线传输介质和无线传输介质。有线传输介质包括双绞线、同轴电缆或光缆等。无线传输介质包括无线电、红外线、微波、激光、卫星通信等。

（4）其他网络互联设备

其他网络互联设备主要有中继器、网桥、路由器、交换机等，稍后将对此进行详细介绍。

2. 计算机网络软件系统

单纯的物理设备并不能使计算机网络完好地运行起来，必须配以相应的软件。常用网络软件包括网络操作系统（network operating system）、网络协议软件、网络管理软件和网络应用软件等。

（1）网络操作系统

网络操作系统是运行在网络硬件基础之上的，为网络用户提供共享资源管理服务、基本通信服务、网络系统安全服务及其他网络服务的软件系统。网络操作系统是网络的核心，而其他应用软件系统需要网络操作系统的支持才能运行。

在网络系统中，每个用户都可享用系统中的各种资源，所以网络操作系统必须对用户进行控制，否则就会造成系统混乱，以及信息数据的破坏和丢失。为了协调系统资源，网络操作系统需要通过软件工具对网络资源进行全面的管理，进行合理的调度和分配。同时，为了控制用户对资源的访问，必须为用户设置适当的访问权限，采取一系列的安全保密措施。

（2）网络协议软件

网络协议是在计算机网络中两个或两个以上计算机之间进行信息交换的规则，它包括一套完整的语句和语法规则。一般来说，网络协议可以理解为不同的计算机相互通信的"语言"。即两台计算机要进行信息交换，必须事先约定好一个共同遵守的规则。

（3）网络管理软件

网络管理软件用于对网络资源进行分配、管理和维护。例如，通过网络管理软件，可以对服务器、路由器和交换机等设备进行远程配置与维护。

（4）网络应用软件

网络应用软件是提供网络应用性服务的软件。例如，提供网页浏览的浏览器软件及提供文件下载、网络电话、视频点播等应用服务的软件。

此外，从网络逻辑功能角度来看，可以将计算机网络分成通信子网和资源子网两部分，其结构形式如图 7.5 所示。

网络系统以通信子网为中心，通信子网处于网络的内层，主要由通信处理机和通信线路组成，负责完成网络数据传输、转发等通信处理任务。当前的通信子网一般由路由器、交换机和通信线路组成。

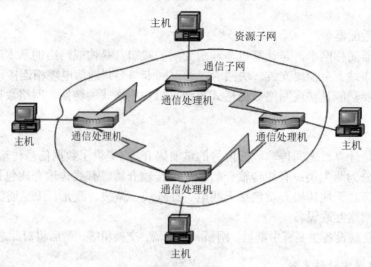

图 7.5　通信子网和资源子网

资源子网处于网络的外围，由主机系统、终端、外部设备、各种软件资源和信息资源组成，负责全网的数据处理业务，向网络用户提供各种网络资源和网络服务。主机系统是资源子网的主要组成部分，它通过高速通信线路与通信子网的通信处理机相连接。普通用户终端可通过主机系统连接入网。

随着计算机网络技术的不断发展，在现代的网络系统中，直接使用主机系统的用户在减少，资源子网的概念已有所变化。

7.1.3　计算机网络的体系结构

1．协议（protocol）

在日常生活中，人们相互间可以通过声音、文字和手语等方式进行信息的交流。这些交流的基础是建立在一些事先所确定的规则上的。例如，当通过手语进行交流时，是建立在事先规定的各种手势所代表的特定意义的基础上，离开此基础，很难想象两个人通过各种手势能相互明白对方的意思。

在计算机网络中，为了使计算机之间能正确传输信息，也必须有一套关于信息传输顺序、信息格式和信息内容的约定。这些规则、标准或约定称为网络协议。

网络协议的内容有很多，可供不同的需要使用。一个网络协议至少包含三个要素。

1）语法。用于规定数据与控制信息的结构或格式。例如，采用 ASCII 或 EBCDIC 字符编码。

2）语义。用于说明通信双方应当怎么做。例如，报文的一部分为控制信息，另一部分为通信数据。

3）同步。用于详细说明事件如何实现。例如，采用同步传输或异步传输方式来实现通信的速度匹配。

协议只确定计算机各种规定的外部特点，不对内部的具体实现做任何规定。计算机网络软、硬件厂商在生产网络产品时，必须按照协议规定的规则生产产品，但生产商选择什么电子元器件或使用何种语言是不受约束的。

2. 协议的分层

前面说到了通信双方必须遵守相同的协议才能进行数据的交换，但在计算机网络中，要想制定一个完整的协议从而实现双方无障碍地传输是非常困难的。例如，要实现两台主机间文件的传输功能，这一问题实际上是非常复杂的，需要考虑各种各样的问题，如文件格式的转换，在文件很大时如何将文件划分为若干个适合网络传输的数据包及每个数据包在传递过程中如何选择路径，主机以何种方式接入网络等。对于这些问题，要想通过一个单独的协议来完成，无论在设计上还是实现上都是很困难的。如何解决这一问题呢？通常可以将这个大问题分为若干小问题，然后采取"分而治之"的方法，逐步解决这些小问题。当解决了这些小问题后，大问题也随之解决了。

在计算机网络中，也采取这种类似的方法，通过对协议的分层来解决这一问题。如图7.6所示，我们将协议分为若干层次，每个层次相对独立并实现某一特定功能，如第 N 层只处理数据包的路由选择。这样就将众多复杂问题划分到若干层次，每个层次只解决其中的一两个问题，那么在该层的设计与实现上就只需针对该层要解决的特定问题，而无须考虑其他过多的细节，相对来说其设计与实现都要容易得多。在图7.6所示的模型中，主机 A 上的第 N 层与主机 B 上的第 N 层之间的约定称为第 N 层协议。第 N 层功能的实现是通过第 N-1 层所提供的服务来完成，这些服务是通过第 N/N-1 层的接口来获取的。在该模型中要注意第 N 层只关心第 N-1 层为它提供何种服务及接口是什么，而对于第 N-1 层究竟是通过硬件、软件或是采用何种算法来实现的并不关心也不必知道，只要提供的接口与服务没有改变，第 N 层就不会出现问题。

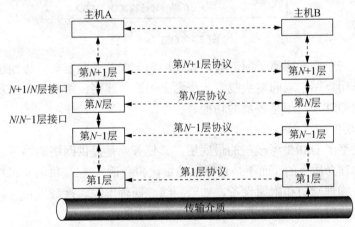

图 7.6　协议分层

这种协议分层的方法使各层之间相互独立，结构上被分割开，每层可以采用适合本层的技术来实现，使其更灵活、更易于实现与维护。

3. 计算机网络的体系结构

一个功能完备的计算机网络需要制定一整套复杂的协议集，网络协议按上述层次结构进行组织。计算机网络的各个层和在各层上使用的全部协议统称为计算机网络的体系结构。网络体系结构对计算机网络应该实现的功能进行了精确的定义，而这些功能是用什么硬件与软件去完成是具体的实现问题。体系结构是抽象的，而实现是具体的。

但协议到底分几层，从不同的观点、不同的角度出发，其结果也不尽一致。国际标准化组织提出一种七层结构，即开放式系统互联（open system internetwork，OSI）参考模型。其中的"开放"是指只要遵循 OSI 标准，一个系统就可以与位于世界上任何地方、同样遵循同一标准的其他任何系统进行通信。

4. OSI 参考模型

OSI 开放系统互联参考模型将数据从一个站点到达另一个站点的工作按层分割成七个不同的任务，每一层是一个模块，用于执行某种主要功能，并具有自己的一套通信指令格式（即协议）。用于相同层的两个功能之间通信的协议称为对等协议。OSI 参考模型的结构如图 7.7 所示。

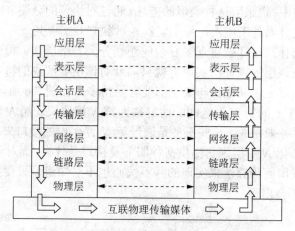

图 7.7　OSI 参考模型

模型中低三层归于通信子网范畴，高三层归于资源子网范畴，传输层起着衔接上三层和下三层的作用。图中双向箭头线表示概念上的通信线路，空心箭头表示实际通信线路。下面简要介绍 OSI 参考模型各层的功能。

（1）物理层

物理层是整个 OSI 参考模型的最底层，其任务就是提供网络的物理连接。所以，物理层是建立在物理介质上的（而不是逻辑上的协议和会话），它提供的是机械和电气接口。主要包括电缆、物理端口和附属设备，如双绞线、同轴电缆、接线设备（如网卡等）、RJ-45接口、串口和并口等在网络中都是工作在这个层次的。

物理层提供的服务包括物理连接、物理服务数据单元顺序化（接收物理实体收到的比特顺序，与发送物理实体所发送的比特顺序相同）和数据电路标识。物理层的数据传输单元是比特。

（2）链路层

链路层建立在物理传输能力的基础上，以帧为单位传输数据，它的主要任务就是进行数据封装和数据链接的建立。封装的数据信息中，地址段含有发送结点和接收结点的地址，控制段用来表示数据连接帧的类型，数据段包含实际要传输的数据，差错控制段用来检测传输中帧出现的错误。

数据链路层可使用的协议有 SLIP、PPP、X25 和帧中继等。常见的集线器和低档的交换机网络设备都是工作在这个层次上的，modem 之类的拨号设备也是。工作在这个层次上的交换机俗称第二层交换机。

具体地讲，链路层的功能包括数据链路连接的建立与释放、构成数据链路的数据单元，数据链路连接的分裂，定界与同步，顺序和流量控制，差错的检测和恢复等方面。

（3）网络层

网络层属于 OSI 中的较高层次，从它的名称可以看出，它解决的是网络与网络之间的通信问题，即网际的通信问题，而不是同一网段内部的问题。网络层主要是提供路由，即选择到达目标主机的最佳路径，并沿该路径传送数据包。除此之外，网络层还要能够消除网络拥挤，具有流量控制和拥挤控制的能力。网络边界中的路由器就工作在这个层次上，现在较高档的交换机也可直接工作在这个层次上，因此它们也提供了路由功能，俗称第三层交换机。

网络层的功能包括建立和拆除网络连接、路径选择和中继、网络连接多路复用、分段和组块、服务选择和传输及流量控制。

（4）传输层

传输层解决的是数据在网络之间的传输质量问题，它属于较高层次的协议层。传输层用于提高网络层服务质量，提供可靠的端到端的数据传输，如常说的 QoS 就是这一层的主要服务。这一层主要涉及的是网络传输协议，它提供的是一套网络数据传输标准，如 TCP。

传输层的功能包括映像传输地址到网络地址、多路复用与分割、传输连接的建立与释放、分段与重新组装、组块与分块。传输层向高层屏蔽了下层数据通信的细节，是计算机通信体系结构中关键的一层。

（5）会话层

会话层利用传输层来提供会话服务，会话可能是一个用户通过网络登录到一个主机，或一个正在建立的用于传输文件的会话。

会话层的功能主要包括会话连接到传输连接的映射、数据传送、会话连接的恢复和释放、会话管理、令牌管理和活动管理。

（6）表示层

表示层用于数据管理的表示方式，如用于文本文件的 ASCII 和 EBCDIC 字符编码。如果通信双方用不同的数据表示方法，它们就不能互相理解。表示层就是用于屏蔽这种不同之处的。

表示层的功能主要包括数据格式变换、语法表示、数据加密与解密、数据压缩与恢复等。

（7）应用层

这是 OSI 参考模型的最高层，它解决的也是最高层次，即程序应用过程中的问题，它直接面对用户的具体应用。应用层包含用户应用程序执行通信任务所需要的协议和功能，如电子邮件和文件传输等，在这一层中 TCP/IP 中的 FTP、SMTP、POP 等协议得到了充分应用。

OSI 参考模型结构较为复杂也不实用，因此并没有成为一种流行于市场的标准。相反，在 Internet 上使用的 TCP/IP 却成为一种事实上的标准，在 7.2.2 节将具体讲述。

7.1.4　计算机网络的连接设备

局域网的传输距离是有限的，只能覆盖一小块地理区域，如办公楼群或一个小的地区。如果某个组织的工作超出了这一范围，就必须将多个局域网进行互联，形成一种经济有效的互联网络总体结构。网络互联包括局域网和局域网的互联（LAN-LAN）、局域网和广域网的互联（LAN-WAN）等。在传统的网络结构中主要使用的连接设备有网卡、调制解调器、中继器、集线器、网桥、交换机、路由器和网关等。可以把常用的网络连接设备划分为以下几种类型。

1．网络传输介质互联设备

（1）网络适配器

网络适配器又称网卡，是连接计算机与网络的硬件设备，如图 7.8 所示。网卡插在计算机或服务器主板的扩展槽中，通过总线与计算机相连，同时又通过电缆接口与网络传输介质相连。在安装网卡后，往往还要进行协议的配置。例如，使用 Windows 操作系统的计算机默认为网卡配置 TCP/IP，以便于连接到局域网或通过局域网连接到 Internet。

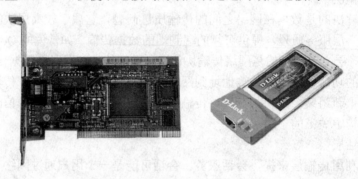

图 7.8　标准以太网卡与 PCMCIA 网卡

不同型号和不同厂家的网卡往往有一定的差别，针对不同的网型和场合应正确选择网卡。作为一种新型的总线技术，USB 也被应用到网卡中。

（2）调制解调器

随着计算机使用的普及，通过普通电话线通信将计算机连接到 Internet 便成为一种迫切需要。然而，计算机处理的是数字信号，而一般的电话线仅适用于传输音频范围的模拟信号，这就要求在通信线路与计算机之间接入模拟信号与数字信号相互转换的变换器，调制解调器便应运而生了。因此，调制解调器是一种能将数字信号调制成模拟信号，又能将模拟信号解调成数字信号的装置。调制解调器的名称就是从调制和解调（modulate-demodulate）的功能而来的。图 7.9 所示为利用电话网实现计算机之间通信的示意图。

图 7.9　用电话网传送计算机信号

调制解调器按形式分类有外置式和内置式，按功能分类有普通调制解调器、传真调制解调器和语音调制解调器三种类型。

外置式调制解调器放置于机箱外，通过串行通信口与主机相连。外置式调制解调器需要使用额外的电源与电缆。内置式调制解调器在安装时需要拆开机箱，这种调制解调器要占用主板上的扩展槽，但无须额外的电源与电缆。由于内置式调制解调器直接由主机箱的电源供电，故主机箱电源设备的质量对内置式调制解调器影响很大。

普通调制解调器只带有调制和解调功能；传真调制解调器除了普通调制解调器的功能外，还具有收、发传真功能；语音调制解调器是一种带语音功能的调制解调器，具有录音电话的全部功能。

2. 网络物理层互联设备

（1）中继器

中继器是最简单的联网设备，它作用于 OSI 模型中的物理层，用于同种类型的网络在物理层上的连接。信号在传输介质中传播时会衰减，要保证信号能可靠地传输到目的地，使用的传输介质长度必须受到限制。中继器可最大限度地扩展传输介质的有效长度，从而能够扩展局域网的长度并连接不同类型的介质，并能保证信号可靠地传输到目的地。中继器不仅具有放大信号的作用，而且具有信号再生的作用。中继器通常不包括操作软件，是一个纯物理设备，只是完成从一个网段向另一个网段转发信息的任务。图 7.10 所示为用中继器连接两段线缆的示意图。

（2）集线器

集线器是一种特殊的中继器，区别在于集线器能够提供多端口服务，也称为多端口中继器。图 7.11 所示为一款 24 端口集线器。作为网络传输介质间的中央结点，集线器克服了介质单一通道的缺陷。以集线器为中心的优点是当网络系统中某条线路或某结点出现故障时，不会影响网上其他结点的正常工作。

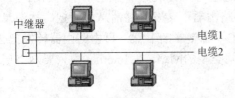

图 7.10　用中继器连接两段线缆

图 7.11　24 端口集线器

集线器技术发展迅速，已出现交换技术和网络分段方式，有效提高了传输带宽。

3. 数据链路层互联设备

（1）网桥

网桥是一个局域网与另一个局域网建立连接的桥梁。网桥是属于链路层的一种设备，它的作用是扩展网络和通信手段，在各种传输介质中转发数据信号，扩展网络的距离，同时又有选择地将有地址的信号从一段传输介质发送到另一段传输介质。网桥把两个或多个相同或相似的网络互联起来，提供透明的通信。网络上的设备看不到网桥的存在，设备之间的通信就如同在一个网络中一样方便。图 7.12 所示为两个局域网通过网桥互联的结构示意图。

（2）交换机

交换机是一种在通信系统中完成信息交换功能的设备。作为高性能的集线设备，随着价格的不断降低和性能的不断提升，在以太网中，交换机已经逐步取代了集线器而成为常用的网络设备。交换机在同一时刻可进行多个端口对之间的数据传输。每一端口都可视为独立的网段，连接在其上的网络设备独自享有全部的带宽，无需同其他设备竞争使用。

交换机除了能够连接同种类型的网络之外，还可以在不同类型的网络之间起到互联作用。交换机是目前最热门的网络设备，发展势头很猛，产品繁多，而且功能越来越强。交换机取代了集线器和网桥，增强了路由选择功能。

4. 网络层互联设备

路由器是一种典型的网络层设备，用于连接多个逻辑上分开的网络，如图 7.13 所示。当数据从一个子网传输到另一个子网时，可通过路由器来完成，因此，路由器具有判断网络地址和选择路径的功能。它能在多网络互联环境中建立灵活的连接，可用完全不同的数据分组和介质访问控制方法连接各种子网，路由器只接收源站或其他路由器的信息。它不关心各子网使用的硬件设备，但要求运行与网络层协议相一致的软件。一般说来，异种网络互联与多个子网互联都应采用路由器来完成。

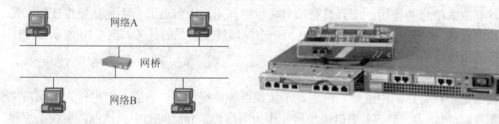

图 7.12　网桥互联局域网的结构示意图　　　　　　　　图 7.13　路由器

路由器利用网络层定义的"逻辑"上的网络地址（即 IP 地址）来区别不同的网络，实现网络的互联和隔离，保持各个网络的独立性。路由器不转发广播消息，而把广播消息限制在各自的网络内部。发送到其他网络的数据应该先被送到路由器，再由路由器转发出去。由于是在网络层的互联，路由器可方便地连接不同类型的网络，在 Internet 中只要网络层运行的是 IP，通过 IP 路由器就可互联起来。

5. 应用层互联设备

网关是软件和硬件的结合产品，用于连接使用不同通信协议或结构的网络。网关的功能体现在 OSI 模型的最高层，它将协议进行转换，将数据重新分组，以便在两个不同类型的网络系统之间进行通信。网关通过使用适当的硬件与软件实现不同网络协议之间的转换功能，硬件提供不同网络的接口，软件实现不同协议之间的转换。

在 Internet 中两个网络要通过一台称为默认网关的计算机实现互联。这台计算机能根据用户通信目标的 IP 地址，决定是否将用户发出的信息送出本地网络，同时它还将外界发送给属于本网络的信息接收过来，网关是一个网络与另一个网络互联的通道。为了使 TCP/IP 能够寻址，该通道被赋予一个 IP 地址，这个 IP 地址称为网关地址。图 7.14 所示为使用网关无线连接 ISP 服务器。

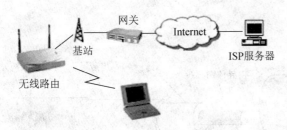

图 7.14　使用网关无线连接 ISP 服务器　　　视频 7-5　常见　　视频 7-6　计算机网
　　　　　　　　　　　　　　　　　　　　　　的网络设备　　　　络的主要性能指标

目前，网关已成为网络上每个用户都能访问大型主机的通用工具。网关可以设在服务器、微型计算机或大型计算机上，也可使用一台服务器充当网关。由于网关具有强大的功能并且大多数时候和应用有关，它们比路由器的价格要贵一些。另外，由于网关的传输更复杂，它们传输数据的速度要比网桥或路由器低一些。正是由于网关较慢，它们有造成网络堵塞的可能。然而，在某些场合，只有网关能胜任工作。网络系统中常用的网关有数据库网关、电子邮件网关、局域网网关和 IP 电话网关等。

7.1.5　传输介质

传输介质是网络中收发双方之间的物理通道，它对网络上数据传输的速率和质量产生很大的影响。介质上传输的数据可以是模拟信号也可以是数字信号，通常用带宽或传输率来描述传输介质的容量。传输率用每秒传输的二进制位数（bit/s）来衡量，在高速传输的情况下，也可以用兆位每秒（Mbit/s）作为度量单位。介质的容量越大，带宽就越高，通信能力就越强，数据传输率越高；反之介质的容量越小，带宽就越低，通信能力也就越弱，数据传输率越低。

传输介质分为两类：有线介质和无线介质。网络中使用的有线介质主要有双绞线电缆、同轴电缆、光纤等；使用的无线介质主要是微波和红外线。

1. 双绞线

双绞线是将两条绝缘铜线相互扭在一起制成的传输线，互相绞合可以抵消外界电磁干扰，"双绞线"的名称也由此而来。双绞线有两大类：屏蔽双绞线和无屏蔽双绞线。屏蔽双绞线是在双绞线的外面加上一层用金属丝编织成的屏蔽层。屏蔽双绞线的传输效果较无屏蔽双绞线要好，但价格也要贵一些。

计算机网络上使用的主要是无屏蔽双绞线，如图 7.15 所示。无屏蔽双绞线分为 5 类（从 1 类到 5 类），类别越高，传输效果越好，目前常用的是 5 类双绞线。5 类双绞线一共有 4 对 8 根线，各对线之间用颜色进行区别（如橙、橙白为一对，绿、绿白为一对等）。

2. 同轴电缆

同轴电缆的结构如图 7.16 所示，由内导体铜芯线、绝缘层、屏蔽层和塑料保护外套组成。通常按特性阻抗的数值不同将同轴电缆分为 50Ω 和 75Ω 两类。75Ω 的同轴电缆用于模拟传输系统，这种同轴电缆也称为宽带同轴电缆，主要用于有线电视的传输。50Ω 的同轴电缆为数据通信所用，也称为基带同轴电缆。在计算机网络中主要使用 50Ω 的同轴电缆，50Ω 的同轴电缆又可以分为粗缆和细缆两种。同轴电缆主要用于总线型结构，现在计算机网络布线使用同轴电缆较少。

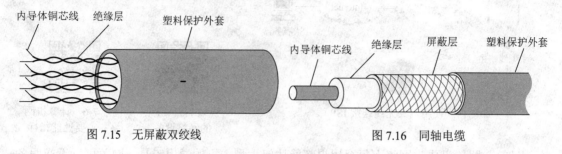

图 7.15　无屏蔽双绞线　　　　　　　　图 7.16　同轴电缆

3. 光纤

如图 7.17（a）所示，光纤是由石英玻璃拉成细丝，由纤芯和保护层所构成。纤芯用于传输光波，纤芯外的保护层是一层折射率比纤芯低的玻璃封套。如图 7.17（b）所示，光纤中光信号的传输则是利用光的全反射性能，使光波能够传输很远仍损失很少。由于光纤传输的是光信号，因而光纤的传输带宽非常宽，目前已经达到几十到数百吉位每秒，但由于在长距离传输过程中需要若干光纤中继设备（负责信号的放大、再生），而这些光纤中继设备仍使用电子工作方式，因而需要进行光/电、电/光的转换，这成为传输的"瓶颈"。正在研制的全光网络将克服这一缺点，能够极大地提高传输带宽。全光网络，是指信号只是在进出网络时才进行电/光和光/电的转换，而在网络中传输和交换的过程中始终以光的形式存在。在整个传输过程中没有电的处理，因此不受原有网络中电子设备响应慢的影响，有效地解决了"电子瓶颈"的影响，提高了网络资源的利用率。

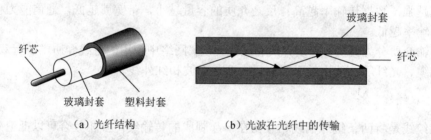

（a）光纤结构　　　　　　　　（b）光波在光纤中的传输

图 7.17　光纤

光纤可以分为多模光纤和单模光纤两类。多模光纤的纤芯直径较大一些，一般为 $62.5\mu m$，传输时使用较短的波长（$0.85\mu m$）传输，损耗较大，传输距离仅为数百米到数千米。单模光纤的纤芯直径较小，一般为 $8\sim10\mu m$，常采用较长的波长（$1.3\mu m$）传输。在单模光纤中，由于光波的传输可以像光线一样一直向前传播，而不用多次反射，因而在单模光纤中光波的传输损耗小，传输距离可以达到数十千米。光纤传输中的光源可以使用发光二极管和半导体激光，使用半导体激光在传输的速率和距离等方面都要优于发光二极管，但价格较高。单模光纤只能使用半导体激光作为光源，多模光纤则两种光源都可以使用。

由于使用光纤的带宽很高，且成本低，传输距离远，抗干扰能力强，不易被窃听，因此目前光纤广泛地应用于数据传输。

4. 无线介质

使用有线介质传输必须要铺设线缆，而对于偏远地方或难以铺设线缆的地方，使用无线介质则是较好的选择，因此使用无线介质也是计算机网络组网的一个重要手段。

　　利用微波传输主要是使用地面微波接力通信和卫星微波通信两种方式。如图 7.18（a）所示，地面微波接力通信是在收发端点间设立若干中继站，通过中继站的转发进行数据的传输，这样做的主要原因是微波在空间中是直线传播，而地球是一个曲面。如图 7.18（b）所示，卫星微波通信则是使用卫星进行中转。根据卫星的位置可以将卫星分为地球同步卫星和近地卫星：地球同步卫星处于地球赤道上空 36 000km 的高空，其电磁波覆盖范围较广，只需要三颗就可以覆盖全球；而近地卫星由于周期较短，不像地球同步卫星与地球保持那样相对静止，为了能够很好地接收信号则需要更多的卫星才能覆盖全球。

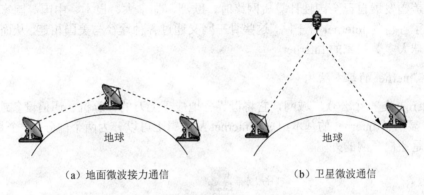

（a）地面微波接力通信　　　　　　　（b）卫星微波通信

图 7.18　微波通信

　　在日常生活中所使用的遥控装置都是红外线装置。红外线通信的特点是相对有方向性和成本较低。其主要的缺点是不能穿透坚实的物体。许多笔记本式计算机都内置了红外线通信装置。但红外线不能穿透坚实的物体也是一个优点，这意味着不会对其他系统产生串扰，因此其数据保密性比较高。红外线的传播距离仅在可视范围内，被广泛应用于短距离通信，因而红外线主要使用在局域网中。

　　目前，在局部范围内的中、高速局域网中使用双绞线，在远距离传输中使用光纤，在有移动结点的局域网中采用无线技术的趋势已经越来越明朗化。

7.2　Internet 基础

7.2.1　Internet 概述

　　Internet 也称国际互联网、互联网、因特网等，为了统一，最终将 Internet 的中文名称定为"因特网"。Internet 是世界上最大的互联网络，它本身并不属于任何国家，它是一个对全球开放的信息资源网。

1. Internet 的历史

　　Internet 的前身可以追溯到 1969 年美国国防部高级研究计划局为军事实验而建立的 ARPANET。ARPANET 的最初目的主要是研究如何保证网络传输的高可行性，避免由于一条线路的损坏就导致传输的中断，因而在 ARPANET 的设计建设中采用了许多新的技术，如数据传送使用分组交换而不是传统的电路交换，开发使用 TCP/IP 作为互联的协议等，这些都为以后 Internet 的发展打下了一个良好的基础。ARPANET 最初只连接了四个结点，但其发展非常迅速，并且通过卫星与欧洲等地计算机连接起来。

ARPANET 的成功组建使美国国家科学基金会（National Science Foundation，NSF）注意到它在大学科研上的巨大影响，1984 年，NSF 将分布于美国不同地点的五个超级计算机使用 TCP/IP 连接起来，形成了 NSFNET 的骨干网，其后众多的大学、研究院、图书馆接入 NSFNET。1991 年，在 NSF 的鼓励支持下，美国 IBM、MCI 和 MERIT 三家公司联合组成了一个非营利机构 ANS。ANS 建立了取代 NSFNET 的 ANSNET 骨干网，形成了今天美国 Internet 的基础。

在美国发展自己全国性计算机网络时，欧洲、加拿大、日本、中国等国家和地区也先后建立了各自的 Internet 骨干网，这些骨干网又通过各种途径与美国相连，从而形成了今天连接全球大多数国家的 Internet。

2. Internet 的基本结构

Internet 是一个公众广域网，它将世界各地成千上万的计算机、通信设备连接在一起。图 7.19 显示了 Internet 的基本组成，Internet 从逻辑上可以分为两个部分：一个是通信子网，另一个是通信子网的外围。

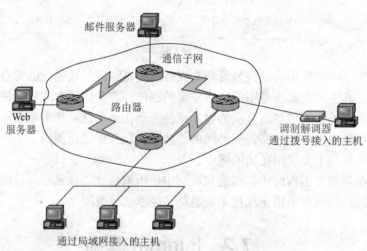

图 7.19　Internet 的基本组成

Internet 的通信子网由许多路由器相互连接构成，主要负责数据的传输。在 Internet 上数据的传输采用一种称为包交换的方式，这种方式将要传输的信息在必要时（如传输的数据太大）拆分为若干适合网络传输的数据包，然后将这些数据包递交给路由器。路由器的主要作用就是为接收到的数据包寻找适合的到达目的地的路径并将其转发出去，网络上的各种数据包通过路由器的转发最终到达目的地，这些数据包到达目的地后再将其组装还原。这种包交换的方式实际上采用了"存储-转发"的思想，通过这一方式，使网络线路资源得到了充分利用。

通信子网的外围就是各种主机。这里的主机是一种泛指，可以是一台存储各种网页的提供网页浏览的 Web 服务器，也可以是一台负责收发电子邮件的 E-Mail 服务器，或一台通过拨号上网或通过局域网接入的台式计算机、便携式计算机等。随着 Internet 的发展，接入

Internet 的各种设备也越来越多，如手机、Web 电视、PAD 等都可实现对 Internet 的访问。

3. Internet 2

1996 年美国率先发起下一代高速互联网络及其关键技术研究，并于 1999 年 1 月开始提供服务。目前，Internet 2 的 Abilene 网络规模覆盖全美，线路的传输速率为 622Mbit/s，最高传输速率为 2.5Gbit/s。

Internet 2 与 Internet 的区别在于更大、更快、更安全、更及时、更方便。

更大，Internet 2 将逐渐放弃 IPv4，启用 IPv6 地址协议，可以给家庭中的大多数可能的家电产品分配一个 IP 地址，让数字化生活变成现实。

更快，Internet 2 将比现在的网络传输速度提高 1000～10 000 倍。目前 Internet 上的带宽概念，更多是指一种接入方式，它与 Internet 2 高速概念有本质的区别。例如，有 1000 户的小区，每家都是 10Mbit/s 带宽接入，但接入小区的总带宽仅有 100Mbit/s，由于用户共享 100Mbit/s 宽带，往往会发生拥塞。但下一代 Internet 会消除现有 Internet 上存在的各种瓶颈问题和低速度，任何一个端到端的速度都可能是 10Mbit/s 或者更高。

目前的 Internet 网络因为种种原因，存在大量安全隐患，Internet 2 在建设之初就充分考虑了安全问题。基于以上的原因，Internet 2 在使用上更加快捷、及时，更加方便。

Internet 2 与 Internet 的区别不仅存在于技术层面，也存在于应用层面。例如，目前网络上的远程教育、远程医疗，在一定程度上并不是真正的网络教育或远程医疗。由于网络基础条件，大量还是采用了网上、网下结合的方式，对于互动性、实时性较强的课堂教学，还一时难以实现。而远程医疗，更多的是远程会诊，并不能进行远程手术，尤其是精细的手术治疗。但在 Internet 2 上，这些都将成为最普通的应用。

4. Internet 在中国的发展状况

Internet 在中国的发展大致可以分为两个阶段：第一阶段为非形式的连接，1987～1993 年，一些科研机构通过拨号线路与 Internet 接通电子邮件服务，并在小范围内为网内的单位提供电子邮件服务；第二阶段为完全的 Internet 连接，提供 Internet 的全部功能。从 1994 年起，中国科学院主持建设的"北京中关村网络 NCFC"，以高速光缆和路由器连接主干网，正式开通了与国际 Internet 的专线连接，并以"cn"作为我国的最高域名在 Internet 网管中心登记注册，实现了真正的 TCP/IP 连接，正式加入国际 Internet。目前，国内的 Internet 主要有以下四大互联网络。

（1）中国公用计算机互联网

中国公用计算机互联网（ChinaNET）由原信息产业部（现为工业和信息化部）负责组建，其骨干网覆盖全国各省市、自治区，以营业商业活动为主，业务范围覆盖所有电话能通达的地区。

ChinaNET 与公用电话分组交换网、中国公用分组交换网、中国公用数字数据网、帧中继网等互联，国际线路带宽的总容量占全国互联网出口总带宽的 80%，已达 20 975Mbit/s，是接入 Internet 网最理想的选择。

（2）中国国家计算机与网络设施

中国国家计算机与网络设施（NCFC）又称中国科技网（CSTNET），是由中国科学院主持，联合北京大学、清华大学共同建设的全国性的网络。1994 年 5 月 21 日完成了我国最高域名"cn"主服务器的设置，主要通过光纤、数字数据网和数字电缆等多种方式连接。国际线路带宽的总容量为155Mbit/s，可以提供全方位Internet功能。

（3）中国教育和科研计算机网

中国教育和科研计算机网（CERNET）是1994年由国家计划委员会（现国家发展和改革委员会）、国家教育委员会组建的一个全国性的教育科研基础设施。CERNET完全是由我国技术人员独立自主设计、建设和管理的计算机互联网络。它主要面向我国的教育和科研单位、政府部门及非营利机构，是我国最大的公益性网络。CERNET的总体建设目标是，利用先进的计算机技术和网络通信技术，把全国大部分高等学校连接起来，推动这些学校校园网的建设和信息资源的交流，与现有的国际学术计算机网络互联，使CERNET成为中国高等学校进入世界科学技术领域的快捷方便入口，同时成为培养面向世界、面向未来高层次人才，提高教学质量和科研水平的重要的基础设施。CERNET是一个包括全国主干网、地区网和校园网在内的三级层次结构的计算机网络，有功能齐备的网络管理系统、丰富的网络应用资源和便利的资源访问手段。CERNET的网络中心建在清华大学，地区网络中心分别设在北京大学、北京邮电大学、上海交通大学、东南大学、西安交通大学、华南理工大学、华中科技大学、成都电子科技大学和东北大学。

2004年3月，CERNET 2正式开通，在全国第一个实现了与国际下一代高速网Internet 2的互联。

（4）中国国家公用经济信息通信网

中国国家公用经济信息通信网（ChinaGBNET）又称金桥网，是为配合中国的"四金"（金税——银行、金关——海关、金卫——卫生部、金盾——公安部）工程，自1993年开始建设的计算机网络。ChinaGBNET是以卫星综合数字业务网为基础，以光纤、无线移动等方式形成的天地一体的网络结构，使天上卫星网和地面光纤网互联互通，互为备用，可以覆盖全国省市和自治区。与ChinaNET一样，ChinaGBNET也是一个可在全国范围内提供Internet商业服务的网络。

随着我国国民经济信息化建设的迅速发展，拥有连接国际出口的Internet已由上述四家发展成十家，增加的六大网络如下。

1）中国联合通信网（中国联通），网址为http://www.cnuninet.com。

2）中国网络通信网（中国网通），网址为http://www. chinanetcom com.cn。

3）中国移动通信网（中国移动），网址为http://www.chinamobile.com.cn。

4）中国长城互联网，网址为http://www.cgw.net.cn。

5）中国对外经济贸易网，网址为http://www.ciet.net。

6）中国卫星通信集团公司（中国卫通），网址为http://www.chinasatcom.com。

我国也积极参与了国际下一代互联网的研究和建设。2000年，中国高速互联研究试验网络NSFCNET开始建设，NSFCNET采用密集波分多路复用技术，已分别与CERNET、CSTNET以及Internet 2和亚太地区高速网APAN互联。2004年1月，中、美、俄环球科教网络（global ring Network for advanced applications development，GLORIAD）开通。

中、美、俄环球科教网络由中国科学院、美国国家科学基金会、俄罗斯部委与科学团体联盟共同出资建设。以芝加哥为起点，穿越大西洋抵达荷兰的阿姆斯特丹，然后继续往东经莫斯科和俄罗斯科学城，穿越西伯利亚，进入中国到达北京，再经过中国香港，穿越太平洋，经过西雅图，最后回到芝加哥，形成一个贯通北半球的闭合环路。该网络采用光纤传输，目前的传输速率可达到 2.5Gbit/s，随着网上科教应用的发展，速率将进一步提升到 10Gbit/s。

7.2.2 TCP/IP 参考模型

Internet 上所使用的网络协议是 TCP/IP（transmission control protocol/internet protocol，传输控制协议/互联网协议）。目前，众多的网络产品厂家都支持 TCP/IP，TCP/IP 已成为一个事实上的工业标准。

TCP/IP 通常指的是整个的 TCP/IP 协议族，它包含从网络层到应用层的许多协议，如支持超文本传输的 HTTP、支持文件下载的 FTP 等，其中最重要的两个协议是 TCP 和 IP。对应于 TCP/IP 的网络体系结构就是 TCP/IP 参考模型。图 7.20 中给出了 OSI 参考模型与 TCP/IP 参考模型的层次对应关系。

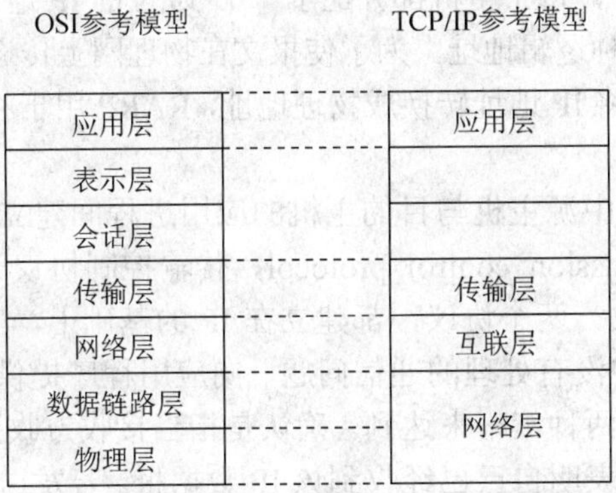

图 7.20 OSI 参考模型与 TCP/IP 参考模型

按照层次结构的思想，TCP/IP 按照从上到下的单向依赖关系构成协议栈。图 7.21 给出了 TCP/IP 参考模型与 TCP/IP 栈的关系。

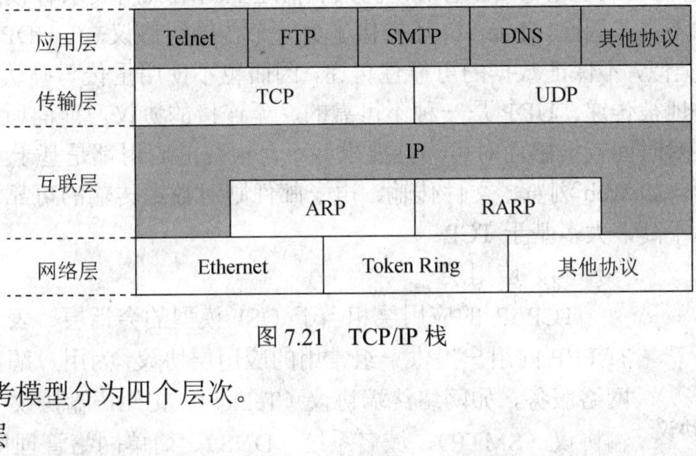

图 7.21 TCP/IP 栈

TCP/IP 参考模型分为四个层次。

（1）网络层

网络层是 TCP/IP 参考模型的最低一层，包括多种逻辑链路控制和媒体访问协议，主要负责通过网络发送和接收 IP 数据报。允许主机连入网络时使用多种现成的与流行的协议，这些系统大到广域网、小到局域网或点对点连接等。这也正体现了 TCP/IP 与网络的物理特性无关的灵活性特点。

（2）互联层

互联层也被称为 IP 层、网际层，是 TCP/IP 参考模型的关键部分。该层负责相同或不同网络中计算机之间的通信，主要处理数据报和路由。

该层包括的协议有 IP、ARP（address resolution protocol，地址转换协议）及 RARP（reverse address resolution protocol，反向地址转换协议）。互联层最重要的协议是 IP，它将多个网络连成一个互联网，可以把高层的数据以多个数据报的形式通过互联网分发出去。它把传输层送来的消息组装成 IP 数据报，并把 IP 数据报传递给网络层。IP 制定了统一的 IP 数据报格式，以消除各通信子网的差异，从而为信息发送方和接收方提供透明的传输通道。

IP 数据报在传输的过程中可能出现丢失、出错、延迟等现象，但 IP 并不确保 IP 数据报可靠而及时地从源端传递到目的端，它是一种"尽最大努力交付"（best effort delivery），若出现丢失、出错等问题则由其上层 TCP 进行处理。

在 TCP/IP 网络环境下，每个主机都分配了一个 32 位的 IP 地址，这种 Internet 地址是在国际范围内标识主机的一种逻辑地址。为了使报文在物理网上传送，必须知道彼此的物理地址。互联层中，ARP 用于将 IP 地址转换成物理地址，RARP 用于将物理地址转换成 IP 地址。

（3）传输层

传输层负责在互联网中源主机与目的主机的应用进程间建立用于会话的端到端连接。该层提供了 TCP（transmission control protocol，传输控制协议）和 UDP（user datagram protocol，用户数据报协议）两个协议，都建立在 IP 的基础上。其中 TCP 提供可靠的面向连接服务，它处理了 IP 中没有处理的通信问题，向应用程序提供可靠的通信连接。这种可靠性主要使用确认和重传两种策略来达到。确认是指当接收方收到一个 IP 数据报后，向发送方发出一个确认信息以表明自己已经收到该 IP 数据报。若发送方等待多时仍未收到确认信息，则该 IP 数据报可能已经丢失，此时发送方再发一次该 IP 数据报，如此直到成功。通过这一方式实现了在不可靠的线路上达到可靠的传输。

由于 TCP 使用确认和重传的策略，因而会在时间上出现一些延迟，因此并不适应于一些对时间敏感的网络。例如，网络电话、视频点播这些网络应用要求有较高的实时性，但对可靠性要求并不高，因此，Internet 还提供了另一个传输层协议——UDP。

UDP 与 IP 类似，不保证数据的可靠性传递，因而也不使用重传与确认的策略，这就使数据能够更及时地被传递，UDP 是一种不可靠的、无连接的协议。前面所说的网络电话、视频点播等这些对时间较敏感而对可靠性要求并不是很高的应用都是基于 UDP 的。而另外的一些网络应用，如 Web 浏览、文件传输、电子邮件则对数据传输的可靠性要求较高，而对时间敏感性并不高，大多基于 TCP。

（4）应用层

TCP/IP 的应用层相当于 OSI 模型的会话层、表示层和应用层。TCP/IP 向用户提供一组常用的应用层协议，为用户解决所需要的各种网络服务，如网络终端协议（Telnet）、文件传输协议（FTP）、邮件传输协议（SMTP）、域名系统（DNS）、简单网络管理协议（SNMP）、

视频 7-7　TCP/IP 协议

超文本传输协议（HTTP），并且总是不断有新的协议加入。

7.2.3　IP 地址与域名机制

Internet 由许多的小网络构成，要传输的数据通过共同的 TCP/IP 进行传输。传输中一

个重要的问题就是传输路径的选择（路由选择）。简单地说，需要知道由谁发出的数据及要传送给谁，网际协议地址（即 IP 地址）就解决了这个问题。

1. IP 地址

打电话需要电话号码才能拨通对方电话，同样，在 Internet 上为了实现不同计算机之间数据的交换，也需要为每台计算机分配一个通信的地址，这个地址就是 IP 地址。每个 IP 地址在全球是唯一的，这一地址可用于与该计算机有关的全部通信。

（1）IP 地址组成

IP 地址由网络地址和主机地址两部分组成，网络地址标明该主机在哪个网络，而主机地址则指明具体是哪一台主机。

IP 地址的长度为 32 位（4 字节）。Internet 是一个网际网，每个网所含的主机数目各不相同。有的网络拥有很多主机，而有的网络主机数目则很少，网络规模大小不一。为了便于对 IP 地址进行管理，充分利用 IP 地址以适应主机数目不同的各种网络，对 IP 地址进行了分类，共分为 A、B、C、D、E 五类地址。目前大量使用的地址是 A、B、C 三类，这三类主要根据网络大小进行区别，A 类网络最大，C 类网络最小。不同类型的 IP 地址，其网络地址和主机地址的长度不同，如图 7.22 所示。

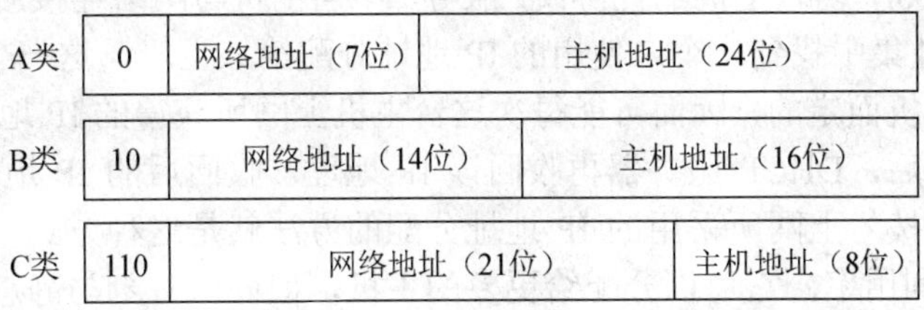

图 7.22 IP 地址类型格式

A 类地址中表示网络地址的部分有 8 位，其最左边的一位是"0"，主机地址有 24 位。第一字节对应的十进制数范围是 0～127。由于地址 0 或 127 有特殊用途，因此，有效的地址范围是 1～126，即有 126 个 A 类网络。

B 类地址中表示网络地址的部分有 16 位，最左边的 2 位是"10"，第一字节地址范围是 128～191（10000000B～10111111B），主机地址也是 16 位。

C 类地址中表示网络地址的部分为 24 位，最左边的 3 位是"110"，第一字节地址范围是 192～223（11000000B～11011111B），主机地址有 8 位。

由于网络地址和主机地址的长度不一样，因此这三类 IP 地址的容量不同，它们的容量如表 7.1 所示。

表 7.1 IP 地址容量表

类型	最大网络数	第一个可用网络号	最后一个可用网络号	每个网络中最大主机数
A	126	1	126	16 777 214
B	16 382	128.1	191.254	65 534
C	2 097 150	192.0.1	223.255.254	254

由于用 32 位二进制表示的 IP 地址很难记忆与书写，因此在使用时采用点分十进制的

表示方法：将 32 位的 IP 地址分为 4 段，每段 8 位，每段用等效的十进制数字表示，并且在这些数字之间加上一个圆点，其形式如下。

×××．×××．×××．×××

例如，有 IP 地址"0011101110101111 1011001010000100"，利用上面的方法可记为"59．175．178．132"。

点分十进制表示法在书写与记忆上显然要比 32 位二进制容易得多。采用点分十进制编址方式可以很容易通过第一字节值识别 Internet 地址属于哪一类。例如，202.112.0.36（中国教育科研网）是 C 类地址。

为了确保 IP 地址在 Internet 上的唯一性，IP 地址统一由 Internet 网络信息中心进行分配。网络信息中心只分配地址的网络号，而地址的主机号则由申请该地址的机构进行分配。具体到一个机构如何对主机进行 IP 地址分配，可以采用静态 IP 地址分配与动态 IP 地址分配两种方法。

静态 IP 地址分配是使用手工的方式为每一台主机分配一个该网络的唯一的 IP 地址，通常分配给该主机的 IP 地址不做改变。假设该机构申请到一个 C 类地址，原则上只能分配给 254 台主机。

动态 IP 地址分配则需要在网络上设置一台用于 IP 地址分配的 DHCP（dynamic host configuration protocol，动态主机配置协议）服务器。当主机与网络连接后，网络上的 DHCP 服务器从其 IP 地址集中找到一个未使用的 IP 地址分配给该主机，这一个 IP 地址是根据当时网络所连接的主机而定的，因而可能每次这台主机上网所获得的 IP 地址是不同的。当这台主机不连接网络后，DHCP 服务器再收回该 IP 地址，收回后的 IP 地址还可以分给另外上网的主机。通常拨号上网所采用的 IP 地址分配的方法就是这种方式。动态 IP 地址分配提高了 IP 地址的利用率，它可以分配给更多的主机，但同一时刻与静态 IP 地址分配一样只能分配给 254 台主机。

注意：

1）网络地址以 127 开头时用于循环测试，不可用作其他用途。例如，如果发送信息给 IP 地址为 127.0.0.1 的主机，则此信息将回传给自己的主机。

2）主机地址位为全 0 时，表示该网络的地址。主机地址位为全 1 时，表示广播地址。例如，发送信息给 IP 地址为 168.95.255.255 的目的主机，表示将信息传送给网络地址为 168.95 的每一台主机。

3）网络地址位和主机地址位为全 1 时，表示将信息传送给网络上的每一台主机。

（2）子网与子网掩码

一个单位分配到的 IP 地址实际上是 IP 地址的网络地址，而后面的主机地址则由本单位进行分配。本单位所有主机使用同一个网络地址。当一个单位的主机很多而且分布在很大的地理范围时，往往需要用一些网桥将这些主机互联起来。但网桥的缺点很多，如容易引起广播风暴，同时当网络出现故障时也不太容易隔离和管理。为了使本单位的主机便于管理，可以将本单位所属主机划分为若干子网，将 IP 地址的主机部分再次划分为子网号与主机号两部分。这样做就可以在本单位的各个子网之间用路由器互联，因而便于管理。需要注意的是，子网的划分纯属于本单位内部的事，在本单位以外是看不到这样的划分的。从外部看，这个单位仍只有一个网络地址。只有当外面的数据分组进入本单位范围时，本单位的路由器才根据子网地址进行选择，最后送到目的主机。

如何划分子网号与主机的位数，主要视实际需要多少个子网而定。这样 IP 地址就划分为"网络—子网—主机"三部分，用 IP 地址的网络部分和主机部分的子网号一起来表示网络标识部分。这样既可以利用 IP 地址的主机部分来拓展 IP 地址的网络标识，又可以灵活划分网络的大小。

为了进行子网划分，需要引入子网掩码的概念。通过子网掩码来告诉本网是如何进行子网划分的。子网掩码与 IP 地址一样，也是一个 32 位的二进制数码，凡是 IP 地址的网络地址和子网地址部分，用二进制数 1 表示；凡是 IP 地址的主机地址部分，用二进制数 0 表示。由 32 位的 IP 地址与 32 位的子网掩码对应的位进行逻辑"与"运算，得到的便是网络地址。

图 7.23 说明了在划分子网时要用到的子网掩码的意义。图 7.23（a）表示将本地控制部分增加一个子网地址；图 7.23（b）列出了图 7.23（a）所示 IP 地址使用的子网掩码。该子网掩码为 255.255.248.0。

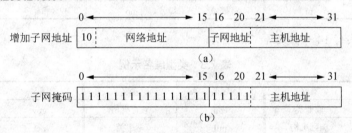

图 7.23　子网掩码的意义

多划分一个子网地址是要付出代价的。划分子网比不划分子网时可用的 IP 地址要少一些。例如，对于图 7.23（b）所示的例子，本来一个 B 类 IP 地址可容纳 65 534 个主机地址，但划分出五位长的子网地址后，最多可有 $2^5-2=30$ 个子网（去掉全 1 和全 0 的子网地址）。每个子网有 11 位的主机地址，即每个子网最多可容有 $2^{11}-2=2046$ 个主机 IP 地址。因此可用的主机 IP 地址总数变为 30×2046=61 380（个）。

若一个单位不划分子网，则其子网掩码即为默认值，此时子网掩码中"1"的长度就是网络地址的长度。因此，对于 A 类、B 类和 C 类 IP 地址，其对应的子网掩码默认值分别为 255.0.0.0、255.255.0.0 和 255.255.255.0。

2. 域名系统

Internet 使用 IP 地址作为网上的通信地址，但对于众多的 IP 地址用户来讲，IP 地址用数字表示是难以记忆的。另外，从 IP 地址上看不出拥有该地址的组织的名称或性质，同时也不能根据公司或组织名称、类型猜测其 IP 地址。由于这些缺点，Internet 引入了域名系统（domain name system，DNS），域名系统使用域名指代 IP 地址。例如，中国教育科研网的 Web 服务器 IP 地址是 202.112.0.36，域名为 www.edu.cn，当要访问中国教育科研网的 Web 服务器时，只需记住其域名而不必记住其 IP 地址，显然，域名要容易记得多。

域名采用分层次的方法命名，其方式如下：

……三级域名 . 二级域名. 顶级域名

如前面的域名 www.edu.cn，顶级域名为 cn，二级域名为 edu，三级域名为 www，其级别按从高到低从右到左排列。一个完整的域名不超过 255 个字符。在域名系统中既不规定一个域名下需要包含多少个下级域名，也不规定每一级域名代表什么意思。各级域名由其上一级域名管理，最高域名由 Internet 的有关机构管理。这种方法可使每一个名字都是唯一的。

为了保证域名系统的通用性，Internet 规定了一些正式的通用标准，分为区域名和类型名两类。区域名用两个字母表示世界各国或地区，表 7.2 列出了部分国家或地区域名代码。

表 7.2　以国家（或地区）区域区分的域名示例

国家（地区）	域名	国家（地区）	域名	国家（地区）	域名
中国	cn	日本	jp	埃及	eg
中国香港	hk	加拿大	ca	卡塔尔	qa
中国台湾	te	法国	fr	马来西亚	my
英国	uk	俄罗斯	ru	巴西	br
韩国	kr	德国	de	新加坡	sg
意大利	it	澳大利亚	au	瑞典	se
荷兰	nl	挪威	no	希腊	gl

类型域名共有 14 个，如表 7.3 所示。

表 7.3　类型域名示例

域名	意义	域名	意义	域名	意义
com	商业类	edu	教育机构	gov	政府部门
int	国际机构	mil	军事类	net	网络机构
org	非营利组织	arts	文化娱乐	rec	康乐活动
firm	公司企业	info	信息服务	nom	个人
shop	销售单位	web	与 WWW 有关单位		

在国家顶级域名下注册的二级域名均由该国家自行确定。例如，荷兰就不再设二级域名，其所有机构均注册在顶级域名 nl 之下。又如，顶级域名为 jp 的日本，将其教育和企业机构的二级域名定为 ac 和 co（而不用 edu 和 com）。

我国则将二级域名划分为类别域名和行政区域名两大类。其中类别域名有 6 个，如表 7.4 所示。行政区域有 34 个，适用于我国的各省、自治区和直辖市。例如，bj 表示北京市，sh 表示上海市，hb 表示湖北省。

表 7.4　中国互联网二级类别域名

域名	意义	域名	意义	域名	意义
ac	科研机构	edu	教育机构	net	网络机构
com	工商金融	gov	政府部门	org	非营利组织

在我国，在二级域名下可申请注册三级域名。在二级域名 edu 下申请注册三级域名由中国教育和科研计算机网网络中心负责。在其他二级域名下申请注册三级域名的，则应向中国互联网网络信息中心（China Internet Network Information Center，CNNIC）申请。

通过域名就很容易记住 Internet 上的许多站点，如中央电视台是 www.cctv.com，武汉科技大学城市学院是 www.city.wust.edu.cn，但域名并不反映出计算机所处的物理位置，网络上的通信仍然是需要 IP 地址的。假如要访问 www.cctv.com，首先就要将该域名指定机器的 IP 地址找到，即进行域名解析。

在 Internet 上，域名解析是通过域名服务器来完成的，Internet 上每一个子域都设有域名服务器，服务器中包含有该子域的全体域名和地址信息。Internet 每台主机上都有地址转换请求程序，负责域名与 IP 地址转换。域名和地址之间的转换工作称为域名解析。整个过程是自动进行的。有了 DNS 系统，凡域名空间中有定义的域名都可以有效地转换成 IP 地址，反之，IP 地址也可以转换成域名。因此，用户可以等价地使用域名或 IP 地址。

视频 7-8　IP 地址及域名

7.2.4　Internet 的接入方式

提到接入 Internet，首先要涉及一个带宽问题，随着互联网技术的不断发展和完善，接入网的带宽被人们分为窄带和宽带，宽带接入是未来发展方向。宽带是指在同一传输介质上，使用特殊的技术或者设备，可以利用不同的频道进行多重（并行）传输，并且速率在 256kbit/s 以上。其实，至于到底多少速率以上算作宽带，目前并没有国际标准。有人说大于 56kbit/s 就是宽带，有人说 1Mbit/s 以上才算宽带，这里按照网络多媒体视频数据传输带宽要求来考量为 256kbit/s。因此与传统的互联网接入技术相比，宽带接入技术最大的优势就是其带宽速率远远超过 56kbit/s。

常见的 Internet 接入方式有以下几种。

1．PSTN 拨号接入

PSTN（published switched telephone network，公用电话交换网）技术是利用 PSTN 通过调制解调器拨号实现用户接入的方式。这种接入方式的最高速率为 56kbit/s，已经达到香农（Shannon）定理确定的信道容量极限，拨号上网的网速一般为 9.6～56kbit/s，这种速率远远不能够满足宽带多媒体信息的传输需求。

但是，由于电话网络非常普及，用户终端设备调制解调器很便宜，而且不用申请就可开户，只要有计算机，把电话线接入调制解调器就可以直接上网了。PSTN 接入方式如图 7.24 所示。随着宽带的发展和普及，PSTN 接入方式已经被淘汰。

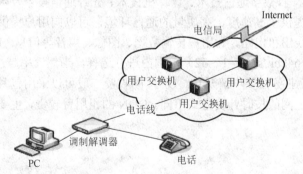

图 7.24　PSTN 接入方式

2．ISDN 拨号接入

ISDN（integrated service digital network，综合业务数字网）接入技术，俗称"一线通"，采用数字传输和数字交换技术，将电话、传真、数据、图像等多种业务综合在一个统一的数字网络中进行传输和处理。用户利用一条 ISDN 用户线路，可以在上网的同时拨打电话、收发传真，就像拥有两条电话线一样。ISDN 基本速率接口有两条 64kbit/s 的数据信道和一条 16kbit/s 的控制信道，简称 2B+D。当有电话拨入时，它会自动释放一个 B 信道来进行电话接听。

就像普通拨号上网要使用调制解调器一样，用户使用 ISDN 也需要专用的终端设备，主要由网络终端 NT1 和 ISDN 适配器组成。网络终端 NT1 就像有线电视上的用户机顶盒一样必不可少，它为 ISDN 适配器提供接口和接入方式。ISDN 适配器和调制解调器一样又分为内置和外置两类，内置的一般称为 ISDN 内置卡或 ISDN 适配卡；外置的 ISDN 适配器则称为 TA。

ISDN 接入方式如图 7.25 所示。用户采用 ISDN 拨号方式接入需要申请开户。ISDN 的极限带宽为 128kbit/s，各种测试数据表明，双线上网速度并不能翻番，从发展趋势来看，窄带 ISDN 也不能满足高质量的 VOD 等宽带应用，终将被彻底淘汰。

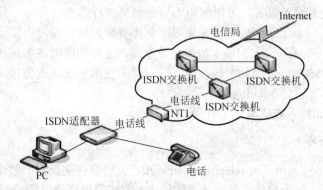

图 7.25　ISDN 接入方式

3. DDN 专线接入

DDN（digital data network，数字数据网）是随着数据通信业务发展而迅速发展起来的一种新型网络。DDN 的主干网传输介质有光纤、数字微波、卫星信道等，用户端使用普通电缆和双绞线。DDN 将数字通信技术、计算机技术、光纤通信技术及数字交叉连接技术有机地结合在一起，提供了高速度、高质量的通信环境，可以向用户提供点对点、点对多点透明传输的数据专线出租电路，为用户传输数据、图像、声音等信息。DDN 的通信速率可根据用户需要在 $N\times64$kbit/s（N=1～32）范围内进行选择，当然速率越快租用费用也越高。

用户租用 DDN 业务需要申请开户。DDN 的收费一般可以采用包月制或者计流量制，这与一般用户拨号上网的按时计费方式不同。DDN 的租用费较贵，主要面向集团公司等需要综合运用的单位。

4. ADSL 接入

ADSL（asymmetrical digital subscriber line，非对称数字用户环路）是一种能够通过普通电话线提供宽带数据业务的技术，也是目前极具发展前景的一种接入技术。ADSL 素有"网络快车"之美誉，因其下行速率高、频带宽、性能优、安装方便、不需交纳电话费等特点而深受广大用户喜爱，成为继调制解调器、ISDN 之后的又一种全新的高效接入方式。

ADSL 接入方式如图 7.26 所示。ADSL 接入技术的最大特点是不需要改造信号传输线路，完全可以利用普通铜质电话线作为传输介质，配上专用的调制解调器即可实现数据高速传输。ADSL 是一种上行和下行传输速率不对称的技术。ADSL 支持上行速率 640kbit/s～

1Mbit/s，下行速率 1～8Mbit/s，其有效的传输距离在 3～5km。在 ADSL 接入方案中，每个用户都有单独的一条线路与 ADSL 局端相连，它的结构可以看作星形结构，数据传输带宽是由每一个用户独享的。

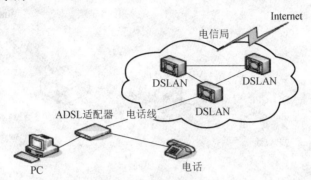

图 7.26　ADSL 接入方式

ADSL 的技术特性使它成为网上冲浪、视频点播和远程局域网接入 Internet 的理想方式，对于大部分 Internet 和 Intranet 应用来说，ADSL 可以满足用户宽带上网的要求，主要适用于用户远程通信、中央办公室等连接。

家庭常见 ADSL 连接方式一般使用 PPPoE 拨号连接，这是一种最简单、最容易的方式，特别适合于个人、家庭用计算机。此外，还可选择无线上网的方式。图 7.27 所示为个人计算机通过电话拨号接入 Internet。

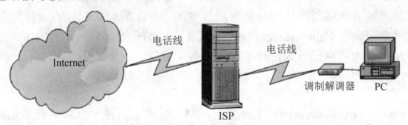

图 7.27　PPPoE 拨号接入 Internet

5. VDSL 接入

VDSL（very-high-speed digital subscriber line，超高速数字用户环路）的最大特点是可以在相对较短的距离（0.3～1.5km）内以最高 52Mbit/s 的速度提供对称或者非对称数据传输。VDSL 比 ADSL 速度快，短距离内的最大下载速率可达 55Mbit/s，上传速率可达19.2Mbit/s，甚至更高。VDSL 的设计目的是提供全方位的宽带接入，用于音频、视频和数据的快速传输。由于 VDSL 传输距离缩短，码间干扰小，对数字信号处理要求大为简化，所以设备成本比 ADSL 低。

VDSL 接入方式如图 7.28 所示，在机房端增加 VDSL 交换机，在用户端放置用户端 CPE（用户前端设备），二者之间通过室外 5 类线连接。

6. Cable-Modem 接入

Cable-Modem（线缆调制解调器）是通过有线电视网络进行高速数据接入的设备，终端用户安装 Cable-Modem 后即可在有线电视网络中进行数据双向传输。它具备较高的上、下行传输速率，用 Cable-Modem 开展宽带多媒体综合业务，可为有线电视用户提供宽带高速 Internet 的接入、视频点播、各种信息资源的浏览、网上多种交易等增值业务。

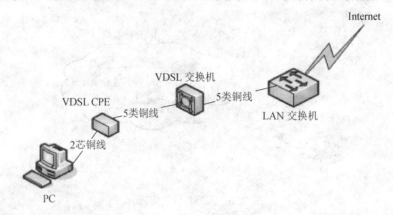

图 7.28　VDSL 接入方式

由于有线电视网采用的是模拟传输协议，因此网络需要用一个调制解调器来协助完成数字数据的转化。Cable-Modem 与以往的调制解调器在原理上都是将数据进行调制后在电缆的一个频率范围内传输，接收时进行解调，传输机理与普通调制解调器相同，不同之处在于它是通过有线电视的某个传输频带进行调制解调的。

采用 Cable-Modem 上网的缺点是由于 Cable-Modem 模式采用的是相对落后的总线型网络结构，这就意味着网络用户共同分享有限带宽；另外，购买 Cable-Modem 和初装费也都不便宜，这些都阻碍了 Cable-Modem 接入方式在国内的普及。但是，它的市场潜力是很大的，毕竟中国有线电视网已成为世界第一大有线电视网。

7.　PON

PON（passive optical network，无源光纤网络）技术是一种一点对多点的光纤传输和接入技术，下行采用广播方式，上行采用时分多址方式，可以灵活地组成树形、星形、总线型等拓扑结构，在光分支点不需要结点设备，只需要安装一个简单的光分支器即可，具有节省光缆资源、带宽资源共享、节省机房投资、设备安全性高、建网速度快、综合建网成本低等优点。

PON 包括 ATM-PON（APON，即基于 ATM 的无源光网络）和 Ethernet-PON（EPON，即基于以太网的无源光网络）两种。APON 技术发展得比较早，它还具有综合业务接入、QoS 服务质量保证等独有的特点，ITU-T 的 G.983 建议规范了 ATM-PON 的网络结构、基本组成和物理层接口，我国原信息产业部（现信息和工业化部）也已制定了完善的 APON 技术标准。

PON 接入设备主要由 OLT（光网络终端/光网络单元）、ONT、ONU 组成，由无源光分路器件将 OLT 的光信号分到树形网络的各个 ONU。一个 OLT 可接 32 个 ONT 或 ONU，一个 ONT 可接 8 个用户，而 ONU 可接 32 个用户，因此，一个 OLT 最大可负载 1024 个用户，PON 接入方式如图 7.29 所示。

PON 技术的传输介质采用单芯光纤，局端到用户端最大距离为 20km，接入系统总的传输容量为上行和下行各 155Mbit/s，一个 OLT 上所接的用户共享 155Mbit/s 带宽，每个用户使用的带宽可以从 64kbit/s 到 155Mbit/s 灵活划分。

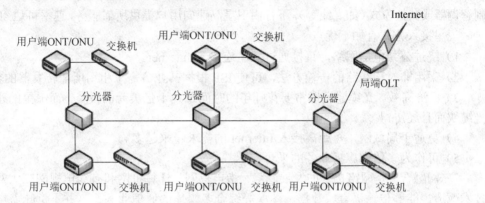

图 7.29 PON 接入方式

8. LMDS 接入

LMDS（local multipoint distribution service，区域多点传输服务）是一种无线接入 Internet 的方式。在该方式中，一个基站可以覆盖直径 20km 的区域，每个基站可以负载 2.4 万用户，每个终端用户的带宽可达到 25Mbit/s。但是，它的带宽总容量为 600Mbit/s，每基站下的用户必须共享带宽，因此一个基站如果负载用户较多，那么每个用户所分到的带宽就很小了，所以这种技术对于较多用户的接入是不合适的。但它的用户端设备可以捆绑在一起，可用于宽带运营商的城域网互联，LMDS 接入方式如图 7.30 所示。采用这种方案的好处是可以在已建好的宽带地区迅速开通运营，缩短建设周期。

9. LAN 接入

LAN 接入利用以太网技术，采用光缆和双绞线的方式进行综合布线，LAN 接入方式如图 7.31 所示。局域网的网速可以达到 100Mbit/s，甚至更高。以太网技术成熟、成本低、结构简单、稳定性、可扩充性好，便于网络升级，同时可实现实时监控、智能化物业管理、小区/大楼/家庭保安、家庭自动化（如远程遥控家电、可视门铃等）、远程抄表等，可提供智能化、信息化的办公与家居环境，满足不同层次的人们对信息化的需求。

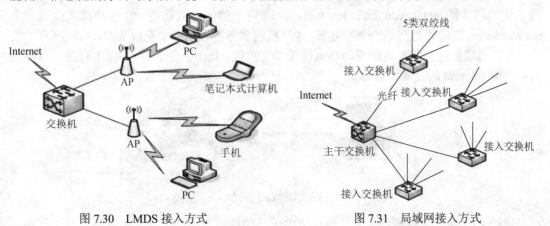

图 7.30 LMDS 接入方式　　　　　图 7.31 局域网接入方式

此外，Internet 接入方式还有卫星接入，即所谓的"星网通"或者数字卫星服务（digital satellite service，DSS）。"星网通"是一种非对称的卫星高速数据接入方式。用户上行采用调制解调器或其他方式（如专线等），下行由卫星高速向用户提供所需服务，速率可达 400kbit/s。

卫星接入方式有如下优点。

1）绕过公共电信网络，直接通过卫星连接到 Internet。

2）采用非对称线路的传输方法，可使 ISP 根据其业务需求租用所需转发器的容量。

3）经济高效。光缆建设通常要花几年的时间及几十亿美元的投资，而卫星的建设要比光缆快而且经济得多。

4）更适于局域网，短距离接入 Internet 的需求越来越多。

5）可作为多信道广播业务的平台。

"三网融合"是网络接入的发展趋势，指电信网、计算机网和有线电视网三大网络通过技术改造，能够传输语言、数据、图像等综合多媒体的通信业务。这并不意味着电信网、计算机网和有线电视网三大网络的物理合一，而主要是指高层业务应用的融合。只要拉一条线或用无线接入，就可以按照需求选择网络和终端，获取通信、电视、上网等信息服务。

视频 7-9　　上网参数设置

电信网、计算机网和有线电视网的相互渗透、互相兼容并逐步整合成为统一的信息通信网络，有利于实现网络资源的共享，避免低水平的重复建设，形成适应性广、容易维护、费用低的高速宽带多媒体基础平台。"三网融合"表现为技术上趋向一致，网络层上实现互联互通，形成无缝覆盖，业务层上互相渗透和交叉，应用层上趋向使用统一的 IP，并在经营上互相竞争、互相合作，朝着提供多样化、多媒体化、个性化服务的同一目标逐渐交汇，行业管制和政策也逐渐趋向统一。

7.3　Internet 应用

Internet 提供了众多的应用服务，如 Web 浏览、网络通信、网络直播、网上教学、电子商务等。这些服务大多采用客户机/服务器（client/server，C/S）模式。

图 7.32 显示了 C/S 模式的工作情况，这种方式的基本过程是，客户机向服务器发出一个请求，服务器根据这个请求将结果返回给客户机。例如，当用户在网上浏览网页时，单击了一个超链接 www. edu. cn/index. htm，此时用户的计算机就是一个客户机，而域名为 www. edu. cn 的计算机则是一个服务器，客户机向服务器发出一个获取 index. htm 网页的要求，服务器根据这一要求将所需的网页传递给客户机。Internet 上的很多应用是基于这种方式，它是 Internet 的基本工作方式。

客户机　　　　　　　请求　　　　　　服务器
　　　　　　　　　　请求结果

图 7.32　C/S 模式

通过 C/S 模式，我们可以将在该环境中运行的程序归结为客户机类或服务器类程序。

服务器程序提供各种服务，通常服务器始终运行，随时接受请求。客户机程序则连接一个服务器，发出请求并等待服务器返回结果，然后将其结果显示在主机上。典型的如用于网页浏览的 IE 浏览器、用于收发邮件的 Outlook Express 等属于客户机程序，而提供网页浏览服务的 IIS、提供邮件收发的 Exchange 则属于服务器程序。

在介绍 Internet 提供的服务之前，先介绍几个常用术语。

1）网页：Internet 上 Web 站点的信息由一组精心设计制作的页面组成，一页一页地呈现给观众，类似于图书的页面，称为网页或 Web 页。站点的第一个页面称为首页，它是一个站点的出发点，一般由首页通过超链接的方式进入其他页面。

2）超链接：包含在每一个页面中能够连到 Web 上其他页面的超链接信息。用户可以单击这个超链接，跳转到它所指向的页面上。通过这种方法可以浏览相互链接的页面。

3）HTML（hyper text markup language，超文本标注语言）：定义了信息的格式，告诉浏览器如何显示该信息及如何进行超链接。浏览器程序中都有一个重要部分就是 HTML 解释程序，它的主要功能就是解释使用 HTML 生成的文档，文档通过解释后显示出来。

Internet 使用 HTML 进行标注，这样有利于各种主机都能够正确地显示出页面。

4）URL（uniform resource locators，统一资源定位器）：其作用是指出用什么方法、去什么地方、访问哪个文件。URL 由协议、Web 服务器的 DNS 和页面文件名三个部分组成，由特定的标点分隔各个部分。一个常见的 URL，如 http://www.edu.cn/index.htm 的大体含义如下：以 HTTP 方式来访问在 www.edu.cn 主机上的 index.htm 文件。而对于使用 FTP 进行文件传输的形式可表示为"ftp://ftp.wust.edu.cn/readme.txt"。

7.3.1　WWW 服务

万维网（World Wide Web，WWW）是目前 Internet 上最方便、最受欢迎的一种信息服务类型，这种 WWW 系统有时也称为 Web 系统。其直观便捷的操作方式，使原来使用不同技术实现的一些 Internet 应用服务（如电子邮件、文件传输、BBS 等）现在越来越多地以基于 Web 的方式来实现，它已经成为 Internet 上最广泛的一种应用。

1．WWW 的信息组织形式

WWW 的信息组织形式主要以超文本和超媒体概念为基础。超文本是一种信息的组织方式，它将存储在不同位置、不同主机上的信息单元通过超链接有机地组织在一起，当阅读超文本时，可以根据需求进行选择，而不必像在单纯的文本方式下那样只能按顺序进行。图 7.33 显示了以超文本方式组织信息的原理。

随着多媒体技术的发展，图像、声音、视频等信息越来越多，超文本只是将纯文本链接在一起，而超媒体方式则进一步扩展了超文本的概念，除了链接文本信息以外还可以链接图像、声音、视频等多媒体信息。图 7.34 显示了以超媒体方式组织信息的原理。

通过采用超文本和超媒体技术，Internet 将网络上的各种资源（文本、声音、图片、动画等）通过超链接的方式有机地组合起来。这种超链接使用 Internet 上规定的 URL 来定位链接信息资源的位置。用户使用 URL 不仅能够访问 WWW 的页面，还能通过 URL 使用 Internet 的应用程序，如 FTP（文件传输）、Telnet（远程登录）、Gopher（用于查找 Internet 上的信息资源）、电子邮件等。更重要的是，用户在使用这些应用程序时只需要使用浏览器就能够达到目的。

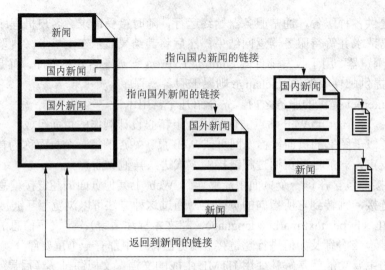

图 7.33　以超文本方式组织信息的原理

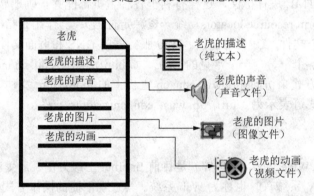

图 7.34　以超媒体方式组织信息的原理

HTML 规定了 WWW 上网页的格式，这些网页则使用 HTTP 来实现网页的传送，HTTP 使用 TCP 进行传输，它基于 C/S 模式，规定了 HTTP 的客户机与服务器方，一般上网使用的浏览器（如 IE）就是客户机程序，而一些用于建立 Web 服务器的应用软件（如 IIS）则是服务器程序。当要访问某个网页时，客户机程序（浏览器）就向服务器发出请求网页的命令，服务器则根据请求将所需的网页传送给客户机。简而言之，WWW 上使用 HTML 规定网页信息的表示格式，使用 URL 链接各网页或资源，使用 HTTP 实现网页的传输。

2. 浏览器的基本使用

要想访问 WWW，必须在自己的计算机（客户端）上安装一种称为浏览器的软件。WWW 浏览器最基本的目的在于让用户在自己的计算机上检索、查询、采掘、获取 Internet 上的各种资源。IE 是 Microsoft 开发的一个方便易用的 WWW 浏览器。下面通过介绍 IE 来说明浏览器的基本使用方法。

（1）浏览网站

Windows 桌面上有 IE 图标，双击图标即可启动 IE。在窗口的地址栏输入网站的 IP 地址或域名，就可浏览相应的网站，常用的方法如下。

1）URL 直接链接主页：如果知道某资源的 URL，则可直接在地址栏中输入 URL，让

IE 直接打开到该页面。例如，如果已知中国教育和科研计算机网的域名地址为 http://www.edu.cn，为了进入该网站，只需要在 IE 窗口的地址栏内输入 http://www.edu.cn，按【Enter】键即可。若链接成功，即进入中国教育和科研计算机网的首页，如图 7.35 所示。

图 7.35　中国教育和科研计算机网首页

2）通过超链接：Web 页面上都有很多超链接，通过这些超链接既可以链接到本网站的其他网页，也可以链接到其他网站。

3）使用搜索引擎：Internet 上的资源非常庞大，它就像一个大型图书馆，一般只能记住极少的书名和索引，大部分的书名还必须通过图书馆中的检索工具得到。网上有一种称为搜索引擎（search engine）的搜索工具，它是某些站点提供的用于网上查询的程序，可以通过搜索引擎站点找到用户要找的网页和相关信息。

例如，通过百度搜索引擎，搜索与"计算机二级考试"相关的网站或文章。

在浏览器的地址栏中输入百度搜索引擎的网址 http://www.baidu.com，进入该搜索引擎的中文网站主页，如图 7.36 所示。在搜索文本框内输入关键字"计算机二级考试"，单击"百度一下"按钮，即开始查找，搜索结果如图 7.37 所示。

图 7.36　百度搜索引擎界面

图 7.37 百度搜索结果

（2）保存网页

浏览 Web 网页时会发现很多非常有用的信息，这时可以将它们保存下来以便日后参考，或者不进入 Web 站点直接查看这些信息。可以保存整个 Web 页，也可以只保存其中的部分内容（文本、图形或超链接），还可以将 Web 网页打印出来。

如将网页中的信息复制到文档，可选中网页的全部或一部分内容并右击，在弹出的快捷菜单中选择"复制"命令，将所选内容放在 Windows 的剪贴板上，然后通过粘贴将其插入 Windows 的其他应用程序中。

如保存整个 Web 页的信息，则可在浏览窗口中选择"文件"→"另存为"命令，弹出"保存网页"对话框，如图 7.38 所示。选择用于保存网页的文件夹，在"文件名"文本框中输入保存的文件名。

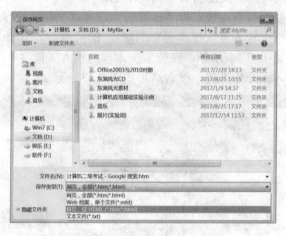

图 7.38 "保存网页"对话框

在"保存类型"下拉列表中有几种类型供选择。如果想保存当前网页中的所有文件（包括图形、框架等），应该选择"网页，全部（*.htm;*.html）"选项，但需要注意的是，这种方法保存的只是当前的网页内容，并不能保存该网页上超链接中的内容；如果选择"网页，仅 HTML（*.htm;*.html）"选项，则以 HTML 源文件形式保存，IE 只保存 Web 页上的文本而不保存图形。

（3）保存图片

可以只将网页上的图片保存下来。右击要保存的图片，在弹出的快捷菜单中选择"图片另存为"命令，弹出"保存图片"对话框，下面的操作如同保存网页一样，不同的是，保存的图片文件的扩展名为.jpg，该格式图片可用其他图像处理软件显示或处理。

（4）定制个人收藏

IE 专门提供了收藏夹功能，把用户平时最喜欢的或经常要访问的网页分门别类地管理起来，其结构非常类似于 Windows 的文件夹方式。所谓收藏夹，仅仅是记录了所收藏网页的标题和超链接，实际网页并没有保存在收藏夹内。

例如，要将"武汉科技大学城市学院"网页加入收藏夹中，首先进入"武汉科技大学城市学院"首页，选择"收藏"→"添加到收藏夹"命令，弹出"添加收藏"对话框，如图 7.39 所示，在"名称"文本框中会自动出现标题"武汉科技大学城市学院"，单击"添加"按钮，即可将"武汉科技大学城市学院"首页的网址添加到收藏夹中。

图 7.39　"添加收藏"对话框

想访问收藏夹中的网页，只需单击"收藏"下拉按钮，在其下拉列表中选择网页名或保存网页的收藏夹名即可。当不想再保留某个网页时，可右击要删除的网页名称，在弹出的快捷菜单中选择"删除"命令，删除该网页。

7.3.2　网络通信

人们可以利用电子邮件、网络电话、视频会议、电子公告牌（BBS）和聊天功能交流信息、相互通信。

1.　电子邮件

电子邮件是 Internet 一个主要的应用。通过 Internet 可以及时地发送电子邮件并能够使电子邮件携带图片、声音、动画等内容，弥补了传统邮政系统的不足。

在收发邮件时，用户首先需要一个电子邮箱，目前许多网站免费提供电子邮箱，当用户申请到一个免费邮箱后将会获得一个邮箱地址，其格式如下。

用户名@域名

如 abcdefg1234@163.com 就是一个邮箱地址，其中 abcdefg1234 是用户名，@表示"at"，163.com 则是邮件服务器主机的域名。有了用户名、邮箱、账户等就可以进行邮件的收发了。用户在收发电子邮件时是通过用户代理来完成的，传送邮件时一般使用 SMTP（simple mail transfer protocol，邮件传送协议），接收电子邮件则使用 POP（post office protocol，邮局协议），其过程如图 7.40 所示。

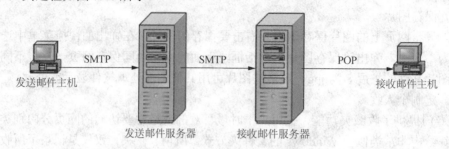

图 7.40 　电子邮件传送方式原理

　　从图 7.40 中可以看出，写好一封电子邮件，用户代理通过 SMTP 首先将电子邮件发送到发送邮件服务器上，然后发送邮件服务器再通过 SMTP 将邮件传送至对方的接收邮件服务器，放入对方的邮箱中。接收电子邮件与此类似，通过用户代理连接接收邮件服务器，然后将电子邮件下载到用户代理，从而可以阅读电子邮件。

　　用户代理完成电子邮件收发一般有两种方式：一种是通过一些专用的收发电子邮件软件，如 Outlook Express，Foxmail 等；另一种则是通过 Web 方式，许多提供免费邮箱的网站提供 Web 方式的收发电子邮件服务，其操作非常简单，已成为一种广受欢迎的收发电子邮件方式。

　　2. 网络电话

　　网络电话又称网络电话。它是在 Internet 网上通过 TCP/IP 实时传送语音信息的应用，即分组话音通信。分组话音通信先将连续的话音信号数字化，然后将得到的数字编码进行打包、压缩成一个个话音分组，再发送到计算机网络上。

　　传统的模拟电话是以纯粹的音频信号在线路上进行传送，而网络电话是以数字形式作为传输媒体，占用资源小，所以成本很低，价格便宜。

　　网络电话的通话有计算机与计算机、计算机与电话机、电话机与电话机之间的三种通话形式。

　　在网络电话中的计算机要求是一台能连接到 Internet 带有语音处理设备（如声卡）的多媒体计算机，并且要安装网络电话的软件，如 Microsoft 的 NetMeeting 等。

　　电话机用户方应当具备能拨号连接本地网络上的网络电话网关的功能。作为网络电话的网关，一定要有专线与 Internet 网络相连，即 Internet 上的一台主机，该主机通常由电信公司建立，提供网络电话接入服务。

　　计算机方呼叫远端电话的过程为先通过 Internet 登录到网络电话网关，进行账号确认，提交被叫号码，然后由网关完成呼叫。

　　普通电话客户通过本地电话拨号连接到本地的网络电话网关，输入账号、密码，确认后输入被叫号码，使本地网络电话网关与远端的网络电话网关进行连接，远程的网络电话网关通过当地的电话网呼叫被叫用户，从而完成普通电话客户之间的电话通信。

　　网络电话与普通电话之间的通话方式是目前发展得最快而且最有商用化前途的电话。国际、国内许多大的电信公司推出了这项业务。

7.3.3 网络直播

网络直播可以同一时间通过网络系统在不同的交流平台观看影片，是一种新兴的网络社交方式，网络直播平台也成为一种崭新的社交媒体。网络直播主要分为实时直播游戏、电影或电视剧等。

网络直播发挥互联网的优势，利用视讯方式进行网上现场直播，可以将产品展示、相关会议、背景介绍、方案测评、网上调查、对话访谈、在线培训等内容现场发布到互联网上，利用互联网直观快速、表现形式好、内容丰富、交互性强、地域不受限制、受众可划分等特点，加强活动现场的推广效果。现场直播完成后，还可以随时为读者继续提供重播、点播，有效延长了直播的时间和空间，发挥了直播内容的最大价值。

国内网络直播大致分两类，一类是在网上提供电视信号的观看，如各类体育比赛和文艺活动的直播，这类直播原理是将电视（模拟）信号通过采集，转换为数字信号输入计算机，实时上传网站供人观看，相当于网络电视；另一类则是真正意义上的网络直播，在现场架设独立的信号采集设备（音频+视频）导入导播端（导播设备或平台），再通过网络上传至服务器，发布至网址供人观看。这类网络直播较前者的最大区别就在于直播的自主性：独立可控的音视频采集，完全不同于转播电视信号的单一收看。同时可以为政务公开会议、群众听证会、法庭庭审直播、公务员考试培训、产品发布会、企业年会、行业年会、展会直播等进行网络直播。

7.3.4 网上教学

在知识经济和信息化时代，教育教学的根本目标是提高教育教学的效益和效率，通过Internet 提供的 Web 技术、视频传输技术、实时交流等功能可以开展远程学历教育和非学历教育，举办各种培训，提供各种自学和辅导信息。

网上教学更能体现学生的主体地位，有利于培养兴趣、启发诱导并真正调动学生参与教学的积极性、主动性和创造性。学生可以自主学习，自己支配学习的节奏、内容，给自己的思维留下一定的时间、空间，还可以对某事件进行重复学习，强化学习效果。网上教学大致有以下几种模式。

（1）讲授式网络教学模式

讲授式教学模式的特点是以教师为中心，系统授课。这种教学模式是传统的班级授课教学在网络教学中的新发展。讲授式网络教学模式是利用网络作为教师和学生的通信工具进行的以讲授为主的教学模式。利用 Internet 实现的讲授式网络教学模式可以分为同步式和异步式两种。同步式讲授除了教师、学生不在同一地点上课之外，学生可在同一时间聆听教师讲课，师生间有一些简单的交流，这与传统教学模式是一样的。异步式讲授只要利用 Internet 的万维服务及电子邮件服务就可以很简单地实现，这种模式是由教师将教学要求、教学内容及教学评测等教学材料编制成 HTML 文件，存放在 Web 服务器上，学生通过浏览这些页面来达到学习的目的。这种模式的特点在于教学活动可以全天 24 小时进行，每个学生都可以根据自己的实际情况确定学习的时间、内容和进度，可随时在网上下载学习内容或向教师请教。其主要缺点是缺乏实时的交互性，对学生的学习自觉性和主动性要求较高。

（2）演示式网络教学模式

在这种模式中，教师根据教学的需要，利用网络向学生演示各种教学信息，它们可以是教师装载的 CAI 课件，也可以是来自校园网或 Internet 上的教学信息。在这种模式中，网上的教学信息一般可分为四类：最简单的一类就是将有关的板书内容、教学挂图、实物模型等通过计算机处理后传递给学生，相当于一台高效率的、可灵活控制的投影机；第二类是各种场面的模拟，使学生在教室中就能体验到与实际情况相类似的情境；第三类是形象化的各种抽象的内容；第四类是在实验室不能或不易完成的影响学生健康或者费用很高的实验。这种教学模式是传统教学模式的直接延伸，教学中还是教师讲学生听，教师展示学生看，教师通过网络面向全体学生传授知识，学生的被动地位没有改变，网络的教学功能没有充分发挥。但由于教学经费、教师水平等因素的限制，在相当的一段时间内，这种模式仍将是许多学校网络教学的主要模式。

（3）探索式网络教学模式

这种学习模式在 Internet 上涵盖的范围很广，从简单的电子邮件到大型复杂的学习系统都有。学生在独立学习、探索和获取知识的同时，也提高了独立解决问题的能力和技巧。探索式网络教学模式技术简单，容易实现，价格低廉，又能有效地促进学生学习的积极性、主动性和创造性。尤其是学生在学习过程中身负两种角色，既是知识的学习者，又是解决问题的研究者、探索者。它能有效克服传统教学过程中学生总是被动接受知识的弊端，是培养适应未来社会发展的创新型人才的有效途径。

（4）讨论式网络教学模式

讨论式网络教学模式的特点是师生之间相互交流，教学采用启发式，注重对问题的讨论。中国古代的孔子、古希腊的大师柏拉图留下来的教育经典大都是以问答的形式表述的，因此说这种教学模式的渊源是最为久远的。在基于网络进行的讨论式教学模式中，常常采用 BBS 或 E-mail 邮件列表进行关于特定问题的讨论和解答。这种基于讨论式的教学模式在经费开支上的低廉和易管理性，使其在现代网络教学中应用得比较多。

（5）信息收集整理式网络教学模式

在这种模式中，教师首先向学生提出问题，然后引导学生查询、收集网络所提供的多样化的、丰富的信息资源，并帮助学生对收集的信息进行筛选、分析和重新组织，结合学生自己的观点，提出解决问题的方案。此外，这种模式有利于跨文化的交际，网络为学生提供了接触各国信息与文化的条件，促进了学生对外国文化与文明的了解，弥补了传统教学很难提供外国文化环境的缺陷，使学生能将所学的语言与其所在的文化环境融合，从而扩展了学生的视野，并有助于学生外语水平的提高。

7.3.5　电子商务

电子商务是利用计算机技术、网络技术和远程通信技术，实现整个商务（买卖）过程中的电子化、数字化和网络化。人们不再是面对面的、看着实实在在的货物、靠纸介质单据（包括现金）进行买卖交易，而是通过网络，通过网上琳琅满目的商品信息、完善的物流配送系统和方便安全的资金结算系统进行交易（买卖）。

电子商务将传统的商务流程电子化、数字化，一方面以电子流代替了实物流，可以大量减少人力、物力，降低了成本；另一方面突破了时间和空间的限制，使交易活动可以在任何时间、任何地点进行，从而大大提高了效率。电子商务所具有的开放性和全球性的特点，为企业创造了更多的贸易机会。电子商务使企业可以以相近的成本进入全球电子化市场，使中小企业有可能拥有和大企业一样的信息资源，提高了中小企业的竞争能力。电子商务重新定义了传统的流通模式，减少了中间环节，使生产者和消费者的直接交易成为可能，从而在一定程度上改变了整个社会经济运行的方式。电子商务一方面破除了时空的壁垒，另一方面又提供了丰富的信息资源，为各种社会经济要素的重新组合提供了更多的可能，这将影响到社会的经济布局和结构。

通过互联网，商家之间可以直接交流、谈判、签合同，消费者也可以把自己的反馈建议反映到企业或商家的网站，而企业或者商家则要根据消费者的反馈及时调查产品种类及服务品质，做到良性互动。

而利用手机、PDA 及掌上电脑等无线终端进行的移动电子商务，使人们可以在任何时间、任何地点进行各种商贸活动，实现随时随地、线上线下的购物与交易、在线电子支付，以及各种交易活动、商务活动、金融活动和相关的综合服务活动等，与传统的通过 PC 平台开展的电子商务相比，拥有更为广泛的用户基础。

7.4　网络安全与防护

随着通信与计算机网络技术的快速发展和计算机互联网、移动通信网等商业性应用步伐的加快，数据通信和资源共享等信息服务功能广泛覆盖于各行各业及各个领域，人们对网络环境和网络信息资源的依赖程度日渐加深。然而，在人们享受网络信息所带来的巨大利益的同时，网络的安全隐患也越来越明显地突显出来。作为数据通信和资源共享的重要平台——互联网是一个开放系统，它虽具有资源丰富、高度分布、广泛开放、动态演化、边界模糊等特点，但其安全防御能力非常脆弱，并且难留痕迹。近年来黑客袭击事件不断发生并逐年递增，重要情报资料不断地被窃取，计算机病毒不断产生和传播，甚至由此造成网络系统的瘫痪等，给人们的经济生活带来了巨大的损失，甚至危及国家和地区的安全。

7.4.1　网络安全概述

1. 网络安全的定义

网络安全就是指基于网络的互联互通和运作而涉及的物理线路和连接的安全、网络系统的安全、操作系统的安全、应用服务的安全和人员管理的安全等几个方面。但总体说来，计算机网络的安全性，主要包括网络硬件设备和线路的安全性、网络系统和软件的安全性、网络管理人员的安全意识三部分。网络安全是对网络信息保密性、完整性、可用性和可控性的保护。

2. 产生网络信息安全问题的原因

产生网络信息安全问题有三方面的原因：网络自身的安全缺陷、网络的开放性和人的因素。

（1）网络自身的安全缺陷
网络自身的安全缺陷主要是指协议不安全和业务不安全。

导致协议不安全的主要原因，一方面是 Internet 从建立开始就缺乏安全的总体构想和设计，因为 Internet 起源的初衷是方便学术交流和信息沟通，并非商业目的。Internet 所使用的 TCP/IP 是一个基于相互信任的环境下，为网络互联而专门设计的协议体系。一旦对方不可信，就会产生一系列相关的问题。TCP/IP 的 IP 层没有安全认证和保密机制（只基于 IP 地址进行数据包的寻址，无认证和保密）。在传输层，TCP 连接能被欺骗、截取、操纵。另一方面，协议本身可能会泄露口令、连接可能成为被盗用的目标、服务器本身需要读写特权、密码保密措施不强等。

业务不安全主要表现为业务内部可能隐藏着一些错误的信息；有些业务本身尚未完善，难于区分出错原因；大多数网络操作系统存在某些漏洞；有些业务设置复杂，一般非专业人士很难完善地设置。

（2）网络的开放性

网络的开放性主要表现为业务基于公开的协议；连接基于主机上的社团彼此信任的原则；远程访问使远程攻击成为可能。在计算机网络所创造的特殊的、虚拟的空间，网络犯罪往往十分隐蔽，有时可能会留下蛛丝马迹，但更多的时候是无迹可寻。

（3）人的因素

人是信息活动的主体，是引起网络信息安全问题最主要的因素，包括人为的无意失误、黑客攻击、管理不善。

1）人为的无意失误。人为的无意失误主要是指用户安全配置不当造成的安全漏洞，包括用户安全意识不强、用户口令选择不当、用户将自己的账号信息与别人共享、用户在使用软件时未按要求进行正确的设置等。

2）黑客攻击。这是人为的恶意攻击，是网络信息安全面临的最大威胁。早期的黑客对计算机和网络技术非常精通，而现在大部分黑客利用已有的黑客工具，并不需要高超的技术。黑客站点在互联网上到处可见，黑客工具可以任意下载。黑客们要么为了满足自己的私欲，要么受雇于一些商业机构，他们修改网页，窃取机密数据，故意破坏他人财产，甚至攻击和破坏整个网络系统。因其危害性较大，黑客已成为网络安全真正的，也是主要的防范对象。

3）管理不善。对网络信息系统的严格管理是避免受到攻击的重要措施。据统计，在美国，90%以上的 IT 企业对黑客攻击准备不足，75%～85%的网站都抵挡不住黑客的攻击。美色和财物通常成为间谍猎取机密性信息的制胜法宝。总之，管理的缺陷也可能导致系统内部人员泄露机密，被一些不法分子获取信息。

3. 网络安全的技术对策

一个不设防的网络，一旦遭到恶意攻击，将意味着一场灾难。网络安全是对付威胁、克服脆弱性、保护网络资源的所有措施的总和，它涉及政策、法律、管理、教育和技术等方面的内容。网络安全是一项系统工程，针对来自不同方面的安全威胁，需要采取不同的安全对策。从法律、制度、管理和技术上采取综合措施，以便相互补充，达到较好的安全效果。技术措施是最直接的屏障，目前常用而有效的网络安全技术对策有如下几种。

（1）加密

加密是所有信息保护技术措施中最古老、最基本的一种。加密的主要目的是防止信息的非授权泄露。加密方法多种多样，在信息网络中一般是利用信息变换规则把可懂的信息变成不可懂的信息。既可对传输信息加密，也可对存储信息加密，把计算机数据变成一堆别人读不懂的数据，攻击者即使得到经过加密的信息，也不过是一串毫无意义的字符。加密可以有效地对抗截收、非法访问等威胁。现代密码算法不仅可以实现加密，还可以实现数字签名、鉴别等功能，有效地对抗截收、非法访问、破坏信息的完整性、冒充、抵赖、重演等威胁，因此，密码技术是信息网络安全的核心技术。

（2）数字签名

数字签名机制提供了一种鉴别方法，以解决伪造、抵赖、冒充和篡改等安全问题。数字签名采用一种数据交换协议，使收发数据的双方能够满足两个条件：接收方能够鉴别发送方所宣称的身份；发送方以后不能否认他发送过数据这一事实。数据签名一般采用不对称加密技术，发送方对整个明文进行加密变换，得到一个值，将其作为签名；接收方使用发送者的公开密钥对签名进行解密运算，如其结果为明文，则签名有效，证明对方身份是真实的。

（3）身份鉴别

身份鉴别的目的是验明用户或信息的正身。对实体声称的身份进行唯一地识别，以便验证其访问请求，或保证信息来自或到达指定的源和目的。鉴别技术可以验证消息的完整性，有效地对抗冒充、非法访问、重演等威胁。按照鉴别对象的不同，鉴别技术可以分为消息源鉴别和通信双方相互鉴别。按照鉴别内容的不同，鉴别技术可以分为用户身份鉴别和消息内容鉴别。鉴别的方法很多：利用鉴别码验证消息的完整性；利用通行字、密钥、访问控制机制等鉴别用户身份，防治冒充、非法访问；当今最佳的鉴别方法是数字签名。利用单方数字签名，可实现消息源鉴别、访问身份鉴别、消息完整性鉴别。利用收发双方数字签名，可同时实现收发双方身份鉴别、消息完整性鉴别。

（4）访问控制

访问控制的目的是防止非法访问。访问控制是采取各种措施保证系统资源不被非法访问和使用。一般采用基于资源的集中式控制、基于源和目的地址的过滤管理，以及网络签证技术等技术来实现。

（5）防火墙

防火墙技术是建立在现代通信网络技术和信息安全技术基础上的应用性安全技术，它越来越多地应用于专用网络与公用网络的互联环境中。大型网络系统与 Internet 互联的第一道屏障就是防火墙。防火墙通过控制和监测网络之间的信息交换和访问行为来实现对网络安全的有效管理。其基本功能为过滤进出网络的数据，管理进出网络的访问行为，封堵某些禁止行为，记录通过防火墙的信息内容和活动，对网络攻击进行检测和告警。

4．加强网络信息安全的重要性和紧迫性　　　　　　　　　　　视频 7-10　网络安全

随着全球信息基础设施和各个国家信息基础的逐渐形成，计算机网络已经成为信息化社会发展的重要保证，网络已深入国家的政府、军事、文教、企业等诸多领域，许多重要的政府宏观调控决策、商业经济信息、银行资金转账、股票证券、能源资源数据、科研数据等重要信息通过网络存储、传输和处理，所以，难免会吸引各种主动或被动的人为攻击，

如信息泄露、信息窃取、数据篡改、计算机病毒等。同时，通信实体还面临着诸如水灾、火灾、地震、电磁辐射等方面的考验。

关于加强网络信息安全的重要性和紧迫性，从大的方面说，网络信息安全关系到国家主权的安全、社会的稳定、民族文化的继承和发扬等；从小的方面说，网络信息安全关系到公私财物和个人隐私的安全。因此，必须通过设计一套完善的安全策略，采用不同的防范措施，并制定相应的安全管理规章制度来保护网络的安全。

7.4.2　计算机病毒

1．计算机病毒概述

1983 年，美国计算机安全专家 Fred Cohen 首次通过实验证明了计算机病毒的可实现性，计算机病毒正式命名。1984 年，他又发表了有关计算机病毒理论和实践的文章，但当时并未引起学术界的重视。1986 年初，第一个真正的病毒问世，它是由巴基斯坦一对名叫 Basit 和 Amjad 的兄弟创造出来的，名为 C-Brain。1987 年，世界各地的计算机用户几乎同时发现了形形色色的计算机病毒，如"圣诞树"等。众多的计算机用户乃至专业人员都很震惊。1988 年 2 月 1 日，美国《新闻周刊》以《当心病毒！请接种疫苗》为题报道了计算机病毒在几分钟内破坏了计算机系统运行的消息。

据报道，1988 年 11 月 2 日，美国康奈尔大学的学生莫里斯将自己设计的计算机病毒侵入美军计算机系统，使 6000 多台计算机瘫痪 24h，直接经济损失 9600 万美元。1990 年初，计算机病毒使美国得克萨斯州一家公司的 17 万名职工推迟一个月才领到了工资。1991 年，在海湾战争中，美军第一次将计算机病毒攻击作为一种实战，并且取得了极大的成功。1992 年 3 月 6 日是"米开朗琪罗"病毒日，这一病毒使全球 1 万台计算机受到影响。1996 年，出现针对 Microsoft Office 的宏病毒。1998 年，出现新一代的基于 Windows 系统的计算机病毒，如 CIH 等。在 2000 年 2 月 7 日～10 日，一批黑客在三天的时间里，接连袭击了互联网上包括 Yahoo、美国有线新闻等在内的五个最热门的网站，并且造成这些网站瘫痪长达数个小时，据有关方面保守地估计，造成的经济损失已经高达 12 亿美元。

1989 年 3 月，我国西南铝加工厂计算中心首次报道发现了被称为"小球"的计算机病毒。随后，在国内许多地方相继发现了多种计算机病毒。由于西南铝加工厂发现的"小球"计算机病毒是经公安部门认证并备案的，故被认定为我国首例计算机病毒。可以肯定，实际上在这以前计算机病毒已在我国很多计算机系统中潜伏着，只不过没有发作或没有人报告而已。

Internet 的飞速发展给计算机病毒的传播提供了更快捷的传播速度，使人们无时无刻不处在计算机病毒的威胁之下。因此，普及计算机病毒的知识、认真分析病毒和研究病毒防范措施有着十分重要的意义。

（1）计算机病毒的定义

简单地说，计算机病毒是一种特殊的计算机程序，这种程序像微生物学中的病毒一样在计算机系统中繁殖、生存和传播；也像微生物学中的病毒给动植物带来病毒那样对计算机资源造成严重的破坏。因此人们借用这个微生物学名词来形象地描述这种具有危害性的程序为"计算机病毒"。

1994 年 2 月 18 日，我国颁布的《中华人民共和国计算机信息系统安全保护条例》的第二十八条明确指出：“计算机病毒，是指编制或者在计算机程序中插入破坏计算机功能或者毁坏数据，影响计算机使用，并能自我复制的程序代码。”应该说，此定义具有法律性和权威性。

（2）计算机病毒的特点

计算机病毒的特点很多，概括起来有以下几点。

1）传染性。传染性是病毒的基本特征。一旦一个程序染上了计算机病毒，当此程序运行时，该病毒就能够传染给访问计算机系统的其他程序和文件。于是，病毒很快就传染给整个计算机系统，还可通过网络传染给其他计算机系统，其传播速度异常惊人。

2）潜伏性。病毒程序往往是先潜伏下来，等到特定的条件或时间才触发，从而使其破坏力大为增强。在受害用户意识到病毒的存在之前，病毒程序有充分的时间进行传播。著名的“黑色星期五”病毒在逢 13 号的星期五爆发。这些病毒在平时会隐藏得很好，只有在发作日才会触发。计算机病毒的潜伏性与传染性相辅相成，潜伏性越好，病毒传染范围越大。

3）破坏性。计算机病毒轻则影响系统的工作效率，占用存储空间、中央处理器运行时间等系统资源；重则可能毁掉系统的部分数据，也可能破坏全部数据并使其无法恢复；还可能对系统级数据进行篡改，使系统的输出结果面目全非，甚至导致系统瘫痪。由此特性可将计算机病毒分为计算机良性病毒与计算机恶性病毒。计算机良性病毒可能只显示画面或音乐、语句，或者根本没有任何破坏动作，但会占用系统资源。计算机恶性病毒则有明确的目的，或破坏数据、删除文件或加密磁盘、格式化磁盘，有的还对数据造成不可挽回的破坏。

4）隐蔽性。计算机病毒一般是具有很高编程技巧、短小精悍的程序。通常捆绑在正常程序中或磁盘较隐蔽的地方，也有个别的以隐含文件形式出现。其目的是不让用户发现它的存在。如果不经过代码分析，病毒程序与正常程序是不容易区别的。一般在没有防护措施的情况下，计算机病毒程序取得系统控制权后，可以在很短的时间里传染大量程序。而且受到传染后，计算机系统通常仍能正常运行，用户不会感到任何异常。试想，如果病毒在传染到计算机上之后，机器马上无法正常运行，那么它本身便无法继续进行传染了。正是由于隐蔽性，计算机病毒才得以在用户没有察觉的情况下扩散到上百万台计算机中。大部分计算机病毒的代码之所以设计得非常短小，也是为了隐藏。当计算机存取文件时，病毒转瞬之间便可将这些短小的代码捆绑到正常程序之中，人们非常不易察觉。

5）清除不易性。即使在病毒程序被发现以后，数据和程序以至操作系统的恢复也是非常困难的。在许多情况下，特别是在网络操作情况下，因病毒程序由一个受感染的程序通过网络系统反复地传播，所以其清除非常复杂。

6）不可预见性。从对计算机病毒的检测方面来看，计算机病毒还有不可预见性。不同种类的计算机病毒代码千差万别，但有些操作是共有的（如驻内存、改中断）。因此，有些人利用病毒的这种共性，制作了声称可查所有计算机病毒的程序。这种程序的确可查出一些新的计算机病毒，但由于目前的软件种类极其丰富，且某些正常程序也使用了类似计算机病毒的操作，甚至借鉴了某些计算机病毒的技术，因而使用这种方法对计算机病毒进行检测势必会造成较多的误报情况。而且，计算机病毒的制作技术也在不断地提高，计算机病毒对反计算机病毒软件永远是超前的。

人类进入网络时代后计算机病毒还具有以下新的特点：种类、数量激增；传播途径更多，传播速度更快；电子邮件成为主要传播媒介；造成的破坏日益严重。

（3）计算机病毒的传播途径

1）存储设备。早期的计算机病毒大多以磁盘等存储设备来传播，包括软盘、硬盘、磁带机、光盘、闪存盘等。在这些存储设备中，闪存盘是使用最广泛的移动存储设备，是病毒传染的主要途径。

2）下载。随着 Internet 技术的迅猛发展，现在使用计算机的人们每天都从网络上下载一些有用的资料信息。同时，Internet 也是计算机病毒滋生的温床，在人们从 Internet 下载各种资料软件的同时，无疑给计算机病毒的传播提供了良好的侵入通道。

3）电子邮件。当互联网与电子邮件成为人们日常工作必备的工具之后，E-Mail 病毒无疑是计算机病毒传播的最佳方式。近几年常出现的危害性比较大的计算机病毒大多数是通过 E-Mail 进行传播的。国际计算机安全协会统计资料表明，现在几乎有 60%的计算机病毒是通过 E-Mail 传播的。

4）其他。部分计算机病毒通过特殊的途径进行感染，如固化在硬件中的计算机病毒等。

2. 计算机病毒的防范

计算机病毒的预防关键是要从思想上、管理上、技术上入手做好预防工作。具体可从以下四个方面采取积极的预防措施。

（1）加强管理

实行严格的计算机管理制度，对有关人员，特别是系统管理人员进行职责教育，制定有效的应用和操作规范，机器要有专人管理负责；除原始的系统盘外，尽量不用其他磁盘去引导系统；对外来软件和闪存盘进行防病毒检查，谨慎地使用公用软件和共享软件，严禁使用来历不明的软件和非法解密或复制的软件；严禁在部门计算机上玩计算机游戏，因为很多游戏盘带有病毒；保护好随机的原始资料和软件版本，建立安全的备份制度和介质分组管理制度；安装正版防病毒软件，并定期升级进行病毒迹象侦察；不随意在网络上使用、下载不明软件；接收到不明来历的电子邮件不要打开并立即删除电子邮件；电子邮件的附件查毒后再使用；如发现计算机病毒疫情，杀毒后应立即重新启动计算机，并再次查毒。

（2）从技术上防治

从技术上防治病毒的手段很多，主要有以下几种。

1）关闭 BIOS 中的软件升级支持，如果是底板上有跳线的，应该将跳线跳接到不允许更新 BIOS。

2）安装防火墙，对内部网络实行安全保护。

3）安装较新的正式版本的防杀计算机病毒软件并启用实时监控功能，定期更新杀毒软件版本。

4）必要时使用 DOS 平台防杀计算机病毒软件检查系统，确保没有计算机病毒存在。

5）从网络接口中去掉暂时不用的协议，避免病毒或黑客借助这些协议的漏洞进行攻击。

6）在 IE 浏览器中设置合适的 Internet 安全级别。

7）严格保护好硬盘，对重要的程序和数据文件设置禁写保护。

8）经常备份系统中重要的数据和文件。

9）在 Word、Excel 和 PowerPoint 中将"宏病毒防护"打开。

10）若要使用 Outlook/Outlook Express 收发电子函件，则应关闭信件预览功能。

（3）及时安装补丁

一般大型的应用程序和操作系统或多或少都存在漏洞，当软件编制者发现存在的漏洞后，就会通过发布一些软件包对有问题的软件进行修复，这些软件包通常称为漏洞的补丁。因此，应及时下载或安装适合的补丁，以避免各种基于系统漏洞的错误和攻击。

（4）法律约束

应尽快制定处罚计算机病毒犯罪的法规，对制造、施放和出售病毒软件者依法进行严厉惩处。

3. 计算机病毒的检测和清除

计算机病毒尽管有很大的破坏作用，但若能及时发现病毒症状，并立刻用杀毒工具清除系统中的病毒，就能够将病毒对计算机系统的危害降到最低。

（1）计算机系统中毒的常见表现

计算机系统中毒后常会有以下表现：文件莫名其妙丢失；系统运行速度异常慢；有特殊文件自动生成；检查内存时发现有不该驻留的程序；磁盘空间自动产生坏区或磁盘空间减少；系统启动时间突然变得很慢；系统异常重启或死机次数增多；计算机屏幕出现异常提示信息、异常滚动、异常图形显示等。当发现这些异常现象时，应及时进行病毒检测。

（2）计算机病毒的检测

计算机病毒的检测通常采用手工检测和自动检测两种方法。

1）手工检测。通过一些软件工具提供的功能进行病毒的检测。这种方法比较复杂，需要检测者熟悉机器指令和操作系统，因而无法普及。

2）自动检测。用杀毒软件定期检测病毒并及时更新病毒库。自动检测相对比较简单，一般用户都可以进行，但需要有较好的检测软件。

（3）计算机病毒的清除

通常，清除计算机病毒的方法包括以下三种。

1）人工处理方法。用诊断软件找出系统内的病毒，并将其清除。人工处理的方法是用正常的文件覆盖被病毒感染的文件或删除被病毒感染的文件或重新格式化磁盘，但这种方法有一定的危险性，容易造成对文件数据的破坏。

2）使用反病毒软件。用反病毒软件对病毒进行清除是一种较好的方法。常用的反病毒软件有金山毒霸、360、诺顿、卡巴斯基等。现在的反病毒软件都具有在线监视功能，一般在操作启动后即自动装载并运行，时刻监视打开的磁盘文件、从网络上下载的文件及收发的邮件等。

3）最干净、彻底地清除病毒的方法是格式化磁盘，但这种方法会造成磁盘上所有文件数据丢失，使用户损失惨重。

7.4.3　黑客与防火墙

1. 黑客

计算机黑客是指具有计算机网络技术专长，能够完成入侵、访问、控制与破坏目标网络信息系统的人，也被称为网络攻击者或入侵者。

"黑客"一词，源于英文"hacker"，最初是一个褒义词，原指热心于计算机技术、水平高超的计算机专家，尤其指程序设计人员。他们对计算机程序的各种内部结构特征研究得十分深入透彻，善于发现系统存在的弱点和漏洞，甚至以发现用户系统漏洞为嗜好，以帮助完善用户系统，一般没有破坏用户系统或数据的企图。然而，现在黑客已演变发展为计算机系统的"非法入侵者"的代名词，他们通过种种手段侵入他人计算机系统，窃取机密信息，或干扰网络传输协议使数据传输出现紊乱；或截获部分加密数据，使用户端因数据丢失而无法恢复密文；或破译用户口令非法获取他人私有资源；或将一些有害信息放于网上传播，从而达到扰乱或破坏网络系统的目的。

2. 黑客攻击计算机系统的主要手段

黑客攻击计算机系统的手段也是随着计算机及其网络技术的发展而不断发展的。常用的攻击手段主要有以下几种。

（1）获取口令

获取口令有以下三种方法。

1）通过网络监听非法得到用户口令，这类方法有一定的局限性，但危害性极大，监听者往往能够获得其所在网段的所有用户账号和口令，对局域网安全威胁巨大。

2）在知道用户的账号后（如电子邮件@前面的部分）利用一些专门软件强行破解用户口令，这种方法不受网段限制，但黑客要有足够的耐心和时间。

3）在获得一个服务器上的用户口令文件后，用暴力破解程序破解用户口令，该方法的使用前提是黑客获得口令的 Shadow 文件。此方法在所有方法中危害最大，因为它不需要像第二种方法那样一遍又一遍地尝试登录服务器，而是在本地将加密后的口令与 Shadow 文件中的口令相比较就能非常容易地破获用户密码，尤其对口令安全系数极低的用户（如某用户账号为 zys，其口令就是 zys666，666666，或干脆就是 zys 等）更是在短短的一两分钟内，甚至几十秒内就可以将其破解。

（2）放置特洛伊木马程序

特洛伊木马程序名称源于古希腊的特洛伊木马神话，一般的木马程序都有客户端和服务器端两个执行程序，其中客户端程序是用于攻击者远程控制植入木马程序的机器，服务器端程序即木马程序。攻击者要通过木马程序攻击用户的系统，所做的第一步是要把木马的服务器端程序植入用户的计算机中。然后通过一定的提示故意误导被攻击者打开执行文件，如故意谎称该木马执行文件是用户朋友送给用户的贺卡。用户打开这个文件后，确实有贺卡的画面出现，但这时可能木马程序已经悄悄在用户的后台运行了，这有点像古特洛伊人在敌人城外留下的藏满士兵的木马一样，并在用户的计算机系统中隐藏一个可以在 Windows 启动时悄悄执行的程序。当用户连接到 Internet 上时，这个程序就会通知黑客，来报告用户的 IP 地址及预先设定的端口。黑客在收到这些信息后，利用这个潜伏在其中的程序就可以任意地修改用户计算机的参数设定、复制文件、窥视用户整个硬盘中的内容等，从而达到控制用户计算机的目的。木马执行文件非常小，大都是几千字节到几十千字节，如果把木马程序捆绑到其他正常文件上，用户是很难发现的。所以，如果网站提供的某些软件下载捆绑了木马程序，在执行这些下载的文件时，也同时运行了木马程序。

（3）WWW 的欺骗技术

在网上用户可以利用 IE 等浏览器进行各种各样的 Web 站点的访问，如阅读新闻组、咨询产品价格、订阅报纸、电子商务等。然而一般的用户恐怕不会想到有下面这些问题存在：正在访问的网页已经被黑客篡改过，网页上的信息是虚假的。例如，黑客将用户要浏览的网页的 URL 改写为指向黑客自己的服务器的 URL，当用户浏览目标网页的时候，实际上是向黑客服务器发出请求，那么黑客就可以达到欺骗的目的了。

（4）电子邮件攻击

电子邮件攻击主要表现为两种方式：一是电子邮件轰炸和电子邮件"滚雪球"，也就是通常所说的邮件"炸弹"，它指的是用伪造的 IP 地址和电子邮件地址向同一信箱发送数以千计、万计甚至无穷多次的内容相同的垃圾邮件，致使受害人邮箱被"炸"，严重者可能会给电子邮件服务器操作系统带来危险，甚至导致其瘫痪；二是电子邮件欺骗，即攻击者佯称自己为系统管理员（邮件地址和系统管理员完全相同），给用户发送邮件要求用户修改口令（口令可能为指定字符串）或在貌似正常的附件中加载病毒或其他木马程序，这类欺骗只要用户提高警惕，一般危害性不是太大。

（5）通过一个结点来攻击其他结点

黑客在突破一台主机后，往往以此主机作为根据地，攻击其他主机（以隐蔽其入侵路径，避免留下痕迹）。他们可以使用网络监听方法，尝试攻破同一网络内的其他主机；也可以通过 IP 欺骗和主机信任关系，攻击其他主机。这类攻击很狡猾，但由于某些技术很难掌握，如 IP 欺骗，因此较少被黑客使用。

（6）网络监听

网络监听是主机的一种工作模式，在这种模式下，主机可以接收到本网段在同一条物理通道上传输的所有信息，而不管这些信息的发送方和接收方是谁。此时，如果两台主机进行通信的信息没有加密，只要使用某些网络监听工具，就可以轻而易举地截取包括口令和账号在内的信息资料。虽然网络监听获得的用户账号和口令具有一定的局限性，但监听者往往能够获得其所在网段的所有用户账号及口令。

（7）寻找系统漏洞

许多系统都存在安全漏洞，其中某些是操作系统或应用软件本身具有的，这些漏洞在补丁未被开发出来之前一般很难防御黑客的破坏，除非用户不上网；还有一些漏洞是由于系统管理员配置错误引起的，如在网络文件系统中，将目录和文件以可写的方式调出，将未加 Shadow 的用户密码文件以明码方式存放在某一目录下，这都会给黑客带来可乘之机，应及时加以修正。

（8）利用账号进行攻击

有的黑客会利用操作系统提供的默认账户和密码进行攻击，如许多 UNIX 主机都有 FTP 和 Guest 等默认账户（其密码和账户名同名），有的甚至没有口令。黑客用 UNIX 操作系统提供的命令（如 Finger 和 Ruser 等）收集信息，不断提高自己的攻击能力。这类攻击只要系统管理员提高警惕，将系统提供的默认账户关掉或提醒无口令用户增加口令一般能克服。

（9）偷取特权

利用各种特洛伊木马程序、后门程序和黑客自己编写的导致缓冲区溢出的程序进行攻击。前者可使黑客非法获得对用户机器的完全控制权，后者可使黑客获得超级用户的权限，从而拥有对整个网络的绝对控制权。这种攻击手段，一旦奏效，危害性极大。

3. 防火墙

（1）防火墙的基本概念

防火墙技术是近年发展起来的重要网络信息安全技术。防火墙是一种专门用于增强网络机构内部安全的特别服务系统。其作用是在网络进、出口处构建网络通信的监控系统，用于监控所有进、出网络的数据流和来访者，从而达到保障网络安全的目的。根据预设的安全策略，防火墙系统对所有流通的数据流和来访者进行检查，符合安全标准的予以放行，否则一律拒之门外。

利用防火墙技术来保障网络安全的基本思想：无须对网络中的每台设备进行保护，而是只为所需要的重点保护对象设置"围墙"，并只开一道"门"，在该门前设置门卫。于是，内部网络与外部网络进行了有效的隔离，所有来访者或信息流都必须经过这道门，并接受检查，拒绝任何不合法的来访者或信息流进出内部网络，从而保障网络安全。

（2）防火墙的功能

根据设定的安全规则，防火墙在保护内部网络安全的前提下，还必须保障内外网络通信。防火墙的基本功能如下。

1）过滤进出网络的数据。一个防火墙（作为阻塞点、控制点）能极大地提高一个内部网络的安全性，并通过过滤不安全的服务而降低风险。由于只有经过精心选择的应用协议才能通过防火墙，因此网络环境变得更安全。例如，防火墙可以禁止诸如众所周知的不安全的 NFS 协议进出受保护网络，这样外部的攻击者就不可能利用这些脆弱的协议来攻击内部网络。防火墙同时可以保护网络免受基于路由的攻击，如 IP 选项中的源路由攻击和 ICMP 重定向中的重定向路径。防火墙应该可以拒绝所有以上类型攻击的报文并通知防火墙管理员。

2）强化网络安全策略。通过以防火墙为中心的安全方案配置，能将所有安全软件（如口令、加密、身份认证、审计等）配置在防火墙上。与将网络安全问题分散到各个主机上相比，防火墙的集中安全管理更经济。例如，在网络访问时，身份认证系统和其他的密码口令系统完全可以不必分散在各个主机上，而集中在防火墙上。

3）对网络存取和访问进行监控审计。如果所有的访问都经过防火墙，那么防火墙就能记录下这些访问并做出日志记录，同时也能提供网络使用情况的统计数据。当发生可疑动作时，防火墙能进行适当的报警，并提供网络是否受到监测和攻击的详细信息。另外，收集一个网络的使用和误用情况也是非常重要的。首先可以清楚防火墙是否能够抵挡攻击者的探测和攻击，其次可以清楚防火墙的控制是否充足。而网络使用统计对网络需求分析和威胁分析等而言也是非常重要的。

4）防止内部信息的外泄。通过利用防火墙对内部网络的划分，可实现内部网重点网段的隔离，从而限制了局部重点或敏感网络安全问题对全局网络造成的影响。再者，隐私是内部网络非常关心的问题，一个内部网络中不引人注意的细节可能包含了有关安全的线索而引起外部攻击者的兴趣，甚至因此而暴露了内部网络的某些安全漏洞。使用防火墙就可以隐蔽那些透漏内部的细节，如 Finger、DNS 等服务。Finger 显示了主机的所有用户的注册名、真名、最后登录时间和使用 shell 类型等。但是 Finger 显示的信息非常容易被攻击者所获悉。攻击者可以知道一个系统使用的频繁程度，这个系统是否有用户正在连线上网，这个系统是否在被攻击时引起注意，等等。防火墙可以同样阻塞有关内部网络中的 DNS 信息，这样，一台主机的域名和 IP 地址就不会被外界所了解。

除了安全作用以外，防火墙还支持具有 Internet 服务特性的企业内部网络技术体系 VPN。通过 VPN，将企事业单位在地域上分布在全世界各地的 LAN 或专用子网，有机地连成一个整体。这不仅省去了专用通信线路，还为信息共享提供了技术保障。

（3）防火墙的局限性

由于互联网的开放性，防火墙也有一些局限性.

1）防火墙不能防范不经由防火墙的攻击。例如，如果允许从受保护网内部不受限制地向外拨号，一些用户可以形成与 Internet 的直接的连接，从而绕过防火墙，造成一个潜在的后门攻击渠道。

2）防火墙不能防止感染了病毒的软件或文件的传输。

3）防火墙不能防止数据驱动式攻击。当有些表面看来无害的数据被邮寄或复制到 Internet 主机上并被执行而发起攻击时，就会发生数据驱动攻击。

4）由于性能的限制，防火墙通常不能提供实时的入侵检测能力。

因此，防火墙只是一种整体安全防范政策的一部分。这种安全政策必须包括公开的、以便用户知道自身责任的安全准则、职员培训计划，以及与网络访问、当地和远程用户认证、拨出/拨入呼叫、磁盘和数据加密、病毒防护有关的政策。

7.4.4　网络道德

当今社会已进入以互联网为标志的信息时代。互联网以其交互性、开放性为青少年的成长带来了无限广阔的空间，成为他们获取知识、交流思想、休闲娱乐的重要平台。但是，网络的负面影响也越来越引起人们的关注。

1. 网络道德的现状

网络正在改变着人们的行为方式、思维方式乃至社会结构，它对于信息资源的共享和传播起了无与伦比的巨大作用，并且蕴藏着无尽的潜能。网络时代所构筑起的新的生存方式和生活方式，正影响着人们特别是青少年的认知、情感、思想和心理。但是，网络如同一把双刃剑，既有巨大的使用价值，同时也存在值得警惕的负面效应。在它广泛的积极作用背后，也有使人堕落的陷阱，这些陷阱产生着巨大的反作用。一旦某种网络生活方式在青少年中间形成，由于青少年群体集中的特点，会使这一方式以巨大的力量和速度在青年学生间相互影响并传播开去。还有极少数学生上不良网站、恶意制造病毒、剽窃他人网上成果而侵犯知识产权，可以说在网络上已经形成了一个新的思想道德教育阵地。

2. 网络道德教育的必要性

防止网络陷阱对青少年的危害，首先要通过法律手段来使网络的运行规范化、程序化，并要设立专门的机构来保障网络法律的实行。但是，仅以法律手段来对付计算机和网络的不道德现象和犯罪现象，就目前来看仍显得不够。因为计算机和网络系统的种种非道德和犯罪现象，都具有隐蔽性、瞬时行、高技术、跨地域、更新快的特点，大大削弱了外在制约的力度。因此，在现有条件下，必须启动网络道德教育工程，以适应新型社会条件下道德建设的需要。

　　目前，世界各国纷纷研究制定了一系列相应的道德规范，这些规范涉及网络行为的方方面面，从电子邮件使用的语言格式、通信网络协议，到字母的大小写及电子邮件签名等细节，都有详尽的规范。网络道德教育已经成为一些西方国家高等学校的教育课程，如美国杜克大学就对学生开设了"伦理学和国际互联网络"的课程。在世界范围内，网络道德的研究时间虽然不长，但是这方面的研究机构有的较早就已经存在，并进行了一系列的研究工作。例如，美国计算机伦理协会、华盛顿布鲁克林计算机伦理协会、乔治亚州伦理协会计算机法律部设立的网络伦理研究会等。这些机构对网络用户的行为制定了详细的道德规范，为人们提供了借鉴。美国计算机伦理协会制定的"计算机伦理十戒"就很有代表性。其内容如下。

　　1）你不应该用计算机去伤害他人。

　　2）你不应该去影响他人的计算机工作。

　　3）你不应该到他人的计算机里去窥探。

　　4）你不应该用计算机去偷窃。

　　5）你不应该用计算机去做假证。

　　6）你不应该复制或利用你没有购买的软件。

　　7）你不应该使用他人的计算机资源，除非你得到了准许或者做出了补偿。

　　8）你不应该剽窃他人的精神产品。

　　9）你应该注意你正在写入的程序或你正在设计的系统的社会效应。

　　10）你应该始终注意，你使用计算机时是在进一步加强你对你的同胞的理解和尊敬。

　　我国从实际出发，借鉴发达国家网络道德教育的经验，针对不同对象制定并实施了具有中国特色的、与中华传统美德及社会主义道德相互兼容的、切实可行的网络伦理规范。我国《公民道德建设实施纲要》明确指出："计算机互联网作为开放式信息传播和交流工具，是思想道德建设的新阵地。要加大网上正面宣传和管理工作的力度，鼓励发布进步、健康、有益的信息，防止反动、迷信、淫秽、庸俗等不良内容通过网络传播。要引导网络机构和广大网民增强网络道德意识，共同建设网络文明。"2001年11月，由中国共产主义青年团、教育部、文化部、国务院新闻办公室、中华全国青年联合会、中华全国学生联合会、中国少年先锋队全国工作委员会、中国青少年网络协会共同召开的网络发布会，正式发布了《全国青少年网络文明公约》。该公约的发布，是贯彻《公民道德建设实施纲要》的一项重要成果，是对青少年网络行为的道德规范，对促进社会主义精神文明建设将产生积极的影响。通过对青少年的网络道德教育，使他们能够以道德理性来规范自己的网络行为，明确认识到任何借助网络进行的破坏、偷窃、诈骗和人身攻击等都是非道德的或违法的，必须承担相应的责任或受到相应的制裁，从而杜绝任何恶意的网络行为。

　　当代青少年作为"网上的一代"，网络将在他们的生活中占重要位置。将来网络是造福于人类还是祸害于人类，取决于他们如何利用这一工具。网络道德教育可以引导青少年以正确的宗旨开发、研究、利用这一工具，激励他们自觉履行网络规范而不是想方设法钻网络法规的空子。面对网上时时存在的陷阱，网络道德教育可以提高他们对网络陷阱的识别能力，增强他们对网络毒素的抵抗能力，使他们从内在自觉的角度，建立一种自我保护、自律自求的机制。

3. 网络用户行为规范

（1）遵纪守法

网络用户相当于国际网络公民，在网络这个虚拟社会里，人们首先应该遵守法纪，遵守共同的规则，做一名网上道德人。一定的道德规范，不仅体现着自身的利益和需要，也是每一个网民在网络社会立身处世的根本。其次，要处理好目的与手段的关系。在网络社会中，目的和手段应当都是正当的，而绝不是目的决定手段的正确性。道德行为和不道德行为之间，总是有本质区别特征和原则界限的，绝不容混淆。最后，要处理好大节与小节的关系。网络社会中的"小节无关紧要"论是不对的、有害的。事实上，小节与大节只是相对而言的，在一般情况下彼此间不仅没有绝对界限，而且是相互联系、相互转化的。在这里，应记住并实施一句古训：勿以善小而不为，勿以恶小而为之。

（2）讲究网络礼仪

网络礼仪是网民之间交流的礼貌形式和道德规范。网络礼仪是建立在自我修养和自重自爱的基础上的。网络礼仪主要内容包括使用电子邮件时应该遵守的规则、上网浏览时应该遵守的规则、网络聊天时应该遵守的规则、网络游戏时应该遵守的规则及尊重软件知识产权。就现状而言，目前的网络礼仪主要涉及以下几个部分。

1）问候礼仪。在网络社会交往的起始中，问候和称呼对方时应遵守的规则。它表明的是某人想与谁交谈，该怎样问候和称呼。可以说，学会网上问候礼仪，是网民行为礼仪的初级教程。

2）语言礼仪。指在网络社会交往中语言表达应遵循的规则，这些礼仪可以表明一个人的态度情感。

3）交往方式礼仪。指在网络社会交往中所采取某种交往方式时应遵守的规则。例如，许多网络就"规定"发邮件者要写明信件"主题"等，这就是一种典型的交往方式礼仪。

网络礼仪是在网络相互交往中所形成的，与网络社会的特点相适应。网络礼仪也有自己的一些特点，如虚拟性、强制性较弱和普遍性等。总之，网络礼仪是网民行为文明程度的标志和尺度。一个人如果连这些起码的网德要求都做不到或不会做，很难相信他能遵循更严格、更高的网络道德标准。从人的直接交往，到电话交往，再到网络交往，是人类交往方式的进步和变化，与此相适应也要求人们采用新的交往礼仪。

（3）遵守网络道德规范

互联网为人们自由地上网、开展各种活动提供了前所未有的空间与自由度。但是，虚拟的网上活动与现实社会的活动在本质上是一致的。网络人的自由在本质上是理性的，网络人必须具有道德意识，不能认为匿名、数字化式的交往就可以随意制造信息垃圾、进行信息欺诈，否则，必将受到社会舆论的谴责与良心的自责。面对形形色色的网络问题，热衷于在网上冲浪的人们必须遵守网络道德规范，按照网络道德规范的普遍要求来约束自己的网络行为。

全国青少年网络文明公约如下。

要善于网上学习，不浏览不良信息；

要诚实友好交流，不侮辱欺诈他人；

要增强自护意识，不随意约会网友；

要维护网络安全，不破坏网络秩序；

要有益身心健康，不沉溺虚拟时空。

具体来讲，就是要利用网络为社会和人类做出贡献，不应用计算机去伤害别人；做到网上行为诚实守信，不应在网上发布虚假信息；尊重包括版权和专利在内的知识产权，不应未经许可而使用别人的计算机资源，并且尊重他人的隐私，不窥探别人的文件或泄露相关秘密；慎重使用计算机，不应干扰别人的计算机工作；科学选择网络资源，不应浏览黄色或反动的网络信息。

习　题　7

一、选择题

1. 计算机网络最突出的优点是（　　）。

    A. 精度高　　　　　　　　　　　B. 内存容量大

    C. 运算速度快　　　　　　　　　D. 共享资源

2. 调制解调器的功能是实现（　　）。

    A. 数字信号编码　　　　　　　　B. 数字信号的整形

    C. 模拟信号的放大　　　　　　　D. 模拟信号与数字信号的转换

3. 在网络中，各个结点相互连接的形式称为网络的（　　）。

    A. 拓扑结构　　　　　　　　　　B. 协议

    C. 分层结构　　　　　　　　　　D. 分组结构

4. 超文本的含义是（　　）。

    A. 该文本中包含图像　　　　　　B. 该文本中包含声音

    C. 该文本中包含二进制字符　　　D. 该文本中有链接到其他文本的链接点

5. 在计算机网络术语中，WAN 的中文意义是（　　）。

    A. 以太网　　　　　　　　　　　B. 广域网

    C. 互联网　　　　　　　　　　　D. 局域网

6. 下列四项中，合法的 IP 地址是（　　）。

    A. 190.220.5　　　　　　　　　B. 207.53.3.78

    C. 207.53.312.78　　　　　　　D. 123.43.82.2.20

7. IP 地址 202.123.45.67 是一个（　　）。

    A. A 类地址　　　　　　　　　　B. B 类地址

    C. C 类地址　　　　　　　　　　D. D 类地址

8. 下面哪一个描述是 Internet 的比较正确的定义（　　）。

    A. 一个协议　　　　　　　　　　B. 一个由许多个网络组成的网络

    C. 一种内部的网络结构　　　　　D. TCP/IP 栈

9. HTTP 是一种（　　）。

    A. 高级程序设计语言　　　　　　B. 域名

    C. 超文本传输协议　　　　　　　D. 文件传输协议

10. 最常见的保证网络安全的工具是（　　　）。

    A．防病毒软件　　　　　　　　　B．防火墙

    C．操作系统　　　　　　　　　　D．网络分析仪

11. 下列叙述中，正确的是（　　　）。

    A．反病毒软件通常滞后于计算机新病毒的出现

    B．反病毒软件总是超前于病毒的出现，它可以查、杀任何种类的病毒

    C．感染过计算机病毒的计算机具有对该病毒的免疫性

    D．计算机病毒会危害计算机用户的健康

12. 计算机病毒会造成（　　　）。

    A．CPU 的烧毁　　　　　　　　　B．磁盘驱动器的损坏

    C．程序和数据的破坏　　　　　　D．磁盘的损坏

二、填空题

1. 计算机网络按地理位置分类，可以分为_____、城域网和广域网。

2. 常用的通信介质主要有有线介质和_____两大类。

3. 表示数据传输可靠性的指标是_____。

4. 根据带宽来分，计算机网络可分为宽带网和_____网。

5. 局域网的拓扑结构主要有总线型、_____、环形和树形。

6. HTTP、FTP、SMTP 都是_____层协议。

7. 101.12.23.112 是一个_____类 IP 地址。

8. 产生网络信息安全问题有三个方面的原因，即_____、_____、_____。

9. 计算机病毒是_____，它能够侵入_____，并且能够通过修改其他程序，把自己或者自己的变种复制插入其他程序中，这些程序又可传染别的程序，实现繁殖传播。

三、简答题

1. 什么是计算机网络？举例说明计算机网络的应用。

2. 什么是计算机网络的拓扑结构？常见的拓扑结构有几种？

3. 简述局域网与广域网的区别。

4. 什么是计算机网络协议？Internet 采用什么网络协议？

5. 计算机网络中常使用的传输介质有哪些？各有何优缺点？

6. 简述 IP 地址分配的两种方法及各自的优缺点。

7. 简述 TCP 与 UDP 的区别。

8. 在 Internet 中，IP 地址和域名各起什么作用？

9. 简述在 Internet 上搜索信息的方法。

10. 计算机病毒与黑客的危害性主要体现在哪些方面？

第 8 章 多媒体技术基础

多媒体技术是以数字技术为基础，把通信技术、广播技术和计算机技术融为一体，能够对文字、图形、图像、声音、视频等多种媒体信息进行存储、传送和处理的综合性技术。在人类信息科学技术史上，它是继活字印刷术、无线电-电视机技术、计算机技术之后的又一次新的技术革命。

本章主要介绍多媒体技术的基本概念、多媒体信息的表示和基本处理方法及多媒体信息处理工具等。

8.1 多媒体技术概述

8.1.1 多媒体与多媒体技术

在人类社会中，信息的表现形式是多种多样的，如常见的文字、声音、图形、图像等都是信息的表现形式，通常把这些表现形式称为媒体。近年来，随着电子技术和计算机的发展，以及数字化音频、视频技术的进步，人们通过将多种媒体统一处理，产生了"多媒体"的概念。现在所说的"多媒体"，常常不是说多媒体信息本身，而主要是指处理和应用多媒体的一套技术，即多媒体技术。而且人们谈论多媒体技术时，常常要和计算机联系起来，这是因为多媒体技术利用了计算机中的数字化技术和交互式的处理能力，创造出集文字、图像、声音和影视于一体的新型信息处理模型。

所以，人们常说的多媒体计算机就是将多媒体技术和计算机组合在一起的产物。多媒体是一门综合技术，它涉及的概念也比较多，在探讨计算机中多媒体信息的表示之前，先解释和多媒体相关的几个概念。通过对这些概念的理解，可进一步加深对多媒体的认识，从整体上认识多媒体和多媒体技术。

1. 媒体

媒体（medium）是承载信息的载体，信息的表达形式多种多样，如数据、文字、声音、图像等，它们是自然界和人类生产活动的具体描述和表现。有的媒体可以直接表达信息，有的必须转化为感觉器官可以接受的形式。

根据国际电信联盟（International Telecommunication Union，ITU）的定义，有以下五种媒体，即感觉、表示、表现（显示）、存储、传输媒体。

1）感觉媒体（perception medium）。包括声音、文字、图形和图像及物质的质地、形状、温度等。

2）表示媒体（representation medium）。为了加工感觉媒体而构造出来的一种媒体，如各种语音编码、图像编码等。

3）表现媒体（presentation medium）。将感觉媒体与通信电信号进行转换的一类媒体，它又可分为输入表现媒体和输出表现媒体。

4）存储媒体（storage medium）。用于存放表示媒体的一类媒体，如硬盘、光盘等。

5）传输媒体（transmission medium）。用于将表示媒体从一处传送到另一处的物理传输介质，如各种通信电缆。

人们所说的媒体是感觉媒体，但多媒体技术所处理的媒体是表示媒体。

2. 多媒体

多媒体（multimedia）是融合多种媒体的人机交互式信息交流和传播媒体。它有三个关键特征：信息载体的多样性，使计算机能够处理的信息范围从传统的数值、文字、静止图像扩展到声音和视频信息；交互性，指用户可以与计算机的多种信息媒体进行交互操作，使人们获取和使用信息变被动为主动；集成性，即综合性，它能使多种不同形式的信息综合地表现某个内容。这是多媒体的主要特征，也是多媒体研究中必须解决的问题。

3. 多媒体技术

多媒体技术就是研究如何表示、再现、存储、传递和处理文本、图形、图像、声音、动画、视频等多媒体信息的技术。它涉及的范围很广，采用的技术很新、研究内容很深，是多种学科和多种技术交叉的领域。目前，多媒体技术的研究和应用开发领域主要有下列几个方面。

1）多媒体数据的表示技术。包括文字、声音、图形、图像、动画、影视等媒体在计算机中的表示方法，如数据压缩和解压缩技术、人机接口技术、虚拟现实（virtual reality，VR）技术等。

2）多媒体创作和编辑工具。使用工具将会大大缩短提供信息的时间。

3）多媒体数据的存储技术。包括 CD 技术、DVD 技术等。

4）多媒体的应用开发。包括多媒体 CD-ROM 节目制作、多媒体数据库、环球超媒体信息系统、多目标广播技术（multicasting）、视频点播、电视会议（video conferencing）、远程教育系统、多媒体信息的检索等的应用开发。

4. 多媒体系统

多媒体系统是指利用计算机技术和数字通信技术来处理和控制多媒体信息的系统，一般是由多媒体终端设备、多媒体网络设备、多媒体服务系统、多媒体软件和有关设备组成的有机整体。

视频 8-1　多媒体
概述及技术特征

简单地说，一个电视节目、一部动画片、CAI 课件或者视频/音频演示系统，都可以称为多媒体系统。多媒体开发研究的目标是将多种计算机软硬件技术、数字化声像技术和高速通信网技术集成为一个整体，如视频会议系统，使多个不同地点的人员参加同一个会议，通过视频、音频信息的传递，可以在不同地点之间形成面对面的效果，同时也可以监视所需要的各种现场数据和图像。

8.1.2　多媒体技术的应用

多媒体技术的应用已经普及人类生活的各个领域，极大地改变了人们的工作、学习和生活方式，并对大众传播媒体产生巨大的影响。

（1）教育培训

利用多媒体技术将图文、声音和视频信息并用，不仅丰富多彩、扩大了信息量、提高了知识的趣味性，能产生活泼生动的效果，而且具有交互功能，可大大激发学习兴趣，提高学习者的学习主动性。

（2）商业服务

形象、生动的多媒体技术特别有助于商业演示服务。例如，在大型超市或百货商场内，顾客可以通过多媒体计算机的触摸屏浏览商品、了解它们的性能。

（3）电子出版物

与传统纸质出版物相比，电子出版物不仅能够储存图像、文字，而且能够储存声音和活动画面，从而增加人们的学习兴趣，提高效率。电子出版物的另一个重要特点是其交互性，即人们在使用电子出版物时所要大量进行的人机交流，这使人们在学习时有了一定程度的主动性，并表现出一定意义上的参与意识。电子出版物的问世是人类社会进入信息时代的结果和标记。

电子出版物通常都以光盘的形式发行，它具有存储量大、使用收藏方便、数据不易丢失等优点。

（4）视频会议

视频会议系统是多媒体技术在商务和办公自动化中的一个重要应用，通过多媒体网络可以使分处不同国家和地区的与会者得到一种"面对面"开会的感觉，不仅可以借助多媒体形式充分交流信息、意见、思想、感情，还可以使用计算机提供的信息加工、存储、检索等功能。

（5）虚拟现实

虚拟现实利用计算机生成一种模拟环境（如飞机驾驶舱、操作现场等），通过综合应用图像处理、模拟与仿真、传感、显示系统等技术和设备，使人能够沉浸在计算机生成的虚拟境界中，并能够通过语言、手势等自然的方式与之进行实时交互，创建了一种适人化的多维信息空间。使用者不仅能够通过虚拟现实系统感受到在客观物理世界中所经历的"身临其境"的逼真性，而且能够突破空间、时间及其他客观限制，感受到真实世界中无法亲身经历的体验。

（6）超文本和超媒体

超文本是随着多媒体计算机发展而发展起来的文本处理技术，超文本系统是非线性、非顺序性的，其结构实际上就是由结点和链组成的一个信息网络，又称为 Web。超媒体则是将多媒体信息加入超文本系统中，使系统不仅包含文字，还包括图形、图像、声音、动画和视频等多种媒体信息。

多媒体技术把图像、声音和视频等处理技术及三维动画技术集成到计算机中，同时在它们之间建立密切的逻辑关系，使计算机具有了声音、图像、视频和动画等多种可视听信息，从而也更符合人们的日常交流习惯。多媒体技术的前景十分广阔，它将使我们的世界发生巨大的变化。

8.1.3 多媒体技术的研究现状

目前，对多媒体技术的研究主要有以下几个方面。

1. 音频技术

音频技术主要包括音频数字化、语音处理、语音合成和语音识别，如电子记事本、声控玩具、语音拨号功能的手机。

2. 视频技术

视频技术包括视频信号获取、存储、传输、处理、播放及模拟视频信号数字化和数字视频信号编码转换成电视信号等方面。当帧速率达到每秒 24～30 帧时，就能给观众带来连续流畅的运动图像的视觉感受。

3. 数据压缩技术

信息时代的重要特征是信息的数字化，而将多媒体信息中的图像、视频、音频信号数字化后的数据量非常庞大，一幅 640×480 分辨率的 24 位真彩色图像，需要 1MB 的存储量；1s 的视频画面就要存储 15～39 幅图像，声音的存储量也是相当惊人的。这给多媒体信息的存储、传输、处理带来了极大的压力。解决这一难题的有效方法就是数据压缩编码。因此，多媒体数据压缩和编码技术是多媒体技术中最为关键的核心技术。

目前，国际上对于音频信息、静态图像和动态图像的压缩/解压缩已经形成一个统一的标准：对于数字化音频的压缩，即 CD 音乐，已有红皮书、黄皮书和绿皮书标准；而视频资料的处理，主要经过数字化输入、编码压缩/还原和同步显示处理，其中静态图像的压缩编码方案为 JPEG（它对单色和彩色图像的压缩比通常为 10：1 和 15：1），全运动视频图像的压缩编码方案为 MPEG（压缩比通常为 50：1）。

4. 存储管理技术

信息的组织和管理是一个较为复杂的系统，涉及对信息的输入、编辑、存储、检索、排序、统计、传递和输出等。数字化的多媒体信息虽然经过了压缩处理，但仍需要相当大的存储空间，因此，对庞大的多媒体数据信息的管理问题是多媒体的另一个关键技术。

数字化数据存储的介质有硬盘和光盘等。目前，在微机上单个硬盘的容量已达到几百到上千吉字节，可以满足多媒体数据的存储。光盘的发展有力地促进了多媒体技术的发展和应用。目前常用的 CD-ROM 光盘容量为 650MB 左右，存储容量更大的 DVD 光盘，其单面单密度容量为 4.7GB，双面双密度容量为 17GB。

目前出现的多媒体数据库，将以往数据库对单调的文字、数字管理发展成对图形、图像、音频、视频等资料进行管理的系统。

5. 网络传输技术

压缩技术及相应产品的推出为网络传输多媒体信息创造了条件。例如，用手机传递图片和观看视频信息。

8.2　多媒体计算机系统

多媒体计算机系统一般由多媒体计算机硬件系统和多媒体计算机软件系统组成。

8.2.1 多媒体计算机硬件系统

多媒体计算机硬件系统是在个人计算机基础上增加各种多媒体输入和输出设备及其接口卡，图 8.1 所示为具有基本功能的多媒体计算机硬件系统。

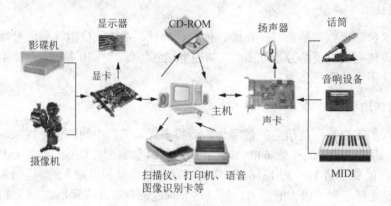

图 8.1　多媒体计算机硬件系统

1. 主机

多媒体计算机主机可以是大、中型机，也可以是工作站，然而更普遍的是多媒体个人计算机（multimedia personal computer，MPC）。为了提高计算机处理多媒体信息的能力，应该尽可能地采用多媒体信息处理器。

2. 多媒体接口卡

多媒体接口卡是根据多媒体系统获取、编辑音视频的需要，插接在计算机上以解决各种媒体数据的输入/输出问题的。常用的接口卡有声卡、图形加速卡、视频信号捕捉卡、视频压缩卡、视频播放卡、光盘接口卡等。

3. 多媒体外部设备

多媒体外部设备包括以下几种。
1）视频、音频输入设备。如摄像机、DVD、扫描仪、传真机、数码照相机等。
2）视频、音频播放设备。如电视机、投影仪、音响等。
3）人机交互设备。如键盘、鼠标、触摸屏、绘图板、光笔及手写输入设备等。
4）存储设备。如磁盘、光盘等。

8.2.2 多媒体计算机软件系统

多媒体计算机软件可以按其功能划分为不同的类别层次，如图 8.2 所示。
（1）多媒体驱动程序

直接和硬件打交道的多媒体软件称为多媒体驱动程序，它负责设备的初始化、各种设备的操作、打开、关闭、基于硬件的压缩解压缩、图像快速变换、硬件功能调用等。这类软件一般随硬件一起提供。

图 8.2　多媒体计算机软件系统分层示意图

（2）多媒体设备接口程序

多媒体设备接口程序是高层软件与驱动程序之间的接口程序，它为高层软件建立虚拟设备，以便程序员能通过接口调用系统功能，在应用程序中控制多媒体硬件设备。

（3）多媒体操作系统

多媒体操作系统是多媒体计算机软件系统的核心和基本软件平台，一般是在传统操作系统功能的基础上扩充、改造，实现多媒体环境下多任务调度，保证音频、视频同步控制及信息处理的实时性，提供多媒体信息的各种基本操作和管理；还具有独立于硬件设备和较强的可扩展性。目前 MPC 上常用的多媒体操作系统有 Microsoft 公司的 Windows 操作系统、Apple 公司在 Macintosh 上的 Mac OS、Linux 的多媒体操作系统等。

（4）多媒体素材制作软件

多媒体素材制作软件是为多媒体应用程序进行数据准备的软件，主要是多种媒体数据采集软件。多媒体素材制作软件按功能分为文本编辑软件、图形图像编辑软件、音频编辑处理软件、视频编辑制作软件、动画编辑制作软件等。作为软件系统层次它不能单独算作一层，它实际上是创作软件中的一个工具库，供开发者调用。多媒体素材制作常用软件如表 8.1 所示。

表 8.1　多媒体素材制作常用软件

文本编辑软件	图形图像编辑软件	音频编辑处理软件	视频编辑制作软件	动画编辑制作软件
记事本 写字板 Microsoft Word WPS IBM ViaVoice 汉王语音输入和手 写软件 清华 OCR 尚书 OCR	画图 Photoshop Illustrator AutoCAD CorelDRAW Fireworks Painter Freehand MATLAB	录音机 Cool Edit Pro Sound Forge GoldWave Waveditor Creative 录音大师 Midi Orchestrator	Adobe Premiere Microsoft Video for Windows Asymetrix DVP 会声会影 Windows Movie Maker	3D Studio MAX Maya Animator Studio Flash Ulead GIF Animator SimpleSVG ANIMO 万彩动画大师

（5）多媒体创作软件

它是在多媒体操作系统上进行开发的软件工具，用于生成多媒体应用软件。多媒体创作软件提供将媒体对象集成到多媒体产品中的功能，并支持各种媒体对象之间的超级链接及媒体对象呈现时的过渡效果。常用的多媒体创作工具软件有以下几种。

1）Microsoft PowerPoint。幻灯式界面、线性表现结构的创作工具。

2）Macromedia Authorware。基于流程图的多媒体创作工具。

3）Macromedia Director。以时间序列为基础的多媒体创作工具。

4）Multimedia ToolBook。以页为基础，建立像书一样多维结构的多媒体创作工具。

多媒体创作软件大都提供文本及图形的编辑功能，但对复杂的媒体对象的创建和编辑，如声音、动画以及视频影像等，还需借助多媒体素材编辑软件。

视频 8-2 多媒体计算机系统组成

（6）多媒体应用软件

多媒体应用软件是在多媒体硬件平台上设计开发的面向应用的软件系统，包括用创作工具开发的应用、可以广泛使用的公共型应用支持软件（如多媒体数据库系统等），还包括不需二次开发的应用软件。这些软件已广泛应用于教育、出版、影视特技、动画制作、电视会议、咨询服务、演示系统等，它还将深入社会生活的各个领域。

8.3　多媒体信息在计算机中的表示

各种多媒体信息在计算机内部的表示都是基于二进制的，都必须转换成 0 和 1 数字化信息后进行处理，以不同类型的文件格式存储。本节主要介绍除文本外的其他多媒体信息的数字化及相关的文件格式。

8.3.1　音频信息

1. 基本概念

声音是由空气中分子振动产生的波，这种波传到人们的耳朵，引起耳膜振动，这就是人们听到的声音。声音在真实世界是模拟量，声源振幅及其传播介质振幅随时间的变化是连续的，各种声音一般都有其幅度呈周期性强弱变化的特性，把每秒钟循环变化的次数称为频率，单位为赫兹（Hz）。声音的频率范围称为声音的带宽。

多媒体技术处理的声音主要是人耳可听到的 20Hz～20kHz 的音频信号，其中人的说话声音是一种特殊的声音，其频率范围为 300～3400Hz，称为语音。真实世界中的其他各种声音，其带宽要宽得多，可达 20Hz～20kHz，称为全频带声音。

声音质量与它所占用的带宽有关，所以可按带宽将声音质量分为四级。

1）数字激光唱盘质量（10Hz～22kHz）。通常又称 CD-DA 质量，也就是常说的超高保真（high fidelity）质量。

2）调频无线电广播（20Hz～15kHz）。简称 FM（frequency modulation）质量。

3）调幅无线电广播（50Hz～7kHz）。简称 AM（amplitude modulation）质量。

4）电话（telephone）质量（200Hz～3.4kHz）。

2. 模拟音频的数字化

若要用计算机对音频信息进行处理，就要将模拟声音信号转换成数字信号，这一转换过程称为模拟音频的数字化。模拟音频的数字化过程涉及音频的采样、量化和编码。其过程如图 8.3 所示。

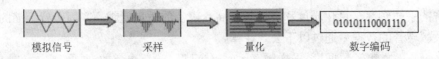

模拟信号   采样   量化   数字编码

图 8.3 模拟音频的数字化过程

采样和量化的过程可由 A/D 转换器实现。A/D 转换器以固定的频率去采样，即每个周期测量和量化信息一次。经采样和量化的声音信号再经编码后就成为数字音频信号，以数字声波文件形式保存在计算机的存储介质中。若要将数字声音输出，必须经过 D/A 转换器将数字信号转换成模拟信号。声卡的主要功能就是实现声音信号的 A/D 和 D/A 转换。

（1）采样

采样是每隔一定时间间隔在模拟波形上取一个样本值，把时间上的连续信号变成时间上的离散信号。该时间间隔为采样周期，其倒数为采样频率。

采样频率即每秒钟的采样次数，其单位为赫兹。采样频率越高即采样时间间隔越短，单位时间内采集的声音样本数就越多，对声音波形的表示就越精确，但数据量也就越大。根据 Harry Nyquist 采样定理，采样频率至少应为信号最高频率的两倍，才能把数字信号表示的声音还原为原来的声音。CD 音频通常采用 44.1kHz 的采样频率，DVD 则采用 48kHz 的采样频率。在声音处理软件中可设置采样频率，如图 8.4 所示。

（2）量化

量化是将每个采样点得到的声波幅度值以数字存储。量化位数（即采样精度）表示存放采样点振幅值的二进制位数，它决定了模拟信号数字化以后的动态范围。通常量化位数有 8 位、16 位、24 位，分别表示有 2^8、2^{16}、2^{24} 个等级。例如，在一个 8 位记录模式的音效中，其纵轴划分成 2^8=256 个量化等级来记录其幅度大小；在一个 16 位记录模式的音效中，其纵轴划分成 2^{16}=65 536 个量化等级来记录其幅度大小。可见，所用二进制码的位数越多，所分的层数就越多，对原模拟信号反映的精度就越高，对于声音信号来说，记录的声音质量就越好。

通常声音系统有多个声道，声道数指同一时间中出现（产生）的音频通道数。如果是单声道，则表明声音记录的只是一个波形；如果是双声道（立体声），则表明记录的是两个波形。立体声听起来比单声道的声音丰满且有一定的空间感，更好的则采用 5.1 或 7.1 声道的环绕立体声。5.1 声道是指含左、中、右、左环绕、右环绕五个有方向性的声道，以及一个无方向性的低频加强声道，如图 8.5 所示。

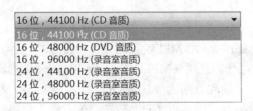

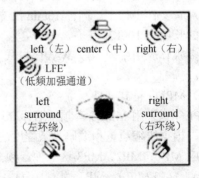

图 8.4 设置采样频率和量化精度   图 8.5 5.1 声道环绕立体声

声音的采样频率、量化精度和声道数越高，声音的质量就越高，而声音存储的数据量也就越大。声音的数据量通过以下公式计算。

$$声音数据量=采样频率×（量化精度÷8）×声道数×时间$$

例如，用 44.10kHz 的采样频率、16 位的样本量化精度，录制 1s 的立体声节目，其 WAV 格式声音文件数据量为

$$44\ 100×16×2×1÷8=176\ 400B≈172KB$$

可见，将量化后的数字声音信息直接存入计算机将会占用大量的存储空间。在多媒体系统中，一般是对数字化声音进行压缩和编码，可以形成不同格式的声音文件存入计算机，以减少音频数据的存储量。

（3）编码

编码是将采样和量化后的数字数据以一定的格式记录下来。编码的方式很多，常用的编码方式是脉冲编码调制（pulse code modulation，PCM），其主要优点是抗干扰能力强，失真小，传输特性稳定。CD-DA 采用的就是这种编码方式。

3. 音频文件的格式

在多媒体技术中，存储音频信息的文件格式主要有以下几类。

（1）WAVE 格式文件

WAVE 格式文件由外部音源（传声器、录音机）录制后，经声卡转换成数字化信息以扩展名.wav 存储，播放时还原成模拟信号由扬声器输出。WAVE 格式文件直接记录了真实声音的二进制采样数据，即数字化的声波，所以也称波形文件。WAVE 格式是一种没有经过压缩的存储格式，通常文件较大。

WAVE 格式是 Microsoft 公司开发的一种音频文件格式，是个人计算机上最为流行的音频文件格式。

（2）MIDI 格式文件

MIDI（musical instrument digital interface，乐器数字接口）是为了把电子乐器与计算机相连而制定的一个规范，是数字音乐的国际标准。

与 WAVE 文件不同，MIDI 格式文件（扩展名为.mid）存放的不是声音采样信息，而是将乐器弹奏的每个音符记录为一连串的数字，然后由声卡上的合成器根据这些数字代表的含义进行合成后由扬声器播放。所以 MIDI 总是和音乐联系在一起，它是一种数字式乐曲。相对于保存真实采样数据的 WAVE 格式文件，MIDI 格式文件显得更加紧凑，其文件尺寸通常比声音文件小得多。同样 10min 的立体声音乐，MIDI 格式文件长度不到 70KB，而声音文件的长度在 100KB 左右。

在多媒体应用中，一般 WAVE 格式文件存放的是解说词，MIDI 格式文件存放的是背景音乐。

（3）MPEG 格式文件

MPEG 指采用 MPEG 音频压缩标准进行压缩的文件。MPEG 音频文件的压缩是一种有损压缩，根据压缩质量和编码复杂程度的不同可分为三层（MPEG-1 Audio Player 1/2/3），分别对应 MP1、MP2、MP3 这三种音频文件，压缩比分别为 4∶1、（6∶1）～（8∶1）和（10∶1）～（12∶1）。MP3 因为具有压缩比较高，音质接近 CD，制作简单，便于交换等优点，非常适合在网上传播，是目前使用最多的音频格式文件。

WAVE 和 MIDI 格式文件均可以压缩成 MPEG 格式文件。

（4）WMA 格式文件

WMA 是 Microsoft 推出的与 MP3 格式齐名的一种新的音频格式，其扩展名为.wma。WMA 在压缩比和音质方面都超过了 MP3，即使在较低的采样频率下也能产生较好的音质。

（5）CD 格式文件

CDA 音频格式由 Philips 公司开发，是 CD 唱片采用的格式，又叫"红皮书"格式，记录的是波形流，其扩展名为.cda，具有高品质的音质。如果计算机中安装了 CD-ROM 或 DVD-ROM 驱动器，就可以播放 CD。CD 格式文件的缺点是无法编辑，文件太大。

视频 8-3 音频信息

如果有专业的音源设备，那么要听同一首曲子的高保真程度依次是原声乐器演奏→MIDI→CD→MP3。

8.3.2 视频信息

1. 基本概念

视频是一种活动影像，它与电影和电视的原理是一样的，都是利用人眼的视觉暂留现象，将足够多的画面一帧帧连续播放，只要播放速度能够达到 20 帧/s 以上，人的眼睛就觉察不出画面之间的不连续性。电影以 24 帧/s 的速度播放，而电视则依视频标准的不同，有 PAL 制式（25 帧/s，625 行/帧）和 NTSC 制式（30 帧/s，525 行/帧），我国采用 PAL 制式。如果活动影像的帧率在 15 帧/s 之下，则将产生明显的闪烁感甚至停顿感；相反，若提高到 50 帧/s 甚至 100 帧/s，则感觉到图像极为稳定。

视频有两类：模拟视频（analog video，AV）和数字视频（digital video，DV）。早期的电视等视频信号的录制、存储和传输采用的是模拟方式，现在的数字电视、VCD、SVCD、DVD、DV（数字摄像机）都是数字视频。

2. 视频信息的数字化

要使计算机能够对视频进行处理，必须把模拟视频信号转换成数字视频，这个过程称为视频的数字化过程。

视频的数字化过程同音频相似，即在一定时间内以一定的速度对单帧视频信号进行采样、量化和编码，实现 A/D 转换、彩色空间变换和编码压缩等，形成计算机可以处理的数字化视频。这通过视频捕捉卡和相关的软件来实现。数字视频克服了模拟视频的局限性，它的主要优点有适合于网络应用、再现性好、便于计算机编辑处理。

在数字化后，如果视频信号不加以压缩，数据量的大小是帧乘以每幅图像的数据量。例如，要在计算机连续显示分辨率为 1280×1024 的 24 位真彩色高质量的电视图像，按 30 帧/s 计算，显示 1min，则需要：

1280（列）×1024（行）×24 位/像素÷8 位/字节×30（帧/s）×60（s）≈6.06GB

一张 650MB 的光盘只能存放 6s 左右的电视图像，这就带来了图像数据的压缩问题，也成为多媒体技术中一个重要的研究课题。

3. 视频文件

视频文件可分为两大类：一类是影像视频文件，如常见的 VCD、DVD、多媒体 CD 光盘中的动画，都是影像文件，它包含了大量的图像和音频信息，所以，又称为本地视频格式文件；另一类是流媒体文件，这是随着 Internet 的发展而诞生的，如在线实况转播，就是构架在流式视频技术之上的。

（1）影像视频文件

1）AVI 格式。AVI（audio video interleaved，音频视频交错）格式是 Microsoft 公司开发的一种符合资源交换档案标准（resource interchange file format，RIFF）文件规范的数字音频与视频文件格式。AVI 格式允许视频和音频交错在一起同步播放，支持 256 色和 RLE 压缩，但 AVI 文件并未限定压缩标准，因此，AVI 文件格式只是作为控制界面上的标准，不具有兼容性，用不同压缩算法生成的 AVI 文件，必须使用相应的解压缩算法才能播放出来。常用的 AVI 播放驱动程序主要有 Microsoft Video for Windows 或 Windows 中的 Video 1 及 Intel 公司的 Indeo Video 等。

2）DV-AVI 格式。DV-AVI 格式是由索尼、松下、JVC 等多家厂商联合提出的一种家用数字视频格式。目前流行的数码摄像机就是使用这种格式记录视频数据的。可以通过计算机的 IEEE 1394 端口传输视频数据到计算机中，也可以将计算机中编辑好的视频数据回录到数码摄像机中。

3）MOV 格式。它是 Apple 公司开发的在 QuickTime for Windows 视频应用程序中使用的视频文件格式。QuickTime 以其领先的对媒体技术、细节的独立性和系统的高度开放性，已被包括 Apple Mac OS、Microsoft Windows 在内的所有主流计算机平台支持，目前已成为数字媒体软件技术领域事实上的工业标准。ISO 选择 QuickTime 文件格式作为开发 MPEG-4 规范的统一数字媒体存储格式。

4）MPEG 格式——MPEG/MPG/DAT。MPEG 文件格式是运动图像压缩算法的国际标准，包括 MPEG 视频、音频和系统（视频、音频同步）三个部分，MP3 就是 MPEG 音频的典型应用，常见的 VCD 文件属于 MPEG-1 编码，扩展名为.dat。SVCD 和 DVD 属于 MPEG-2 编码。它采用有损压缩方法减少运动图像中的冗余信息，已被大多数计算机平台共同支持。其图像和音响的质量高，兼容性也相当好，并且在个人计算机上有统一的标准格式。

5）DivX 格式。这是由 MPEG-4 衍生出的另一种视频编码（压缩）标准，也即通常所说的 DVDrip 格式，它由 Microsoft 的 MPEG-4 编解码器 MPEG-4 v3（第三版）修改而来。其核心技术分为三部分：用 MPEG-4 来进行视频压缩，用 MP3 或 AC-3 压缩音频，结合字幕播放软件来外挂字幕。其画质接近 DVD，而体积只有 DVD 的 1/10。

（2）流媒体文件

1）Real Media 格式。Real Media 是 RealNetworks 公司开发的一种流式视频文件格式，包括 RA（RealAudio）、RV（RealVideo）和 RF（RealFlash）三类文件。RA 用来传输接近 CD 音质的音频数据；RV 除了可以以普通的视频文件形式播放外，还可以与 RealServer 服务器配合，在数据传输过程中可以边下载边由 RealPlayer 播放视频，还可根据网络数据传输速率的不同而采用不同的压缩比率，从而实现影像数据的实时传送和实时播放；RF 则是 RealNetworks 公司与 Macromedia 公司联合推出的一种高压缩比的动画格式。

视频 8-4　视频信息

2）MOV 格式。MOV 也可以作为一种流媒体文件格式。QuickTime 能够通过 Internet 提供实时的数字化信息流、工作流与文件回放功能。

3）ASF 格式。Microsoft 公司的 Windows Media 的核心是 ASF，也是一个在 Internet 上实时传播多媒体的技术标准。其使用 MPEG-4 的压缩算法，压缩率和图像的质量都很不错。因为 ASF 以"流"格式存在，所以它的图像质量比 VCD 差，但比同是视频"流"格式的 Real Media 格式要好。使用的播放器是 Microsoft Media Player。

4）WMV 格式。WMV 是 Microsoft 推出的与 MP3 格式齐名的一种视频格式，是用于高清晰度映像的编解码器。WMV 采用独立编码方式并且可以直接在网上实时观看视频节目，是 ASF 格式的升级和延伸。

8.3.3　图形和图像

1. 基本概念

在计算机中，图形（graphics）与图像（image）的表现形式都是一幅图，但图的产生、处理、存储方式不同，所以就有图形与图像之分。它们是一对既有联系又有区别的概念，如表 8.2 所示。

表 8.2　图形与图像的对比与区别

图形	图像
数据量少	数据量多
有结构，便于编辑修改	无结构，不便于编辑修改
能准确表示 3D 景物，易生成所需视图	3D 景物信息已部分丢失，很难生成不同视图
生成视图需要复杂计算	生成视图不需要复杂的计算
很难表示自然景物	不难表示自然景物
进行缩放不会失真	进行缩放会失真
国际标准：GKS、PHIGS、OpenGL、WMF、VRML、CGM、STEP	国际标准：JBIG、JPEG、TIFF
编辑软件（绘图软件）：AutoCAD、CorelDRAW 等	编辑软件（图像处理软件）：Photoshop、PhotoStyle 等

图形的显著特点是主要由线条所组成。最典型的图形是机械结构图和建筑结构图，包含的主要是直线和弧线（包括圆）。直线和弧线比较容易用数学的方法来表示。例如，线段可以用始点坐标和终点坐标来表示，圆可以用圆心和半径来表示。因此，图形在计算中以矢量图文件形式存储。矢量图文件中存储的是一组描述各个图元的大小、位置、开关、颜色、维数等属性的指令集合，通过相应的绘图软件读取这些指令，可将其转换为输出设备上显示的图形。因此，矢量图文件的最大优点是对图形中的各个图元进行缩放、移动、旋转而不失真，而且它占用的存储空间小。AutoCAD 是著名的图形设计软件，它所使用的 DXF 图形文件就是典型的矢量化图形文件。

图像是由扫描仪、数码照相机、摄像机等输入设备捕捉的真实场景画面产生的映像，数字化后以位图形式存储。位图文件中存储的是构成图像的每个像素点的亮度、颜色，位图文件的大小与分辨率和色彩的颜色种类有关，放大和缩小要失真，占用的空间比矢量文件大。

在实际应用中，图形、图像技术是相互关联的。例如，矢量图形与位图图像可以相互转换；图形、图像处理技术相结合能够进行立体成像，可使视觉效果和质量更加完善和精美。目前多媒体虚拟现实系统中，已较多地利用这两种技术的结合进行完美逼真的立体成像。

2. 图像的数字化

图形是用计算机绘图软件生成的矢量图形，矢量图形文件存储的是描述生成图形的指令，因此不必对图形中每一点进行数字化处理。

现实中的图像是一种模拟信号。图像的数字化是指将一幅真实的图像转变成为计算机能够接收的数字形式，这涉及对图像的采样、量化及编码等。

（1）采样

采样就是将连续的图像转换成离散点的过程，采样的实质就是用若干像素（pixel）点来描述一幅图像，其结果就是通常所说的分辨率，分辨率越高，图像越清晰，图片也越大。

（2）量化

量化是在图像离散化后，对每个离散点（像素）的灰度或颜色样本进行数字化处理，将模拟量的亮度值用数字量来表示。量化时可取整数值的个数称为量化级数，表示色彩（或亮度）所需的二进制位数称为量化字长。一般用 8 位、16 位、24 位、32 位等来表示图像的颜色，24 位可以表示 2^{24}=16 777 216 种颜色，称为真彩色。

在多媒体计算机中，图像的色彩值称为图像的颜色深度，有多种表示色彩的方式。例如，黑白图图像的颜色深度为 1 位，即用一个二进制位表示纯白、纯黑两种情况；灰度图图像的颜色深度为 8 位，占 1 字节，灰度级别为 256 级，通过调整黑白两色的程度（颜色灰度）来有效地显示单色图像；RGB 24 位真彩色，彩色图像显示时，由红、绿、蓝三基色通过不同的强度混合而成，当强度分成 256 级（值为 0～255），占 24 位，就构成了 2^{24} 种颜色的"真彩色"图像。

（3）编码

数字化后的图像数据量十分巨大，如一幅能在标准 VGA（分辨率为 640×480）显示屏上全屏显示的真彩色图像，需要 640×480×24÷8≈1MB 容量；而一张 3×5in 的彩色相片，经扫描仪扫描进入计算机中成为数字图像，若扫描分辨率达 1200dpi（dots per inch，每英寸的点数），则数字图像文件的大小为 5×1200×3×1200×24÷8≈62MB，可见数据量非常庞大，因此，必须采用编码技术来压缩信息。编码是图像存储与传输的关键。科学技术界研究了许多压缩算法，对于静态图像，在失真不大的情况下，压缩比可达到 10 倍、30 倍甚至 100 倍。

3. 图形图像文件

在图形图像处理中，可用于图形图像文件存储的格式非常多，常用的文件格式有如下几种。

（1）BMP 格式文件

BMP 是一种与设备无关的图像文件格式，是 Windows 操作系统中的标准图像文件格式，能够被多种 Windows 应用程序所支持，其扩展名为.bmp。这种格式的特点是包含的图像信息较丰富，几乎不进行压缩，但由此导致了它占用磁盘空间过大的缺点。目前 BMP 在单机上比较流行，Windows 的"墙纸"图像使用的就是这种格式。

（2）JPEG 格式文件

JPEG（joint photographic experts group，联合照片专家组）是利用 JPEG 方法压缩的图像格式，其扩展名为.jpg。JPEG 压缩技术十分先进，它用有损压缩方式去除冗余的图像数据，在获得极高的压缩率的同时能展现十分丰富生动的图像。JPEG 格式压缩的主要是高频信息，对色彩的信息保留较好，适合应用于 Internet，可减少图像的传输时间，可以支持 24 位真彩色。JPEG 是一种很灵活的格式，具有调节图像质量的功能，允许用不同的压缩比例对文件进行压缩，支持多种压缩级别。压缩比率通常为（10∶1）～（40∶1），压缩比越大，品质就越低；相反的，压缩比越小，品质就越好。

（3）GIF 格式文件

GIF（graphics interchange format，图形交换格式）是美国联机服务商 CompuServe 在 20 世纪 80 年代推出的一种高压缩比的彩色图像文件格式。其扩展名为.gif，主要用于图像文件的网络传输。GIF 文件不支持 24 位真彩色图像，最多只能存储 256 色的彩色图像或灰度图像，允许用户为图像设置背景的透明属性。

最初它只是简单地用来存储单幅静止图像（称为 GIF87a 规范），后来随着技术的发展，其可以同时存储若干幅静止图像进而形成连续的动画（GIF89a 规范）。考虑到网络传输中的实际情况，GIF 图像格式还增加了渐显方式，即在图像传输过程中，用户可以先看到图像的大致轮廓，然后随着传输过程的继续而逐步看清图像中的细节部分，从而适应了用户从朦胧到清楚的观赏心理。目前 Internet 上大量采用的彩色动画文件多为这种格式的文件。

（4）TIFF 格式文件

TIFF（tagged image file format，标记图像文件格式）是 Aldus 和 Microsoft 公司为扫描仪和桌面出版系统研制开发的较为通用的图像文件格式，其扩展名为.tif。TIFF 的存储格式可以压缩也可以不压缩，压缩的方法也不止一种。TIFF 不依赖于操作环境，具有可移植性。设计 TIFF 的初衷就是要能够将扫描的图像在不同的平台上进行高质量的打印，所以 TIFF 格式比较适合作为高质量的保存原件的图像存储格式。TIFF 格式允许 RGB 模式或者 CMYK 模式，因此 TIFF 图像在显示及打印两方面都能保持较高质量。

（5）PNG 格式文件

PNG（portable network graphics，可携式网络图像）是一种新兴的网络图形格式，其扩展名为.png。PNG 是目前保证最不失真的格式，汲取了 GIF 和 JPEG 二者的优点，存储形式丰富，兼有 GIF 和 JPEG 的色彩模式；PNG 能把图像文件压缩到极限，既利于网络传输，又能保留所有与图像品质有关的信息，因为 PNG 采用无损压缩方式来减少文件的大小，这一点与牺牲图像品质以换取高压缩率的 JPEG 有所不同；PNG 显示速度很快，只需下载 1/64 的图像信息就可以显示出低分辨率的预览图像；PND 支持透明图像的制作，这样可让图像和网页背景和谐地融合在一起。PDF 的缺点是不支持动画应用效果。PNG 最大颜色深度为 48 位，Macromedia 公司的 Fireworks 的默认格式就是 PNG。

（6）PSD 格式文件

PSD 格式文件是 Adobe 公司开发的图像处理软件 Photoshop 中自建的标准文件格式，文件扩展名为.psd。它可以将所编辑的图像文件中的所有有关图层和通道的信息记录下来。所以在编辑图像的过程中，通常将文件保存为 PSD 格式，以便于重新读取需要的信息。但是，PSD 格式的图像文件很少为其他软件和工具所支持。所以，在图像制作完成后，通常需要转换为一些比较通用的图像格式，以便于输出到其他软件中继续编辑。另外，用 PSD 格式保存图像时，图像没有经过压缩，当图层较多时，会占很大的硬盘空间。

视频 8-5　图形和图像

（7）WMF 格式文件

WMF 是比较特殊的图元文件，属于矢量图形，文件扩展名为.wmf。Office 中许多剪贴画图形是以该格式存储的，广泛应用于桌面出版印刷领域。

8.4　图像处理软件

Adobe Photoshop CS 是美国 Adobe 公司开发的平面图形图像处理软件，CS 是"Creative Suite"的缩写。而 Creative Suite 是 Adobe 公司开发的用于印刷和网络出版的一个统一的设计环境，其功能强大，界面友好，且提供了许多实用的工具。本节主要介绍 Photoshop CS 的基本功能和应用。

8.4.1　图像的基本属性

1．色彩属性

色彩具有色相、亮度、饱和度三个基本的属性。色相（hue）是指红、橙、黄、绿、青、蓝、紫等色彩，而黑、白及各种灰色属于无色系，通常称为颜色的相貌，如红色、蓝色、绿色的色相是不同的。亮度（brightness）是指颜色的明暗程度，如说黄色比蓝色要亮一些。而饱和度（saturation）则是指颜色的鲜艳程度，也可以称为色彩的纯度，如十分鲜艳的红色和暗红色的饱和度是不同的。饱和度越高，色彩就越鲜艳。

2．颜色模式

颜色模式决定了显示和输出图像的颜色模型。颜色模式不同，描述图像和重现色彩的原理及能显示的颜色数量也不同，而且还影响图像文件的大小。常见的颜色模式如下。

（1）RGB 模式

RGB 分别代表红色（red）、绿色（green）、蓝色（blue），每一种颜色都有 0～255 的亮度变化，三种颜色相叠加形成了其他的颜色，在屏幕上可显示 $2^8×2^8×2^8$=16 777 216 种颜色（俗称"真彩色"）。例如，RGB（255，255，255）为纯白色，RGB（0，0，0）为黑色，如果这三种颜色分量值相等，表示灰色。

RGB 模式是计算机显示器常用的一种图像颜色模式，也是 Photoshop 图像的默认模式。

（2）CMYK 模式

CMYK 模式是一种用于彩色印刷和打印的颜色模式。CMYK 分别代表 4 种油墨色，青色（cyan）、洋红（magenta）、黄色（yellow）、黑色（black）[黑色用 K 表示，是为了区别 B 蓝色（blue）]。用这 4 种油墨色叠加出各种其他的颜色。

在 CMYK 模式下，衡量印刷油墨的指标是百分比值。颜色越亮，油墨颜色的百分比越低；反之，颜色越暗，油墨颜色的百分比越高。由于 RGB 模式显示的颜色范围要大于 CMYK 模式，将 RGB 模式转换成 CMYK 模式时，部分颜色超出了 CMYK 颜色的范围，CMYK 将用最接近的颜色替换，打印出的图像没有 RGB 模式下的图像色彩艳丽。

（3）Lab 模式

Lab 模式通过两个色调参数（a、b）和一个光强度参数（L）来控制色彩。在 Photoshop

的拾色器中，a 分量（绿色到红色）和 b 分量（蓝色到黄色）的取值范围为-127～+128。光强度的范围为 0～100。在颜色调板中 a 分量和 b 分量的取值范围为-127～+128。

Lab 模式是 Photoshop 在不同颜色模式之间转换时使用的中间颜色模式。例如，当 RGB 和 CMYK 两种模式互换时，都需要先转换为 Lab 模式，以减少转换过程中的损耗。

（4）灰度模式

灰度模式通常是八位的图像，包含 256 个灰阶，即用 256 种不同灰度值来表示图像，0 表示黑色，255 表示白色。任何模式的图像都可以转换为灰度模式，但原来图像中的彩色信息将被丢失。

（5）位图模式

该模式使用黑、白两种颜色来表示图像的像素，通常线条稿采用这种模式。位图模式的图像也称黑白图像，或一位图像，因为只用一位存放一个像素。如果要将位图图像转换为其他模式，需要先将其转换为灰度模式。

此外，还有双色模式、索引颜色模式、多通道模式等。

3. 分辨率

分辨率是指在单位长度内所含像素的多少。在 Photoshop 中主要应用到的分辨率有图像分辨率、显示器分辨率和打印机分辨率。

（1）图像分辨率

图像分辨率是指打印在纸上的每英寸像素数量，用 ppi（pixels per inch，每英寸的像素）表示。例如，图像的分辨率为 72ppi，是指将图像打印到纸张上时，每平方英寸打印 72×72 像素。如果一幅图像包含 144×144 像素，在打印时需要有 2in 的纸张才能将图像的内容打印完整。因此，图像的分辨率决定了将图像打印到纸张上的尺寸。

（2）显示器分辨率

显示器分辨率是指在显示器的有效显示面积上单位长度可显示的像素数量。在 Photoshop 中，图像数据可直接转换为显示器像素，因此，当图像分辨率比显示器分辨率高时，在屏幕上显示的图像比其指定的打印尺寸大。例如，一幅图像的分辨率为 144ppi，即打印尺寸为 1in^2 的区域上要放置 144×144 像素，如果要将其放在分辨率为 72ppi 的显示器上，则显示器要用 2 in^2 的区域来显示。

（3）打印机分辨率

打印机分辨率是指在使用打印机输出图像时，单位长度上可以产生的油墨点数，用 dpi 表示。打印机的分辨率越高，打印的图像越精细。在打印图像时，不能通过提高打印分辨率来改善低品质图像的实际打印效果。因为低品质的图像在创建时，本身所包含的像素信息已经确定，增加分辨率只是根据图像中现有像素的颜色值，使用指定的插值方法将颜色值分配给 Photoshop 所创建的任何新像素。

4. 图像的大小

（1）图像的文件大小

图像的文件大小与图像中包含的像素数量成正比，图像中包含的像素越多，文件也就越大，在给定的打印尺寸上显示的细节也就越丰富。但需要的磁盘存储空间也会越多，而且编辑和打印的速度会越慢。因此，在图像品质和文件大小难以两全的情况下，图像分辨率成为它们之间的折中办法。影响文件大小的另一个因素是文件格式。由于 GIF、JPEG 和 PNG 格式文件使用的压缩方法各不相同，因此，即使像素大小相同，不同格式的文件大小差异也会很大。同样，图像中的颜色位深度和图层及通道的数目也会影响文件大小。

（2）图像的尺寸

图像尺寸是指图像的打印尺寸，由像素数量和图像的分辨率两个因素来控制。在像素数量固定的情况下，分辨率越高，打印的尺寸越小；如果分辨率相同，像素数量越多的文件，其打印尺寸越大。

8.4.2　Photoshop CS 的工作环境

选择"开始"→"所有程序"→"Adobe Photoshop CS"命令即可启动 Photoshop，图 8.6 所示的是 Photoshop 的工作界面，包括标题栏、菜单栏、工具选项栏、工具箱、控制调板、工作区、状态栏等几个部分。

图 8.6　Photoshop CS 的工作界面

1. 菜单栏

菜单栏位于标题栏的下方，包括文件、编辑、图像、图层、选择、滤镜、分析、3D、视图、窗口和帮助 11 项内容，这 11 项内容包括 Photoshop 的全部命令，常用的有以下几项。

1)"文件"菜单。"文件"菜单包括常见的文件操作命令，如新建、打开、存储、导入文件等。

2)"编辑"菜单。"编辑"菜单包括编辑、修改选定对象和对选择范围本身进行操作的命令。

3)"图像"菜单。"图像"菜单包括各种处理图像颜色、模式的命令。

4)"图层"菜单。"图层"菜单提供了丰富的图层管理功能，如图层的创建、复制、删除、合并等。

5)"选择"菜单。"选择"菜单包括选择对象及编辑、修改选择范围的命令。

6)"滤镜"菜单。"滤镜"菜单主要对图像进行特殊处理，使图像产生特殊效果。

7)"窗口"菜单。"窗口"菜单包括控制工作环境中窗口的命令。

2．工具箱

工具箱默认位置在桌面的左侧，但可以根据需要随意移动。工具箱中包含了 Photoshop 中所有的画图和编辑工具，如图 8.7 所示，把鼠标指针放在工具图标上停留片刻，就会自动显示出该工具的名称和对应的快捷键。若要选择这些工具，只要单击工具箱中的工具图标即可。若工具图标右下角带有小三角标记，则表示这是一个工具组，包含有同类的其他工具。右击该图标，将弹出工具组的所有工具，其中，项目前面有黑点的表示当前所选择的工具项。

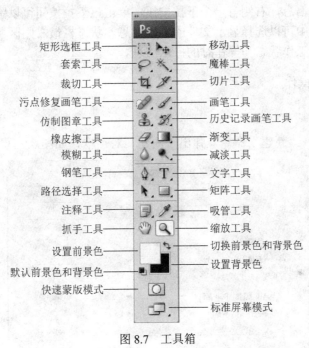

图 8.7　工具箱

3．工具选项栏

在工具箱中选中一种工具后，在菜单栏的下方将显示该工具的选项栏。大部分工具的选项显示在工具选项栏内，并且会根据所选工具的不同显示相应的选项。工具选项栏内的一些设置对于许多工具都是通用的，但是有些设置则专门用于某种工具（如用于铅笔工具的"自动抹掉"设置）。

选择"窗口"→"选项"命令，可显示或隐藏工具选项栏；单击工具箱中的一种工具（如套索工具），将弹出工具选项栏，如图 8.8 所示。将鼠标指针移至工具选项栏的左端，拖动即可将选项栏移动到工作区域中的任何地方。

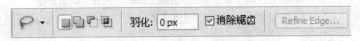

图 8.8　套索工具选项栏

4．控制调板

Photoshop 提供了十几种控制调板，如导航器、颜色、样式、图层、路径、通道、历史记录等。在工作区中打开一幅图片后，与该图片有关的信息便会显示在各控制调板中，利用控制调板可以完成各种图像处理操作和工具参数的设置，如用于颜色选择、编辑图层和显示信息等。各控制调板可以进行折叠、组合变化。

5．状态栏

视频 8-6　软件工
作界面

状态栏位于每个文档窗口的最底部，用于显示图像处理的各种信息。状态栏最左边的文本框用于控制图像显示比例，可以在其中输入任意的数值，然后按【Enter】键就可改变图像窗口的显示比例。状态栏的中间部分是图像的文件信息，右侧有一个下拉按钮，单击该下拉按钮可以弹出一个下拉列表，从中可以选择显示文件的不同信息。状态栏最右则区域显示 Photoshop 当前工作状态和操作时的提示信息。

8.4.3　图像文件的操作

1．新建图像文件

选择"文件"→"新建"命令，弹出"新建"对话框，如图 8.9 所示。

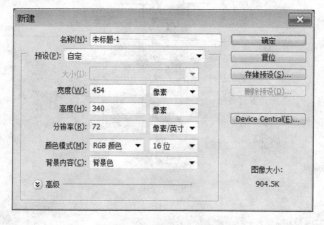

图 8.9　"新建"对话框

在对话框中设置画布的宽度和高度、图像的分辨率（默认为 72 像素/英寸）、颜色模式（默认为 RGB 模式）等。

2．打开图像文件

选择"文件"→"打开"命令，弹出"打开"对话框，选定一个或多个文件后，单击"打开"按钮。

Photoshop 支持多种图像格式，为了能快速找到某一类格式的图像文件，可以先在"文件类型"下拉列表中选择要打开的图像格式，此时文件列表中就只显示具有这种格式的文件。

3．保存图像文件

"文件"菜单中提供了以下几种保存文件的方法。

1）存储。将编辑过的文件以其当前的文件名、位置和格式存储。

2）存储为。将编辑过的文件按其他的名称、位置或格式存储，以便保留原始文件。

在"存储为"对话框中，各存储选项的含义如下。

① 作为副本：在 Photoshop 中打开当前文档的同时存储文档副本。

② Alpha 通道：将 Alpha 通道信息与图像一起存储。禁用该选项可将 Alpha 通道从存储的图像中删除。

③ 图层：保留图像中的所有图层。

④ 注释：将注释信息与图像一起存储。

⑤ 专色：将专色通道信息与图像一起存储。禁用该选项可将专色从已存储的图像中删除。

3）存储为 Web 所用格式：存储用于 Web 的优化图像。

4．关闭图像文件

关闭图像文件的方法有以下几种。

1）选择"文件"→"关闭"命令。

2）单击图像窗口标题栏右端的"关闭"按钮。

3）双击图像窗口标题栏左端的控制菜单按钮。

4）按【Ctrl+W】组合键或【Ctrl+F4】组合键。

如果打开了多个图像窗口，并想把它们都关闭。可以选择"文件"→"关闭全部"命令。

8.4.4　图像处理工具

Photoshop 在工具箱中提供了丰富的图像处理工具，配合"编辑""选择""图像"等菜单的使用，可完成各种图像处理和编辑工作。

工具是和其工具选项相联系的，因此在使用工具时，应特别注意其选项的设置。下面介绍几种常用的处理工具。

1．选框工具组

选框工具组共有四个工具，如图 8.10 所示。使用选框工具可以在图像或图层中创建矩形、椭圆、圆形等虚线围成的选区。选框工具选项栏如图 8.11 所示。

1）羽化。使边缘柔化，羽化参数的取值范围为 0～250 像素，其数值越大，选区的边缘会相应变得越朦胧。

2）消除锯齿。消除不规则轮廓边缘的锯齿，从而使选区边缘变得平滑。该选项仅对椭圆工具生效。

3）样式下拉列表中有三个选项，其作用如下。

图 8.10　选框工具组

① 正常。可确定任意矩形或椭圆的选择范围。

图 8.11　选框工具选项栏

② 固定长宽比。以输入数字的形式设定选择范围的长宽比。选择该选项，可在"长度"和"宽度"文本框中输入比例值。

③ 固定大小。精确设定选择范围的长度和宽度数值。选择该选项，可在"长度"和"宽度"文本框中输入数值。

4）选区运算按钮。用于选区间运算，它们分别是新选区 ▣、添加到选区 ▣、从选区减去 ▣、与选区交叉 ▣。按下相应的按钮，可以在创建新选区时，得到选区运算后的区域（与数学集合中的交、并、补的概念相似）。

使用技巧如下。

1）按住【Shift】键的同时移动鼠标指针将得到正方形（当使用矩形选框工具时）和正圆（当使用椭圆选框工具时）的选区。

2）按住【Alt】键的同时移动鼠标指针可以做出以鼠标指针的落点为中心向四周扩散的选区。

3）按住【Alt】键的同时单击工具箱中的选框工具，就会在不同的选框工具中进行切换。

例如，要产生虚化的图像，通过"椭圆选框"工具和"羽化"设置即可实现。具体操作步骤如下。

1）选择"文件"→"打开"命令，打开一幅需要产生虚化的图像，如图 8.12（a）所示。

2）选择椭圆选框工具，并在其选项栏中设置羽化值为 30px，然后在图像中移动鼠标指针，绘制椭圆选区。

3）设置前景色为黑色，背景色为白色。

4）按【Ctrl+Shift+I】组合键，将选区反选，然后按【Delete】键将选区填充背景色。

5）按【Ctrl+D】组合键，取消选区，最终效果如图 8.12（b）所示。

2. 套索工具组

套索工具组共有三个工具，如图 8.13 所示，主要用于选择一些不规则的复杂区域。

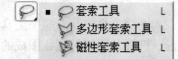

（a）载入的图片　　　（b）最终效果

图 8.12　产生虚化的图像　　　　　图 8.13　索套工具组

（1）套索工具

套索工具可以创建任意形状的选区，常用于选取一些不规则的或外形复杂的区域。其使用方法是按住鼠标左键拖动，随着鼠标指针的移动可形成任意的选择范围。如果画的曲线是封闭的，则选区与所画曲线形状相同；如果不封闭，则起点和终点会用直线连接，松开鼠标左键后就会形成自动封闭的浮动选区。

（2）多边形套索工具

多边形套索工具可以创建任意边形状的选区，常用于选取一些不规则的，但棱角分明、边缘呈直线的区域。其使用方法是单击图像，然后再单击每一落点。当回到起点时，鼠标指针下会出现一个小圆圈，表示选择区域已封闭，此时单击即可完成操作。

（3）磁性套索工具

磁性套索工具可自动捕捉图像中物体的边缘以形成选区，常用来选取无规则的、颜色与背景反差大的图像选区。磁性套索工具选项栏如图 8.14 所示。

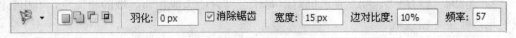

图 8.14　磁性套索工具选项栏

1）宽度。用于设定磁性套索工具检索的距离范围，取值范围为 1～40 像素。例如，输入 5px，再移动鼠标指针时，磁性套索工具只寻找 5 个像素距离之内的物体边缘。数值越大，寻找的范围也越大，可能会导致边缘的不准确。

2）边对比度。用来定义磁性套索工具对边缘的敏感程度，取值范围为 1%～100%。如果输入较大的数字，磁性套索工具只能检索到那些和背景对比度大的物体边缘；输入较小的数字，就可检索到低对比度的边缘。

3）频率。用来控制磁性套索工具生成固定点的多少，取值范围为 0～100。频率越高，越能更快地固定选择边缘。

在使用磁性套索工具创建选区时，如果有部分边缘比较模糊，可以按住【Alt】键暂时将工具转换为套索工具或者多边形套索工具继续绘制。

例如，要选取图 8.15 中的花朵，其形状极不规则，可以使用磁性套索工具。具体操作步骤如下。

1）打开花朵图片，选择磁性套索工具，设置羽化值为 0px。

2）在花朵边沿单击，形成一个起点，然后沿着花的轮廓移动鼠标指针，就会自动形成一条连贯的点阵线，如图 8.15（a）所示。

3）当鼠标指针回到起点时，单击即可形成选区，如图 8.15（b）所示。

（a）选取过程　　　　　　　　　　　　（b）形成选区

图 8.15　使用磁性套索工具选取花朵

3. 魔棒工具

魔棒工具可以根据一定的颜色范围来创建选区，适合于选择纯色或者颜色比较近似的区域。其使用方法如下：选取魔棒工具，移动鼠标指针至图像窗口，在需要创建选区的图像处单击，Photoshop 将会自动把图像中包含了单击点处颜色的部分作为一个新的选区。魔棒工具选项栏如图 8.16 所示。

图 8.16　魔棒工具选项栏

1）容差。用于设置颜色选取范围，其值为 0～255。数值越小，选取的颜色越接近（若容差为 0，则只能选择完全相同的颜色），输入较大值可以选择更宽的色彩范围。

2）连续。当勾选"连续"复选框时，魔棒工具只能选取相邻区域的相似色，不相邻区域的相似颜色无法选取。

3）对所有图层取样。当有多个图层时，选区把所有的图层都纳入其中。

例如，若要将图 8.17（a）所示蝴蝶放入另一背景图中，就需要选中蝴蝶，然后复制粘贴到别处。由于蝴蝶周围背景都是白色，采用魔棒工具比较容易实现操作。对魔棒工具进行如图 8.16 所示的设置，移动鼠标指针到图像窗口，在白色背景处单击，创建一个选区，如图 8.17（b）所示，再按【Ctrl+Shift+I】组合键将选区反选，即可选取蝴蝶。最后选择"编辑"→"拷贝"命令，复制选区内的蝴蝶。

（a）载入的图片　　　　　　　（b）用魔棒工具单击背景

图 8.17　使用魔棒工具选取蝴蝶

在使用魔棒工具创建选区时，按住【Shift】键的同时在图像中单击可增加区域；按住【Alt】键的同时在选区中单击可以减少选区。

4．裁切工具

裁切工具用于切除选中区域以外的图像。

用该工具选出裁切区域后，在选区边缘将出现八个控制点，用于调整选区的大小和旋转选区。选区确定以后，双击选区或单击任意一个工具按钮，在弹出的确认对话框中单击"裁剪"按钮，或者直接按【Enter】键即可。

5．图像修复工具组

图像修复工具组共有四个工具，包括污点修复画笔工具、修复画笔工具、修补工具和红眼工具，如图 8.18 所示。

图 8.18　图像修复工具组

（1）污点修复画笔工具

污点修复画笔工具可以快速去除图像中的污点和其他不理想部分，最大的优点就是不需要定义原点，只要确定好要修补的图像的位置，Photoshop 就会从所修补区域的周围取样进行自动匹配。也就是说，只要在需要修补的位置画上一笔就完成了修补。

为了使 Photoshop 在自动取样时更加准确，笔刷大小应比想要去除的污点略微大一点，并且将画笔的硬度值调小一些，增加柔边效果，使修复后的效果更加自然。其具体操作步骤如下。

1）打开生有铁锈的门的图片，如图 8.19（a）所示。

　　2）选择污点修复画笔工具，在其选项栏中分别设置画笔直径、硬度、间距等，如图 8.20 所示。

　　3）在有铁锈的地方移动鼠标指针，即可去掉铁锈，如图 8.19（b）所示。

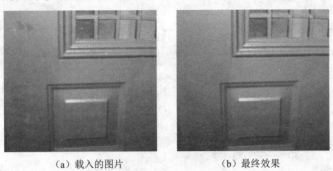

（a）载入的图片　　　　　　　　（b）最终效果

图 8.19　使用污点修复画笔工具去除铁锈

图 8.20　污点修复画笔工具选项栏

　　（2）修复画笔工具

　　修复画笔工具可用于校正图像中的瑕疵。操作时先按住【Alt】键，在修补区域周围单击相似的色彩或图案，进行取样，然后在需要修补的区域移动鼠标指针即可。修复画笔工具可将样本像素的纹理、光照和阴影与源像素进行匹配，从而使修复后的像素不留痕迹地融入图像的其余部分。

　　（3）修补工具

　　修补工具的作用原理和效果与修复画笔工具完全一样，只是它们的使用方法有所区别。修补工具是基于区域性的修改，因此需要先创建一个选区。通过使用修补工具，可以用其他区域或图案中的像素来修复选中的区域。

　　与修复画笔工具一样，修补工具也会将样本像素的纹理、光照和阴影与源像素进行匹配。

　　（4）红眼工具

　　红眼工具可移去用闪光灯拍摄的人物照片中的红眼，也可以移去用闪光灯拍摄的动物照片中的白色或绿色反光。操作时先定位到眼睛部位，并使用缩放工具将眼睛部位放大，然后选择红眼工具，在其工具选项栏中设置好瞳孔大小和变暗量，如图 8.21 所示，再单击红眼部位即可。

图 8.21　红眼工具选项栏

　　6. 设置前景色/背景色

　　该工具用来设置前景色和背景色、切换前景色和背景色，以及将前景色和背景色恢复为默认色（默认前景色为黑色，背景色为白色）。

　　设置前景色或背景色的方法是单击前景色或背景色图标，打开"拾色器"，在色谱上单击选择一种颜色；或者直接在 R、G、B 文本框中输入数值，如红色的 RGB 值为（255, 0,

0），蓝色的 RGB 值为（0，0，255）等。

Photoshop 使用前景色绘画、填充和描边，使用背景色生成渐变填充。

7. 画笔工具组

画笔工具组包括画笔、铅笔和颜色替换三个工具，如图 8.22 所示。前两种画笔都可以用当前前景色进行绘画，但产生的效果不同。画笔工具创建柔边笔迹，而铅笔工具创建硬边手画线。

图 8.22　画笔工具组

画笔工具选项栏如图 8.23 所示。单击"画笔"下拉按钮将弹出一个下拉列表，从中可以选择不同大小的画笔。单击右侧的喷枪工具图标，则当前的画笔工具就成为喷枪工具，使用喷枪工具可绘制软边线条。

图 8.23　画笔工具选项栏

颜色替换工具使用前景色对图像中特定的颜色进行替换，常用来校正图像中较小区域图像的颜色。

8. 仿制图章工具组

仿制图章工具组包括仿制图章和图案图章两个工具，如图 8.24 所示。

（1）仿制图章工具

使用仿制图章工具可以从图像中取样，然后将样本应用到其他图像或同一图像的其他部分。操作时将鼠标指针定位在样本图像中，按住【Alt】键单击取样，然后在目标位置单击或移动鼠标指针即可。

图 8.24　仿制图章工具组

仿制图章工具选项栏如图 8.25 所示，"模式"用于设置复制图像与源图像混合的方式。勾选"对齐"复选框，则每完成一次操作后释放鼠标，当前的取样位置不会丢失，仍能将未复制完成的图像按原取样位置的样本完成复制，并且不会错位。若不勾选该复选框，则每次复制时，都是从按住【Alt】键重新取样的位置开始复制。

图 8.25　仿制图章工具选项栏

仿制图章工具与修复画笔工具的不同之处是，仿制图章工具是将定义点全部照搬，而修复画笔工具会加入目标点的纹理、阴影、光照等因素。因此，在背景颜色、光线相接近时可用仿制图章工具，如果有差别可以用修复画笔。如皮肤就可用修复画笔很好地保持纹理。

（2）图案图章工具

使用图案图章工具可以用图案绘画，可以从图案库中选择图案或者自己创建图案。

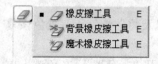

图 8.26　橡皮擦工具组

9. 橡皮擦工具组

橡皮擦工具组共有三个工具，如图 8.26 所示。

（1）橡皮擦工具

当使用橡皮擦工具在图像中拖动时，将更改图像中的像素，如果在背景中或在透明被锁定的图层中工作，像素将更改为背景色，否则像素将抹成透明。

（2）背景色橡皮擦工具

背景色橡皮擦工具可用于在拖动时将图层上的像素抹成透明，从而可以在抹除背景的同时在前景中保留对象的边缘。通过指定不同的取样和容差选项，可以控制透明度的范围和边界的锐化程度。

（3）魔术橡皮擦工具

魔术橡皮擦工具可擦除图像中与所选像素相似的像素。例如，可利用魔术橡皮擦工具来实现两张图片的组合。其具体操作步骤如下。

1）打开两幅图片，即风景和荷花，并将其放在同一文档中，将荷花图层置于风景图层上方。由于大小一致，因此风景图层完全被覆盖。

2）选取魔术橡皮擦工具，在其工具选项栏中设置容差为 40，勾选"连续"复选框，设置不透明度为 100%，如图 8.27 所示，然后单击花朵周围的绿色，于是相应部分的风景图片内容就显示出来了。

图 8.27　魔术橡皮擦工具选项栏

3）将荷花图层的不透明度设置为 50%，最终形成虚幻的效果，如图 8.28 所示。

10. 涂抹工具组

该工具组包括三个工具，如图 8.29 所示。

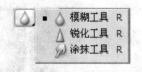

图 8.28　利用魔术橡皮擦工具实现两张图片的组合　　　图 8.29　涂抹工具组

（1）模糊工具

模糊工具可柔化图像中的某些部分，使其显得模糊。

（2）锐化工具

锐化工具通过将色彩变强烈，使色彩柔和的边界或区域变得清晰化，起到一种清晰边线或图像的效果。

（3）涂抹工具

涂抹工具可以制作出一种被水抹过的效果，就像水彩画一样。

利用这三种工具可以对图像细节进行局部修饰，使用方式都是在需要的地方移动鼠标指针即可。具体实现的效果区别如图 8.30 所示。

11. 渐变工具组

该工具组包括渐变工具和油漆桶工具，如图 8.31 所示。

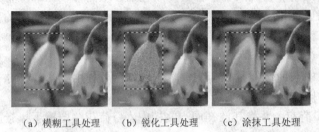

（a）模糊工具处理　（b）锐化工具处理　（c）涂抹工具处理

图 8.30　三种工具处理效果比较

图 8.31　渐变工具组

（1）渐变工具

渐变工具可以创建多种颜色之间逐渐混合的效果，可以从预设渐变填充中选取或创建渐变效果。操作方法是在起点处单击，移动鼠标指针到终点即可。渐变工具选项栏如图 8.32 所示，渐变方式有以下几种。

图 8.32　渐变工具选项栏

1）线性渐变。以直线从起点渐变到终点。

2）径向渐变。以圆形图案从起点渐变到终点。

3）角度渐变。以逆时针扫过的方式围绕起点渐变。

4）对称渐变。使用对称线性渐变在起点的两侧渐变。

5）菱形渐变。以菱形图案从起点向外渐变，终点定义菱形的一个角。

图 8.33 所示为各种渐变填充的效果。

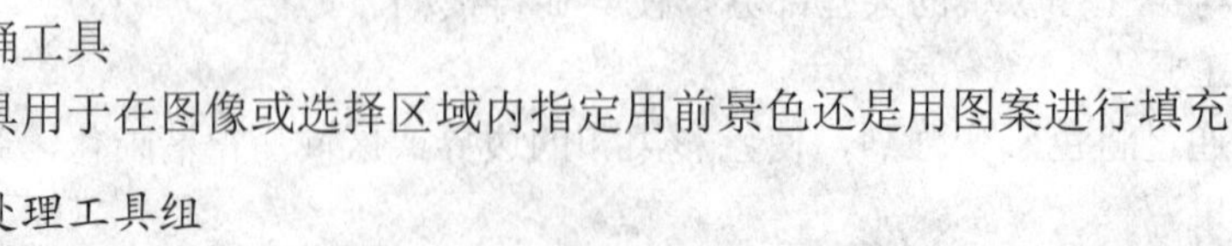

（a）线性渐变　（b）径向渐变　（c）角度渐变　（d）对称渐变　（e）菱形渐变

图 8.33　各种渐变填充的效果

（2）油漆桶工具

油漆桶工具用于在图像或选择区域内指定用前景色还是用图案进行填充。

12. 色调处理工具组

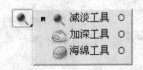

图 8.34　色调处理工具组

色调处理工具组包括三个工具，如图 8.34 所示。

（1）减淡工具

减淡工具用于提高图像或选择区域的亮度。

（2）加深工具

加深工具功能与减淡工具正好相反，主要用于使图像区域变暗。

（3）海绵工具

海绵工具可精确地更改区域的色彩的饱和度（通过"模式"选项设置）。当增加颜色的饱和度时，其灰色就会减少。海绵工具选项栏如图 8.35 所示。

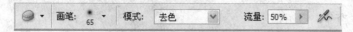

图 8.35　海绵工具选项栏

运用这三种工具产生的效果及区别如图 8.36 所示。

图 8.36　使用三种色调工具处理的效果及区别

13. 文字工具组

该工具组包括横排文字工具、直排文字工具、横排文字蒙版和直排文字蒙版四种，如图 8.37 所示。

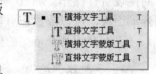

图 8.37　文字工具组

选择文字工具后在图像中单击，将文字工具置于编辑模式，此时即可输入并编辑文字。例如，要在一张图片上添加文字，具体操作步骤如下。

1）打开图像，选择横排文字工具，其选项栏如图 8.38 所示。

图 8.38　横排文字工具选项栏

2）在选项栏上设置文字的字体、颜色、大小。

3）将鼠标指针移动到图像中并单击，为文字定位起点位置，此时进入文字编辑状态。

4）输入完成后，单击选项栏中的 ✓ 按钮，或按【Enter】键，或按【Ctrl+Enter】组合键，提交文字。系统在"图层"调板上增加一个"T"图层，如图 8.39 所示。

图 8.39　在图片上添加文字

视频 8-7　使用文字工具

使用文字工具还可以对文字进行位置、大小、字形、颜色的修改。

使用横排文字蒙版或直排文字蒙版工具可以创建一个文字形状的选区。文字选区出现在当前图层中，并可以像任何其他选区一样被移动、复制、填充或描边。

14. 形状工具组

形状工具组共有六个工具，如图 8.40 所示。利用形状工具可以创建形状规则的路径，如矩形、圆角矩形、椭圆、多边形、直线和任意一个自定义的封闭形状。

15. 抓手工具

当图像在工作区中无法完全显示时，使用抓手工具可以移动图像，改变图像的位置，以便观察或修改图像。

16. 缩放工具

缩放工具又称放大镜工具，可以对图像进行放大或缩小。选择缩放工具并单击图像时，对图像进行放大处理，按住【Alt】键将缩小图像。

8.4.5 控制调板

Photoshop 控制调板是处理图像时一个不可缺少的部分，主要用于放置常用选项，用于对图像进行操作。通过"窗口"菜单中的相应选项可以显示或隐藏各个调板。调板是一种浮动面板，可以放置在屏幕的任意位置。

下面介绍几个常用的控制调板。

1. 导航器调板

该调板主要用于调整图像窗口中显示的图像区域或图像的显示比例，如图 8.41 所示。

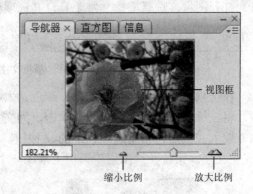

图 8.40 形状工具组

图 8.41 导航器调板

（1）调整图像区域

调板上部是图像的缩览图，图中的方框表示视图框。拖动视图框可以在工作区中显示图像的各个部分。

（2）调整图像显示比例

调板下方是一个比例调节条，左右拖动滑块，或直接在文本框中输入百分比，可以快速调整显示比例。

2.　颜色/色板/样式调板

该调板用于颜色和样式的设置。

（1）颜色调板

显示当前前景色和背景色的颜色值，如图 8.42 所示。可以通过滑块选择颜色，也可以直接在右侧文本框中输入颜色的 RGB 值，或在调板下方的颜色条中单击需要的颜色。

（2）色板调板

色板调板就是一个颜色库，其中保存着一些系统预定义好的颜色样本。选取前景色时，直接单击调板中的颜色块；选取背景色时，需按住【Ctrl】键，同时单击调板中的颜色块。

（3）样式调板

样式调板中存放着图层样式。单击其中的选项，就会把所选样式加入当前的操作图层中，如图 8.43 所示。

图 8.42　颜色调板

图 8.43　样式调板

3.　图层/通道调板

（1）图层调板

图层是 Photoshop 中一个重要的图像编辑手段，它将不同图像放在不同层面上分别处理，然后组成一幅合成的图像。对某一层面的图像进行编辑和修改，不会影响到其他层面上的图像，每一个图层就好比一张透明的纸，可以在透明纸上画画，未画的部分保持透明，再将这些透明纸叠加起来就产生完整的图像。

图层调板是用来管理和操作图层的，使用该调板可以快速地完成对图层大部分的操作。图层调板如图 8.44 所示。

图 8.44　图层调板

1）图层混合模式。在下拉列表中选择当前图层与下方图层之间的混合方式。

2）锁定。完全或部分锁定图层以保护其内容，如锁定透明度，图像的透明区域受到保护，不会被编辑。

3）显示/隐藏图层。控制当前图层是否显示在图像区域中，有眼睛图标时表示显示当前图层。

图层调板最下面的按钮从左到右分别为链接图层、添加图层样式、添加图层蒙版、创建新的填充或调整图层、创建新组、创建新图层、删除图层。

注意：要对某图层进行操作时，可右击该图层，然后在弹出的快捷菜单中选择相应选项。

（2）通道调板

通道用来存储图像的颜色信息和选区信息。在 Photoshop 中打开图像后，Photoshop 会根据图像的颜色模式自动生成颜色通道，如图 8.45 所示。此外，Photoshop 中还有一种特殊的通道——Alpha 通道。Alpha 通道是由用户自己创建的通道，允许用户存储和载入选区。

通道调板是专门用来创建和管理通道的，该调板显示了当前打开的图像中的所有通道，从上往下依次是复合通道、单个颜色通道、专色通道和 Alpha 通道。

4．历史记录调板

打开一个图像文件后，每对图像进行一次编辑操作，该操作及其图像的新状态就被添加到历史记录调板中，如图 8.46 所示。

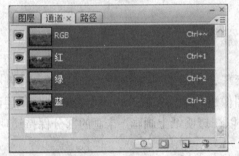

图 8.45　通道调板

图 8.46　历史记录调板

历史记录调板是 Photoshop 的一项重要而且非常有用的功能，使用历史记录调板可以轻松地进行多次操作的恢复。单击任何一个状态，图像就恢复到该更改第一次应用时的状态，然后又可以从这一状态开始工作。

注意：关闭并重新打开文档后，上一工作阶段中的所有状态都将从历史记录调板中清除。

8.4.6　图层和蒙板

1．图层

利用图层可以将图像进行分层处理和管理。首先对各层分别创建蒙版和特效，得到预期效果后，再将各层图像进行组合，通过控制图像的色彩混合、透明度、图层重叠顺序等，实现丰富的创意设计。另外，用户还可以随时更改各图层图像，增加了设计的灵活性。

（1）新建图层

单击图层调板下方的"创建新图层"按钮，可在当前图层的上面建立一个新图层。右击图层，在弹出的快捷菜单中选择"图层属性"命令，弹出"图层属性"对话框，在"名称"文本框中输入新的图层名称。

新图层是一个空白的图层，就像一张白纸，可以在上面随意作画。

另外，当在图像窗口中进行了复制和粘贴操作，或者将某一个图层拖到"创建新图层"按钮上后，也会在图层调板上产生一个相应的图层，其内容就是所复制的图像。

（2）删除图层

将要删除的图层拖动到调板下方的"删除图层"按钮上可删除图层。

（3）调整图层顺序

图层与图层之间彼此覆盖，上面的图层会遮挡住下面图层的内容。在图层调板中拖动图层，可以调整各图层的叠放顺序。背景层的位置一般是不能移动的。

（4）调整图层的融合效果

调整图层融合效果的方法有以下两种。

1）设置透明度。图层中没有图像的区域是透明的，可以看到其下层的图像，每个图层中的图像都可以通过调整图层的透明度来控制其遮挡下层的图像。在图层调板的"不透明度"文本框中输入一个百分比，值越大，不透明度越大，该值为 100%时表示完全不透明。

2）设置混合模式。调整图层的混合模式可以控制两层图像之间的色彩混合效果，图层调板的"混合模式"下拉列表中给出了系统提供的各种融合方式，如图 8.47 所示。

（5）合并图层

1）合并相邻的两个图层。选择"图层"→"向下合并"命令，将把当前图层和它下面的一个图层合并起来。

2）合并不相邻的图层。首先按住【Ctrl】键，选择需建立链接的图层，单击图层调板下方的"链接图层"按钮，即可为选中的图层建立链接，被链接的图层显示链接标记。再选择"图层"→"合并图层"命令，相链接的几个图层就会合并为一个图层。

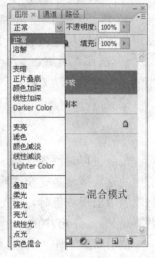

图 8.47　图层混合模式

3）合并可见图层。选择"图层"→"合并可见图层"命令，可以将所有可见图层（显示眼睛图标）合并为一个图层。用这种方式可以同时合并几个相邻的或不相邻的图层。

4）合并所有图层。选择"图层"→"拼合图像"命令，可以将当前图像的所有图层合并为一个图层。如果有隐藏层，系统会提示"要扔掉隐藏的图层吗？"，单击"确定"按钮，系统会自动删除隐藏层，并将所有可见层合并为一层。保存图像前最好先合并所有图层，以减少存储空间。

应用图层，制作如图 8.48 所示的效果。

1）在 Photoshop 中打开"东湖.jpg"和"天鹅.jpg"图像文件，如图 8.49 所示。

图 8.48　图层的应用

图 8.49　两张原始素材图像

2）利用魔棒工具单击"天鹅"图像的蓝色背景部分，然后选择"选择"→"反选"命

令（或按【Ctrl+Shift+I】组合键），使"天鹅"被选定。

　　3）利用移动工具将选中的"天鹅"选区拖曳到"东湖"图像中，这时在图层调板中新生成了一个"图层 1"。右击该图层，在弹出的快捷菜单中选择"图层属性"命令，弹出"图层属性"对话框，在其中将该图层重命名为"天鹅 1"。

视频 8-8　图层应用

4）将"天鹅 1"图层拖到图层调板的"创建新图层"按钮上，新建一个"天鹅 1 副本"图层，将该图层重命名为"天鹅 2"。

5）选择"天鹅 2"为当前图层，选择"编辑"→"变换"→"缩放"命令，将天鹅适当缩小，利用移动工具将其移至画面的合适位置。

6）合并所有图层，保存图像。

2. 蒙版

蒙版可以理解为遮罩，用来保护被屏蔽的图层区域，当蒙版中出现黑色时，表示在图层中的这块区域是完全透明的；而当蒙版中出现白色时，则表示在图层中这块区域被遮罩；当蒙版中出现灰色时，则表示这块区域以一种半透明的方式显示，透明的程度由灰度决定。蒙版是 Photoshop 中的一个重要功能，运用得好可以给图像带来无穷的变化和效果。

使用蒙版制作"雾里看花"的步骤如下。

1）在 Photoshop 中打开图像文件"兰花.jpg"。

2）双击图层调板上的"背景"层缩览图，弹出"新图层"对话框，将图层更名为"图层 0"，单击"确定"按钮，背景层就变成了一般图层，如图 8.50 所示。

3）单击图层调板下方的"创建新图层"按钮，新建"图层 1"，并将其拖至"图层 0"的下方。

4）选定"图层 1"，设置前景色为白色（R、G、B 值分别为 255、255、255），选择油漆桶工具在图像窗口中单击，"图层 1"被填充为白色。

5）选定"图层 0"，单击图层调板下方的"添加图层蒙版"按钮，"图层 0"即被添加了图层蒙版，如图 8.51 所示。

图 8.50　使背景层变成一般图层　　　　　图 8.51　为"图层 0"添加图层蒙版

6）选择渐变工具，在其选项栏中单击"径向渐变"按钮，在"渐变拾色器"中选择"前景色到背景色"选项。将鼠标指针在图像窗口中由中央向右下方拖动，释放鼠标，产生渐变效果，如图 8.52 所示。

7）选择横排文字工具，在图像左上角输入文字"雾里看花……"。

8）合并所有图层，将图像保存为"雾里看花.jpg"。最终效果如图 8.53 所示。

视频 8-9　使用蒙版

注意：利用字符调板可以修改文字的大小、字形及颜色，利用移动工具可以拖动改变其位置。

图 8.52　在蒙版上增加渐变后的效果　　　　　图 8.53　最终效果

8.4.7　滤镜

滤镜主要用来实现图像的各种特殊效果。它在 Photoshop 中具有非常神奇的作用。滤镜的操作非常简单，但是真正应用起来却很难恰到好处。滤镜功能强大，应用得是否恰当，全在于用户对滤镜是否具有熟练的操控能力，以及是否具有丰富的想象力。

使用滤镜的方法如下。

1）打开图像文件，选定需要添加滤镜效果的区域。如果是某一层上的画面，则在图层调板中指定该层为当前层；如果是某一层上的部分区域，则先指定该层为当前层，然后用选取工具选定该区域；如果对象是整幅图像，则应先合并图层。

2）从"滤镜"菜单中选择某种滤镜，并在相应的对话框中根据需要调整好参数，确定后效果就立即产生了。

3）在一幅图上可以同时使用多种滤镜，这些效果叠加在一起，会产生神奇效果。

滤镜分为内置滤镜和外置滤镜，下面主要介绍一些常用的内置滤镜。

（1）渲染类滤镜

渲染类滤镜能使图像产生光照、云彩及特殊的纹理效果。渲染类滤镜主要包含以下滤镜效果。

1）"云彩"滤镜。混合当前的前景色与背景色，随机生成柔和的云彩效果，而将原图内容全部覆盖。通常使用"云彩"滤镜生成一些背景纹路。另外，如果需要生成硬一些的云彩效果，可按住【Alt】键的同时选择该滤镜。

2）"分层云彩"滤镜。混合当前的前景色与背景色，形成云彩的纹理，并和底图以"差值"方式合成。"差值"模式用于比较原图像和生成的云彩之间的像素值，用较亮的像素点的像素值减去较暗的像素点的像素值，差值作为最终色的像素值。

3）"镜头光晕"滤镜。模拟亮光照在照相机镜头所产生的光晕效果，如图 8.54 所示。其中，"亮度"用于控制光线的亮度；"光晕中心"选项组中可用十字形鼠标指针显示光晕中心的位置，拖动可改变其位置；"镜头类型"选项组用于指明光晕镜头的类型。

4）"光照效果"滤镜。只能用于 RGB 模式的图像，是一个比较复杂的滤镜。使用"光照效果"滤镜可以创造出许多奇妙的灯光纹理效果，其控制参数可分为样式、光照类型、属性和纹理通道四大类，如图 8.55 所示。

图 8.54　"镜头光晕"滤镜

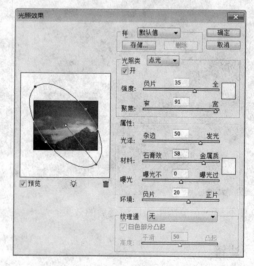

图 8.55　"光照效果"滤镜

（2）像素化滤镜

像素化滤镜的作用是将图像以其他形状的元素再现出来。它并不是真正地改变了图像像素点的形状，只是在图像中表现出某种基础形状的特征，以形成一些类似像素化的形状变化。像素类滤镜主要包含以下滤镜效果。

1）"彩块化"滤镜。可将纯色或相似颜色的像素结合成彩色像素块，产生手绘效果。

2）"彩色半调"滤镜。可以产生一种彩色半色调印刷（加网印刷）图像的放大效果，即将图像中的所有颜色用黄、品红、青和黑四色网点的相互叠加进行再现的效果。

3）"碎片"滤镜。"碎片"滤镜的效果就像透过玻璃碎片来观察图像，图像被玻璃表面反复折射多次后所形成的变化，具有多个重影。

4）"铜版雕刻"滤镜。用来生成一种金属版印刷所得到的效果，以各种点或线的色彩来再现图像其将图像转换为黑白或一些全饱和色的随机图案，并由这些图案的变化重新构置整幅图像。

5）"马赛克"滤镜。将图像划分成等大的方块，模拟马赛克的效果。

6）"点状化"滤镜。将图像中的颜色分解为随机分布的网点，如同点状化绘画一样，并使用背景色作为网点之间的画布区域。

7）"晶格化"滤镜。使相近有色像素集中到一个像素的多角形网格中，清晰化图像。

使用不同像素化滤镜产生的效果如图 8.56 所示。

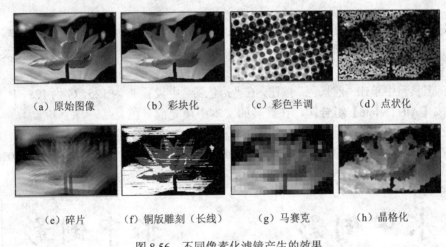

(a) 原始图像　　　(b) 彩块化　　　(c) 彩色半调　　　(d) 点状化

(e) 碎片　　　(f) 铜版雕刻（长线）　　　(g) 马赛克　　　(h) 晶格化

图 8.56　不同像素化滤镜产生的效果

（3）模糊类滤镜

模糊类滤镜的作用主要是使图像看起来更朦胧一些，即降低图像的清晰度，降低局部细节的相对反差，而使图像更加柔和，增加对图像的修饰效果。

1）"动感模糊"滤镜。使像素沿某一方向线性移动产生沿某一方向运动的模糊效果。"角度"用于控制动感模糊的方向，"距离"用于控制模糊的程度。

2）"模糊"、"进一步模糊"和"平均"滤镜。"模糊"和"进一步模糊"滤镜都用于消除图像中有明显颜色变化处的杂色，使图像看起来更朦胧一些，只是在模糊程度上有一定的差别。它们的作用效果都不太明显。而"平均"滤镜用于找出图像或选区的平均颜色，然后用该颜色填充图像或为选区创建平滑的外观。

3）"径向模糊"滤镜。使图像从中心点向外旋转或缩放模糊。

4）"特殊模糊"滤镜。能对图像进行更为精确并且可控制的模糊，不像其他模糊滤镜对整幅图像一起进行模糊操作，它在模糊的同时，也保护图像中颜色边缘的清晰。

5）"镜头模糊"。可以向图像中添加模糊以产生明显的景深效果，使图像中的一些对象清晰（如同照相机的拍摄效果），而使另一些区域变模糊（类似于在照相机焦距外的效果）。利用"镜头模糊"滤镜时，可以通过建立选区和 Alpha 通道来确定模糊的区域，并且在其对话框中可以设定是对选区内的图像进行模糊处理，还是对选区外的图像进行模糊处理。

6）"高斯模糊"滤镜。利用高斯曲线的分布模式通过控制模糊"半径"的数值快速对选区进行模糊处理，产生轻微柔化的模糊效果。

利用模糊滤镜创建倒影字的步骤如下。

1）选择"文件"→"新建"命令，新建一个名为"倒影字"的图像文件，宽度为 400 像素，高度为 260 像素，模式为 RGB，背景色为白色。

2）选择文字工具，在工具选项栏中设置字体为华文新魏，大小为 120 点，然后输入文字"水中倒影"，按【Ctrl+Enter】组合键完成。

3）在图层调板中，按住【Ctrl】键并单击文本图层，将图像中的文本图层选中，再选择"图层"→"栅格化"→"文字"选项，将文本层转换为普通图层。

4）右击文字图层，在弹出的快捷菜单中选择"复制图层"命令，得到"水中倒影副本"图层。

5）选择"编辑"→"变换"→"垂直翻转"命令，将文本图层翻转；再选择"编辑"→"变换"→"扭曲"命令，弹出一个调整框，如图 8.57 所示。调整该框的方向和大小，按【Enter】键确定。

6）在工具箱中单击"前景色"按钮，在"拾色器"中设置 R 为 125，G 为 125，B 为 125。

7）按【Alt+Delete】组合键，在翻转的文本中填充前景色。

8）选择"滤镜"→"模糊"→"高斯模糊"命令，设置半径为 4 像素。

9）在图层调板的模式列表框中选择"正片叠底"选项，并设置不透明度为 80%。

10）按【Ctrl+D】组合键取消图像选区，效果如图 8.58 所示。

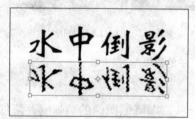

图 8.57　图像变形

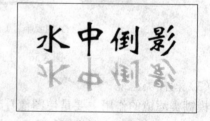

图 8.58　倒影效果

（4）扭曲类滤镜

扭曲类滤镜用于将图像进行几何扭曲，可以制出水波、球面等特殊效果。扭曲类滤镜主要包含以下滤镜效果。

1）"波纹"滤镜。创建起伏效果，如水面波纹，常用于模拟水面倒影等效果。

2）"波浪"滤镜。与"波纹"滤镜的处理方式相同，但有更大的控制范围。

3）"玻璃"滤镜。产生好像是透过不同种类玻璃观看图像的效果。

4）"海洋波纹"滤镜。在图像上产生随机间隔的波纹的效果。

5）"极坐标"滤镜。可以将图像坐标从直角坐标系置换成极坐标系。

6）"挤压"滤镜。将图像（选区）向外呈球形膨胀或向中心收缩。

7）"切变"滤镜。沿曲线的垂直方向扭曲图像。

8）"球面化"滤镜。通过将图像（选区）投影到球面上，产生变形。

9）"水波"滤镜。径向（锯齿状）扭曲图像，显示三维水波纹效果。

10）"旋转扭曲"滤镜。在中心处强烈旋转图像，产生旋涡效果。

使用不同扭曲滤镜产生的效果如图 8.59 所示。

（a）原始图像　　　　　　（b）波浪（正弦）

（c）球面化　　　　　　（d）旋转扭曲

图 8.59　不同扭曲滤镜产生的效果

　　Photoshop 中的滤镜功能丰富多彩，不再逐个详解。读者只要不断实践摸索，就能更多地领会和掌握。滤镜通常需要同通道、图层等联合使用，才能达到最佳的艺术效果。

　　利用模糊滤镜制作雪景效果。原图如图 8.60 所示，完成后效果如图 8.61 所示。

图 8.60　原图

图 8.61　效果图

其操作步骤如下。

1）在 Photoshop 中打开如图 8.60 所示的图片。

2）在图层调板中将背景层拖动到"创建新图层"按钮上，复制一个新图层"图层 1"。

3）将前景色设置为黑色，在工具箱中选择油漆桶工具，将"图层 1"填充为黑色。

4）选择"滤镜"→"像素化"→"点状化"命令，在弹出的对话框中，将单元格大小的值设置为 20，单击"确定"按钮。

　　5）选择"滤镜"→"模糊"→"动感模糊"命令，在弹出的对话框中将角度设置为-60°，距离设为 40，单击"确定"按钮。

　　6）选择"图像"→"调整"→"去色"命令。

　　7）在图层调板上将"图层 1"的图层模式设置为"滤色"，如图 8.62 所示。

　　8）合并图层，将图像保存为"雪景.jpg"。

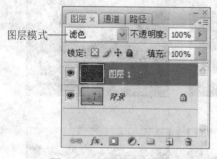

图 8.62　设置图层模式

视频 8-10　使用滤镜

习　题　8

一、选择题

1. 多媒体技术是（　　）。
   A. 一种图像和图形处理技术
   B. 文本和图形处理技术
   C. 超文本处理技术
   D. 计算机技术、电视技术和通信技术相结合的综合技术

2. 衡量一台现代 MPC 功能强弱的三个重要硬件组成部分是（　　）。
   A. CPU、内存和硬盘　　　　　　　　B. 硬盘、U 盘和 CD-ROM
   C. CD-ROM、音频卡和视频卡　　　　D. 解压卡、音频卡和视频卡

3. 多媒体的关键特性主要包括信息载体的多样性、集成性、交互性和（　　）。
   A. 活动性　　　　B. 可视性　　　　C. 规范化　　　　D. 实时性

4. 目前多媒体计算机中对动态图像数据压缩常采用（　　）格式。
   A. JPEG　　　　B. GIF　　　　C. MPEG　　　　D. BMP

5. 适合制作三维动画的工具软件是（　　）。
   A. Authorware　　B. Photoshop　　C. AutoCAD　　D. 3DS MAX

6. 声音信号的数字化是指（　　）。
   A. 实际上就是采样与量化　　　　　　B. 数据编码
   C. 语音合成、音乐合成　　　　　　　D. 量化与编码

7. 图像分辨率是指（　　）。
   A. 屏幕上能够显示的像素数目
   B. 用像素表示的数字化图像的实际大小

C．用厘米表示的图像的实际尺寸大小

D．图像所包含的颜色数

8．下列工具中最适合进行不规则形状选择的是（　　　）。

A．矩形选框　　　　　B．磁性套索　　　　　C．单行选框　　　　　D．移动

二、填空题

1．多媒体技术和主要特征有_____、_____、_____、_____。

2．在计算机中，静态图像可分为_____和_____两类。

3．在计算机音频处理过程中，将采样得到的数据转换成一定的数值，进行转换和存储的过程称为_____。

4．单位时间内的采样_____数称为频率，其单位用 Hz 来表示。

5．表示图像的色彩位数越多，则同样大小的图像所占的存储空间越_____。

6．色彩位数用 8 位二进制数表示每个像素的颜色时，能表示_____种不同的颜色。

7．多媒体技术和超文本技术的结合，即形成了_____技术。

8．每次对图像进行一次更改，该图像的新状态就被添加到_____中。

9．在图层模板中，处于最底层的一般是_____。

三、简答题

1．多媒体计算机硬件系统应包括哪些基本设备？

2．简述多媒体计算机软件系统结构层次。

3．多媒体信息为什么要进行压缩和解压缩？

4．WAV 文件与 MIDI 文件有何区别？

5．矢量图与位图图像有何区别？

6．RGB 颜色模式中的 R、G、B 分别代表什么？

7．CMYK 颜色模式中的 C、M、Y、K 分别代表什么？

8．Photoshop 中常用的图像格式有哪几种？

参 考 文 献

龚沛曾，杨志强，2017. 大学计算机基础[M]. 7版. 北京：高等教育出版社.

李顺新，张葵，2014. 大学计算机基础[M]. 北京：科学出版社.

卢湘鸿，2014. 计算机应用教程[M]. 8版. 北京：清华大学出版社.

聂玉峰，刘芳，邓娟，2014. 计算机应用基础[M]. 2版. 北京：科学出版社.

汪燮华，张世正，2006. 计算机应用基础教程[M]. 上海：华东师范大学出版社.